水体污染控制与治理科技重大专项"十三五"成果系列丛书

辽河流域水污染治理技术集成与应用示范

宋永会 等 著

科学出版社

北京

内 容 简 介

本书总结了"十一五"水体污染控制与治理科技重大专项实施以来，辽河流域十余年的研究进展和成效，着重阐述了"十二五"期间流域治理共性技术研发、区域综合示范和技术成果产业化，为流域治理模式构建和治理技术路线图的制定奠定了基础。全书分为6篇，共15章，按照共性技术研发、区域综合示范、产业化发展的思路组织；每一章均按照成果成效概述、技术创新集成、工程应用示范的结构叙述。旨在为进一步推动辽河流域水污染治理技术研发、应用和产业化发展，为流域治理、管理和水生态环境改善提供助力。

本书可供流域水污染治理与管理的科研和工程技术人员，生态环境管理者和高校师生参考。

图书在版编目（CIP）数据

辽河流域水污染治理技术集成与应用示范/ 宋永会等著. —北京：科学出版社，2020.11

（水体污染控制与治理科技重大专项"十三五"成果系列丛书）

ISBN 978-7-03-066555-3

Ⅰ. ①辽… Ⅱ. ①宋… Ⅲ. ①辽河流域–水污染防治 Ⅳ. ①X522.06

中国版本图书馆 CIP 数据核字（2020）第 209092 号

责任编辑：朱　丽　郭允允　李　静 / 责任校对：何艳萍
责任印制：肖　兴 / 封面设计：蓝正设计

科学出版社 出版
北京东黄城根北街 16 号
邮政编码：100717
http://www.sciencep.com

北京汇瑞嘉合文化发展有限公司 印刷
科学出版社发行　各地新华书店经销

*

2020 年 11 月第 一 版　开本：787×1092　1/16
2020 年 11 月第一次印刷　印张：24 1/2
字数：578 000

定价：228.00 元
（如有印装质量问题，我社负责调换）

作者名单

主笔人：宋永会

副主笔人（以姓氏笔画为序）：

王 阳　白 洁　冯占立　乔 琦　全 燮　孙丽娜　何兴元
宋有涛　郎咸明　胡筱敏　董德明　傅金祥　曾 萍

其他作者（以姓氏笔画为序）：

于立忠　于会彬　马继力　马溪平　王 卓　王 俭　王延松
王远航　王艳青　王铁良　尤 涛　邓春生　可 欣　石玉敏
田智勇　付保荣　代云容　冯 欣　邢 杨　师晓春　曲 波
年跃刚　向连城　刘 利　刘 晋　刘 涛　刘一威　刘文杰
刘雪瑜　刘景洋　刘瑞霞　汤 洁　孙伏寅　孙晓明　花修艺
李 冬　李 刚　李 岩　李 亮　李 娟　李 辉　李凤梅
李玉平　李晓东　李海波　李瑞欣　杨凤林　肖书虎　汪国刚
迟光宇　张 华　张 远　张 芸　张文华　张临绒　张捍民
张鸿龄　张新宇　张耀斌　陈 苏　陈 玮　陈 欣　陈 硕
陈秀蓉　陈晓东　邵春岩　周集体　单连斌　郎印海　赵 赫
赵阳国　荆治严　段 亮　姜 曼　姜彬慧　姚 宏　袁一星
钱 锋　高红杰　郭书海　唐玉兰　黄殿男　曹宏斌　梁大鹏
彭剑峰　谢勇冰　谢晓琳　蔡九菊　魏 健　魏源送

前　言

辽河是我国七大河流之一，辽河流域是重要的工农业生产基地，是新时代东北振兴的龙头区域。辽河流域地处北方寒冷缺水地区，重化工业发达，城镇化率高，水资源、水环境、水生态矛盾突出，流域水环境污染严重，整体呈现结构性、区域性、复合性污染的特征，污染治理难度大。国家自"九五"计划起就将辽河流域纳入了重点治理的"三河"之一。此后经过十余年治理，投入了大量人力、物力和财力，但流域水环境状况并未得到根本改善，究其根源主要是当时尚未形成科学、系统的流域水污染防治技术体系，缺乏从全流域系统地谋划推进水污染防治工作，也没有综合运用经济、技术和行政手段解决流域水污染问题；与同行业最高水平和发达国家相比，水污染控制技术水平仍然较低，对一些污染源缺乏有效的治理技术，对水环境污染过程及形成机理缺乏系统的研究。

2007 年，针对流域水污染防治的迫切技术需求，国家启动了水体污染控制与治理科技重大专项(简称"水专项")，开展理念与理论创新、技术与方法创新、体制与机制创新以及综合与集成创新，精心设计、循序渐进，分"控源减排"、"减负修复"和"综合调控"三阶段部署，组织一系列流域水污染控制与治理技术研究及综合示范。辽河流域作为重化工业密集、污染负荷高的河流水污染防治技术示范区，在水专项实施过程中紧密结合辽河流域重大治污行动，实现了"水专项实施与流域规划实施"、"技术创新与应用示范"、"治理技术与管理技术"和"污染治理与生态修复"四个"结合"；突破了辽河流域重化工业等行业污染治理技术瓶颈，支撑流域"结构减排、工程减排、管理减排"三大减排和"摘掉重污染流域帽子"的摘帽行动，引领了国内第一个大型河流保护区——辽河保护区的建设，在辽河流域水污染治理中发挥了重要的科技支撑作用，有力地支撑了实现辽河流域水环境质量明显改善这一战略目标，为类似河流的水污染防治提供了成套技术与管理经验。

依托水专项"十三五""流域水污染治理与水体修复技术集成与应用"项目"流域(区域)水污染治理模式与技术路线图"课题，开展辽河流域水污染治理技术集成与应用示范成果的梳理总结，是凝练流域区域水污染治理模式、形成中长期流域水污染治理技术路线图的基础。总体上看，针对辽河流域持续治理中的突出环境问题，水专项在构建流域水污染治理技术体系和流域水环境管理技术体系、推动技术成果转化应用和产业化发展等方面取得了一系列进展；"十二五"期间，主要开展了三方面工作：共性技术研发示范、区域水环境综合治理示范、产业化技术开发与应用推广。在共性技术研发示范方面，着重研发工业园区节水减排清洁生产、氨氮污染控制、有毒有害污染控制三类共性技术，并在全流域重点区域和企业开展技术的工程示范，为当前和今后三类问题的解决提供关键的成套技术和方案。在区域水环境综合治理示范方面，秉持分区治理思路，针对辽河、浑河、太子河三条主要河流的上、中、下游等重点区域单元开展技术研发、综合集成和工程示范，为区域水污染控制和水环境问题的解决提供技术示范和引领，支撑区域水污染问题的解决；在辽河，开展了源头区(吉林段)修复与治理、辽宁段辽河上游治理、辽河保护区生态修复、辽河河口区污染阻控与湿地修复技术攻关和示范；在浑河，开展了浑河上游水生态修复与维持、浑河沈抚段快速城市化河流的修复、浑河沈阳段城市水污染治理与水环境修复技术攻关与示范；在太子河，开展了上游山区段河流生态修复、典型工业水污染治理技术攻关与示范。在产业化开发和技术推广方面，开展了大型钢铁工业园区和流域分散式污水治理技术的产业化应用与推广。本书是针对以上共性技术、区域治理和产业化的关键技术与工程示范的总结，以期总结流域区域水污染治理模式、形成治理技术路线图，进一步推动成果的转化、应用和推广。在内容编排上，分为六篇，共 15 章，第一篇为水专项辽河流域研究十年回顾、第二篇为辽河流域水污染治理共性技术研究，第三～五篇分别为辽河、浑河、太子河水污染治理与水生态修复研究，第六篇为辽河流域水污染治理技术产业化，体现共性技术研发—流域区域综合治理—产业化发展的流域治理整体设计思路和科研与工程实践紧密结合的发展脉络。

本书是水专项辽河水污染治理研究团队集体工作的成果。第 1 章由宋永会牵头，研究团队在国家水专项管理办公室、辽河流域地方管理部门领导的指导支持下共同完成。第 2～15 章分别对应"十二五"期间辽河流域水污染治理项目的各个课题(第 15 章产业化研究在管理上为独立项目)，按顺序各章编写责任专家分别是：乔琦、胡筱敏、曾萍、董德明、郎咸明、孙丽娜、白洁、何兴元、傅金祥、宋永会、宋有涛、全燮、冯占立、王阳。水专项"十三五""流域(区域)水污染治理模式与技术路线图"课题组、"十二五""辽河流域水污染综合治理技术集成与工程示范"项目组和"辽河流域分散式污水治理技术产业化"项目组的研究人员共同努力，完成了书稿的撰写。值此之际，水专项研究团队特别感谢专项实施过程中国家水专项管理办公室、辽宁省生态环境厅、吉林省生态环境厅、辽宁省辽河凌河保护区管理局，以及流域各相关地市生态环境局各位领导的指导、支持与帮助；感谢中国工程院院士、哈尔滨工业大学张杰教授，中国工程院院士、中国科学院过程工程研究所张懿研究员等老科学家们的指导和关怀；感谢项目各参加单位、各工程示范支持单位领导和同志们的大力支持，以及项目课题研究团队成员为完成专项任务一直以来的不懈努力。

本书的出版得到水体污染控制与治理科技重大专项"十三五""流域(区域)水污染治理模式与技术路线图"课题(2017ZX07401-004)、"十二五""辽河流域水污染综合治理技术集成与工程示范"项目(2012ZX07202)和"辽河流域分散式污水治理技术产业化"项目(2012ZX07212-001)的资助，特别鸣谢！

由于时间和作者水平所限，书中难免存在不妥之处，敬请批评指正。

作 者
2020 年 3 月

目 录

第三篇 辽河水污染治理与水生态修复研究

第四篇　浑河水污染治理与水生态修复研究

第五篇　太子河水污染治理与水生态修复研究

第六篇　辽河流域水污染治理技术产业化

第一篇　水专项辽河流域研究十年回顾

- 分析了辽河流域2007～2017年水质改善情况，回顾了辽河流域重要治理计划的实施和水专项开展的科技支撑活动。

- 综述了水专项辽河流域研究十年进展，包括突破重化工业水污染控制、河流生态治理与修复等技术，支撑治辽工程与实践；构建辽河流域水质目标管理技术体系；提升了以分散式污水治理为主的治理技术产业化水平。

- 分析了"十三五"辽河流域治理所面临的挑战，介绍了水专项"十三五"辽河流域研究任务布局。

第1章

水专项辽河流域十年研究进展

辽河是我国七大江河之一，也是我国东北南部最大的河流。辽河流域地跨河北、内蒙古、吉林、辽宁4省(区)，总面积21.9万km²，河长1390km；辽河多年平均流量约400m³/s，多年平均径流量126亿 m³。辽宁省是辽河流域经济社会发展的重心所在，辽宁省辽河流域如图1-1所示。辽河流域由辽河水系和大辽河水系两大水系组成，通常而言包括辽河、浑河、太子河和大辽河四大河流。辽河由发源于河北省的西辽河和发源于吉林省的东辽河于辽宁省昌图县的福德店汇合而成，流经铁岭市、盘锦市等城市，在盘锦市入渤海；浑河是辽宁省的主要河流之一，流域内有沈阳市、抚顺市等城市；太子河是辽宁省南部的主要河流之一，流域内有本溪市、鞍山市和辽阳市等城市；浑河、太子河在海城市的三岔河汇合成大辽河，在营口市入渤海。

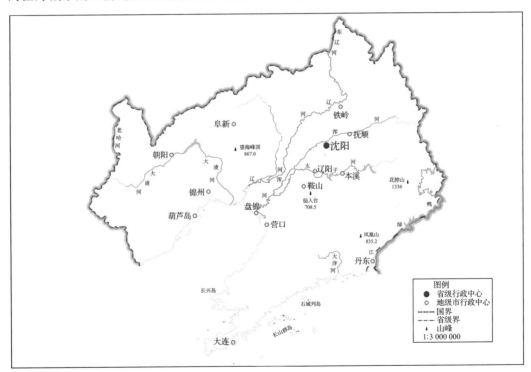

图1-1　辽宁省辽河流域图[审图号：GS(2019)3333号]

辽河流域地处北方寒冷缺水地区，作为东北老工业基地，重化工业发达，冶金、石化、化工、制药、造纸、印染等行业污染特征明显，水资源短缺、水环境污染和水生态退化等问题叠加，特别是改革开放以来经济社会的快速发展，造成水污染等问题加剧。

自"九五"计划起，辽河流域就被国家列为重点治理的"三河三湖"之一，着力开展水污染防治工作。"十一五"其间，伴随着重点流域水污染防治规划的实施，国家启动了水体污染控制与治理科技重大专项，旨在构建流域水污染治理、水环境管理和饮用水安全保障三大技术体系，支撑流域水污染防治和重点地区饮用水安全保障，提升流域水污染治理能力。辽河流域作为重化工业发达的重污染河流，自 2007 年以来被列为水专项重点示范流域，"十一五"至"十三五"期间均设立了流域水污染治理的项目，以及流域水环境管理的课题和项目。其间，中央和地方政府持续开展了辽河流域综合整治行动，包括持续实施重点流域水污染防治规划、"摘掉重度污染流域帽子"行动、建设辽河凌河保护区等保护区、深入实施《水污染防治行动计划》（简称"水十条"）等，水专项的实施恰逢其时，紧密结合辽河流域治理重大规划、计划和行动，开展科技创新和应用示范，为流域污染治理和生态修复提供了有力的科技支撑。"十一五"以来，辽河流域水环境质量整体上呈现稳中向好的态势；逐年监测表明，流域控源减排和减负修复成效显著，河流水质持续改善，饮用水安全获得切实保障。

"十三五"期间，水专项在辽河流域继续实施的同时，迫切需要总结"十一五"和"十二五"十年间的技术研发经验，分析"十三五"研究面临的挑战和任务，以便为流域中长期治理提供技术路线图，期望总结形成北方重化工业污染河流治理、修复与保护的模式，更好地支持辽河流域治理与保护，为经济社会发展和老工业区振兴提供水生态环境保障。本章简要总结了水专项"十一五"和"十二五"十年间的辽河流域的工作，并阐述了"十三五"研究布局。

1.1 研究背景

1.1.1 流域污染负荷减少，水质逐年向好

1. 2007 年辽河流域水质状况

根据 2007 年《中国环境状况公报》，2007 年辽河水系总体为重度污染。37 个地表水国控监测断面中，Ⅱ～Ⅲ类、Ⅳ类、Ⅴ类和劣Ⅴ类水质的断面比例分别为 43.2%、10.8%、5.5% 和 40.5%。主要污染指标为氨氮、五日生化需氧量（BOD_5）和高锰酸盐指数。

2007 年辽河干流总体为中度污染。老哈河、西辽河和东辽河水质良好，辽河为重度污染。与 2006 年相比，西辽河和东辽河水质有所好转，老哈河和辽河水质无明显变化。辽河支流总体为重度污染，西拉木沦河为轻度污染，条子河和招苏台河为重度污染。与2006 年相比，水质无明显变化。

2007 年大辽河及其支流总体为重度污染，与 2006 年相比，水质无明显变化。大凌河总体为重度污染。主要污染指标为氨氮、高锰酸盐指数和 BOD_5。

2. 2017 年辽河流域水质状况

根据 2017 年《中国生态环境状况公报》，2017 年辽河流域总体为轻度污染，主要污染指标为总磷（TP）、化学需氧量（COD）和 BOD_5。106 个水质断面中，Ⅰ类水质断面占

2.8%，Ⅱ类占 23.6%，Ⅲ类占 22.6%，Ⅳ类占 24.5%，Ⅴ类占 7.5%，劣Ⅴ类占 18.9%。与 2016 年相比，Ⅰ类水质断面比例上升 0.9 个百分点，Ⅱ类下降 7.5 个百分点，Ⅲ类上升 10.3 个百分点，Ⅳ类上升 1.9 个百分点，Ⅴ类下降 9.5 个百分点，劣Ⅴ类上升 3.8 个百分点。

2017 年辽河干流为轻度污染。15 个水质断面中，无Ⅰ类和Ⅱ类水质断面，Ⅲ类占 13.3%，Ⅳ类占 46.7%，Ⅴ类占 26.7%，劣Ⅴ类占 13.3%。与 2016 年相比，Ⅴ类水质断面比例下降 6.6 个百分点，劣Ⅴ类上升 6.6 个百分点，其他类均持平。辽河主要支流为重度污染。21 个水质断面中，无Ⅰ类和Ⅱ类水质断面，Ⅲ类占 14.3%，Ⅳ类占 33.3%，Ⅴ类占 4.8%，劣Ⅴ类占 47.6%。与 2016 年相比，Ⅰ类水质断面比例持平，Ⅱ类下降 9.5 个百分点，Ⅲ类下降 9.5 个百分点，Ⅳ类上升 19.0 个百分点，Ⅴ类下降 19.0 个百分点，劣Ⅴ类上升 19.0 个百分点。

2017 年大辽河水系为中度污染。28 个水质断面中，无Ⅰ类水质断面，Ⅱ类占 35.7%，Ⅲ类占 25.0%，Ⅳ类占 7.1%，Ⅴ类占 7.1%，劣Ⅴ类占 25.0%。与 2016 年相比，Ⅰ类和Ⅱ类水质断面比例均持平，Ⅲ类上升 25.0 个百分点，Ⅳ类下降 21.5 个百分点，Ⅴ类下降 10.8 个百分点，劣Ⅴ类上升 7.1 个百分点。

3. 十年间辽河流域水质变化趋势及其治理驱动力

比较 2007 年和 2017 年辽河流域水质状况，可以发现，十年间辽河流域水质得到明显改善：全流域水质总体由重度污染改善为轻度污染；辽河干流总体由中度污染改善为轻度污染；大辽河水系总体由重度污染改善为中度污染。

辽河流域水质改善，得益于党中央、国务院对生态环境保护工作的重视和领导，得益于生态环境部等中央各部委的大力支持和指导，得益于流域地方政府控源减排、产业结构调整和综合管理力度的持续加大和不懈努力，得益于流域企业和社会各界的共同努力。特别是"十一五"后期至"十二五"前期，在中央相关部委的指导支持下，辽宁省加大辽河流域治理攻坚力度，采取强有力管理措施，使辽河流域水质发生了历史性转变，2012 年年底，辽河流域总体水质由重度污染大幅好转为轻度污染，率先摘掉国家水污染防治重点流域"重污染帽子"。在这一过程中，自 2007 年起，国家水专项将辽河流域列为重点示范流域，针对流域性、区域性、行业性治理难题从治理和管理两个方面开展科技攻关，创新研发和综合集成关键技术和成套技术，为辽河流域治理提供了技术支持和综合解决方案。辽河流域治理的过程是管理创新、科技创新和环保产业技术创新的过程，体现了创新、协调、绿色、开放、共享的新发展理念，充分发挥了国家重大科技专项的支撑和引领作用。

1.1.2　水专项对辽河流域治理和管理的支撑

最近十年以来水专项紧密结合辽河流域治理的科技需求开展创新集成。水专项按照"流域统筹、区域突破"的原则，划分源头区、干流区和河口区三类六大污染控制区域，制订了分区治理策略和流域治理方案；按照清洁生产、过程控制和末端治理全过程控制思路，创新集成形成冶金、石化等重污染行业水污染治理技术系统；以污染河流生态修复和健康河流生态系统构建为长远目标，开展了受污染河道综合整治和受损河流修复关键技术研究和示范，逐步推动改善辽河流域水质和水生态，完善了辽河流域治理的路线图和时间表。水专项实施过程中技术支撑三大减排，推动辽河流域消除劣Ⅴ类。技术支持和推动辽河流域实施控源减排工程，促进辽河流域 COD 水质逐渐改善，2009 年年末实现辽河全流域干流 COD 消灭劣Ⅴ类；2010 年辽宁省干流 COD 持续好转，43 条支流消灭劣Ⅴ类水质。综合支撑与引领，推动流域"摘帽"重大行动。编制了《辽宁省辽河流域"摘帽"总体规划》，通过水专项重大科技攻关与技术集成，有针对性地解决辽河流域治理中遇到的技术和管理问题，支持辽河流域水污染防治实现历史性突破，2012 年年底辽河干流按地表水环境质量标准 21 项指标考核，达到Ⅳ类水质标准，提前摘掉了重度污染的帽子。以生态建设创新引领河流治理与保护的新模式，辽河保护区管理局和水专项项目组综合运用水专项科研成果，建立了我国大型河流保护区治理理论体系与集成技术；构建了"一条生命线、一张湿地网、两处景观带、二十个示范区"的辽河保护区"1122"生态建设格局，编制形成了《辽河保护区"十二五"治理与保护规划》，规划的实施使辽河保护区植被覆盖率从 13.7%提高到 63%，增长近 50%；鸟类、鱼类等迅速恢复，呈现出生态正向变化的良好趋势，发挥出明显的生态环境效益。形成治污系统方案，支撑流域持续治理。以水专项成果为技术支撑，主持编制了国家重点流域水污染防治规划《辽河流域水污染防治"十二五"规划》和《辽河流域水污染防治"十三五"规划》，保障了辽河流域水环境质量得到改善，近岸海域环境质量稳中趋好，辽河流域水生态系统功能明显恢复。总之，水专项以突破性的理论发现、创新性的技术研发有力地支撑了辽河流域治理工程的实施，从而全面地提升了辽河流域污染控制、生态服务功能改善，以及流域生态安全和环境可持续发展的管理水平。

1.2 水专项辽河流域 2007～2017 年研究进展

1.2.1 创新构建辽河流域水污染治理技术体系支撑工程实践

1. 突破了流域重化工业水污染控制关键技术

1) 钢铁行业

钢铁和有色行业大量含重金属、氨氮和难降解有机物废水与废渣的排放，缺乏有效污染控制技术，这些因素一直制约产业可持续发展。水专项构建了先进适用的焦化废水、含重金属高氨氮废水和钒铬废渣的资源化与无害化处理技术系统，并实现产业化应用，有效推动行业污染减排，创造出重大的经济和环境效益。

针对含钒铬废渣开发了高值化清洁利用关键技术，在世界范围内率先突破钒铬萃取分离技术瓶颈，实现了废渣的资源化与无害化，并建立万吨级钒铬废渣处理示范工程，实现了废渣总资源利用率超过 95%，全过程废水零排放、废渣近零排放，为企业创造经济效益超过 6 亿元，减排毒性废渣近 5 万 t，具有显著的经济和环境效益。成果"钒铬废渣资源化关键技术与产业化应用"获 2011 年辽宁省技术发明奖一等奖；钒铬萃取分离产业化技术还可以拓展到其他一次和二次重大战略资源利用中，意义重大。

针对焦化废水低成本处理的国际性难题，研究人员突破了酚油协同萃取、低成本臭氧多相催化氧化、反硝化强化脱碳脱氮等关键技术，形成了先进适用的焦化废水强化处理集成技术，已在鞍钢集团、沈煤集团等企业建成处理规模 2400～5200t/d 的示范工程 4 项，并实现长期稳定运行。出水水质达到国家新颁布的焦化行业新标准和辽宁省地方标准，累计节水超过 500 万 t，COD 减排超过 1.5 万 t，总氰减排超过 180t，苯并芘减排超过 2.5t，总增收 4355 万元以上，具有显著的经济与环境效益。

2）石化行业

石化行业是辽河流域的支柱产业，也是一种高污染行业。针对石油开采、原油炼制、石油化工产业链各环节水污染特点，提出"清污分流、节水降耗；污污分流、分质处理"的石化产业链全过程行业控污策略。"十一五"期间，突破"曝气生物滤池（BAF）-超滤（UF）/反渗透（RO）"和"絮凝沉淀-多介质过滤-双膜法"等关键技术 9 项，形成基本覆盖流域石化全产业链的水污染控制技术系统；技术支持建成 4 项示范工程，各示范工程出水 COD 浓度均小于 50mg/L，总氮（TN）小于 10mg/L，出水水质均符合辽宁省综合污水排放标准和石化行业污水排放一级标准；实现日处理废水 13.6 万 t，年累计减排 COD 3102t；示范工程废水回用率均在 80%以上，年累计回用水 565 万 t，回收石油 1300t，累计经济效益超 1000 多万元。

针对采油污水中石油类及各种有机高分子聚合物等难降解组分（尤其是稠油污水中的胶质、沥青质等石油类成分）的厌氧生物处理，兼顾厌氧、好氧和兼性菌对稠油污水的不同作用，研发了适合辽河油田采油污水的复合型微生物菌剂，实现了采油污水难降解组分在厌氧生物反应器中的定向转化。针对稠油污水的 COD 去除问题，以污染物分类、分子量分级、处理过程分段为技术思路，以生物-物化协同为工艺核心，通过生物反应改变有机物的组成和结构，利用生物代谢对污染物进行定向转化；与生物处理相匹配，选择具有针对性的物化工艺，根据生物、物化技术的临界条件，通过目标污染物的高效分离去除，解决难降解 COD 的削减问题；针对油田含油污泥的来源与种类，以水基清洗法对易脱附油泥进行油资源回收，以两步焚烧法对难脱附油泥进行热能利用，以电动修复法对低浓度油泥进行深度处理。通过研发相应的卧式转笼淘洗、立式旋转焚烧、变极电动修复等关键设备，建立了系统的油泥处理技术。

针对石化乙烯废水高盐、难降解的特性，构建了 BAF-UF/RO 组合工艺，攻克了乙烯化工高盐难降解有机废水深度处理与回用技术瓶颈。其中 BAF 中，采用了自制的新型免烧粉煤灰陶粒填料，同时采用强制鼓风曝气技术，有效防止了气泡在滤料中的凝结，提高了氧气利用率，降低了能耗。针对抚顺石化大乙烯厂清洁下水的水质状况，结合废水回用要求，创新性提出了絮凝沉淀-多介质过滤-超滤-反渗透组合技术。其中絮凝沉淀完成污水中粒径较大悬浮物（SS）和有机物的去除；多介质过滤用于污染物高效截留，便于后续深度处理；超滤进一步去除胶体有机物、悬浮物；最后反渗透进行深度脱盐、脱有机物，以使处理后水质达到回用（循环水补水）要求。该技术综合运用了国内外先进、有效、经济且技术稳定的污水处理技术，可使清洁下水实现回用及零排放。

"十二五"期间，在原有的石化全产业链水污染控制技术体系基础上，加强了对石化行业废水氨氮和特征有毒有害物控制技术的研发。针对石化行业高氨氮工业废水氨氮浓度高、可生化性低、运行成本高的现状，开发臭氧催化氧化耦合 BAF 同步除碳脱氮成套技术系统。臭氧催化氧化较单独臭氧氧化能更有效地氧化分解水中有机物；催化剂能强化臭氧在水中的传质，提高水中臭氧的分解能力，增加水中溶解氧(DO)的浓度，提高污染物去除效果。在臭氧催化氧化后端设置 BAF，在曝气的情况下，生物膜表面进行硝化过程，生物膜内部由于缺氧环境，可进行反硝化反应。反硝化过程所需的碳源来自臭氧催化氧化过程产生的 BOD。BAF 技术，在去除 COD 的同时进行硝化反硝化脱氮，使出水达标排放。臭氧催化氧化耦合 BAF 同步除碳脱氮成套技术，应用于中国石油天然气股份有限公司抚顺石化公司 2501 污水处理单元改造，示范工程建成后，COD 年削减量约 880t，氨氮 40t(如果包括原水有机氮转化成的氨氮，则为 130t)，总氮 86.4t，由于出水水质优良，部分作为回用水进入现有脱盐水处理单元。这一改造工程运行成本 1.58 元/t(包括臭氧氧化催化剂折旧 0.3 元/t)，低于同类型技术水平。

针对石化行业废水中有毒有害特征污染物和生化尾水中残余有毒有害污染物的问题，研发出石化行业有毒有害物污染控制集成技术，年削减 COD 227.4t，氨氮 21.4t，有毒有害物去除 90%以上，实现废水污染物达标排放和有毒有害物强化削减。其中，石化腈纶废水生物脱毒工艺升级改造技术和石化废水生化尾水 RO 浓水深度处理技术-序批式电芬顿高级氧化技术在抚顺石化腈纶厂污水处理示范工程中得到应用，最终出水水质达到辽宁省综合污水排放一级标准，特征有毒有害物去除率达到 99%以上。采用腈纶污水处理厂生物脱毒工艺升级改造技术，可最大限度地利用现有的污水处理装置，对其运行方式与参数进行优化调整。在生化末端再增设必要的物化深度处理，保证出水水质达标排放和毒害物充分削减。应用该技术可节省投资费用与运行费用，新增处理成本仅为 2.15 元/t 污水。

3) 制药行业

制药行业是辽河流域的重要产业。制药废水是工业废水中最难处理的废水之一，以发酵类和化学合成类废水处理难度最大，其污染特征如下：①水质成分复杂，制药生产过程中，通常使用多种原料和溶剂，生产工艺复杂，生产流程较长，反应复杂，副产物多，因此废水成分十分复杂；②COD 高，有些制药废水中 COD 高达几万到几十万 mg/L，这是由生产过程中原料反应不完全产生的大量副产物和大量溶剂排入废水引起的；③有毒有害物含量高，废水中含有大量对微生物有毒害作用的有机污染物，如硝基化合物、卤素化合物、有机氮化合物、具有杀菌作用的分散剂或者表面活性剂等；④可生化性能差，制药废水中含有大量难生物降解的物质，包括抗生素及结构复杂的多环、杂环类芳香类化合物，导致废水可生化性能差；⑤色度高，由于生产原料或产物含有如甾体类化合物、硝基类化合物、苯胺类化合物、哌嗪类物质，多数物质色度较高，有色废水阻截光线进入水体，影响水生生物生长；⑥盐分高，制药废水的盐度变化从几千到几万 ppm①，盐度的变化对微生物有明显的抑制作用，甚至会致使微生物死亡。

---

① 1ppm=10^{-6}。

"十一五"期间,针对浑河中游典型制药行业废水,研发了达标排放及资源化技术。突破了水解酸化-接触氧化生物共代谢、铁碳微电解回收铜、高级氧化-升流式厌氧污泥床(UASB)-膜生物反应器(MBR)、湿式氧化-磷酸盐固定化等多项达标排放与资源化关键技术,通过单元处理技术集成和全流程"物化-生化"工艺耦合,形成了多套组合工艺。其中水解酸化-接触氧化生物共代谢技术被应用于东北制药集团张士磷霉素钠制药废水处理工程示范,实现 COD 削减 420t/a。

其中的关键技术主要有:①水解酸化-接触氧化生物共代谢集成技术。该技术将厌氧微生物控制在水解酸化的环境条件下,将难生物降解高分子复杂有机底物转化为易生物降解的低分子简单有机物,从而降低磷霉素钠生物毒性,改善和提高磷霉素钠废水可生化性。生活污水同磷霉素钠废水的混合,可为磷霉素钠的降解细菌提供维持生命的能量和基质;磷霉素钠的降解细菌的数量随着反应器的运行逐步增加,从而达到降解磷霉素钠废水的目的。②铁碳微电解回收铜集成技术。该集成技术以粉末态的炭粉与铁粉为反应原料,集活性炭吸附、Fe/C 微电解及 Fe 的氧化还原等作用于一体。废水经 Fe/C 微电解技术预处理后,具有生物毒性的小檗碱结构被破坏,通过活性炭的吸附以及絮凝沉淀作用去除大量有机物,提高废水的可生化性,降低了其对后续生化处理单元的冲击。同时高浓度的 Cu^{2+} 经铁还原转化为单质 Cu。③高级氧化-UASB-MBR 集成技术。该技术采用高级氧化作为预处理技术,能对废水中有机污染物具有较好的处理效果并改善废水的可生化性;通过 UASB 中厌氧颗粒污泥,固定化富集优势降解微生物,在强生物毒性的小檗碱和连续流 MBR 的水力条件的双重选择作用下,活性污泥絮体形成好氧颗粒污泥,通过厌氧好氧双颗粒污泥系统强化小檗碱废水中有毒有机污染物的去除,并有效控制了膜污染。④湿式氧化-磷酸盐固定化集成技术。该集成技术是在湿式氧化条件下,利用分子氧破坏磷霉素废水中高浓度有机磷化合物 C—P 键,实现磷的无机化的同时,将废水中高浓度有机物转化为小分子有机酸,降低废水的生物毒性,提高可生化性,实现废水中有机磷转化率99.0%以上。在此基础上采用磷酸钙和磷酸铵镁结晶回收技术实现废水中磷元素的资源化回收,有效降低了废水中高浓度磷酸盐对后续生化处理的影响。

"十二五"期间,针对浑河工业集群区制药废水中有毒有害物污染现状,着重解决制药废水的分质处理及生物强化处理的高效稳定运行,以及含重金属剩余污泥的安全处置和减量化等问题,研发了三项关键技术:①沉淀结晶-树脂吸附分质处理含铜废水,该技术采用化学沉淀法和树脂吸附法相结合的处理工艺,不仅能够使废水达标排放,而且能以碱式氯化铜的形式回收废水中的 Cu^{2+} 等有价物质,实现废水的资源化利用;②制药废水复配功能菌强化厌氧折流板反应器(ABR)-循环活性污泥系统(CASS)生物处理,该技术采用自主研发的制药废水高效降解微生物培养方法,富集纯化培养对磷霉素钠和苯乙胺具有高效降解性能的菌株,通过投加该高效菌剂,结合 ABR-CASS 系统运行模式的调节运行,处理含磷霉素钠等特征污染物制药综合废水,实现特征污染物去除率 90%以上;③制药污泥臭氧氧化-厌氧消化脱毒减量化,针对制药污泥中有毒有害物多的问题,采用臭氧氧化-厌氧消化工艺对其进行减量化、无害化处理,在臭氧氧化过程中,污泥挥发性固体减量 26.5%,污泥中毒害物明显去除,经臭氧氧化预处理的污泥再进行厌氧消化,提高厌氧消化效率、增大产甲烷量、缩短消化时间,挥发性固体物质去除率可达

42.2%，实现了污泥的减量化。在此基础上，最终形成制药行业有毒有害物污染控制和资源化集成技术，实现分质处理—综合废水处理—制药污泥处理的全过程控制，实现有毒有害污染物削减率 90%以上，减排 COD 7200t/a，回收铜 90t/a。

2. 构建了大型河流生态治理与修复技术体系

1) 辽河保护区

针对辽河流域治理和管理需求，探索和实践河流治理理论与管理新机制，水专项团队参与构建、设计了我国第一个以大型河流为单元、538km 长的辽河保护区。统筹河道整治与河流湿地恢复、环境污染控制、生态建设保护和资源合理利用等问题，实现安全、生态和经济等综合效益。形成单项技术 30 余项，包括河流湿地网建设技术、河道险工双侧综合治理技术、岸坎生态修复技术等，并按照技术特点和类型进行了集成，建立了我国大型河流保护区治理技术体系。水专项团队主持编制了辽河保护区治理与保护"十二五""十三五"规划，先后获辽宁省政府批准实施。研究成果与应用对辽河摘掉重度污染"帽子"起到了关键性作用。

针对辽河保护区河岸带岸坡不稳、植被破坏、水土流失与面源污染严重等问题，构建了基于全方位生态恢复、植物栽培、抚育与巡护管理的人工强化自然封育技术；研发了河岸边坡土壤-植物稳定技术与河岸缓冲带污染阻控技术，提出了不同土壤质地、植被盖度下阻控径流中氮磷 80%时所需不同植被缓冲带宽度；形成了辽河保护区河岸带人工强化自然封育模式。技术支撑辽河保护区生态封育工程，对主河道两侧各 500m 宽的河滩地实施"退耕还河""退林还河"，共收租河滩地 63.57 万亩[①]，建设封育围栏 1036km，辽河干流实现封育面积 75 万亩以上，实行封闭管理，减少人为干扰。实现了辽河 538km 长、440km^2 的生态廊道全线贯通。实现保护区植被、鸟类、鱼类物种数分别由 2011 年的 187 种、45 种、15 种增加到 2016 年的 234 种、85 种、34 种。辽河入海口的斑海豹种群在逐步扩大，沙塘鳢、银鱼繁殖数量显著增加，物种种类明显增多，生物多样性快速恢复，辽河生态环境进入正向演替阶段。

针对保护区湿地破碎化严重、生态系统功能严重受损等问题，构建了基于石块抛填、水生植物种植、水生动物恢复的牛轭湖湿地恢复技术，基于坑塘湿地群建设、水质优化与水系连通的坑塘湿地恢复技术，以及基于支流污染程度和河口滩涂面积的支流汇入口湿地恢复技术。技术支持在辽河干流建设 17 个生态控制工程和 17 处水环境综合整治工程，并在支流建设 20 处支流河口治理工程。

针对辽河干流河势不稳、泥沙淤积、行洪不畅等问题，构建了梯级石笼植物坝、抛石护根植物坝、生态柔性坝为主体的河势稳定生态控制技术，构建了辽河下游河势特征和输送泥沙需水量的配置模式，确定了辽河干流不同断面的输沙水量，构建了以无纺纤维为主材，以芦苇、茭白、香蒲为种植植物锚固式支流河口人工浮岛水质净化技术。技术保障新建 16 座生态蓄水工程并运行，结合河道清淤、险工治理、生态护岸、恢复水生植物等实施河道综合整治 167km，加上调整用水思路，保护区内河道水量可保持在 1.4 亿 m^3

---

① 1 亩~666.7m^2。

左右，比治理前增加一倍。

2) 大伙房水库水源保护区

创新性地提出了源头区水源涵养林结构优化与调控技术体系，突破了现有林业技术规程限制，提升了上游源头区森林植被的涵养水源、净化水质能力。针对源头区天然次生林破坏严重、结构失控、功能失调、水源涵养及水量调控功能锐减等问题，研发了源头区水源涵养林结构优化与调控技术体系，筛选出最优水源涵养林结构模式；提出对水源涵养林适度经营的理念，阐明了影响人工林水源涵养功能低下的原因，研发并集成了低效水源涵养林改造、河/库周边滨水植被结构调控与空间配置技术体系，提升源头区天然次生林的涵养水源能力，实现了河/库周边植被和水质的生态功能恢复，其核心技术已编入《辽宁·清原·国家级森林经营样板基地建设》实施方案，应用于国家森林可持续经营试验与示范区建设，同时还在浑河上游典型流域开展推广应用。

研发并集成了河/库滨水植被带生态恢复及水质改善技术体系，持续改善浑河上游区水生态环境。突破了北方寒冷地区河/库周边植被生态恢复关键技术，量化了河/库区植物种类、结构与水质改善、净化能力的关系，技术体系应用于大伙房国家湿地公园建设项目中，水质得到了明显改善，溶解氧、COD、氨氮、总氮、总磷等指标均达到了国家 II 类水质标准。据测算，该技术体系推广到浑河源头区和大伙房水库上游区后，年有效蓄水量将分别提高 2000 万 t 和 4000 万 t 以上，有力地保障下游居民生活及工农业生产的用水安全，保证了浑河水环境的长期持续改善，保障了大伙房水库的水生态安全。该技术体系获得中国科学院科技促进发展奖、辽宁省科技进步奖一等奖，以及辽宁省林业科学技术奖一等奖，并入选了国家"十二五"科技创新成就展，为浑河流域森林植被水生态功能恢复提供技术支撑，为辽河流域的水生态环境治理提供范式。

研发了源头水源涵养区植被生态恢复与河岸植被缓冲带构建关键技术，确保大伙房水库水质与水量安全。针对现有植被结构简单、多样性低、水源涵养功能下降等问题，调查分析了浑河上游 193km^2 范围内的 10 余个典型支流，确定源头区植被类型与水源涵养能力的关系，重点研发了源头区河岸植被缓冲带建立和水源涵养区植被生态恢复技术，天然水源涵养林原位更新、促进结构优化的林窗结构调控技术；构建三套适合本区域的河岸植被缓冲带模式；编制完成《浑河上游水生态维系地方标准(建议稿)》，申报国家发明专利 3 项。研发并推广河流水生态修复技术的应用，保障了大伙房水库的水质安全。一是应用于浑河上游地区大伙房水库及浑河上游的其他支流(如大苏河、小苏河、沙河等)，氮磷污染降低超过 20%。二是源头区河岸植被缓冲带构建与恢复技术应用于浑河上游的河道生态工程建设，先后完成了浑河主干及部分支流河道的治理，修筑堤防 20km，其中工程防护 10km、生物护岸 12.7km。改善了河流源头水质，保护了水源地生态环境。

研发了上游汇水区点、面源污染负荷综合削减及污水资源化回用关键技术，保护了大伙房水库水质，实现浑河水质改善。针对上游汇水区农业面源和工业(矿山)点源污染，分别研发了农业固体废弃物的面源污染负荷削减技术和达标排放及污水资源化回用技术。研发的农业面源区农业固体废弃物综合削减技术，应用于清原满族自治县农村能源工程中，实现了寒冷山区沼气池冬季的持续产气，提高了沼气池的应用效率，间接提高了农业固体废弃物的循环利用率，削减了面源污染物的入河量。形成农业面源污染负荷削减示范村一个，构建农户厕所、猪舍、日光温室、沼气池相结合的"四位一体"沼气池 27 座，年累计削减示范村固体废弃物总量 30%以上。污水资源化技术主要研发化学沉淀-浅塘光降解、生物接触氧化-生物碳吸附等集成工艺，并通过采取分流截污措施，采用传统生物处理与生态工程处理相结合的方式，实现生活污水的达标外排和工业选矿废水的资源化回收利用，应用于红透山矿区污水处理工程。年减排 COD 100t 以上，平水期尾矿库污水可完全回收利用，解决了水库上游大型独立矿区的废水处理问题。示范工程，每日减排工业废水 4000t 以上，生活污水达标外排 3000t。

3) 辽河口滨海湿地

辽河口湿地位于辽河流域末端的辽河入海口处，拥有亚洲最大的芦苇型滨海湿地，受油田开采、稻田种植和苇田养蟹等人类活动多方面的影响，上下游污染叠加特征明显。水专项根据辽河口湿地的污染问题，开展辽河口湿地水质改善和生态修复技术研究，充分优化环境资源配置，推进陆海统筹发展，突破河口湿地生态用水调控和污染阻控技术难题，研发了以改善辽河口区域水质、恢复河口湿地生态为目标的关键技术 18 项，工程示范 7 项。

突破河口湿地生态污染阻控技术难题，构建水质改善关键技术与工程示范。针对河口区油田开采造成的井场周边土壤和湿地水体污染问题，研发了"河口区累积性烃类有机污染物的强化阻控与水质改善技术"，实现土壤累积性烃类污染物削减率达 50%，并在山东胜利油田进行了推广应用。针对辽河口稻田种植和苇田养蟹造成的氮磷流失和养殖水体污染问题，开展稻田生产制度、稻田田间水文及毗邻生态系统功能的协同管理，建立了"河口区稻田生产区氮磷面源污染控制与水质改善技术"，并应用于辽宁盘锦新生镇稻田生态系统，使稻田单位面积增产近 11%，纯氮施用量减少 35.1%，节水 12.5%～18.87%，减排 19.9%。研发了"河口湿地养殖水体污染的物理-生物联合阻控与水质改善技术"，并应用于盘锦市羊圈子苇场"河口区苇田养殖水体污染阻控示范工程"，苇田养殖水体的氨氮和 COD 的最大去除效率分别达到 57.2%和 51.2%，苇田出水氨氮和 COD 分别降至 0.15mg/L 和 30mg/L 以下。

突破河口湿地生态用水调控技术难题，构建生态修复关键技术与工程示范。河口湿地生态恢复关键技术，将水力调控技术、高抗盐芦苇扩植技术、生物降盐技术进行技术集成，应用于盘锦市东郭苇场"河口湿地芦苇生态恢复示范工程"，对退化芦苇湿地的生态恢复、提高湿地生态功能起到示范作用，苇场单位面积芦苇生物量平均增幅 48.6%，污染物去除能力提高 30%。辽河河口湿地生态用水调控方案，应用于盘锦辽河口生态经济区管委会下属苇场等相关部门，据现场调水实践证实，该技术方案在枯水年和平水年可分别增加微咸水 300 万 t 和 1200 万 t，解决了枯水期芦苇湿地的生态供水问题，节约淡水资源，促进湿地生态恢复。在开展河口区芦苇群落退化机制研究的基础上，针对湿地水资源短缺、营养失衡和盐渍化的问题，开展湿地水循环、养分运移和生态效应研究，建立了河口区退化芦苇湿地生境修复技术，实现芦苇生物量提高 20%以上。该技术在盘锦市羊圈子苇场的"河口湿地芦苇群落生态修复关键技术示范工程"中得到应用，示范面积 2.1km^2，使示范区芦苇生物量提高 65%以上。

保障生态安全，构建辽河口湿地生态格局与生态保护体系。针对辽河口湿地生态退化与生态安全问题，通过分析近三十年河口湿地自然演化过程与人为影响，对河口湿地的演变格局、生态安全和潜在生态风险进行预测和预警，构建了辽河口湿地生态安全预警标准和保护体系。

1.2.2　创新构建辽河流域水环境管理技术体系

"十一五"和"十二五"期间，水专项在辽河流域重点完成了流域水生态功能分区与水质目标管理、水环境风险评估与预警监控、水环境安全监控与智能管理等相关研究，基本建成并应用了辽河流域水污染物排放总量监控网络、辽河流域水生态监测网络和辽河流域水环境安全智能监管系统三大监控监管网络体系，初步形成了特色鲜明的重化工型城市集群区重点流域水环境管理技术体系。

1. 创新重化工城市群重点流域水生态环境功能分区与水质目标管理技术

针对辽河流域水生态系统结构、功能和过程的相互作用及空间差异性，识别了影响辽河流域水生态格局的主控因子，建立了辽河流域三级水生态功能分区指标体系，从而将辽河流域划分为 90 个水生态功能三级区和 48 个控制单元；选取并完成了其中 15 个控制单元的水环境模型构建、污染物允许排放量计算、污染负荷分配，制订了污染物削减优化方案，提出了单元水环境管理指导建议，形成了《辽河流域水质目标管理指导手册》。基于三级水生态功能区生物完整性、物理完整性和化学完整性的管理要求，评估了辽河流域三级水生态环境功能区水生态安全，通过对水生态功能区污染物水质基准的校验，提出了辽河流域水生态功能区的水环境质量标准限值和管理目标，并结合水环境质量标准和产业准入制度等，建立了辽河流域三级水生态功能区综合管理目标体系，构建了辽河流域水质目标管理技术平台，为实现辽河流域从单一的水质目标管理向水生态管理的重大转变提供了科学依据与技术支撑。

2. 构建了辽河流域水环境风险评估与预警监控平台，初步建立了流域水生态环境功能区生态管理和保障体系

围绕水库型饮用水源地、城市河段、河口区及辽河全流域风险评估与预警技术，优化了辽河流域水环境监测网络，突破了基于生态系统健康的流域水环境质量风险评估技术、辽河流域水环境质量预警模型构建技术、基于 5S 技术的环境污染事件应急响应决策技术，建立了辽河流域水环境风险评价及预警技术体系，构建了包括水环境污染源管理系统、水环境质量管理系统、风险评估与预警系统、水环境应急响应系统、综合信息服务系统 5 个子系统的辽河流域水环境风险评估监控与预警技术平台，并在辽河流域大伙房水库、浑河城区段及大辽河口成功进行了推广应用。开展了基于水生态环境功能分区的辽河流域产业准入制度与容量管理研究，提出了基于水环境容量、土地优化配置下的流域产业结构调整和布局方案及准入制度；研究建立了基于水生态环境功能分区的辽河流域主要污染物排放控制综合管理体系，实现了辽河流域水污染物排放控制动态管理，并提出了不同功能区生态管理模式，初步构建了辽河流域水生态环境功能区生态管理体系和保障体系。

3. 支撑建立了辽河流域水环境安全监控与监测体系，构建了流域水环境安全智能监管系统

基于水生态功能区和主要污染物排放管理目标与分配方案，构建了基于控制单元的辽河流域水污染物总量监控及减排绩效评估技术、水生态监控技术、水环境风险预警和监测智能化管理技术体系，建立了服务于总量减排、生态保护、风险预警的监控网络，形成动态智能的辽河流域水环境安全监控与监测体系。基于环保物联网、流域水生态功能区、主要污染物排放与控制、水环境安全监控的研究成果，开展了流域水环境应急体系的研究，搭建了多元数据采集传输网络，建设了水环境数据中心，构建了科学动态的辽河流域水环境安全智能监管系统，其中包括环境安全日常防范动态管理、水环境风险分区、水环境重点行业风险源评估管理、水污染物排放总量监测网络、水生态监测网络、水污染物总量减排绩效评估与辅助决策支持、风险实时预测与报警 7 个核心子系统和水污染物总量数据库、水生态数据库、水文数据库、植被生态数据库等 12 个专题数据库，制定了辽河流域水环境监测体系质量保障管理办法，并在辽河流域的清河、汛河、蒲河实现应用。

1.2.3 提升了流域水污染防治产业化水平

1. 畜禽粪便资源化技术与人工湿地冬季稳定运行技术在辽河流域得到大规模推广

寒冷地区畜禽粪便资源化技术在辽河流域农村环境综合整治中得到大规模应用推广。其技术核心为厌氧发酵制沼气，以及好氧发酵制有机肥，主要应用领域为农村地区畜禽养殖粪污的治理。该技术在辽宁省内 10 项大型畜禽粪便治理项目中得到应用推广，年处理畜禽养殖粪污 20 万 t、年削减 COD 7200t、削减氨氮 480t，在流域水质改善与农村环境治理中发挥了巨大作用。人工湿地冬季稳定运行与强化脱氮技术在辽宁省县级污水处理厂建设中得到大规模推广，其中铁岭昌图县污水处理厂、喀左城市污水处理厂等 8 项污水处理项目均采用人工湿地技术，总处理规模约 14 万 t/d，年削减 COD 9655t，在辽河治理过程中发挥了有效的技术支撑作用。

2. 污染河流生态治理技术在北方典型污染支流治理中得到首次应用

复合生态滤床技术首次应用在条子河污染治理工程中，主要污染负荷削减 20%，年 COD 削减量 3285t，治理河道水体满足《地表水环境质量标准》（GB 3838—2002）V 类水质标准。从根本上解决辽河上游 16 个乡镇（场）、66 个村、203 个自然屯、24340 户、89659 人及 38814 头大牲畜的饮用水安全问题，为实现辽河上游水质改善，辽河上游生态系统健康和生态安全提供了技术支撑。

3. 搭建了"辽宁水环境污染治理产业技术创新平台"，加速了分散式污水治理的产学研用转化进程，推进了产业化发展

构建了辽河流域分散式污水治理技术产业化模式，实现了 10 个系列化设备 41 个工

程项目的产业化推广，破解了农村涉水面源污染治理难题。搭建了"辽宁水环境污染治理产业技术创新平台"，建立起政府-企业-科研单位-用户的多方合作桥梁，大大加速了产学研用转化进程，形成了一大批科研成果及示范、转化的工程项目。平台通过开展村镇污水治理设备及产品研发、污水处理与回用、农村环境污染综合整治、政策支持与社会服务等方面技术、设备、管理、咨询的创新与服务，形成了一批具有自主知识产权、科技含量高、适用性强的核心技术与成套设备，提高了其产业化应用规模和水平，带动产业高质量快速发展。

4. 创新了分散式污水治理技术产业化保障机制，打通了政府、市场与企业的沟通交流渠道，构建了辽河流域分散式污水处理环保产业发展新模式

创新实施了"环保管家"一站式服务、"以城带乡"小型污水处理设施运营等服务模式和保障机制，解决了美丽乡村建设过程中环保工艺过于零散与治理工程过于单一，难以提高全方位、高质量、系统化的专业服务等区域共性问题，构建了适合辽河流域的分散式污水治理技术产业化模式，并与抚顺、本溪、阜新、葫芦岛等10多个市(县)签署了"环保管家"协议。构建的产业化模式，有效促进了市场的深度挖掘，使分散式污水治理成套设备的产业化推广得以顺利开展，"十二五"期间共完成了41个产业化项目，推广10个系列9个子系列成套设备600余套，市场开发份额在辽河流域畜禽粪污厌氧发酵治理中占60%、在小型生活污水处理中占30%、人工湿地污水处理占80%、农副产品加工行业废水治理占50%，共实现产值2.23亿元，在改善农村水环境质量的同时，环保技术设备的产业化也成为辽河流域新的经济增长点，实现了环境效益、经济效益和社会效益的有机统一。

5. 开发了辽河流域分散式污水治理成套技术和设备，突破了工程转化的瓶颈问题，助推了辽河流域美丽乡村建设

以治理有效、资源利用、绿色生态的产业化推广为目标，发挥产业技术创新平台综合优势，从工程实践出发，发现问题、破解难题，为乡村振兴战略实施提供了技术支撑。研发了畜禽粪污高效厌氧发酵技术、发酵产物利用技术，集成优化了粪污、餐厨垃圾、棚菜作物及秸秆等多原料预处理一体化技术、破壳搅拌技术、改进型USR厌氧发酵技术、内置热能转化技术、正负压气水分离保护技术、沼液浓缩等关键技术，突破了北方寒冷地区沼气工程冬季运行不稳定的工程技术难题；开发的小型生活污水的潜水导流氧化沟处理技术，突破了氧化沟工艺在北方寒冷地区冬季运行达标困难的工程问题；开展的高效人工湿地"基质-菌剂-植物-水力"四重协同净化系统研究，突破了寒冷地区人工湿地低温环境条件下脱氮效果差的工程瓶颈；研制的TW系列高浓度物料高效厌氧发酵成套设备、GQ/GD系列一体化氧化沟成套设备、DN50-DN300均匀布水成套设备等10个系列9个子系列分散式污水治理成套设备，实现了标准化、规范化、模块化，在工程应用中操作简单，安装快速，缩短了工期，减少了直接投资的费用。技术应用于沈阳、抚顺、铁岭、盘锦、锦州、阜新等辖区51个县、乡镇、村的分散式污水治理，大幅削减了拉马

河、寇河、细河、绕阳河、古城河、沙河、清河等 10 余条支流河的入河污染物排放量，年削减 COD 10159t、氨氮 1015t，促进了辽河流域新民、大洼、台安、雅河等 30 余个乡镇村成功申报国家级、省级生态乡镇、生态村，大力助推了美丽乡村的建设。

1.3 辽河流域面临的挑战和水专项"十三五"布局

1.3.1 辽河流域水污染治理面临新挑战

"十一五"以来，辽河流域水污染得到有效控制，水专项开展的科研工程和示范为此做出了重要的科技支撑，但必须清醒地认识到，流域水质污染、生态环境破坏等问题依然严峻，辽河流域治理依然是一项长期复杂的任务。

1. 水环境质量持续改善，要求水污染综合管治更加高效

2007 年以来，虽然在辽河流域围绕冶金、石化、制药等五大行业，构建了针对流域不同污染特征的水污染控制成套技术及综合示范体系，设计了共性技术研发、区域性技术综合示范和产业化 3 类项目。但对关键技术的评估、实证、规范化、标准化、系统化方面研究仍然不足，严重制约了辽河流域水污染综合治理水平的显著提升。需要在十年水专项研发的技术成果基础上，建立规范化、标准化、系统化的流域水污染综合治理集成技术，构建以水生态系统健康为目标的流域管理模式，健全流域的水环境质量基准和标准体系，建立基于水环境容量的污染物总量控制技术体系，形成完善的流域水环境预警与风险管理体系，提出辽河流域水污染治理的技术路线图。实现辽河流域水环境科学化、精细化的管理，为流域水环境质量的长期有效改善提供支撑。

2. 生态健康河流构建，需要流域顶层设计与系统实施

"十二五"以来，辽河保护区生物多样性逐步增加，生态恢复效果初步显现。保护区植被、鸟类、鱼类物种数呈现上升趋势，但生物恢复水平距 20 世纪 70～80 年代辽河干流植被千余种、鱼类上百种的水平差距仍十分显著。此外，植被生态系统趋于封闭，外来入侵物种威胁较大。因此，针对不同水生态功能区生境和水生态恢复需求开展大型生态功能提升技术的研发与集成，是辽河保护区河流自然生境持续恢复的必然途径。

3. 成果装备化和产业化，需构建水专项科技成果转化平台

辽河流域先进环保技术与成果的装备化、产业化水平低仍是制约流域水质持续向好的瓶颈问题，辽宁省乃至东北地区环保技术装备产业化水平与需求相比仍有差距：一是自主创新能力不强，以企业为主体的环保技术创新体系不完善，产学研结合不够紧密，技术开发投入不足，一些核心技术尚未完全掌握，部分关键设备依靠进口；二是产业集中度低，企业规模普遍偏小，龙头骨干企业带动作用不强，环保产品设备成套化、系列化、标准化水平低；三是政策不完善，相关法规、标准体系，以及财税、金融政策不健全，中小型环保设备及装备制造企业融资困难；四是市场化推广体系不健全，用户与供

应商之间的环保技术产品信息传播途径较少,第三方评价机制不完善,用户对新型环保技术装备认知程度低、识别成本高,市场化推广模式没有得到普遍应用。因此,促进环保产业转型升级,完善以企业为主体的环保技术、创新技术体系,构建水专项科技成果转化平台,加快流域内先进环保技术与成果的装备化、产业化进程刻不容缓。

1.3.2 水专项辽河流域"十三五"任务布局

按照国务院批复的水专项实施方案中"十三五"的"综合调控"定位,针对新形势下辽河流域存在的环境问题和面临的新挑战,设置 4 项重点任务,实现流域综合调控技术目标,支撑辽河流域《水污染防治行动计划》目标实现,为北方寒冷地区缺水型老工业基地河流治理与保护提供经验和范式。

1. 辽河流域水污染治理与水环境管理技术集成与应用

面向辽河流域水污染持续治理与水生态环境智能化管理技术需求,开展辽河流域典型工业废水全过程控制、城镇水污染控制、农村水污染治理、受损水体修复等流域水污染治理关键技术的评估、集成与实证;进行水生态环境功能分区管理、水环境风险管理、排污许可分配、水生态环境承载力监测、水环境大数据等水环境管理技术的集成与验证,研发水资源、水环境、水生态等多维度大数据耦合技术,建立辽河流域水环境综合管理调控平台,并实现业务化运行。构建完善辽河流域水污染治理与水环境管理技术体系,形成辽河流域"河长制"技术支撑总体方案。

2. 辽河流域典型优控单元污染治理模式与工程应用

基于"水十条"流域治理目标和技术需求,开展"水十条"流域治理效果评估,构建辽河流域水环境承载力预警体系;针对辽河流域典型优控单元的水质维护技术需求,开展大伙房水库水源地上游面源污染治理综合调控技术集成研究及应用,形成大伙房水库上游农业面源污染防治技术体系;针对制约辽河流域水体达标的典型优控单元的水环境保护与修复关键问题,在浑河支流细河、辽河支流清水河、辽河支流亮子河等小流域开展城市重污染河流、面源污染主导型河流等综合调控的技术集成,形成区域差异化的水污染治理技术综合解决方案;构建典型优控单元污染治理模式,支持"水十条"辽河流域水质目标的实现。

3. 辽河保护区河流健康修复与管理技术集成

针对河流管理体制机制创新先行示范区——辽河保护区水生态系统健康维护与保护目标提升技术需求,重点开展生态资源资产评估、北方寒冷地区大型河流生态水保障与时空优化调度、北方寒冷地区大型流域湿地发育与重建、自然生境恢复与土地利用空间优化、智慧化综合管理等技术研发与应用,形成辽河保护区健康河流修复与管理技术体系,为大型河流健康恢复与保护提供经验借鉴。

4. 辽河流域水专项技术成果推广与产业化

针对"水十条"实施下我国东北地区水污染治理需求与环保技术产业化市场分析，以十年来水专项辽河流域关键技术成果为核心，重点开展畜禽养殖污染治理、互联网+村镇污水治理及污泥资源能源化等关键技术的产业化推广应用，实现流域主要污染源控制和负荷削减成套技术装备化和标准化，推动水专项先进成熟技术成果的产业化转化，构建东北地区水专项成果转化与产业化推广平台，打造环保技术信息交流与市场交易中心。

1.3.3　水专项辽河流域"十三五"预期成果

辽河流域通过水专项三个五年计划和控源减排—减负修复—综合调控三个阶段，将形成完善而科学的治理思路及路线图、高效而可靠的治理技术和严格而清晰的管理机制体制，全面实现流域综合调控技术目标，为北方寒冷地区缺水型老工业基地河流治理与保护提供经验和范式。

1. 集成辽河流域水污染治理技术体系和水环境管理技术体系

系统梳理、评估并集成水专项十年来的技术成果和示范推广应用状况，形成规范化、标准化、系统化的辽河流域水污染技术集成体系，建立辽河流域水污染治理关键技术库，全面支撑辽河流域"十三五"水环境改善和"水十条"目标实现。形成以水生态环境功能分区管理与空间管控、水生态环境承载力监测、水环境风险管理、排污许可分配等关键技术为核心的辽河流域水环境管理技术集成体系；通过对技术集成体系的应用与推广，支撑辽河流域水生态环境智能化管理平台建设并实现业务化运行，支持"水十条"控制单元达标方案实现，改善辽河流域水质。

2. 集成和研发水源保护区面源污染防治技术体系

建立大伙房水库水源保护区有机农业生产模式环境影响关联度评估实证区并进行推广，为大伙房水库水源氮磷污染治理提供政策建议；形成大伙房水库水源保护区综合调控方案并得到应用，为大型地表饮用水源保护区内农业面源污染治理提供借鉴。

3. 提出差异化、系统化的辽河流域水污染控制与治理技术模式与路线图

形成区域差异化的典型控制单元水污染治理技术综合解决方案；对良好水体、城市重污染水体、面源污染主导型水体治理模式进行分类集成，提出典型优控单元水污染治理规范化工艺包、模式集、实证库；形成基于技术、经济、社会、环境多目标优化的辽河流域水污染治理模式和技术路线图，为辽河流域水污染治理提供决策支持。

4. 提出辽河保护区健康河流治理模式及技术路线图

研发自然生境恢复关键技术、大型生态工程功能提升技术、健康河流综合管控技术，构建基于生境恢复、功能提升、综合调控的辽河保护区健康河流修复技术体系；研究与经济社会发展相适应的健康河流管理总体目标，构建基于技术、经济、社会、环境多维度多目标优化的总体实施模式，制订保护区生态环境保护总体技术路线图，指导辽河保护区健康河流构建技术模式实践，支撑辽河保护区"十三五"水质与水生态改善目标的实现。

1) 辽河保护区大型生态工程功能提升技术

研发基于提升大型湿地功能的生态需水保障、湿地水生植物群落人工诱导更新、定向恢复及其资源化利用等关键技术，构建湿地功能提升与稳定化的技术体系；研发基于提升河岸带稳定功能、缓冲功能和生物多样性功能的自然生境恢复关键技术，构建河岸带生境恢复集成技术体系，保障辽河保护区生态工程稳定运行，支撑辽河保护区"十三五"综合管理调控目标实现。

2) 构建产业战略联盟

以水专项技术成果快速、高效、高质转化为目标，结合畜禽养殖污染治理、村镇污水处理、污泥处理处置等技术设备研发、工程验证和产业化推广需求和路径，挖掘东北地区及国内一流科研院所作为技术引领，以高科技环保企业为生产实体，以及时准确把握国家、地方环保行业政策法规标准规范的行业协会、学会为指导，以了解环保行业市场发展需求和方向的投融资机构为资金保障单位，建立畜禽养殖污染治理、村镇污水处理、污泥处理处置的产-学-研-用-金产业战略联盟，实现技术资源共享，破解科技成果产业化、市场化进程缓慢现状问题，助推辽河流域及东北地区的水专项成果转化与产业化推广。

3) 构建辽河流域水专项成果转化及产业化推广平台

构建线上模块创新+线下实体助推+长效运行机制保障的"2+1"三位一体的辐射东北地区的水专项成果转化与产业化推广平台，组建畜禽养殖污染治理、互联网+村镇污水治理及污泥资源能源化等水污染治理技术产业战略联盟，实现水专项技术成果转化及助力二次开发的小试与中试基地群、生产基地群与环保服务业集聚区的深度融合，孵化培育以水专项成果技术转化为核心的环保科技创新公司，打造东北地区水专项环保技术信息交流与市场交易中心，全面提升水专项科技成果转化的辐射能力，推动水专项先进、成熟、适用于北方寒冷地区的技术成果的快速、高效、高质产业化转化。

第二篇　辽河流域水污染治理共性技术研究

- 阐述了针对辽河流域综合类、石化工业、钢铁行业和印染行业 4 类重点工业集聚区开展的节水减排清洁生产技术集成研究。介绍了热电厂再生水高效低耗分质利用、炼化废水协同处理分质回用、冶金工业集聚区多因子多尺度水网络构建、印染废碱液循环利用与废水减排和流域清洁生产综合管理等技术，以及技术应用的 3 项工程示范和清洁生产管理平台运行等情况，为提升流域清洁生产水平提供了技术支撑。

- 阐述了针对辽河流域典型工业行业、城镇、畜禽养殖污水，以及河流氨氮水污染开展的污染控制技术研究。介绍了臭氧催化氧化耦合BAF同步除碳脱氮、油页岩干馏废水短程硝化反硝化脱氮、厌氧氨氧化菌种的快速培养存储和活性恢复等技术，以及 5 项氨氮污染控制工程示范情况，为流域氨氮水污染控制提供了技术支撑。

- 阐述了针对辽河流域化工、制药、石化等行业开展的有毒有害水污染物控制技术研究。介绍了流域典型行业优先控制污染物清单及废水综合毒性评估方法构建、8 项行业单元有毒有害污染物控制技术研发，以及高浓度多硝基芳烃废水、制药行业废水、石化废水有毒有害物污染控制 3 项集成技术及其工程应用情况，为流域有毒有害物水污染控制奠定了基础。

第2章

辽河流域重点工业集聚区节水减排清洁生产技术集成与示范

辽河流域各类工业聚集区密集分布、重化工业占比高、工业废水中污染物种类复杂、难降解有机物多，面临水资源短缺和污染减排的双重压力，重点工业行业节水减排技术需求和流域跨区统筹管理技术需求强。"十二五"期间，水专项辽河流域重点工业集聚区节水减排清洁生产技术集成研究，以构建辽河流域工业园区清洁生产综合管理技术体系为核心，以支撑辽河流域工业绿色发展为目标，基于"源头削减、过程控制、系统优化、流域统筹"的技术思路，构建了综合类工业园区和石化、钢铁、印染工业集聚区 4 类园区水网络优化模型，识别了园区节水减排关键节点，开展了园区节水减排关键技术研究和示范，编制了园区节水减排技术导则，提出了基于水质目标改善的流域清洁生产综合管理机制，形成了"企业—区域—流域"多层级节水减排技术和管理体系，上线运行了流域清洁生产综合管理平台，为辽河流域清洁生产技术的应用、推广和工业绿色发展提供了技术支持。

2.1 概 述

2.1.1 研究背景

工业园区具有经济集聚和产业整体竞争优势，已成为我国区域经济发展和产业布局优化的趋势。但同时由于工业集聚带来的园区工业活动密集、水资源消耗量大、污染集聚效应凸显，造成区域性的水资源紧缺和水环境污染，导致大部分工业园区发展受制于水资源供给和区域水环境功能区提标的双重约束。2015 年，国务院印发的"水十条"明确提出"集中治理工业集聚区水污染"和"加强工业水循环利用"，对工业集聚区节水减排的要求不断提高。《重点流域水污染防治规划(2011—2015 年)》中，将清洁生产提到与产业结构调整并重的地位，列为提高工业污染防治水平的四大任务之一。辽河流域人口密集，流域内分布着众多的工业园区和由同类企业自发集聚而成的工业集聚区，水质改善压力巨大，重点工业行业节水减排科技需求强。随着人口的快速增长和经济社会的快速发展，水资源、水环境、跨区域水污染问题日益严重，已成为影响经济、社会发展的重要因素。如何在流域层次全面系统推进节水减排，减少和避免环境持续恶化，实现流域各区域间的环境公平，确保经济社会可持续发展，已成为实现辽河流域水环境质量目标的重点和难点。清洁生产、源头削减和过程控制是水环境综合治理的重要抓手。通过全过程控制，从源头上减少以至消除污染物的产生和排放，是对污染防治末端治理和传统水环境整治模式的根本变革，因此，整合、集成、优化现有的全过程水污染防治和治理技术，形成跨区域、系统性、成套化的全过程流域水污染管理和治理技术，支撑流域水环境综合整治意义重大，这也是促进企业经济效益和环境效益双赢、实现可持续发展的重要途径。

针对流域节水减排技术需求，提出基于清洁生产的辽河流域重点工业集聚区节水减排技术和模式，在实现源头削减的同时降低末端治理负荷，提升末端处理稳定性，为流域水污染源头、过程控制和综合管理提供全面的技术支撑。集成"十一五""十二五"水专项辽河流域清洁生产课题研究成果，构建流域清洁生产综合管理平台，为区域清洁生产环境准入、行业清洁生产技术查询、企业清洁生产绩效评估等提供技术支撑。

2.1.2 重点工业集聚区节水减排清洁生产创新成果

1. 集成辽河流域重点工业集聚区节水减排清洁生产技术和管理体系研究成果，建立流域清洁生产综合管理平台，为流域清洁生产实施提供了技术支持

1) 园区节水减排清洁生产技术体系

对辽河流域分布较多的综合类园区(国家和省级经济技术开发区和高新技术产业开发区等)和石化、钢铁和印染工业集聚区等 4 类园区开展了工业园区水系统诊断，结合各类园区的特点，建立了园区水代谢模型，进而构建涵盖企业内部小循环、企业之间中循环，以及区域大循环的三级水循环优化网络；识别了各类园区节水减排关键节点，开展了关键技术研究和示范，完善了 4 类园区节水减排的技术途径，提升了园区水代谢效率；结合本书研究成果，编制了园区节水减排技术导则，构建了基于全过程控制的工业园区节水减排技术体系。

2) 流域清洁生产综合管理技术体系

在"十一五"期间提出的"流域清洁生产"概念的基础上，针对流域清洁生产特征，以流域水质改善目标为导向，提出了包括流域清洁生产环境准入技术、流域清洁生产效益综合评估技术和清洁生产与末端治理技术协同优化方法的流域清洁生产综合管理集成技术。其中，流域清洁生产环境准入技术基于流域水质改善目标，提出以清洁生产为核心的不同产业在不同控制区-控制单元的环境准入体系，力求从源头避免和减少污染物的产生；流域清洁生产效益综合评估技术旨在对不同控制区-控制单元实施清洁生产，对所产生的环境、经济、社会效益进行评估，并将控制区-控制单元水质改善目标有机纳入评估体系中；清洁生产与末端治理技术协同优化方法从费用效益分析的角度，筛选出清洁生产与末端治理技术的最佳组合。通过"源头准入—过程评估—末端优化"的技术途径，对流域层面实施清洁生产的管理技术进行了集成创新，为实现环境、经济、社会效益的共赢提供了新的技术手段。

3) 辽河流域工业园区清洁生产综合管理平台

依照"流域—控制区—控制单元—工业集聚区"综合治理思路，利用地理信息系统

准确分区，整合流域清洁生产环境准入技术、流域清洁生产效益综合评估技术、基于费效分析的清洁生产与末端治理协同优化技术、重点工业集聚区清洁生产技术集成和工程示范、园区节水减排技术导则等成果，建立辽河流域工业园区清洁生产综合管理平台，实现了流域清洁生产效益在线综合评估、清洁生产与产污强度动态拟合、节水减排清洁生产技术查询等。构建了基于水质目标改善的流域清洁生产综合管理机制，形成了"企业—区域—流域"多层级节水减排技术和管理体系，为促进辽河流域工业绿色发展提供了技术支持。

2. 识别不同类型工业园区节水减排关键节点，开展关键技术研究与工程示范，编制园区节水减排技术指南/导则，明确园区节水减排技术途径

1) 综合类工业园区节水减排集成技术

提出了基于水资源供给总量和受体水环境容量双重约束的园区水代谢模式，以工业园区企业节水—行业间梯级利用—区域循环利用的多级水代谢途径为重点，根据园区水资源禀赋和水环境功能区要求，提出了节水减排策略。识别了园区企业内、企业间、园区与区外水系统等不同层面影响园区水系统代谢效率的关键节点，针对北方地区水资源短缺的现实和持续提高水资源利用效率的技术需求，选择区内用水量大的热电厂为水循环利用技术示范的关键节点，研发了基于分质利用的城市污水厂排水回用于热电厂供水的低耗高效成套技术并开展工程示范，实现了热电厂 3.2 万 t/d 的生产用水全部由城市污水处理厂排水供给，每吨处理成本降低 0.2 元以上，回用量占园区污水厂排水量的 21.5%。

2) 石化工业集聚区节水减排集成技术

构建石化工业聚集区水代谢模型，开展渣油加氢、产品精制、连续重整等不同单元水回用的可行性分析，工艺水系统回用水的等级划分与水质标准确定。基于聚集区内污水原位处理与应用——小循环，聚集区企业内部污水再生处理与利用——中循环，企业与周边用水单元间的水资源利用——大循环模式，构建石油炼制、石化产品、精细化工和园区污水处理厂等上下游企业间废水和再生水的梯级利用、分质供水和循环利用相结合的水网优化模式。针对石化工业集聚区企业排放废水污染物种类复杂、难降解有机物多的特点，研发以 A/O+BAF 耦合工艺为核心的废水回用技术，将原油脱盐水、产品洗涤水、气提蒸汽冷凝水、油罐脱水、机泵冷却水、冷却塔和锅炉排污水等分级处理，开展石化工业聚集区水循环模式示范。示范工程污水处理量达到 350t/h，实现炼化一体化含油废水回用率 80.6%，COD 年削减量 1686t，氨氮年削减量 78t，年节约新鲜水247.1 万 t。

3) 钢铁工业集聚区水系统优化和水网络信息平台技术

针对钢铁工业集聚区水系统大水量、多因子、多尺度的特性，开展了水系统网络的辨识、建模和信息平台建设关键技术研究。综合考虑水系统的蒸发、漏损、排污，换热

等因素,分别构建了耗水量、排污量与物质流、能量流的关系模型。分析了物质流、能量流、水源结构、气候条件等多方面因素对系统耗水和排放特性的影响。开发了可用于钢铁联合企业水系统管控优化的模型群。构建了集水系统信息采集显示、水量平衡、用水科学性分析、指标统计功能为一体的水系统网络信息平台。平台通过对运行数据的收集,可以实现对水网络的整体静态分析和节点动态分析。整体静态分析可用于发现水网络的结构性矛盾,为调整水系统的结构,调节大、中、小循环比例提供辅助决策;节点动态分析可用于判断节点用水的合理性,为用水工序和用水单元的补水、排放和串级提供辅助决策。示范平台信息覆盖率占区域用水的 80%以上,工业用水量超过 6000t/h,示范工程实施前后吨钢耗新水量下降 4.15%,企业年节约新水资源 303.45 万 t,年节约用水成本 767.86 万元。

4)印染工业集中区节水减排集成技术

以印染集中区节水减排为目标,构建和优化了印染工业集中区废水资源化利用网络,识别出集中区耗水、排水量大和水资源梯级利用、再生回用潜力大的关键节点,研发了印染行业碱回收技术和染料废水处理技术,提出了基于组合赋权法的清洁生产方案评估与筛选技术,以及印染集中区清洁生产推进机制。针对印染生产过程前处理和染色工段废水排放量大,含碱量高导致末端处理难度及负荷大的问题,集成印染丝光工艺废碱液纳滤膜法回收技术与清洁生产方案评估和筛选技术,开展了节水减排集成技术示范,实现污染物去除和净化碱液的高效回收,废碱回收率达到 90%,在提高生产效率的同时实现了全过程节水减排和清洁生产。

5)编制辽河流域工业园区节水减排技术导则

以边研究、边转化、边服务于环境管理为原则,及时总结研究成果,形成《辽宁省工业园区节水减排技术指南编制导则》,指导辽河流域工业园区节水减排技术指南/导则的编制,完成《辽宁省综合类工业园区节水减排技术导则》、《辽宁省钢铁工业集聚区节水减排技术指南》和《辽宁省纺织印染工业集聚区节水减排技术指南》等技术导则/指南的编制。

2.1.3 重点工业集聚区节水减排清洁生产成果应用与推广

1. 流域清洁生产综合管理平台

依照"控制区—控制单元—控制工业集聚区"管理思路,嵌入 GIS 系统,整合流域清洁生产环境准入技术、流域清洁生产效益综合评估技术、清洁生产末端治理技术协同优化方法和重点工业集聚区节水减排清洁生产集成技术成果,构建了流域清洁生产综合管理技术信息共享平台。该平台主要功能包括流域清洁生产效益在线综合评估、流域清洁生产与产污强度动态拟合、流域节水减排清洁生产技术查询等,为管理部门和企业客户提供了清洁生产解决方案。

2. 典型工业集聚区节水减排清洁生产技术示范

研发了"基于分质利用的污水厂与热电厂水循环利用技术",开展了产业基地节水减排清洁生产集成技术示范,处理规模 3.2 万 t/d,中水回用量达到污水厂排水量的 21.5%。研发了"以 A/O+BAF 耦合工艺为核心的废水回用技术",开展了石化企业节水减排清洁生产技术示范,处理规模 350t/h,废水处理回用率 80% 以上。研发了冶金工业集聚区水系统网络信息平台技术示范,建设规模为 9000t/h,实现了重点部位数据的在线采集、显示、储存,实现了主要指标的偏差报警,提供水系统平衡信息和调整决策方案,信息覆盖率占区域用水的 80% 以上,平台实施前后,吨钢水耗下降 4.15%。研发了"印染行业碱回收与清洁生产方案评估和筛选技术",开展了纺织印染工业集聚区节水减排集成技术示范,处理规模为 49t/d,实现废碱回收率达到 90%。

3. 工业集聚区节水减排技术导则/指南

根据辽河流域推进清洁生产的需求,将部分研究成果总结提炼,编制了《辽宁省综合类工业园区节水减排技术导则》、《辽宁省钢铁工业集聚区节水减排技术指南》和《辽宁省纺织印染工业集聚区节水减排技术指南》等技术指导性文件。从辽河流域辽宁省段区域水资源短缺、水环境容量有限等特征出发,归纳和借鉴了国内外缺水地区清洁生产促进节水减排的技术,提出了辽宁省工业集聚区节水减排的关键节点和技术要求,为辽河流域清洁生产技术的应用、推广和实施的管理提供了有效支撑。

2.2　辽河流域重点工业集聚区节水减排清洁生产技术创新与集成

2.2.1　重点工业集聚区节水减排清洁生产技术基本信息

创新集成了辽河流域重点工业集聚区节水减排清洁生产技术 5 项,基本信息见表 2-1。

表 2-1　重点工业集聚区节水减排清洁生产技术基本信息

编号	技术名称	技术依托单位	技术内容	适用范围	启动前后技术就绪度变化
1	热电厂再生水高效低耗分质利用技术	中国环境科学研究院	针对电厂常规工艺中水产水硬度高、铁残留严重、石灰沉泥量大、冷却水循环设备腐蚀、化水膜污染等问题,研究沿程加药、强化混凝技术替代现有石灰澄清工艺,研发高效复合缓释阻垢剂技术替代现有阻垢技术,对 BAF、反渗透等相关工艺运行参数进行优化,实现电厂水处理系统高效低耗稳定运行	城市污水处理厂排水用于热电厂生产用水	4 级提升至 7 级
2	炼化废水协同处理分质回用技术	辽宁省环境科学研究院	针对石化工业集聚区炼化废水协同处理工艺稳定性差的技术难题。通过废水分质回用技术比选方案,研究 A/O+BAF 填料的级配、水力停留时间(HRT)等因素,确定最优运行参数,提高废水回用比例	适用于炼化废水处理、回用与废水减排技术	4 级提升至 7 级

编号	技术名称	技术依托单位	技术内容	适用范围	启动前后技术就绪度变化
3	冶金工业集聚区多因子多尺度水网络构建技术	东北大学	将冶金企业的整个用水系统作为一个有机的整体，通过系统的思维和方法构建水系统网络物理模型和优化、分析数学模型，在大数据采集的基础上对系统进行供、需平衡分析，同时考虑水量与水质因子进行合理优化分配，在网络信息平台中完成技术示范	钢铁冶金工业集聚区水系统的优化管理	3级提升至7级
4	印染废碱液循环利用与废水减排技术	大连理工大学	针对棉印染生产过程废水排放量大、含碱浓度高而导致末端处理难度及负荷大的问题，研发棉印染废碱液处理、回收及循环利用技术。通过优化特种耐酸碱纳滤膜运行参数，截留印染废碱液中的大部分有机物和全部胶体及悬浮物质，实现碱液的净化和回收，同时通过纳滤膜的高产水率实现废水的减排和回用	适用于印染废碱液处理、回用与废水减排技术	4级提升至7级
5	以水质目标改善为核心的流域清洁生产综合管理技术	中国环境科学研究院、辽宁省清洁生产指导中心	包括流域清洁生产环境准入技术、流域清洁生产效益综合评估技术和清洁生产与末端治理协同响应技术，通过"源头准入-过程评估-末端优化"的路径，对流域清洁生产管理进行了创新和集成	流域清洁生产综合管理、流域清洁生产环境准入、流域清洁生产效益评估	3级提升至7级

注：技术就绪度评价参照《水专项技术就绪度(TRL)评价准则》(见附录)执行。

2.2.2 重点工业集聚区节水减排清洁生产技术

1. 热电厂再生水高效低耗分质利用技术

1) 基本原理

针对城市污水处理厂排水回用于热电厂常规处理工艺对低浊原水处理效率低，产水不达标，运行维护成本高，同时导致膜处理系统污染严重，产水水质恶化等问题，根据电厂常规工艺用水、冷却循环水和热网补给水水质要求，研发了基于分质利用的高效低耗处理技术，解决了常规工艺处理不达标和过度处理问题。研发"低浊废水 BAF+强化混凝-沉淀+变孔隙滤池集成技术"，采用沿程加药、强化混凝工艺代替传统的石灰澄清工艺，处理城市污水厂低浊度、低碱度排水，降低产水中 COD、氨氮、浊度和总磷含量，避免传统工艺造成产水硬度升高、铁残留严重、石灰沉泥产生量大等问题，产水稳定满足电厂常规生产用水和冷却循环补水水质要求；研发"高盐高硬水缓释阻垢技术"，采用高效复合缓释阻垢剂代替传统加酸阻垢工艺，满足电厂冷却循环水水质要求，有效提高冷却循环水浓缩倍数，缓解设备、管路腐蚀速度；制定反渗透进水总磷含量限值(3mg/L)，据此取消前续除磷工艺，避免过度处理，采用"高盐高磷废水膜处理技术"处理中水处理系统出水，产水满足热网补给水用水要求。

2) 工艺流程

(1) 针对低浊度废水特征研发了"低浊废水 BAF+强化混凝-沉淀+变孔隙滤池集成技

术"，提出了水系统优化改造方案，取消了石灰混凝和铁系絮凝工艺，改为铝系混凝+助凝的强化混凝工艺，同时采用沿程加药的方式精确控制加药点位和药量，将首次加药点提前至 BAF 出水口，有效提升了混凝反应时间和反应效率，产水满足电厂常规工业用水要求。

BAF 工艺参数：当 BAF 的最佳水气比为 3∶1 时，水力负荷为 $4m^3/(m^2 \cdot h)$ 时，出水水质的氨氮和 COD 都已经满足冷却水的水质标准。反冲洗的主要参数：气冲强度 9～11L/$(m^2 \cdot s)$，持续时间为 3min；水冲强度 5～8L/$(m^2 \cdot s)$，持续时间为 8～10min；水洗时维持上步水冲强度，以排除全部杂质、出水变清澈为重点，持续时间约 5min；反冲洗的周期为 24～36h。

混凝-沉淀工艺参数：根据进水浊度及总磷含量不同，聚合氯化铝(PAC)投加量为 5～10mg/L，聚丙烯酰胺(PAM)投加量为 0.3～0.7mg/L，当加药位置在快速搅拌和慢速搅拌同时进行时，絮凝沉淀的效果最佳，因此对应实际运行中，可采用多点加药，即在 BAF 出水槽处设置加药口，以便增加混凝反应时间，提高沉淀效果。

变孔隙滤池工艺参数：滤池进水浊度为 3.09～5.02NTU，总磷含量为 0.456～0.488mg/L 时，以出水水质和运行的经济性考虑，可将运行参数设定为滤速 10～20m/h，细砂体积配比率 2%～5%。

(2)针对输水管路和凝汽器等设备防腐和防结垢需求，研发了"高盐高硬水缓释阻垢技术"，采用复合缓释阻垢剂代替了硫酸投加工艺，产水满足冷却循环水用水要求。

冷却循环水处理工艺参数：采用复合型缓释阻垢剂 JY-715 为冷却循环水缓释阻垢药剂，投加量为 5～20mg/L，平均缓蚀率为 90.9%，阻垢率为 84.8%，腐蚀率为 0.040mm/a，远小于《工业循环冷却水设计规范》(GB 50050—2007)的规定(碳钢腐蚀率低于 0.075mm/a)。采用缓蚀阻垢剂后，循环水浓缩倍数显著提高，浓缩倍数由 2.3 倍提高至 3 倍以上。

(3)针对上述工艺的改造对后续膜处理工段的影响开展了系统研究，研发了"高盐高磷废水膜处理技术"，制定了反渗透系统进水总磷含量限制(3mg/L)，根据该限值取消了前续除磷工艺，对膜处理系统工艺参数进行了优化调整，产水满足电厂热网补给水要求。工艺参数如下：

超滤运行压力、反洗时间和反洗药剂。超滤的运行压力设置为 0.2～0.4MPa，进水为中水处理之后的澄清水，系统每运行 40min 反洗一次，每次反洗时间为 60s，防止颗粒物质在膜丝内部沉积，维持膜的通量。每 15 天后进行化学增强反洗，即采用 900ppm 的高浓度 NaClO 清洗膜表面，使之彻底恢复原有的过滤性能。

反渗透的运行压力、加药和清洗。反渗透膜运行压力为 1～1.2MPa，单支膜产水率为 15%。由于反渗透原水属于高磷高硬度水质，反渗透运行加药系统主要包括：还原剂 $NaHSO_3$、阻垢剂和盐酸加药。将还原剂 $NaHSO_3$ 按 4 倍余氯剂量控制，控制氧化还原电位<200mV 调节加药；阻垢剂加药点在保安过滤器前，正常运行时阻垢剂的加入量为 3.0～5.0ppm；为防止反渗透膜浓水侧结垢，反渗透投运后，根据 RO 入口水质情况，加酸调节 RO 入口水 pH 在 6.5～7.5，加药点在保安过滤器前。

在运行条件不变的情况下，产水量下降 10%～15%，运行增加 10%～15%，段间压差增加 30%时，必须进行化学清洗。反渗透原水属于高磷高硬度水质，反渗透膜污染主要为如钙垢，首选化学清洗剂为 0.2%HCl 溶液，清洗 pH 为 1～2。备选化学清洗剂为：2.0%柠檬酸，1.0%$Na_2S_2O_4$，0.5%磷酸。

3）技术创新点及主要技术经济指标

A. 创新点

（1）新工艺取消了常规工艺中的石灰澄清和铁系混凝剂投加工序，改为沿程多点精确加药强化-混凝工艺，有效提升了混凝反应时间和系统效率，避免了石灰间粉尘污染，极大地改善了工人操作环境，降低了运行和维护成本。

（2）取消了硫酸中和工艺，改为复合缓释阻垢工艺，提高了循环水浓缩倍数，延缓了管路腐蚀速度。

（3）制定了反渗透工艺进水总磷含量限值（3mg/L），依据该限值取消前续除磷工艺，避免了过度处理，减少了污泥产生量，降低了处理成本。

（4）充分发挥了各工段的处理优势，有效降低了水处理系统含盐量，避免了石灰投加，减少了药剂消耗，延缓了循环水系统腐蚀、结垢倾向，减轻了水处理系统工作负担，避免了水处理系统膜污染和水质恶化趋势，提高了电厂水处理全系统效率。

B. 技术经济指标

电厂水处理系统开展基于分质利用的节水减排技术和工艺改造，不仅能够有效提升系统稳定性和处理效率，而且可取得明显的经济效益。

a. 充分优化水处理系统工艺，中水回用效益显著

通过工艺改造，取消了石灰澄清工艺和铁系混凝剂投加工序，改为沿程多点精确加药强化-混凝工艺；取消了硫酸中和工艺，改为复合缓释阻垢工艺；制定了反渗透工艺进水总磷含量限值（3mg/L），依据该限值取消前续除磷工艺，根据前续工艺变化，优化了膜处理系统工艺参数。充分发挥了各工段的处理优势，有效降低了水处理系统含盐量，减小了循环水系统腐蚀、结垢倾向，减轻了水处理系统工作负担，避免了水处理系统膜污染和水质恶化趋势，提高了产水效率。

b. 水处理系统工艺稳定性好，污染物去除效率高

电厂中水处理系统以城市污水处理厂排水为原水，经 BAF、强化混凝-沉淀和变孔隙滤池，主要去除 COD、氨氮、总磷和浊度等污染物，产水满足冷却循环水水质标准，用于电厂冷却循环水和常规生产用水，同时为膜处理系统提供原水，经超滤和反渗透膜处理后，进一步去除有机物，降低电导，产水满足热网补给水水质标准，用于电厂锅炉和热网补给水。改造后，中水处理系统各处理工段产水水质明显优于改造前（表 2-2），避免了碱度、浊度和铁等污染物指标不降反升的现象发生。

表 2-2　中水处理系统处理效果

项目	COD/(mg/L)		碱度/(mmol/L)		硬度/(mmol/L)		浊度/NTU		铁/(mg/L)	
	改前	改后	改前	改后	改前	改后	改前	改后	改前	改后
BAF	45.77	20.85	1.60	1.59	5.72	5.09	1.60	2.21	0.20	0.22
沉淀池	25.74	18.76	2.17	1.50	6.30	5.07	3.89	1.75	0.61	0.20
变孔隙滤池	22.44	15.71	1.38	1.36	6.29	5.03	0.7	0.29	0.42	0.21
标准值(冷却循环水)	50		3.5		4.5		5		0.3	

循环水系统通过投加复合缓蚀阻垢剂，有效降低腐蚀和结垢趋势，循环水浓缩倍数提升至 3 以上。膜处理系统主要去除电导，进水电导为 $1089\mu S/cm$，产水电导为 $25\mu S/cm$，远低于 $80\mu S/cm$ 的标准值。

C. 能耗、药耗和维护费用显著降低，经济效益明显

通过水处理系统工艺优化和改造，全系统能源、药剂和设备维护费用显著降低，吨水处理成本降低 0.2 元。

4) 技术来源及知识产权概况

优化集成，已申请发明专利。

5) 实际应用案例

应用单位：国电沈阳热电有限公司。

依据全流程、全指标和全要素理念在小试、中试的基础上针对低浊度废水特征研发了"低浊废水 BAF+强化混凝-沉淀+变孔隙滤池集成技术"，提出了水系统优化改造方案，取消了石灰混凝和铁系絮凝工艺，改为铝系混凝+助凝的强化混凝工艺，同时采用沿程加药的方式精确控制加药点位和药量，将首次加药点提前至 BAF 出水口，有效提升了混凝反应时间和效率。针对输水管路和凝汽器等设备防腐和防结垢需求，研发了"高盐高硬水缓释阻垢技术"，采用复合缓释阻垢剂代替了硫酸投加工艺。针对上述工艺的改造对后续膜处理工段的影响开展了系统研究，研发了"高盐高磷废水膜处理技术"，对膜处理系统工艺参数进行了优化调整。通过上述工艺改造和参数优化，明显提升了国电集团水处理系统的产水水质、稳定性和运行效率。减少废水排放和新鲜水耗 3.2 万 t/d，中水回用率达到西部污水厂排水量的 21.5%，可为北方同类电厂水处理系统技改和新建提供技术支持。

2. 炼化废水协同处理分质回用技术

1) 基本原理

经过隔油、气浮等物化工序处理后的废水进入 A/O 工艺段，先经过水解酸化提高可生化性后，进入 A 段进行反硝化反应，达到脱氮的目的，然后废水再进入 O 段进行有机物的氧化降解；经 A/O 工艺处理后的污水中各类污染物指标均已大幅度下降，称为微污染水，但是还不能稳定达标，需进入 BAF 进行二级生化处理，使水中微量污染物 COD、NH_3-N 等得到进一步降解处理，水质连续稳定达标，为回用水装置长周期运行奠定基础。

2）工艺流程

工艺流程见图2-1。

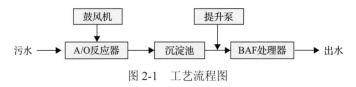

图2-1　工艺流程图

具体如下：

（1）A/O工艺：优势在于，厌氧生物处理技术与好氧生物处理法联合处理系统，对于高浓度和某些中等浓度的有机废水处理效果很高效，这种系统发挥了两种处理方法各自的长处，在工业废水中应用非常广泛，它除了具有传统活性污泥法的优点，既可达到废水中有机污染物的低成本降解，同时还能实现常规活性污泥法无法达到废水脱氮除磷的效果，因而可应用于石油废水的脱氮处理（图2-2）。

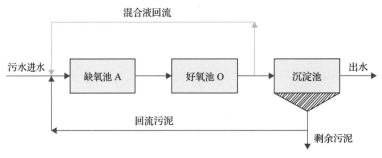

图2-2　A/O工艺流程图

（2）BAF工艺：BAF占地面积小，出水水质好，投资和操作灵活方便，易于管理，具有较强的抗冲击负荷能力，使水中微量污染物 COD、NH_3-N 等得到进一步降解处理，不仅可用于二级和三级污水处理，也可用于微污染水源水的预处理，在水处理中具有越来越重要的作用。

3）技术创新点及主要技术经济指标

对 A/O 工艺的水力停留时间、回流比、填料选择、曝气时间、溶解氧和 BAF 工艺的火山岩填料的粒径、比表面积、容积负荷和气水比等工艺参数进行了优化；促使A/O+BAF 耦合工艺稳定运行，经济合理。A/O+BAF 耦合工艺为处理炼化废水的生化处理单元，尤其作为污水回用的前端生化工艺，具有对污染物去除率高、耐冲击力强等特点，其 COD 及 NH_3-N 的去除率可达到90%以上，此工艺为回水装置提供稳定可靠的原料水，保证了污水回用装置的稳定达标运行，达到了节水减排的目的。

4）技术来源及知识产权概况

技术来源为自主研发，获得实用新型专利。

5) 实际应用案例

应用单位：盘锦北方沥青股份有限公司。

针对特定石油化工企业的石化类废水未分质回用的现状。通过小试和中试研究，对 A/O+BAF 废水分质回用技术参数进行了优化。该技术应用于 350m³/h 污水处理工程，实现了炼化一体化含油废水处理后回用。调试运行后工艺技术可行、装置运行稳定、经济合理。通过该项技术的研究，石油化工企业可以实现石化废水处理达标、回用。减少了新水消耗，降低了生产成本。该技术作为构建以石化企业集团为核心的水循环利用模式的关键技术，实现了上下游企业间废水和再生水的梯级利用、分质供水和循环利用。基于水循环利用的 A/O+BAF 耦合工艺技术在其子公司盘锦北方沥青燃料有限公司污水处理工程投入运行后，COD 年削减量 1686.3t，氨氮年削减量 78.01t，示范工程可实现石化废水回用 247.1 万 t，以吨水价格 2.5 元计算，每年可节省新鲜水费用 617.75 万元，示范工程废水回用率达到 80.6%。推广该技术可推进盘锦地区石化园区整体清洁生产的水平，为实现石化工业聚集区开展节水减排清洁生产打下基础。

3. 冶金工业集聚区多因子多尺度水网络构建技术

1) 基本原理

从源头做起追根究底，建立水资源消耗、废水产生量、污水排放量与环境质量之间的关系，按照"系统着眼、按质用水、一水多用、梯级利用"的用水基本原则，将冶金企业的整个用水系统作为一个有机的整体，通过系统的思维和方法构建水系统网络物理模型和优化、分析数学模型，在大数据采集的基础上对系统进行供、需平衡分析，同时考虑各用水单元的水量与水质进行合理优化分配，实现相关区域水系统的大中小循环利用，使水系统的新水消耗量和废水排放量达到最小，水的重复利用率达到最大，最大限度地降低生产用水成本，达到节水减排的目的，实现资源与环境友好协调发展。

2) 技术简介

依据系统节水的思想，将冶金工业集聚区作为一个大的系统，通过系统调研构建水系统网络物理模型和优化、分析数学模型，在大数据采集的基础上对系统进行供需平衡分析(包括整个系统的静态平衡和节点的动态平衡)，查找系统在不同尺度上存在的矛盾和不平衡，为系统改造和调度提供辅助决策。针对冶金工业集聚区，深入分析各个环节及各环节之间存在的问题，提出优化利用方案，并在网络信息平台中完成技术示范，取得了良好的效果。

A. 构建基于物质流的冶金工业集聚区水网络图

调查研究冶金工业集聚区内水资源利用现状并进行分析，获得各部分的用水方式、种类及分布资料，以及排水形式、水质特性、污水处置方式及污水去向等信息。构建能体现工序用水类别、水流轨迹、水量、水质信息的 3 个层面的水系统网络图：企业与城市之间、企业之间、企业内部(工序、设备)(图 2-3)。

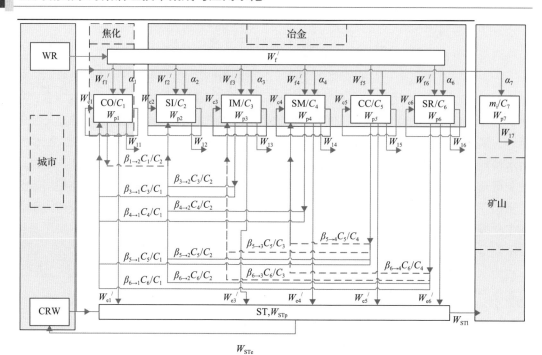

图 2-3　冶金工业集聚区生产全流程水网络图

CO. 焦化；SI. 烧结；IM. 炼铁；SM. 炼钢；CC. 连铸；SR. 轧钢；ST. 水处理；W. 各种单位用水量；C. 产品产量；
α. 总用水系统向各工序的补充水量；β. 工序之间相互补充的水量；下标 1, 2, …, 6 分别对应于焦化、烧结、炼铁、
炼钢、连铸、轧钢 6 个工序；c. 循环水；e. 外排污水；f. 补充的工业新水；i. 用水损失；p. 总用水；
ST. 污水处理厂中对应的水

B. 冶金企业吨钢综合水耗的 w-p 分析

借鉴系统节能理论，建立吨钢综合水耗的 w-p 数学模型，并应用该模型分析冶金企业的吨钢水耗的构成及影响因素。吨钢综合水耗的数学表达式为

$$W = \sum_{j=1}^{m} \sum_{i=1}^{n} p_i w_i^j , \quad i \in \Phi = \{1, 2, \cdots, I\} , \quad j \in \Psi = \{1, 2, \cdots, J\} \tag{2-1}$$

影响吨钢综合水耗的因素有四大类：一是各工序生产每吨产品的水耗，即各工序的"工序水耗"；二是每吨钢产量对应的各工序的产品产量，即各工序的"钢比系数"；三是工序数量 I；四是水种类数量 J。所以为了降低吨钢水耗，一要减少用水种类；二要减少用水工序数量；三要降低各工序的钢比系数；四要降低各工序的工序水耗。强调了水系统优化、冶金企业结构优化与工序节水对冶金企业总体节水减排的同等重要性。

C. 冶金企业吨钢用水成本分析

通过分析吨钢用水总成本的构成，建立冶金工业集聚区吨钢用水成本数学模型。应用模型对近十年钢铁企业吨钢用水成本变化及典型钢铁企业吨钢用水成本分析，得到影响吨钢用水成本的主要因素及原因，找到节水减排降低吨钢用水成本的方法。

冶金企业吨钢用水成本主要包括新水取水费、再生水处理费和环保费。冶金企业吨钢用水成本数学模型如下：

$$C=C_1 + C_2 + C_3 + C_4 + C_5 + C_6 + C_7 + C_8 + C_9 \qquad (2\text{-}2)$$

式中，C，C_1，C_2，C_3，C_4，C_5，C_6，C_7，C_8，C_9 分别为吨钢用水成本、取水费、排水排污费、电费、水处理药剂费、环保罚款、人工费、维修费、折旧费和其他零星费用，元。

D. 水量平衡模型

$$F_i^p = (1 - k_1 - k_2)F_i^{\mathrm{w}} \qquad (2\text{-}3)$$

式中，k_1 为漏损率(企业视自身情况而定)；k_2 为蒸发率，$k_2 = (t_i - t_R) \times 0.0015 F_i^R / F_i^{\mathrm{w}}$，$t_i - t_R$ 为冷却塔进出口温差，F_i^{w} 为工艺新水量，F_i^R 为工艺总用水量。

E. 用水科学性分析模型

此单元用于判断某用户用水在水质或水温方面是否存在不合理之处。首先调用基础数据库中用水单元进出口极限浓度(温度)标准设定值，将其与现场检测各节点的浓度(温度)数值进行对比，用以判断各单元用水的合理性。

各工序补水、外排水水质允许指标设定 $C_{j,s}^{\mathrm{in,min}}$、$C_{j,s}^{\mathrm{in,max}}$、$C_{j,s}^{\mathrm{out,min}}$、$C_{j,s}^{\mathrm{out,max}}$(其中 j 代表工序节点编号，s 代表杂质种类，此处采用决定工序用水合理性的关键性杂质，即电导率、浊度、温度和压力)。

调用各工序实际补水、外排水实际水质监测数值 $c_{j,s}^{\mathrm{in}}$ 和 $c_{j,s}^{\mathrm{out}}$。将极限用水数据与实际值进行对比，具体策略如下(针对某工序)。

入口：①if $c_{j,s}^{\mathrm{in}} < C_{j,s}^{\mathrm{in,min}}$，输出：该工序此入口处可采用更低质补水；②if $C_{j,s}^{\mathrm{in,min}} \leqslant c_{j,s}^{\mathrm{in}} \leqslant C_{j,s}^{\mathrm{in,max}}$，输出：该工序此入口处用水合理；③if $c_{j,s}^{\mathrm{in}} > C_{j,s}^{\mathrm{in,max}}$，输出：该工序此入口处应采用更清洁补水，以免设备受损。

出口：①if $c_{j,s}^{\mathrm{out}} < C_{j,s}^{\mathrm{out,min}}$，输出：该工序此出口处不应外排水，应增加浓缩倍数；②if $C_{j,s}^{\mathrm{out,min}} \leqslant c_{j,s}^{\mathrm{out}} \leqslant C_{j,s}^{\mathrm{out,max}}$，输出：该工序此出口处用水合理；③if $c_{j,s}^{\mathrm{out}} > C_{j,s}^{\mathrm{out,max}}$，输出：该工序此出口处应及时外排，避免设备受损。

F. 集聚区水系统网络信息平台开发

根据系统节水理论和冶金工业集聚区水系统信息管控现状，开发了集水系统信息采集显示、水量平衡、用水科学性分析，指标统计功能为一体的水系统网络信息平台，其功能架构见图 2-4。

该平台是涵盖主要用水工序和信息种类的，集信息采集显示、用水科学性分析、辅助决策功能为一体的智能化水网络信息平台，其对冶金集聚区水系统信息管理方面的作用提升主要包括以下三点：①建立了以水种类为主线，水流图为载体的，"企业-工序-设备"三层次用水信息显示体系；②以各层次用水环节进出口为节点，监控水量、关键水质、水压等节点信息；③立足管理需求，增设了工序用水科学性分析、用水指标，水量、水质变化趋势分析模块。

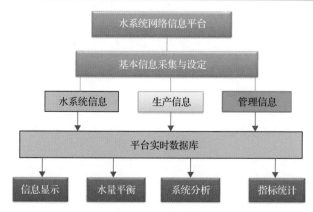

图 2-4 集聚区水系统网络信息平台架构

平台具备如下三大特色：①强调信息的完整性，包括两个方面：内容完整，用水类别(多水种)和信息种类(量、质、温)；结构完整，多层次、有进有出的路径清晰的用水网络；②集成数据采集、整理分析，辅助决策功能的智能化平台；③建立基于物质流的用水信息变化趋势预测手段：考虑物质流的变化和设备的运行状态，依据物质流中生产率的变化和设备的运行状态等信息来预测水量、水质变化。

3) 技术创新点及主要技术经济指标

(1)技术创新点：①形成系统节水减排的优化理论及方法；②建立冶金企业吨钢综合水耗的 *w-p* 数学模型及吨钢用水成本模型；③构建基于物质流的多尺度多因子冶金工业集聚区水网络图；④通过总量静态平衡分析和节点动态分析优化水系统循环模式和运行参数；⑤依据节水减排理论及方法提出节水减排方案，并完成水网络信息平台建设。

(2)主要技术经济指标：①通过对供需数据的静态分析，发现由于净环水回用量不足导致部分可以使用净环水的用户使用了新水，造成新水消耗过多。通过对南部污水处理厂的改造，使净环水回用量增加 2000m³/h，减少了新水消耗。②通过对节点参数的动态平衡分析，发现净环水节点瞬时供需水量不平衡，普遍存在供大于需的情况，各用水点不得不采用间歇供水方式，造成了管网压力高，漏损严重。实施净环水降压改造工程，净环水压力降低了 50%，改间歇供水为连续供水，节能减排效果显著。③生产废水经西大沟污水处理厂实现全部处理，外排废水经南大沟污水处理厂二次强化处理水质得到明显改善，不仅外排废水量减少 50%，而且基本实现达标排放。

4) 技术来源及知识产权概况

自主研发，获得发明专利授权 1 项。

仝永娟，王连勇，吕子强，等. 城市中水与钢铁废水联合分级回用于钢铁企业系统及工艺. ZL201510832792.3，2018-10-23.

5) 实际应用案例

应用单位：鞍钢股份有限公司能源管控中心。

冶金工业集聚区水系统网络信息平台技术在鞍钢股份有限公司进行了应用示范，其建设规模为 9000m³/h，实现了重点部位数据的在线采集、显示和储存，实现了主要指标的偏差报警，可以处理、分析相关数据，提供水系统平衡信息和调整决策方案，信息覆盖率占区域用水的 80%以上。第三方检测数据显示，平台实施前后，鞍钢吨钢水耗下降4.15%。另据鞍钢数据统计，鞍钢 2016 年吨钢耗新水 3.41t，对比 2010 年(吨钢新水消耗4.57t)下降 25.38%(图 2-5)。

图 2-5　冶金工业集聚区水系统网络信息平台系统截图

从冶金工业集聚区水系统网络信息平台技术示范在鞍钢股份有限公司的实施效果来看，此平台对促进我国钢铁工业节水减排工作的开展，进而推动企业升级改造具有积极的意义。一方面平台的实施推动了企业水资源使用和管理的信息化水平，平台在采集、分析数据的基础上提供的科学用水建议可以作为企业节水改造的依据。如该信息平台建成后，通过获取的数据分析，发现鞍钢水网络的静态平衡和动态平衡均存在矛盾。在静态平衡方面，存在的矛盾是回用水比例不足，其原因是缺乏回用设施，南部污水处理厂的 3000m³/h 达标废水直接外排，这也导致了新水消耗与废水外排居高不下。经过平衡分析，提出通过增设节流设施的方式，将南部污水处理厂的 2000m³/h 废水送至西部污水处理厂进一步处理，使之成为净环水，进入集聚区大循环管网使用。这样既减少了 2000m³/h 的新水消耗，也使废水排放量由 3000m³/h 降到了 1000m³/h。在动态平衡方面，存在的矛盾是净环水节点供水能力(水压)大于用水需求，导致只能采用间歇用水的方式满足连续用水要求，而过大的管网压力带来的是过大的电耗和漏损。针对这种情况，本书经过平衡分析，提出了将净环水系统的高压间歇运行方式改为低压连续运行方式的优化方案。优化前净环系统采用的是高压间歇运行方式，系统压力为 0.5~0.6MPa，存在的问题是系统高压运行，循环水量大，达到了 6350m³/h，水损失多，电耗高，管网、水处理及环保负荷增加。优化后净环系统采用的是低压连续运行方式，通过将南山储水槽停运，5、6 水站常压设备停运，将系统压力降为 0.3~0.4MPa，使净环系统循环水量由 6350m³/h降至 2650m³/h，减少循环水量 2700m³/h，每年可节约电耗 837.68 万元。

本项目企业直接年降低新水用量 300 余万吨，如果钢铁行业全面推广使用，可产生年减少水资源消耗 1.5 亿 t 的节水效益，为节水减排发挥重大作用。

4. 印染废碱液循环利用与废水减排技术

1）基本原理

针对棉印染生产过程废水排放量大、含碱浓度高而导致末端处理难度及负荷大的问题，研发棉印染废碱液处理、回收及循环利用技术。该技术基于"印染丝光工艺废碱液纳滤膜法回收技术"特种耐酸碱纳滤膜对废碱液中氢氧化钠的高透过性及对有机物和其他杂质的截留特性，实现污染物的高效去除和净化碱液的回收；同时采用浓缩液连续回流运行方式，有效提升膜系统产水率和碱回收率，降低浓缩液比例，实现废水的减排和回用；通过增加净化碱液输送系统，将净化和回收后的碱液输送至作料高位槽，可直接用于染色等生产工段，实现净化碱液的循环再利用。

2）工艺流程

丝光工艺产生的废碱液具有进水水温高、含碱浓度高且浓度不稳定、悬浮物浓度高、COD 浓度较高且浓度不稳定的水质特点，排放量在设备连续生产过程中波动较大。根据以上特点，研发了"印染丝光工艺废碱液纳滤膜法回收技术"，主要工艺段包括：过滤换热、收集输送、预处理、纳滤膜净化和净化液输送循环利用。具体如下：

（1）废碱液首先经滤布过滤和换热后进入碱液收集水箱。通过换热，废碱液温度由 50℃下降为 30℃，碱液中含有的粒径较大的悬浮物则通过滤布过滤将其去除；当碱液达到收集水箱高水位后，碱液输送加压泵自动开启，经过输送管路系统泵入纳滤碱液进水水箱。碱液输送加压泵流量为 3m³/h，通过碱液收集水箱和纳滤碱液进水水箱液位进行自动控制。

（2）当纳滤碱液进水水箱水位达到系统启动液位后，原水加压泵自动运行，将水箱中的废碱液泵入袋式过滤器进行过滤，去除较大颗粒悬浮物，再经由精密过滤器完成预处理，去除剩余悬浮物及胶体颗粒。原水加压泵流量为 4m³/h，袋式过滤器滤袋过滤直径 50μm，精密过滤器过滤直径 5μm。

（3）通过两级管道高压泵，使碱液进入纳滤膜组件，纳滤膜具有道南效应，即能够截留大部分二价离子，而透过大部分一价离子。通过选择适当的操作压力及回收率，使纳滤膜的渗透液中基本不含杂质且溶质以氢氧化钠为主。本系统纳滤膜组件包含 6 支特种耐酸碱纳滤膜，操作压力为 2MPa，单支膜回收率为 8%～15%，膜通量为 25L/（m²·h）。一、二级高压泵流量均为 4m³/h，扬程分别为 95m 和 175m。

（4）纳滤膜膜组件产出的渗透液为净化碱液，该碱液在纳滤出水水箱收集后，经净化碱液输送泵输送至车间净化碱液高位槽实现净化碱液的回用，净化碱液输送泵流量为 4m³/h，运行方式为水箱液位自动控制间歇运行。

（5）纳滤膜系统还包括药剂投加和膜清洗装置。废碱液中可能含有工艺生产过程的氧化剂，极易造成纳滤膜的氧化和穿透，因此有必要投加还原剂 $NaHSO_3$，控制纳滤膜进水氧化还原电位<200mV；为了缓解结垢，需投加阻垢剂。此外，每次运行后应进行规律的清水冲洗，缓解碱性物质结垢；当系统产水量出现 10%以上衰减时，应进行化学清洗，清洗步骤包括盐酸清洗、硝酸+磷酸清洗、表面活性剂清洗和清水高压冲洗。

3）技术创新点及主要技术经济指标

（1）创新点：①该技术利用纳滤膜对一价离子的选择透过性和二价离子、有机物及胶体悬浮物杂质的截留特性，高效去除污染物的同时，保持透过液含碱浓度，有效提升料液品质；②采用浓缩液连续回流运行方式，提高膜系统产水率和碱回收率；③利用大流量浓缩液循环，增强膜表面冲刷，减小污染物在膜表面沉积概率，缓解膜污染；④采用料液先换热后处理的方法，既回收了部分可能被浪费的热量，也有效解决了料液高温可能对膜元件内管造成的破坏、变形等问题；⑤采用滤布过滤、袋式过滤及精密过滤作为主要预处理手段，最大限度保护了膜元件，缓解了膜污染，且运行维护方便；⑥与多效蒸发技术相比，采用纳滤膜法回收技术处理废碱液，可以节省整体运行能耗。

（2）主要技术经济指标

印染厂碱液回收和处理系统采用"印染废碱循环利用与废水减排技术"后，能够有效提高碱回收效率和碱液处理效果，不仅为生产工段提供了高品质的净化碱液，也大幅降低了常规碱液蒸发浓缩及排放处理的运行成本，取得了明显的经济效益：①实现了废碱液中碱含量 80%的回收率，既节约了生产所需的原料成本，也大幅减少了排水中的含碱量，减少因中和处理所需的药剂成本；②实现了 90%水量回用，节水减排的同时降低了企业末端的污水治理难度和水量；③减少了企业原有多效蒸发的碱液处理量，使得蒸发成本大幅降低。

4）技术来源及知识产权概况

自主研发，获得发明专利授权 1 项。

张芸，代文臣，徐晓晨，等．一种实现丝光淡碱净化回收的方法及装置．ZL201510979781.8，2018-4-10.

5）实际应用案例

应用单位：鞍山博亿印染有限责任公司。

丝光工序产生"水洗前段"和"水洗后段"废碱液。鞍山博亿印染有限责任公司原废碱液处理单元采用"多效蒸发"处理回收丝光工艺水洗后段产生的高浓度碱液。由于技术难度大、回收成本高，该回收单元无法实现水洗前段产生的淡碱液的回收和冲洗水的回用。同时，高浓度碱液回收装置无法满足部分工段对净化碱液的需求。

鞍山博亿印染有限责任公司应用印染丝光工艺废碱液纳滤膜法回收技术，以成套耐碱纳滤回收装置为依托，采用模块化设计，灵活处理丝光工序废碱液。一方面，处理和回收了改造前直接排放至厂内污水处理站的水洗前段碱液，使回收碱液用于生产所需新碱液的配制且节约了用于废碱液处理的末端药剂投加量；另一方面，处理和回收了部分水洗后段排放的碱液，污染物的去除提高了后续多效蒸发的运行效率和浓碱纯度，蒸发量的减少则降低了多效蒸发装置的运行负荷，节省了整体运行能耗。

改造后废碱液处理回收单元，低浓度废碱液和部分高浓度废碱液采用"纳滤分离"技术，剩余高浓度废碱液利用"多效蒸发"技术，实现废碱液的处理和回收。废碱回收率达到90%，纳滤膜装置实际处理废碱液规模为21t/d，整个废碱液处理系统实际处理规模为49t/d。

5. 以水质目标改善为核心的流域清洁生产综合管理技术

1) 基本原理

在"十一五"期间提出的"流域清洁生产"概念的基础上，针对流域清洁生产特征，以流域水质改善目标为导向，提出了流域清洁生产综合管理集成技术。该技术主要包括流域清洁生产环境准入技术、流域清洁生产效益综合评估技术和清洁生产与末端治理协同优化技术，其中，流域清洁生产环境准入技术是基于流域水质改善目标，研究以清洁生产为核心的不同行业在不同"控制区-控制单元"的环境准入体系，形成了基于"控制区-控制单元-控制工业集聚区"的清洁生产准入机制，力求从源头避免和减少污染物的产生；流域清洁生产效益综合评估技术旨在对不同行业在不同"控制区-控制单元"实施清洁生产所产生的环境、经济、社会效益进行评估，并将"控制区-控制单元"水质改善目标有机纳入评估体系中；清洁生产与末端治理协同优化技术从费用效益分析的角度，筛选出清洁生产与末端治理的最佳组合。此集成技术通过"源头准入—过程评估—末端优化"的技术路径，对流域层面实施清洁生产的管理技术进行了集成创新，为实现环境、经济、社会效益的共赢提供了新的技术手段。

2) 工艺流程

该技术属于环境管理集成技术。

3) 技术创新点及主要技术经济指标

创新点1：突破传统的单一企业、单一行业清洁生产管理模式，在"控制区-控制单元"的流域污染防治体系下，创新性地增加了"控制工业集聚区"的细分类别，提出了"控制区-控制单元-控制工业集聚区"清洁生产分区分级管理思路。

创新点2：改变了传统的环境准入中以排污强度为准入限制的思路，系统地提出了基于产污强度的流域清洁生产环境准入技术，特别是为解决目前工艺过程产污强度基础数据缺失的问题，构建了清洁生产与产污强度动态拟合模型，从而大大提升了该技术的适用性和推广性。

创新点3：将"水质改善目标"引入流域清洁生产管理实践中，在流域清洁生产环境准入技术引入目标系数，以所在控制单元水质改善目标逆向反推行业准入限制；在流域清洁生产效益综合评估技术中建立污染减排对区域水质改善作用指标，强化了同一清洁生产技术在不同控制单元的环境效益差异，最终形成了基于行业差异、时空差异和水质改善目标差异的流域清洁生产综合管理集成技术。

4) 技术来源及知识产权概况

自主研发，优化集成。

5) 实际应用案例

应用单位：辽宁省清洁生产指导中心。

流域清洁生产环境准入技术以"辽宁-鞍山-钢铁集聚区""辽宁-鞍山-印染集聚区""辽宁-盘锦-石化集聚区"为例，从工艺装备、资源能源利用状况、污染物产生强度、废物回收利用及环境管理要求等方面提出上述集聚区以清洁生产水平为主体的行业环境准入建议。其中，三个园区的 COD 产生强度准入限值分别为 653g/万元、564kg/万元、5.9kg/万元，NH$_3$-N 产生强度准入限值分别为 6.4g/万元、7kg/万元、71g/万元。

"流域清洁生产效益综合评估技术"应用于辽宁省清洁生产指导中心于 2014 年 6 月下发的《关于做好六大行业清洁生产信息调查工作的通知》（辽清发〔2014〕54 号），对"十一五"期间识别的六大重点行业清洁生产绩效进行了综合评估。结果显示：辽河流域清洁生产绩效中，环境绩效贡献最大，占比 59%；其次是经济绩效，占比 31%；社会绩效贡献最少，为 10%。其中，由"十一五"研发的重点行业清洁生产技术实施后产生的绩效占比 42%。

"清洁生产与末端治理协同优化技术"以辽河流域印染行业为例，通过对流域 30 多家印染企业的调研，获取数据进行系统分析和数据拟合，首先拟合了 COD、氨氮产生强度的动态响应函数；其次根据污染物产生强度选取了末端治理方式（厌氧-缺氧-好氧技术）；最后通过费用组合模型，核算出在达标排放的情况下，组合费用最低投入为 216.7 万元，其中清洁生产投入为 118.4 万元，末端治理投入为 98.3 万元。

2.3　辽河流域重点工业集聚区节水减排清洁生产工程示范

2.3.1　重点工业集聚区节水减排清洁生产示范工程基本信息

开展了辽河流域重点工业集聚区节水减排清洁生产技术的工程示范，基本信息见表 2-3。

表 2-3　示范工程基本信息

编号	名称	承担单位	地方配套单位	地址	技术简介	规模、运行效果简介	技术推广应用情况
1	产业基地节水减排清洁生产集成技术示范	中国环境科学研究院	国电沈阳热电有限公司	辽宁省沈阳市经济技术开发区	热电厂再生水高效低耗分质利用技术	处理规模 3.2 万 t/d，中水回用量达到西部污水厂排水量的 21.5%	可为北方同类电厂水处理系统技改和新建提供技术支持
2	盘锦北方沥青燃料有限公司节水减排清洁生产技术示范	辽宁省环境科学研究院	盘锦北方沥青燃料有限公司	辽宁省盘锦市辽东湾新区盘锦北方沥青燃料有限公司	炼化废水协同处理分质回用技术	处理规模 350m^3/h，废水处理回用率 80% 以上	实现了中水回用、分质供水，减少了污染物排放量和新鲜水用量，可为同类石化企业的污水处理系统技术改造和新建提供技术支持

续表

编号	名称	承担单位	地方配套单位	地址	技术简介	规模、运行效果简介	技术推广应用情况
3	纺织印染工业集聚区节水减排集成技术示范	大连理工大学	鞍山博亿印染有限责任公司	辽宁省鞍山市鞍山博亿印染有限责任公司	印染废碱液循环利用与废水减排技术	处理规模49t/d,实现废碱回收率达到90%	为印染行业实施丝光废碱回收回用、设备升级与节水减排清洁生产技术改造提供了技术支持

2.3.2 重点工业集聚区节水减排清洁生产示范工程

1. 产业基地节水减排清洁生产集成技术示范

针对城市污水厂排水回用与热电电厂常规处理工艺对低浊原水处理效率低、产水不达标、运行维护成本高、同时导致膜处理系统污染严重、产水水质变差等问题,开展基于分质利用的节水减排技术研究,为园区污水处理厂和热电厂水处理系统工艺优化和改造提供技术支持,从而有效提高处理效果,降低处理成本。采用"低浊废水 BAF+强化混凝-过滤+变孔隙滤池集成技术"处理城市污水厂二级出水,产水满足电厂常规工业用水要求;采用"高盐高磷废水膜处理技术"处理中水处理站产水,产水满足热网补给水用水要求;采用"高盐高硬水缓释阻垢技术"处理冷却循环水,满足电厂冷却循环系统要求。

协助国电沈阳热电有限公司完成工艺优化改造、操作规程的修订、人员培训,后续运行、维护已纳入国电沈阳热电有限公司日常工作。

产业基地节水减排清洁生产集成技术示范,依托国电沈阳热电有限公司水处理系统开展了基于分质利用的节水减排技术和工艺改造后,不仅有效提升了系统的稳定性和处理效率,而且取得了明显的经济效益。减少废水排放和新鲜水耗3.2 万 t/d,中水回用率达到园区污水厂排水量的 21.5%。

相关技术可为北方同类电厂水处理系统技改和新建提供技术支持(图 2-6)。

(a) 曝气生物滤池　　　　(b) 强化混凝-沉淀池　　　　(c) 变孔隙滤池　　　　(d) 膜处理系统

图 2-6　水处理系统各功能单元现场图片

2. 石化工业聚集区节水减排清洁生产技术示范

以 A/O+BAF 耦合工艺为核心的废水回用技术,实现炼化一体化含油废水回用示范工程废水回用率80%以上。

　　盘锦北方沥青燃料有限公司污水处理厂于 2013 年年初进行建设、施工,2015 年 5 月建成并调试运行,到 2016 年 12 月示范工程连续运行,经过第三方检测。

　　示范工程运行后,石化工业聚集区的污水按照不同污染物流进入各处理工序;各处理工序出水按照分质供水要求分别送入各自用水单元,示范工程运行效果稳定、经济合理,废水处理回用成效好。

　　示范工程采取各工序操作规程;设备管理人员;合理组织机构;建立厂内各排污水单元与污水处理厂联系;污水处理厂与内各用水单元联系;定期检查工艺参数,设备运行情况;组织有关人员学习掌握新知识、新设备、新工艺(图 2-7)。

图 2-7　污水处理厂生化池、好氧池、BAF 池现场图片

3. 纺织印染工业集聚区节水减排集成技术示范

　　纺织印染工业集聚区节水减排集成技术示范,建设地点为鞍山博亿印染有限责任公司,示范工程关键技术为印染丝光工艺废碱液纳滤膜法回收技术。鞍山博亿印染有限责任公司丝光工序产生"水洗前段"和"水洗后段"废碱液。公司原废碱液处理单元采用"多效蒸发"处理回收丝光工艺水洗后段产生的高浓度碱液,该回收单元无法实现水洗前段产生的淡碱液的回收和冲洗水的回用。研发的"印染丝光工艺废碱液纳滤膜法回收技术",采用成套耐碱纳滤碱回收装置,将上述两类碱液中所含的 COD 和 SS 高效脱除,同时保留原液中含量较高的碱,得到有机物含量低、澄清度良好的高品质净化碱液,实现碱和再生水的循环利用。同时,部分水洗后段碱液的处理可提高后续多效蒸发的运行效率和浓碱纯度,降低多效蒸发的运行负荷,节省运行能耗。

　　改造后废碱液处理回收单元,低浓度废碱液和部分高浓度废碱液采用"纳滤分离"技术,剩余高浓度废碱液利用"多效蒸发"技术,实现废碱液的处理和回收。废碱回收率达到 90%,纳滤膜装置实际处理废碱液规模为 21t/d,整个废碱液处理系统实际处理规模为 49t/d,完成示范工程考核指标要求。

　　示范工程强化了生产过程控制管理协同污染物治理技术,减少末端治理污染物负荷的清洁生产思想,示范效果显著,示范工程运行稳定、易于管理。该示范工程为印染行业推行和实施丝光废碱回收回用和设备升级与改造节水减排清洁生产技术,具有很好的示范作用与推广应用前景(图 2-8)。

图 2-8　改造后丝光工艺废碱液处理回收单元

2.3.3　管理平台基本信息

建设了冶金工业集聚区水系统网络信息平台，基本信息见表 2-4。

表 2-4　管理平台基本信息

平台名称	平台建设单位	平台用户单位	平台功能简介	建成年份	运行时间	注册数/个	访问量/人次	资源下载量/次
冶金工业集聚区水系统网络信息平台	东北大学	鞍钢股份有限公司	实现水系统数据的在线采集、分析与处理，提供水系统平衡信息、调整用水方案，提高水资源利用水平	2016 年	6 个月	20	320	200

2.3.4　管理平台及运行效果

冶金工业集聚区水系统网络信息平台是涵盖主要用水工序和信息种类的，集信息采集显示、用水科学性分析、辅助决策功能为一体的智能化水网络信息平台，其对冶金集聚区水系统信息管理方面的作用提升主要包括以下三点。

(1)建立了以水种为主线，水流图为载体的，"企业—工序—设备"三层次用水信息显示体系。

(2)以各层次用水环节进出口为节点，监控水量、关键水质、水压等节点信息。

(3)立足管理需求，增设了工序用水科学性分析、用水指标，以及水量、水质变化趋势分析模块。

平台具备如下三大特色。

(1)强调信息的完整性，包括两个方面：①内容完整，用水类别(多水种)和信息种类

(量、质、温)；②结构完整，多层次、有进有出的路径清晰的用水网络。

(2)集成数据采集、整理分析、辅助决策功能的智能化平台。

(3)建立基于物质流的用水信息变化趋势预测手段：考虑物质流的变化和设备的运行状态，依据物质流中生产率的变化和设备的运行状态等信息来预测水量、水质变化。

冶金工业集聚区水系统网络信息平台技术在鞍钢股份有限公司进行了应用示范，其建设规模为 9000m³/h，实现了重点部位数据的在线采集、显示和储存，实现了主要指标的偏差报警，可以处理、分析相关数据，提供水系统平衡信息和调整决策方案，信息覆盖率占区域用水的 80%以上。第三方检测数据显示，平台实施前后，鞍钢吨钢水耗下降4.15%。另据鞍钢数据统计，鞍钢 2016 年吨钢耗新水 3.41t，对比 2010 年(吨钢新水消耗4.57t)下降 25.38%。

从冶金工业集聚区水系统网络信息平台技术示范在鞍钢股份有限公司的实施效果来看，此平台对促进我国钢铁工业节水减排工作的开展，进而推动企业升级改造具有积极的意义。一方面平台的实施推动了企业水资源使用和管理的信息化水平，平台在采集、分析数据的基础上提供的科学用水建议可以作为企业节水改造的依据。根据本项目的节水效果(企业直接年降低新水用量 300 余万吨)，如果在钢铁行业全面推广使用，可产生年减少水资源消耗 1.5 亿 t 的节水效益，为我国节水减排事业发挥了重大作用。

第3章

辽河流域氨氮污染控制关键技术与示范

针对辽河流域水体污染主要超标因子已逐渐由 COD 转变为氨氮和总磷的问题，"十二五"期间，开展了水专项辽河流域氨氮污染控制关键技术与示范研究、低碳节能氨氮削减与资源化利用关键共性技术研发和示范，完成了辽河流域污水处理氨氮控制技术评估报告，提出了辽河流域氨氮污染控制、水环境质量持续改善的方案和对策。攻克了适合冬季长、气温低、重化工业集中及畜禽养殖业发展迅猛的辽河流域污水脱氮关键技术，主要有：①典型行业高浓度氨氮废水治理的低碳节能生物脱氮成套技术，其中包括臭氧催化氧化耦合 BAF 同步除碳脱氮成套技术、油页岩干馏废水短程硝化反硝化脱氮成套技术和厌氧氨氧化菌种的快速培养、储存、保存和活性恢复技术；②低碳氮比市政污水生物或电化学脱氮成套技术，其中包括寒冷地区城镇污水处理厂高效脱氮微生物人工强化脱氮升级改造成套技术和低碳氮比垃圾渗滤液好氧硝化-双膜净化-浓缩液回灌反硝化脱氮成套技术；③畜禽养殖废水氨氮削减及粪污资源化技术；④河流面源氨氮水污染控制成套技术。建立了工业化规模厌氧氨氧化种泥基地及氨氮污染治理技术评估和技术推广平台。形成了"石化等典型重污染行业高氨氮废水处理、低 C/N 污水低耗高效生物脱氮、畜禽养殖废水氨氮削减及粪污资源化等控制辽河流域氨氮污染的低耗高效关键共性技术"标志性成果，并分别在工业源、生活源及农业面源氨氮削减工程中进行了示范。成果推广将有效提高辽河流域氨氮污染治理水平。

3.1 概　　述

3.1.1 研究背景

近年来，辽宁省氨氮排放逐年减少，生活源氨氮排放量及所占比例有所下降，工业源氨氮排放量略有降低，但农业面源排放量及所占比例有较大幅度的上升，原因主要是近年来畜禽养殖业的快速发展。畜禽养殖总氮排放量占农业面源总氮排放总量的 85% 以上，畜禽养殖废水 COD、氮磷浓度高，资源化回收污水中的氮磷进而实现低成本净化污水，意义重大。生活源早已上升为氨氮污染主体，其排放主要是通过城镇污水处理厂。随着城镇居民生活水平和卫生条件的改善，城镇污水碳氮比逐渐降低，使生物脱氮工艺中反硝化所需碳源不足，造成出水氨氮和总氮超标，加之辽河流域冬季长、气温低，尤其需要适应寒冷地区低 C/N 污水脱氮技术。工业源氨氮排放虽然仅占比 5%，但氨氮排放量占工业排放总量的 70% 以上，冶金焦化、合成氨和尿素、化纤腈纶、催化剂生产等重点行业废水中氨氮和总氮浓度高、难处理，急需低碳节能脱氮技术。

3.1.2　氨氮污染控制关键技术成果

重点研发了臭氧催化氧化耦合 BAF 同步除碳脱氮成套技术、油页岩干馏废水短程硝化反硝化脱氮成套技术、同时亚硝化/厌氧氨氧化/反硝化(SNAD)生物脱氮成套技术、寒冷地区城镇污水处理厂高效脱氮微生物人工强化脱氮升级改造成套技术及畜禽养殖废水氨氮削减及粪污资源化技术，并形成石化等典型重污染行业高氨氮废水处理、低 C/N 污水低耗高效生物脱氮、畜禽养殖废水氨氮削减及粪污资源化等控制辽河流域氨氮污染的低耗高效关键共性技术体系。

3.1.3　氨氮污染控制关键技术应用与推广

1. 臭氧催化氧化耦合 BAF 同步除碳脱氮成套技术

辽河流域石油化工企业集中，是工业点源氨氮产生、排放大户。石油化工行业废水氨氮浓度高、COD 高且可生化性差，目前处理技术存在难降解有机物残存，生物脱氮又需补加碳源，导致运行成本过高。针对石油化工等高氨氮工业废水氨氮浓度高、可生化性低、运行成本高的共性技术问题，自主研发表面易于产生羟基自由基(•OH)的催化剂，利用羟基自由基强氧化性(远高于臭氧)及催化剂较大的表面积对有机物进行选择吸附性，提高难降解有机物的降解效率，不仅能去除残留 COD，同时还能提高污水的 B/C 比，通过耦合 BAF 实现不外加碳源的同步硝化反硝化，形成臭氧催化氧化耦合 BAF 同步除碳脱氮成套技术，并在中国石油天然气股份有限公司抚顺石化公司 2501 污水处理单元改造工程中示范。第三方监测结果表明，该示范工程出水氨氮由工程示范前平均 18mg/L 以上降至 8mg/L 以下，COD 年削减量约 880t，氨氮 130t，总氮 86.4t；由于出水水质优良，部分作为回用水进入现有脱盐水处理单元。改造工程新增直接运行费用 1.58 元/t 水(包括臭氧催化剂折旧 0.3 元/t 水)，低于同类型技术水平。

该成套技术已申请发明专利 3 项，成果业已推广至中国石油天然气股份有限公司克拉玛依石化公司 300t/h 污水深度处理及回用项目。核心技术采用臭氧催化氧化耦合 BAF 同步除碳脱氮，整体工程流程为：隔油+气浮+A/O+二沉池+溶气气浮(DAF)+臭氧催化+BAF+过滤+UF/RO，2015 年年底建成运行，在进水 COD 500mg/L、氨氮 40mg/L 的条件下，出水 COD、氨氮分别稳定在 50mg/L、5mg/L 以下，水质达标回用与排放，污染物削减负荷分别为 COD 238t/a、氨氮 7t/a。

该成套技术适用于氨氮浓度高、有机物可生化性低的工业废水的处理，尤其是石化等典型重污染行业含难降解污染物的高氨氮废水脱氮升级改造。

2. 油页岩干馏废水短程硝化反硝化脱氮成套技术

油页岩干馏废水极难处理，国内尚无油页岩干馏废水短程硝化反硝化脱氮的工程实例。采用传统生物脱氮技术处理，流程长、电耗高、需外加碳源，处理成本高，企业难以接受，而采用短程硝化反硝化脱氮技术处理可节省大量费用。实际废水处理工程中实现短程硝化反硝化脱氮，困难在于短程硝化操作条件苛刻难以达到稳定运行，本书通过限氧曝气、添加抑制剂，以及多级 A/O 串联工艺中耦合铁阳极电凝聚技术，强化废水生物处理能力，并通过工艺参数调整，实现废水的短程硝化反硝化。其核心技术在于 A/O 生物处理系统中耦合原位电凝聚技术，通过控制电流密度、通断电时间比和铁电极作为阴/阳极的时间比，以实现同步调控铁离子的溶出速率和电场大小，在适宜铁离子浓度和电场下，可以改善脱氮酶活性，提高微生物氨氧化细菌(AOB)丰度，从而在限氧条件下维持较高的亚硝酸盐累积率，提高在辽河流域冬季低温不利条件下处理低 C/N 污水的生物脱氮能力。该成套技术在抚顺矿业集团有限责任公司页岩炼油厂 3500t/d 干馏污水处理厂进行了工程示范。第三方监测结果表明，该示范工程 COD 去除率大于 99%，氨氮削减量大于 99%，出水 COD 小于 60mg/L，氨氮小于 5mg/L。据监测结果计算，该示范工程实现 COD 年削减量 4883t、氨氮 3896t、总氮 2607t。在出水水质和氨氮、总氮去除率大致相近的情况下，该成套技术比全程硝化反硝化节省运行费 7.4 元/t、比常规短程硝化反硝化节省 2.7 元/t。

该成套技术获得实用新型专利和发明专利各一项。2014 年应用于沈阳浦兴禽业集团有限公司的养鸡场地面冲洗水处理的实际工程，处理后出水 COD 可达到《辽宁省污水综合排放标准》(DB 21/1627—2008)"表 2 排入污水处理厂的水污染物最高允许排放浓度"标准，去除率 90.17%；出水氨氮和总氮可达到"表 1 直接排放的水污染物最高允许排放浓度"标准，去除率分别为 96.28% 和 91.19%。

该成套技术适用于高浓度氨氮(进水氨氮为 100～4000mg/L)、低碳氮比(C/N 为 3～5)、可生化性差(B/C<0.3)的各类工业废水(如焦化、制药、化工等)。此外，该成套技术还适合于气温较低的情况下，强化可生化性较差的废水处理效果的工程改造。

3. 同时亚硝化/厌氧氨氧化/反硝化(SNAD)生物脱氮成套技术

亚硝化/厌氧氨氧化脱氮技术工艺无须外加碳源，可减少 90% 的曝气量、污泥产生量和 CO_2 排放量，是目前已知的最为经济、环境友好的生物脱氮途径[1]。但亚硝化/厌氧氨氧化脱氮技术工艺实际应用在我国并不多见，主要原因是受制于厌氧氨氧化(Anammox)菌培养困难、倍增时间长，无法为实际工程提供足够量的 Anammox 种泥。针对此问题，研发了厌氧氨氧化菌种的快速培养、储存、保存和活性恢复技术，并建立了工业化规模厌氧氨氧化种泥基地，通过技术集成形成同时亚硝化/厌氧氨氧化/反硝化生物脱氮成套技术。以厌氧氨氧化为特征的 SNAD 工艺最大的特点是在同一反应器中完成脱氮除碳全过程，适用于高氨氮、低 C/N 废水，能够消除废水中有机碳源对厌氧氨氧化细菌的影响，同时避免废水中亚硝氮积累引起的厌氧氨氧化细菌和亚硝化细菌活性抑制，能够同步脱氮除碳，进一步提高总氮去除率，实现总氮去除率达 92.4%，COD 去除率达 98.1%。

该成套技术已应用于大连夏家河子污泥处理厂处理 500t/d 消化液，在国内成功启动了第一个基于 SNAD-移动床生物膜反应器(MBBR)工艺处理污泥消化液的实际工程。将生物填料在中试反应器内进行预挂膜后再接种至实际工程反应池中，实现了厌氧氨氧化

过程的菌种富集及快速启动；同时运用硝化污泥和厌氧氨氧化污泥作为种泥，快速启动
SNAD 工艺过程。在进水总氮大于 1650mg/L 的条件下，出水总氮浓度为 320～350mg/L，
脱氮量达 390kg N/d，总氮去除率可达 75%以上。

以厌氧氨氧化脱氮为特征的该成套技术适用于处理垃圾渗滤液、污泥消化液、养殖
废水、焦化废水、制革废水、土豆加工废水、味精废水及含盐废水等具有氨氮浓度高、
C/N 低的废水。

4. 寒冷地区城镇污水处理厂高效脱氮微生物人工强化脱氮升级改造成套技术

针对辽河流域冬季长气温低，中小型污水处理厂冬季出水 COD 可达一级 A 标准，
但氨氮难以达到地方排放标准，同时全面升级改造难以实现的现实，研发脱氮功能菌原
位高效富集和人工增菌强化脱氮技术，在不改变原有工艺、不扩大水处理设施，进水量、
水质也未发生变化的前提下，自主研发高效脱氮微生物原位增菌技术，从污水处理厂原
有的活性污泥中筛选、富集、驯化、分离、扩大培养高效脱氮微生物(异养硝化菌和好氧
反硝化菌)，通过设立增菌器，投加高效脱氮菌群，结合对缺氧、好氧池的工艺参数的调
整，实现高效脱除氨氮的良好去除效果。脱氮微生物的人工强化技术在国内外也进行过
相关研究工作，但在规模为 2 万 t/d 的城镇污水处理厂具体实施，且在不改变原有工艺、
未扩大水处理设施，进水量、水质也未发生变化的前提下，使出水氨氮由平均 18mg/L
以上降至 5mg/L 以下，尤其是在辽沈地区冬季水温低于 12℃时出水氨氮仍能低于 5mg/L，
技术水平处于国内外领先地位，可为辽河流域规模小于 2 万 t/d 的城镇污水处理厂提标改
造，为出水由一级 B 标准达到一级 A 标准提供技术支撑。

该成套技术已在沈阳市辽中区 20000t/d 污水生态处理厂成功进行工程示范，在使用
该成套技术之前，当进水 COD 平均为 270mg/L，氨氮平均为 36mg/L 时，去除率分别为
80%和 22%，氨氮超标 66%；用该成套技术改造后，当平均进水 COD 和氨氮浓度分别为
297mg/L 和 36.23mg/L 时，去除率可以达到 86.67%和 97.14%，出水 COD 和氨氮稳定在
28mg/L 和 4mg/L。根据第三方监测结果进行计算，该示范工程实现 COD 年削减量 87.6t、
氨氮 158t、总氮 160.19t，直接为蒲河断面水质改善、达标做出贡献。

该成套技术一次性投资少、运行费用低，可为我国缺乏场地的污水处理厂脱氮提标
改造提供新的途径，还可以结合北方寒冷季节漫长等特点进行低温脱氮微生物的富集工
作，特别适合在北方寒冷地区推广使用。

5. 畜禽养殖废水氨氮削减及粪污资源化技术

辽河流域畜禽养殖业发展迅猛，随之而来的是其所带来的氮磷污染。针对畜禽养殖
废水氮磷浓度高的特点，自主研发了鸟粪石(MgNH$_4$PO$_4$·6H$_2$O，MAP)沉淀法回收畜禽
养殖废水氮磷技术及设备，并与沼液高耐污反渗透浓缩技术耦合，同时实现了污水深度
净化和粪污中氮磷资源化回收，成功解决了畜禽养殖废水中氨氮和磷酸盐浓度较高难处
理，沼气工程中沼液产量大、处理成本高，沼液储存运输困难和营养物质含量偏低等问

题。沈阳市辽中区茨榆坨镇太平村 200t/d 畜禽养殖废水氨氮削减及粪污资源化处理示范工程,实现处理出水氨氮达到 10mg/L 以下,削减氨氮 30t/a、COD 99t/a。

除示范工程"辽中区茨榆坨镇太平村 200t/d 畜禽养殖废水氨氮削减及粪污资源化处理工程"外,该技术业已在盘锦市新开镇畜禽养殖污染治理工程、沈阳正旺乳牛专业合作社污染治理工程、本溪桓仁满族自治县怀仁镇四河村沼气工程、本溪桓仁满族自治县雅河乡边哈村沼气工程、抚顺市抚顺县马圈子乡草盆村畜禽养殖污染治理工程、盘锦大洼区新兴镇园林村畜禽养殖污染治理工程、沈阳法库县大孤家子镇敖牛堡村畜禽养殖污染治理工程面源污染治理项目中得到应用推广,年处理畜禽养殖粪污 7 万 t,年削减 COD 2520t、削减氨氮 168t,对流域农村地区水质改善与污染物削减起到了巨大的作用。

该成套技术适用于高浓度畜禽养殖废水及其他高浓度有机废水处理,具有反应速度快、去除效率高、设备简单、操作方便以及受水质和温度的影响较小、能耗较低的特点;此外,其得到的沉淀产物可以回收用作缓释肥,并产生一定的经济效益;作为常规厌氧发酵工艺的后续单元,该技术通过氨磷回收可提高沼液回流比,将其由传统的 30%提升至 70%,从而减少沼液池占地。

6. 辽河流域氨氮污染控制与治理技术总体方案

据统计,2014 年辽宁省氨氮工业源排放量 0.28 万 t,生活源排放量 3.58 万 t,农业面源排放量占 1.64 万 t,集中式治理设施排放量 0.07 万 t,其所占比例分别为 5.03%、64.27%、29.44%和 1.26%。近年来辽宁省氨氮排放量逐年减少,生活源氨氮排放量及所占比例有所下降,工业源氨氮排放量略有降低,但农业面源排放量及所占比例有较大上升。基于此,在"辽河流域氨氮污染控制与治理技术总体方案"中分别给出了辽河流域氨氮污染控制的总体思路和技术方案。例如,针对畜禽养殖废水 COD、氮磷浓度高的特点,提出用厌氧发酵产沼气-MAP 沉淀法回收氮磷-膜过滤工艺处理禽养殖废水使之资源化回收氮磷,从而降低运行费用;根据辽宁省城镇污水碳氮比逐渐降低,使生物脱氮工艺中反硝化所需碳源不足,造成出水氨氮和总氮超标,加之辽河流域冬季长、气温低的现实,建议推广寒冷地区低 C/N 城镇污水处理厂高效脱氮微生物人工强化脱氮升级改造成套技术;工业源氨氮排放虽然仅占 5%,但氨氮排放量占工业排放总量 70%以上的冶金焦化、石油化工等重点行业废水中氨氮和总氮浓度高、C/N 低、COD 难降解,采用石化等典型重污染行业高氨氮废水低碳节能的生物脱氮成套技术,可推动问题的解决。

3.2　辽河流域氨氮污染控制关键技术创新与集成

3.2.1　氨氮污染控制关键技术基本信息

创新集成了辽河流域氨氮污染控制关键技术 6 项,基本信息见表 3-1。

表 3-1 氨氮污染控制关键技术基本信息

编号	技术名称	技术依托单位	技术内容	适用范围	启动前后技术就绪度评价等级变化
1	臭氧催化氧化耦合 BAF 同步除碳脱氮成套技术	大连理工大学	通过投加自主研发催化剂,提高难降解有机物降解效率和废水可生化性,为 BAF 进一步脱氮除碳提供基质	尤其适用于难降解污染物和氨氮浓度高、可生化性低的工业废水处理,可同步完成高效除碳脱氮	3 级提升至 7 级
2	油页岩干馏废水短程硝化反硝化脱氮成套技术	东北大学	多级 A/O 串联工艺中耦合铁阳极电凝聚技术,强化废水生物处理能力,并通过工艺参数调整,实现短程硝化反硝化	高氨氮难降解工业废水,低碳氮比废水,油页岩废水,低温废水	3 级提升至 7 级
3	厌氧氨氧化菌种的快速培养、储存、保存和活性恢复技术(SNAD 生物脱氮成套技术)	大连理工大学、东北大学	以完全搅拌混合厌氧膜生物反应器富集培养 Anammox 菌,以氧化石墨烯提高其储存后活性恢复速率,并用真空冷冻干燥法来获得长时间保存	尤其适用于高氨氮工业废水和低碳氮比废水的节能脱氮,可以取得很好的自养脱氮效果,并节省能量消耗	3 级提升至 7 级
4	寒冷地区城镇污水处理厂高效脱氮微生物人工强化脱氮升级改造成套技术	东北大学	自主研发高效脱氮微生物原位增菌方法,将高效脱氮微生物投加到生化池,合理工艺参数的调整,实现良好的脱氮效果	尤其适用于低碳氮比城镇生活污水脱氮升级改造	3 级提升至 7 级
5	畜禽养殖废水氨氮削减及粪污资源化技术	辽宁省环境科学研究院	自主研发 MAP 沉淀法回收畜禽养殖废水氮磷技术及设备,并与沼液高耐污反渗透浓缩技术耦合,同时实现污水深度净化和粪污中氮磷回收	适用于养殖废水处理,可作为传统厌氧发酵的后续处理,得到的沉淀产物可以回收用作缓释肥	3 级提升至 7 级
6	低碳氮比垃圾渗滤液好氧硝化-双膜净化-浓缩液回灌反硝化脱氮技术	中国环境科学研究院	通过两级 A/O-MBR 实现有机物矿化和有机胺-氨氮-NO_2-或 NO_3-的转化,控制硝化液回流进行异养反硝化;再通过 UF/RO 的膜分离作用实现达标排放	生活垃圾填埋场渗滤液及餐厨垃圾处理厂污水	3 级提升至 7 级

注:技术就绪度评价参照《水专项技术就绪度(TRL)评价准则》(见附录)执行。

3.2.2 氨氮污染控制关键技术

1. 臭氧催化氧化耦合 BAF 同步除碳脱氮成套技术

1)基本原理

臭氧多相催化氧化法,是利用过渡金属氧化物的某些表面特性强化臭氧转化为具有强氧化能力的自由基[2],对高稳定性有机污染物的分解效率比单纯臭氧氧化提高 2~4 倍;在提高氧化效果的同时降低了其对水质的副作用。BAF 将生物氧化过程与固液分离集于一体,使碳源去除、固体过滤和硝化过程在同一个单元反应器中完成。

2)技术增量

在臭氧多相催化氧化阶段,采用自主研发的全新臭氧催化剂,不仅能有效提高臭氧对于难降解有机物的降解效率,降解残余难降解的有机物,还可以提高废水的可生化性,为 BAF 进一步脱氮除碳提供基质。同时改造了传统的 BAF,增设了厌氧区,这将使 BAF

可同步进行反硝化脱氮及除磷。

3）工艺流程

工艺流程为"臭氧多相催化氧化法降解 COD 提高可生化性—BAF 硝化反硝化脱氮与去除 COD"。采用臭氧催化氧化技术，通过投加自主研发的催化剂，在特制催化剂表面易于产生羟基自由基(•OH)，其氧化还原电位(+2.8V)远高于臭氧(+2.07V)，表面积较大的催化剂可对有机物进行选择性吸附，可以使易分解的羟基自由基在催化剂表面与有机物发生原位氧化反应，从而提高降解效率。利用臭氧催化氧化技术，不仅能降解一部分 COD，同时还能提高污水的 B/C 比，这为后续的深度生化脱氮处理创造了有利条件。在臭氧催化氧化后端设置 BAF，在曝气的情况下，生物膜表面进行硝化过程，生物膜内部由于缺氧环境，可进行反硝化反应。反硝化过程所需的碳源来自臭氧催化氧化过程产生的 BOD。BAF 在去除 COD 的同时进行硝化反硝化脱氮，使出水达标排放。工艺流程如图 3-1 所示。

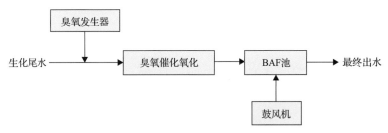

图 3-1　臭氧催化氧化耦合 BAF 同步脱氮除碳工艺流程图

4）技术创新点及主要技术经济指标

A. 技术创新点

采用自主研发的催化剂，利用臭氧催化氧化技术，不仅能降解一部分 COD，同时还能提高污水的 B/C 比，并对生化尾水中残留的有机氮进行氨化反应生成氨氮，这为后面的 BAF 脱氮创造有利条件。臭氧催化氧化耦合 BAF 同步硝化反硝化技术中各单元存在功能耦合，可以提高处理效率；流程设计简单合理，大幅度削减运行成本；无须回流，降低操作复杂度。

B. 技术经济指标

臭氧催化氧化工艺参数为：水力停留时间为(HRT)2.6h，臭氧投加量为 45mg/L，温度为 20～25℃；BAF 的工艺参数为：水温为 20～25℃，HRT 为 40h，填料为陶粒滤料，填料层高度为 3.7m，气水比为 4∶1，气反冲洗强度为 15～20L/(m²·s)，水反冲洗强度为 5L/(m²·s)。处理水质：进水 COD 70～80mg/L、TN 20～25mg/L。出水 COD 浓度小于 40mg/L，氨氮浓度小于 1mg/L，COD 及氨氮的去除率分别大于 85% 与 95%。利用该工艺处理废水，若使 COD 及氨氮的去除率分别大于 85% 与 95%，则运行成本为 1.58 元/t，其中包括了臭氧催化氧化催化剂折旧费 0.3 元/t，低于同类型技术成本。

5）实际应用案例

抚顺石化公司 2501 污水处理单元改造工程，设计规模 650m³/h，处理生产废水主要包括丁苯橡胶废水和乙烯废水，氨氮浓度 100mg/L、磷酸盐 150mg/L，示范关键技术：

臭氧催化氧化耦合 BAF 同步硝化反硝化技术。该工程处理效果良好，运行稳定，出水水质达到《辽宁省污水综合排放标准》(DB 21/1627—2008)。

2. 油页岩干馏废水短程硝化反硝化脱氮成套技术

1)基本原理

短程硝化反硝化是把硝化过程控制在产生亚硝态氮的阶段，阻止亚硝态氮进一步氧化，直接以亚硝态氮作为菌体呼吸链氢受体进行反硝化的过程[3]。相比全程硝化反硝化，短程硝化反硝化缩短了反应步骤，正是由于生物脱氮过程中反应步骤的减少，使短程硝化反硝化具有较多优势。实际废水处理工程中实现短程硝化反硝化脱氮，困难在于短程硝化操作条件苛刻难以达到稳定运行，本书通过限氧曝气、添加抑制剂，以及多级 A/O 串联工艺中耦合铁阳极电凝聚技术，强化亚硝化过程，并通过工艺参数调整，提高废水生物处理能力，实现废水的短程硝化反硝化。

2)技术增量

采用自主研发的原位电凝聚强化生物处理技术，创造性地耦合电化学和生物处理技术，可以有效解决目前常规短程硝化反硝化技术过程中存在的工艺条件苛刻(如目前应用的 SHARON 工艺温度需要水温达到 30~40℃)的技术瓶颈，在国内首次实现油页岩干馏废水短程硝化反硝化脱氮。

3)工艺流程

工艺流程为"电凝聚强化—A/O-MBR 短程硝化反硝化—好氧 MBR 深度脱氮"。主要是进行短程硝化反硝化脱氮工艺试验研究和工艺参数调整，通过对污水处理厂第 1、2级 O 池进行限氧曝气，进行 pH、水温、内回流比和内回流点等工艺参数调整，实现部分亚硝化后回流进行反硝化，从而实现用短程硝化反硝化技术进行脱氮。此外，在缺氧池内采用原位低电压电凝聚强化生物脱氮技术，提高废水、污水的处理效果，降低处理能耗(图 3-2)。

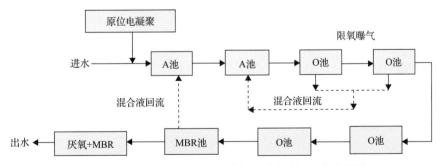

图 3-2　油页岩干馏废水短程硝化反硝化脱氮工艺流程图

4)技术创新点及主要技术经济指标

A. 技术创新点

采用短程硝化反硝化脱氮技术进行高浓度氨氮废水脱氮，通过在多级 A/O 串联工艺中耦合铁阳极电凝聚技术，强化废水生物处理能力，并通过工艺参数调整，研发了高浓度氨氮工业废水短程硝化反硝化脱氮技术。自主研发了原位电凝聚强化生物脱氮技术，在活性污泥中耦合铁阳极电凝聚技术，增加了污泥粒径和微生物活性，提高了污泥持留能力，强化其对废水中难降解有机物和总氮的处理效果。

B. 技术经济指标

将全程硝化反硝化、常规短程硝化反硝化及电凝聚强化生物脱氮经济技术指标做对比，当工艺参数条件为水温为 25 ± 2℃，污泥龄 SRT 为 120 天，水力停留时间(HRT)为 15 天，进水氨氮 3100 ± 100mg/L，O_2 池混合液回流比 400%，MBR 池混合液回流比为 200%，A 池 pH 为 7.0～8.0，通过在废水中添加甲醇改变废水 C/N 至 3(其中全程硝化反硝化控制 O_1 和 O_2 池 DO 不小于 2mg/L，短程硝化反硝化控制 O_1 和 O_2 池 DO 为 1.5 ± 0.3mg/L，电凝聚强化生物脱氮系统控制电流密度 0.05A/cm^2)，三种工艺出水氨氮去除率均大于 99.7%，全程硝化反硝化工艺总氮去除率为 73.3%，常规短程硝化反硝化工艺总氮去除率为 82.8%，电凝聚强化生物处理系统总氮去除率为 86.4%。

以出水氨氮去除率大于 99.7%、总氮去除率 80%核算三种工艺运行成本，其中全程硝化反硝化运行成本 38.7 元/t(外加甲醇 10 元/t、曝气 23.5 元/t、其他 5.2 元/t)，短程硝化反硝化运行成本 34 元(外加甲醇 7.5 元/t、曝气 21.3 元/t、其他 5.2 元/t)，电凝聚强化生物处理系统 31.3 元(外加甲醇 4.5 元/t、曝气 21.3 元/t、其他 5.2 元/t、电凝聚系统 0.3 元/t)。开发的电凝聚强化生物处理系统运行成本既低于全程硝化反硝化脱氮，也低于常规短程硝化反硝化脱氮技术。

5)实际应用案例

抚顺矿业集团有限责任公司页岩炼油厂干馏污水处理场建设项目，处理规模 3500m^3/d，处理对象为页岩油生产过程中产生的含有大量的石油类、挥发酚等污染物的干馏污水，其中 COD 为 3500～5100mg/L，BOD 为 1100～1300mg/L，氨氮高达 2500～3000mg/L，属高氨氮、低 C/N、极难处理化工污水。示范关键技术：短程硝化反硝化技术。该工程处理效果良好，运行稳定，出水 COD 小于 60mg/L，氨氮小于 5mg/L，COD 去除率大于 99%，氨氮削减量大于 99%，并体现出以下技术优势：硝化阶段只需将氨氮氧化为亚硝氮，可减少约 25%的需氧量，降低了污水处理的运行能耗；反硝化阶段节省了外加碳源，可减少 40%左右的有机碳源，降低污水处理运行费用的同时使低碳氮比废水高效率脱氮成为可能；亚硝氮反硝化的速率是硝氮反硝化速率的近 2 倍，缩短了系统的水力停留时间，减小了反应器有效容积和占地面积，节省了污水处理的基建投资费用；短程硝化反硝化能够减少剩余污泥的排放量，在硝化过程中可减少产泥 24%～33%，在反硝化过程中可减少产泥 50%，节省了污水处理中的污泥处理费用；减少了碱的投加量，运行管理简单。

3. 厌氧氨氧化菌种的快速培养、储存、保存和活性恢复技术(SNAD 生物脱氮成套技术)

1)基本原理

以完全搅拌混合厌氧膜生物反应器 CSTR-AnMBR 中富集培养 Anammox 菌，降低

Anammox 菌倍增时间；以 Anammox 菌自身产生的 N_2 作为气源，采用循环曝气的方式对膜表面进行冲刷，延长膜的运行周期。以氧化石墨烯提高储存后 Anammox 菌的恢复速率；以真空冷冻干燥法来获得 Anammox 干菌粉，长时间保存厌氧氨氧化菌。以储存 Anammox 菌启动 SNAD 工艺，可以很好地消除废水中有机碳源和亚硝酸盐积累对厌氧氨氧化细菌活性的抑制，解决厌氧氨氧化技术工程应用的障碍，促进厌氧氨氧化技术更广泛的工程应用。

2）技术增量

通过厌氧膜生物反应器作为厌氧氨氧化反应器，避免了菌种流失，Anammox 菌倍增时间由 11 天缩短至 6.9 天；在控制低温(4℃)的条件下，用氧化石墨烯提高了 Anammox 菌的活性，促进其恢复再生[4]。

3）工艺流程

厌氧膜生物反应器富集培养 Anammox 菌，将完成富集的 Anammox 菌储存，以所储存 Anammox 菌完成 SNAD 工艺启动。采取活性污泥作为底泥，利用厌氧膜生物反应器富集培养 Anammox 菌，以 Anammox 菌自身产生的 N_2 作为气源，循环曝气。采用真空冷冻干燥法，将富集获得的 Anammox 菌制备为干菌粉，长期储存，期间可加入氧化石墨烯提高 Anammox 菌的活性。在工程应用中将 Anammox 菌干菌粉投加入 SNAD 反应器，缩短工程启动周期(图 3-3、图 3-4)。

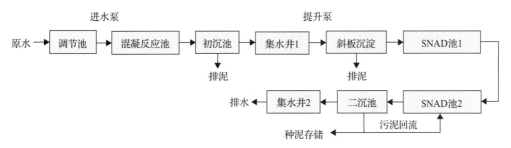

图 3-3　SNAD 一体串联式脱氮工艺流程示意图

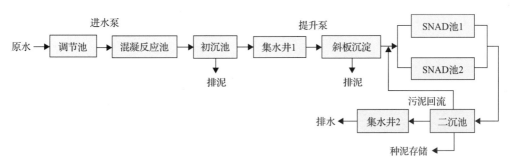

图 3-4　SNAD 一体并联式脱氮工艺流程示意图

4）技术创新点及主要技术经济指标

针对厌氧氨氧化反应器启动缓慢的问题，通过研究反应器构型和运行方法建立促进厌氧氨氧化细菌快速增殖的运行策略；通过研究厌氧氨氧化菌的保藏和复壮方法，加快厌氧氨氧化反应器启动进程，从而促进厌氧氨氧化技术的商业化应用；构建以厌氧氨氧化为核心的处理工艺，显著降低高氨氮废水或者低碳氮比废水的处理能耗，提高除氮效能。厌氧氨氧化工艺具有高氨氮去除率，低能耗和环境友好等优点，如与传统硝化/反硝化相比可以减少63%的氧气消耗，无须外加碳源，将污泥产量最低化，并且减少温室气体二氧化碳释放。

5) 实际应用案例

夏家河子污泥消化液处理工程，采用工艺为 SNAD-MBBR。SNAD-MBBR 工艺处理污泥消化液实际工程的启动分为亚硝化-厌氧氨氧化串联工艺的启动和 SNAD 一体式工艺的启动两部分。首先启动亚硝化-厌氧氨氧化串联工艺的目的是为了培养厌氧氨氧化污泥，为后续 SNAD 一体式工艺的启动提供充足的种泥。城镇剩余污泥经厌氧发酵后进入脱水得到污泥消化液。污泥消化液预处理去除悬浮物。一部分消化液进入 SNAD 池 1 进行亚硝化反应，出水经中间沉淀池后进入 SNAD 池 2 进行厌氧氨氧化脱氮反应，中间沉淀池的污泥定期回流至 SNAD 池 1，池 2 出水最后排入城镇污水处理厂。二沉池定期回流污泥至 SNAD 池 2 中。亚硝化-厌氧氨氧化串联工艺稳定运行 340 天，培养获得了较多的亚硝化和厌氧氨氧化污泥，将部分二沉池的厌氧氨氧化污泥回流至亚硝化池，将 SNAD 池 2 中部分挂膜的填料导入 SNAD 池 1，亚硝化池出水不经中间沉淀池直接流入厌氧氨氧化池，逐渐实现两个池子污泥的混合。同时，反硝化细菌以消化液中的有机碳源和亚硝氮或硝氮为底物在系统中生存、繁殖，SNAD 生物脱氮工艺逐渐启动。SNAD 一体式脱氮工艺的实际工程处于稳定运行中，处理水量 500m³/d，进水总氮大于 1650mg/L 的条件下，出水总氮浓度为 320~350mg/L，脱氮量达 390kg N/d。

4. 寒冷地区城镇污水处理厂高效脱氮微生物人工强化脱氮升级改造成套技术

1) 基本原理

采用自主研发的高效脱氮微生物富集培养方法，从污水处理厂原有的活性污泥中富集培养异养硝化菌和好氧反硝化菌等高效脱氮微生物，通过设立增菌器，投加高效脱氮菌群，结合对缺氧、好氧池的工艺参数的调整，实现高效脱除氨氮的良好效果。技术原理是通过提高生化系统中脱氮微生物的比例，使在好氧池中尚存在大量有机物时，异养硝化菌就进行氨氮的氧化，同时好氧反硝化菌又将硝态氮、亚硝态氮转化氮气。

2) 技术增量

采用自主研发的高效脱氮菌富集技术，在原位大量富集高效脱氮微生物后投入到生化池中，在未改变原有工艺、未扩大水处理设施，进水量、水质也未发生变化的前提下，使污水处理厂出水氨氮由原来的平均 18mg/L 以上降至 5mg/L 以下。

3) 工艺流程

关键技术为高效脱氮微生物原位人工强化技术，使用污水处理厂原有的活性污泥，采用自主研发的高效脱氮微生物富集培养方法，进行硝化和反硝化微生物富集培养，并将富集培养的高效脱氮微生物投加进入污水处理厂的好氧和缺氧段，在原位提高氨氮和硝氮的处理效果(图 3-5)。

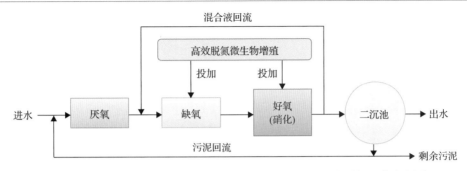

图 3-5 寒冷地区城镇污水处理厂高效脱氮微生物人工强化脱氮工艺流程图

4）技术创新点及主要技术经济指标

A. 技术创新点

直接从污水处理厂原有的活性污泥中筛选、富集、驯化、分离、扩大培养异养硝化菌和好氧反硝化菌等，并用于污水处理厂脱氮。通过将快速富集培养的高效脱氮菌菌种与活性污泥复配，形成可以广泛应用的高效脱氮微生物人工强化种泥[5]（即人工构建的稳定高效脱氮菌群），在污水处理厂的生化处理单元内投加使用，大幅提升生化系统脱氮性能。

B. 技术经济指标

在曝气池 DO 为 4～5mg/L，污泥回流比为 50%～70%，硝化液回流比为 150%～200%的条件下应用该技术，在进水 COD 和 NH_4^+-N 分别为 144.1mg/L 和 30mg/L 时，使污水处理厂对 COD 和 NH_4^+-N 的去除效率由 71.8%和 12.3%分别增加至 80.6%和 94.7%。以出水 COD 和氨氮去除率分别大于 80%和 90%，COD 和氨氮浓度分别低于 50mg/L 和 5mg/L 核算 A^2/O+高效脱氮微生物人工强化技术的运行成本，其运行成本仅为 0.31 元/t（曝气 0.25 元/t，其他 0.06 元/t），该技术在运行过程中并不改变原有的处理工艺，不增加成本。

5）实际应用案例

辽中区污水生态处理厂脱氮升级改造工程，处理规模为 20000m³/d，在使用该技术进行工程改造之前，当进水 COD 平均为 270mg/L，氨氮平均为 36mg/L 时，去除率分别为 80%和 22%，氨氮超标 66%；用该技术改造后，当平均进水 COD 和氨氮浓度分别为 297mg/L 和 36.23mg/L 时，去除率可以达到 86.67%和 97.14%，出水 COD 和氨氮分别稳定在 28mg/L 和 4mg/L，体现出以下技术优势：工程改造简单易行，运行维护方便，既不改变原有的处理工艺，不限制进水负荷，也不引入外来微生物物种，不需要大幅增加处理成本，占地面积小，投资少，运行成本低，特别适合我国城镇现有老旧污水处理厂脱氮提标升级改造，尤其适合在我国东北经济欠发达地区的污水处理厂提标改造，可以大幅降低现有污水处理厂的运行和维护费用。

5. 畜禽养殖废水氨氮削减及粪污资源化技术

1）基本原理

畜禽养殖废水氨氮削减及粪污资源化技术包含厌氧发酵工艺、MAP 沉淀工艺和沼液高耐污反渗透浓缩工艺三个单元。养殖废水经厌氧发酵后，沼液进行 MAP 沉淀反应，回收沼液中的氮磷，出水进行膜浓缩处理，浓液循环返回沼液池继续进行 MAP 回收，出水可达回用水标准，也可达标排放。其核心技术是 MAP 沉淀工艺。MAP 沉淀法脱氮除磷的基本原理是向含氮、磷的废水中投加铵盐或者磷酸盐和镁盐，使之与废水中的磷酸盐或者铵离子发生反应生成难溶复盐 $MgNH_4PO_4 \cdot 6H_2O$ 沉淀，通过固液分离达到从废水中脱氮除磷的目的[6]。MAP 沉淀形成的过程中发生的主要化学反应如下：

$$Mg^{2+} + NH_4^+ + PO_4^{3-} + 6H_2O \rightleftharpoons MgNH_4PO_4 \cdot 6H_2O \downarrow \tag{3-1}$$

$$Mg^{2+} + NH_4^+ + HPO_4^{2-} + 6H_2O \rightleftharpoons MgNH_4PO_4 \cdot 6H_2O \downarrow + H^+ \tag{3-2}$$

$$Mg^{2+} + NH_4^+ + H_2PO_4^- + 6H_2O \rightleftharpoons MgNH_4PO_4 \cdot 6H_2O \downarrow + 2H^+ \tag{3-3}$$

2）技术增量

自主研发了 MAP 沉淀法回收畜禽养殖废水氮磷技术及设备，并与沼液高耐污反渗透浓缩技术耦合，不仅满足了处理后出水要求，并且回收了畜禽养殖废水中氮和磷。MAP 沉淀法具有反应速度快、去除效率高、设备简单、操作方便等特点。该方法受水质和温度的影响较小，能耗较低。对于高浓度废水也适合采用该方法进行处理，且其得到的沉淀产物可以回收利用，避免对环境造成二次污染，相比其他方法减少了处理剩余污泥等的费用，同时沉淀产物用作缓释肥还可产生一定的经济效益。

3）工艺流程

工艺流程为"畜禽养殖废水—厌氧发酵—MAP 沉淀—反渗透浓缩"（图 3-6）。

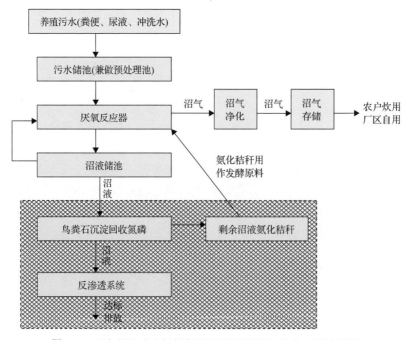

图 3-6 畜禽养殖废水氨氮削减及粪污资源化技术工艺流程图

4）技术创新点及主要技术经济指标

由于畜禽养殖废水中氨氮和磷酸盐浓度较高，以及沼气工程中沼液产量大、处理成本高、储存运输困难和营养物质含量偏低等问题，提出了针对北方地区的 MAP 沉淀技术和沼液高耐污反渗透浓缩技术，综合运用 Plackett-Burman 试验、最陡爬坡试验和 Box-Behnken 响应面法系统研究了 MAP、反渗透膜系统处理畜禽养殖废水发酵液的小试和中试的运行条件、处理效果，以及回收氮磷、去除 NH_4^+-N 等污染物的最优条件，主要技术创新点及主要技术经济指标如下：

以回收畜禽养殖废水中氮磷资源为目标，对 MAP 工艺进行优化，确定最佳氨氮去除率条件为：pH 为 8.81，$n(Mg):n(N)$ 1.26:1，$n(P):n(N)$ 为 1.06:1；最佳磷去除率条件为 pH 为 8.5，$n(Mg):n(N)$ 1.3:1，$n(P):n(N)$ 为 1:1，畜禽养殖废水中氨氮去除率达到 89.32%，磷回收率为 90.11%，MAP 产率为 15.86kg/t。

以畜禽养殖废水氨氮达标排放为目标，综合考虑 MAP 沉淀反应过程氨氮及磷酸盐去除效果，以及后续反渗透处理工艺对水质盐度的要求，对 MAP 技术及反渗透膜技术进行耦合，确定 MAP 最优运行条件药剂投加比为 $n(N)/n(P)/n(Mg)$ 为 1/0.9/0.9，MAP 产率为 14.6kg/t；反渗透系统优化条件为：运行压力 5.50MPa，pH 为 7.70，回收率为 76.00%，沼液浓缩倍数可提高至 4 倍；经优化后该技术 MAP 单元出水氨氮浓度为 130.35mg/L，经反渗透膜浓缩系统进一步处理后，整个系统出水的氨氮浓度可降至 7.47mg/L，氨氮去除率均值达 94.27%。

本技术作为常规厌氧发酵工艺的后续单元，通过氮磷回收可提高沼液回流比，由传统的 30% 提升至 70%，可减少沼液池占地。

5）实际应用案例

对辽中区茨榆坨镇太平村畜禽养殖废水沼气工程进行升级改造，以实现农业废弃物资源化为目标，通过氮磷回收资源化、厌氧发酵、沼液浓缩技术实现养殖粪污的资源化利用，本着经济、实用、简约的设计理念保障了低投入高产出，在关键技术上，借鉴了德国、丹麦等欧洲发达国家的大型沼气技术，同时融入了水专项辽河流域氨氮污染控制关键技术与示范研究针对北方地区畜禽粪污治理而开发的众多关键技术，保障项目技术的先进性。示范工程建设畜禽养殖废水处理系统 1 套，包括脱氮除磷及氮磷回收单元、秸秆堆肥单元、厌氧发酵单元和沼液浓缩单元，日处理养殖废水 200t/d。

沼液处理工艺改造后，可解决目前畜禽养殖粪污处理的难题。通过 MAP 关键技术对沼液的氮磷回收，降低了氮磷含量，提高沼液回流比，可提高至 70% 左右。沼液通过浓缩和纳滤深度处理，可作为回用水，既节约了水资源，也解决了秋冬季节北方沼液还田的难题。

6. 低碳氮比垃圾渗滤液好氧硝化-双膜净化-浓缩液回灌反硝化脱氮技术

1）基本原理

该技术采用"两级 A/O-MBR 反应器—UF/RO 膜分离—浓缩水回灌原位反硝化"集成工艺，实现垃圾渗滤液的高效处理和氨氮的去除。在两级 A/O-MBR 反应器中，首先实现有机物的无机化和有机胺向无机氨氮的转化；其次，氨氮在好氧条件下实现亚硝化和硝化，转化为 NO_2^- 或 NO_3^-，同时控制两级硝化液回流，利用原水中现有的可生化有机碳实现一定程度的异养反硝化，去除渗滤液中的总氮。其后出水通过 UF/RO 的膜分离作用，实现达标处理排放、浓缩水回灌垃圾填埋床，一方面利用填埋床中的有机物对生化处理单元残留的硝酸盐进行彻底的反硝化，另一方面通过进一步的发酵作用，降解浓缩水中残留的难降解有机物。

2）技术增量

将反应器分级、MBR 反应器、膜分离技术，以及垃圾填埋床深度发酵和反硝化等单元技术进行进一步的集成优化，不但可以提高整体工艺的去除效率，而且可以减少工艺占地和缩短水力停留时间，并可通过反渗透浓水回灌原位反硝化，实现渗滤液处理成本的降低。

3）工艺流程

工艺流程为"两级 A/O-MBR 反应器—UF/RO 膜分离—浓缩水回灌原位反硝化"。两级 A/O-MBR 反应器由一级缺氧、一级好氧、二级缺氧、二级好氧、膜生物反应器构成；一级好氧与一级缺氧、二级好氧与二级缺氧之间均设置硝化液回流，回流比 150%，HRT 为 7 天。通过两级硝化反硝化首先实现渗滤液中有机物的无机化和有机胺向无机氨氮的转化；其次，氨氮在好氧条件下实现亚硝化和硝化，转化为 NO_2^- 或 NO_3^-，同时控制两级硝化液回流，利用原水中现有的可生化有机碳实现一定程度的异养反硝化，去除渗滤液中的总氮。MBR 反应器的出水收集后通过保安过滤进入超滤及反渗透单元，通过其膜分离作用进一步对 COD、氮、色度及可溶性有机物等进行去除，最终出水能够达标排放。反渗透浓水回灌入垃圾填埋床，由于垃圾填埋场中厌氧水解与发酵的作用，渗滤液中含有大量有机物、氨氮，在厌氧状态下回灌反渗透浓水中的硝酸盐和亚硝酸盐与填埋床内所产生有机物通过异养反硝化转化为氮气予以去除（图 3-7）。

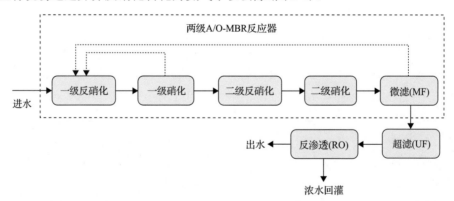

图 3-7 低碳氮比垃圾渗滤液好氧硝化-双膜净化-浓缩液回灌反硝化脱氮技术工艺流程图

4）技术创新点及主要技术经济指标

综合利用了分级反应器、MBR 反应器、膜分离技术，以及垃圾填埋床深度发酵和反硝化等单元技术，研发了"两级 A/O-MBR 反应器—UF/RO 膜分离—浓缩水回灌原位反硝化"集成工艺，不但可以提高整体工艺的去除效率，而且可以减小工艺占地和水力停留时间，通过反渗透浓水回灌原位反硝化可实现每吨垃圾渗滤液处理成本降低约 0.73 元。

　　5）实际应用案例

　　"两级 A/O-MBR 反应器—UF/RO 膜分离—浓缩水回灌原位反硝化"集成工艺中的"两级 A/O-MBR 反应器—UF/RO 膜分离"耦合工艺，两级 A/O-MBR 系统，HRT 为 7 天，在进水 COD 为 7000～9000mg/L、氨氮为 2000～2400mg/L、总氮为 2100～2500mg/L 的条件下，COD、氨氮及 TN 去除率可分别达到 80%、99% 和 70% 以上，出水 COD<1500mg/L、氨氮<18mg/L、TN<680mg/L，经 NF/RO 膜分离后出水可满足《辽宁省污水综合排放标准》(DB 21/1627—2008)要求。该工艺在沈阳市老虎冲垃圾填埋场渗滤液处理二期工程应用，处理规模 1100t/d，第三方检测分析表明出水 COD<50mg/L、NH$_3$-N<0.5mg/L、TN<10mg/L、TP<0.1mg/L。经测算，该技术工艺应用于示范工程可实现辽河流域减排 COD 2300t/a、氨氮 510t/a、总氮 820t/a、总磷 9.6t/a，并且膜分离浓水回灌原位反硝化单元可节约垃圾填埋场渗滤液膜分离处理过程中浓水的处理成本。

3.3　辽河流域氨氮污染控制关键技术工程示范

3.3.1　氨氮污染控制关键技术示范工程基本信息

　　开展了辽河流域氨氮污染控制关键技术的工程示范，基本信息见表 3-2。

表 3-2　氨氮污染控制关键技术示范工程基本信息

编号	名称	承担单位	地方配套单位	地址	技术简介	规模、运行效果简介	技术推广应用情况
1	抚顺石化公司 2501 污水处理单元改造工程	中国昆仑工程公司	中国石油天然气股份有限公司抚顺石化分公司		处理生产废水主要包括丁苯橡胶废水和乙烯废水，氨氮浓度 100mg/L、磷酸盐 150mg/L	处理规模 650m³/d，处理效果良好，运行稳定，出水水质达到《辽宁省污水综合排放标准》(DB 21/1627—2008)	
2	抚顺矿业集团有限责任公司页岩炼油厂干馏污水场建设项目	抚顺矿业集团有限责任公司页岩炼油厂	抚顺矿业集团有限责任公司页岩炼油厂	抚顺矿业有限责任公司页岩炼油厂	根据油页岩干馏废水水质的特点，优化主体生物脱氮工序工艺参数，实现油页岩干馏废水短程硝化反硝化脱氮	规模为 3500t/d 的污水处理厂。该示范工程实现 COD 年削减量 4883t，氨氮 3896t，总氮 2607t	授权发明专利 2 项，实用新型 1 项。应用于沈阳蒲兴禽业集团有限公司
3	辽中区污水生态处理厂脱氮升级改造示范工程	东北大学	辽中区污水生态处理厂	辽宁省沈阳市辽中区郭家窑	采用脱氮功能菌原位富集及人工增菌强化脱氮等关键技术，构建了 A²/O+高效脱氮微生物人工强化技术体系，为同类型污水处理厂的升级改造提供技术支持	日处理水量 20000t/d；升级改造前，出水 COD 98mg/L，氨氮 25mg/L；改造后出水水质达到一级 A 标准	

编号	名称	承担单位	地方配套单位	地址	技术简介	规模、运行效果简介	技术推广应用情况
4	辽中区茨榆坨镇太平村畜禽养殖废水氨氮削减及粪污资源化处理工程	辽宁省环境科学研究院	辽中区环保局	辽中区茨榆坨镇太平村	选择沈阳辽中区建设畜禽养殖废水氨氮削减及粪污资源化示范工程，采用关键技术为MAP回收及资源化技术	日处理废水量200t，其中70%回流。设计MAP处理规模为8m³/h，反渗透膜浓缩系统处理规模为3m³/h	
5	沈阳市老虎冲生活垃圾卫生填埋场垃圾渗滤液处理扩建工程	中国环境科学研究院	沈阳市老虎冲垃圾处理有限责任公司	沈阳市苏家屯区奉集堡老虎冲村	采用"两级A/O-MBR反应器—UF/RO膜分离—浓缩水回灌原位反硝化"集成工艺，实现垃圾渗滤液高效处理和氨氮的去除	处理规模1100t/d，第三方监测结果出水COD＜50mg/L、氨氮＜0.5mg/L、总磷＜0.1mg/L、总氮＜10mg/L，满足《辽宁省污水综合排放标准》(DB 21/1627—2008)要求	

3.3.2 氨氮污染控制关键技术示范工程

1. 抚顺石化公司 2501 污水处理单元改造工程

抚顺石化公司 2501 污水处理单元改造工程设计规模 650m³/h(实际处理水量≥400m³/h)，建设起止时间为 2014 年 10 月～2015 年 8 月。

示范工程中主生化处理段采用厌氧水解-A/O 生物脱氮技术。首先利用厌氧水解段提高混合污水 B/C 比，产生优质反硝化碳源(如有机酸)。通过新增的反硝化池与硝化液回流管线，采用 A/O 工艺尽量利用污水中的有效碳源脱除大部分总氮。

示范工程深度处理段采用臭氧催化氧化耦合 BAF 同步硝化反硝化除碳脱氮技术处理氨氮废水(图 3-8)。该技术采用臭氧催化氧化技术，通过投加自主研发的催化剂，在特制催化剂表面易于产生羟基自由基($\cdot OH$)，其氧化还原电位(+2.8V)远高于臭氧(+2.07V)，表面积较大的催化剂可对有机物进行选择性吸附，使易分解的羟基自由基在催化剂表面与有机物发生原位氧化反应，从而提高降解效率。利用臭氧催化氧化技术，不仅能降解一部分 COD，同时还能提高污水的 B/C 比，这为后续的深度生化脱氮处理创造有利条件。在臭氧催化氧化后端设置 BAF，在曝气的情况下，生物膜表面进行硝化过程，生物膜内部由于缺氧环境，可进行反硝化反应。反硝化过程所需的碳源来自臭氧催化氧化过程产生的 BOD。BAF 技术，在去除 COD 的同时进行硝化反硝化脱氮，使出水达标排放。

厌氧水解-A/O 生物脱氮技术在示范工程的生化前段的"厌氧水解+缺氧反硝化+好氧硝化"单元得到应用。厌氧水解可改善混合污水可生化性，产生优质反硝化碳源。通过新增的反硝化池与硝化液回流管线，采用 A/O 工艺尽量利用污水中的有效碳源脱除大部分总氮(去除率接近 50%)。

臭氧催化氧化耦合 BAF 同步硝化反硝化除碳脱氮技术在示范工程的生化末端的"臭氧催化氧化+BAF"单元得到应用。采用自主研发的催化剂，利用臭氧催化氧化技术，一方面能降解一部分 COD，另一方面还能提高污水的 B/C 比，并对生化尾水中残留的有机氮进行氨化反应生成氨氮，这为后面的 BAF 脱氮创造有利条件。该工艺在国内污水深度处理技术领域属于领先技术。

图 3-8　抚顺石化公司示范工程臭氧催化氧化装置

2. 抚顺矿业集团有限责任公司页岩炼油厂干馏污水厂建设项目

"抚顺矿业集团有限责任公司页岩炼油厂干馏污水厂建设项目"示范工程属于"典型行业高浓度氨氮废水低耗高效氨氮削减技术与工程示范"课题。主要围绕辽河流域中氨氮排放强度最高的工业点源和城镇生活点源，针对脱氮处理过程中低碳氮比造成生物脱氮效率低下的关键技术瓶颈，开展典型高氨氮工业废水短程硝化反硝化技术和污水处理厂脱氮升级改造技术的研究与工程示范。

示范工程施工时间为 2013 年 10 月～2015 年 7 月，竣工验收时间为 2015 年 7 月，第三方检测时间为 2016 年 5～10 月。

抚顺矿业集团有限责任公司页岩炼油厂干馏污水处理厂工程建成后，实现减排 COD 年削减量 4883t，氨氮 3896t。根据第三方检测，COD 去除率大于 99%，氨氮削减量大于 99%，出水 COD 小于 60mg/L，氨氮小于 5mg/L。运行期间 COD 和氨氮去除率均大于 99%。不仅大大降低了废水对环境的污染，提高厂内中水利用效率，也改善了厂内的空气质量。污水处理场废水生物段采用 A/O-MBR 短程硝化反硝化脱氮技术废水处理成本 26.5 元/t，较常规 A/O-MBR 脱氮技术 28.7 元/t，每吨水节省运行费用 2.2 元/t，根据计算每年可节省运行费用 281 万元。示范工程项目的建设是非常必要及时的，具有显著的社会经济效益和环境效益(图 3-9)。

图 3-9　抚顺矿业集团施工及建成照片

3. 辽中区污水生态处理厂脱氮升级改造示范工程

针对辽宁省沈阳市辽中区污水生态处理厂生化池活性污泥中脱氮功能菌比例过低，出水氨氮不达标的问题，研发了脱氮功能菌原位富集技术、人工增菌强化脱氮等关键技术，构建了 A²/O+高效脱氮微生物人工强化技术体系，为同类型污水处理厂的升级改造提供技术支撑。高效脱氮微生物人工强化技术具有原位操作、能耗较低、菌群构建快速准确等特点，同时不改变污水处理构筑物的结构，不改变污水处理厂现有处理水量，具有广阔的应用前景。

该技术可解决目前污水处理厂升级改造的难题：一是通过高效脱氮微生物人工强化技术，提高了污水处理厂氨氮处理的效率，使其达到排放标准；二是不改变原有污水构筑物的结构，且不需新建污水处理构筑物，可减少占地及建设投资；三是升级改造过程中污水处理厂的运行不需要停止，解决了改造期污水储存的难题。

在升级改造过程中，示范工程采用的关键技术是本书自行研发的 A²/O+高效脱氮微生物人工强化技术，即通过人工投加富集的高效脱氮微生物菌种，在原位实现污水中氨氮的高效去除。该示范工程利用本课题自行研发的人工增菌技术，经过原位富集、驯化、分离获得高效的自养硝化、异养硝化和好氧反硝化细菌菌种，扩大培养并复配形成高效脱氮微生物人工强化活性污泥种泥，在污水处理厂人工投加、不改变原有工艺和进水量的前提下使出水稳定在一级 A 标准。示范工程改造完成后，连续 6 个月进行第三方监测，出水氨氮由 25mg/L 降至 5mg/L 以下，氨氮去除率达到 94.7%。

对辽中区污水生态处理厂的生化池进行人工增菌强化，提升系统脱氮能力。在增菌之前，出水氨氮浓度始终大于 20mg/L，有时氨氮几乎没有去除；通过人工增菌强化脱氮之后，系统对氨氮去除能力明显增强，出水氨氮浓度显著降低，经过大概 15 天左右的调整，出水氨氮经常低于 8mg/L，经 30 天左右菌种在系统内的循环和稳定适应，投加的强化菌种起到了明显作用，污水处理厂出水持续低于 8mg/L，并保持在 5mg/L 以下水平。辽中区污水生态处理厂对 COD 的去除可以达到国家一级 A 标准,还可以发现,投加人工强化菌种之后,污水处理厂的出水 COD 也明显降低,特别是在进水浓度波动较大,产生冲击负荷时,出水 COD 并没有受到影响,稳定在 30mg/L 左右。第三方监测单位已经完成了连续 6 个月监测工作,其中包括 4 个月升级改造之后运行良好的数据结果。

投加原位驯化和富集的人工强化脱氮微生物,大幅提升了系统对氨氮的去除能力,达到一级 A 标准,并保持稳定;投加的人工强化脱氮微生物不仅提升了氨氮去除能力,对 COD 的去除也起到了非常明显的促进作用,同时投加的微生物菌种提升了系统的运行稳定性,保证出水水质稳定达标(图 3-10)。

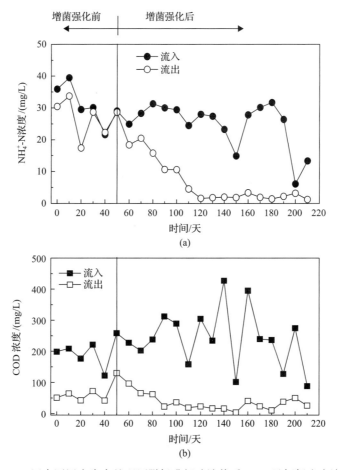

图 3-10　辽中区污水生态处理厂脱氮升级改造前后 COD 及氨氮出水浓度

4. 辽中区茨榆坨镇太平村畜禽养殖废水氨氮削减及粪污资源化处理工程

建设地点位于太平村村西南角,建设用地约 7 亩,宽 20～30m,长 150～200m。太平村人口 4565 人,面积 4500 亩,为养殖大村。该村交通较便利,主干道两侧有排水沟及路灯，路面硬化情况较为完善。太平村有养殖户 100 余户，分布较为分散，养殖规模为 300～1000 头/户，年生猪存栏量约为 5000 头。目前全村养殖粪污排放量约为 3650t/a，绝大部分经简易管道、明渠进入村西南的污水沟塘内。畜禽养殖废水及废弃物的无害化处理已经引起了县政府高度重视。养殖场及散养户养殖污水经管道收集后，进入养殖污水处理站的污水储池，并在池内进行预处理，使其满足厌氧反应器入水水质要求，预处理池内安装搅拌器，通过搅拌使之均匀，然后泵入厌氧反应器进行厌氧发酵处理，产生的沼气经净化后通过供气管道进入农户供炊用。厌氧反应器排出的沼液进入沼液储池，一部分沼液回流厌氧反应器，另一部分沼液经 MAP 沉淀法去除和回收氮磷，氮磷回收后沼液一部分用于氨化秸秆，剩余少量沼液用反渗透系统处理达标排放。

沼液处理工艺改造后，可解决目前畜禽养殖粪污处理的难题。①通过 MAP 关键技术对沼液的氮磷回收，降低了氮磷含量，提高沼液回流比至 70%左右。②回流的沼液中，含有大量的热量，回流后，可降低中温厌氧发酵的热能消耗。③沼液回流减少了沼液的产生量，可减少因沼液储存带来占地及建设投资成本。④沼液通过浓缩和纳滤深度处理，可作为回用水，既节约了水资源，也解决了秋冬季节北方沼液还田的难题。

MAP 最优药剂投加比为 $n(N):n(P):n(Mg)$ 为 $1:0.9:0.9$，反渗透系统最优条件：运行压力为 5.50MPa，pH 为 7.70，回收率为 76.00%，此时，系统氨氮去除率达 94.27%，出水氨氮浓度可降至 7.47mg/L，MAP 产率为 14.6kg/t。

通过关键技术研究并在示范工程中应用，解决了畜禽养殖废水的高氨氮问题。研究人员对依托工程中茨榆坨镇太平村养殖污水处理工程进行技术改造，研发畜禽养殖废水资源化技术以应对流域氨氮削减，通过解决 MAP 结晶关键影响因子及优化控制技术等问题，研发畜禽养殖废水回收 MAP 及资源化等关键技术，重点解决畜禽养殖粪便处理后废水处理的难题，是畜禽粪便资源化处理的后续工艺，彻底解决畜禽养殖粪污治理过程中后续废水处理的难题。

5. 沈阳市老虎冲生活垃圾卫生填埋场垃圾渗滤液处理扩建工程

采用"两级 A/O-MBR 反应器—UF/RO 膜分离—浓缩水回灌原位反硝化"集成工艺，实现垃圾渗滤液的高效处理和氨氮的去除。该技术在沈阳市老虎冲生活垃圾卫生填埋场垃圾渗滤液处理扩建示范工程中得到应用，为示范工程的设计提供了工艺，同时为具体参数的选择提供了支撑作用（图 3-11、图 3-12）。在两级 A/O-MBR 反应器中，首先实现有机物的无机化和有机胺向无机氨氮的转化；其次，氨氮在好氧条件下实现亚硝化和硝化，转化为 NO_2^- 或 NO_3^-，同时控制两级硝化液回流，利用原水中现有的可生化有机碳实现一定程度的异养反硝化，去除渗滤液中的总氮。反应器出水通过 UF/RO 的膜分离作用，实现达标处理排放；浓缩水回灌垃圾填埋床，一方面利用填埋床中的有机物对生化处理单元残留的硝酸盐进行彻底的反硝化，另一方面通过进一步的发酵，降解浓缩水中残留的难降解有机物。

　　示范工程于 2015 年 2 月开始建设，2015 年 12 月完工、2016 年 7 月完成调试，开始正式运行。示范工程建设、施工及运行均严格遵守相应国家或地方相应标准、规范，以水质管理工作为核心，建立了一系列人员管理制度、水质控制与清洁生产制度、工艺设备操作维护规程和安全操作规程等规章制度，针对常见异常及事故状况制定相应的处理应急方案，制作了相应的运行和管理培训手册，保障了示范工程正常运行和处理效果。

　　该集成技术工艺中的"两级 A/O-MBR 反应器—UF/RO 膜分离"耦合工艺，两级 A/O-MBR 系统中，HRT=7 天，在进水 COD 为 7000～9000mg/L、氨氮为 2000～2400mg/L、总氮为 2100～2500mg/L 的条件下，COD、氨氮及总氮去除率可分别达到 80%、99% 和 70% 以上，出水 COD＜1500mg/L、氨氮＜18mg/L、总氮＜680mg/L，经 UF/RO 膜分离后出水可满足《辽宁省污水综合排放标准》(DB 21/1627—2008) 的要求。经第三方检测结果分析表明，出水 COD＜50mg/L、氨氮＜0.5mg/L、总氮＜10mg/L、总磷＜0.1mg/L。

　　经测算，该技术工艺应用于示范工程可分别实现辽河流域减排 COD 2300t/a、氨氮 510t/a、总氮 820t/a、总磷 9.6t/a，并且膜分离浓水回灌原位反硝化单元可节约垃圾填埋场渗滤液膜分离处理过程中浓水的处理成本。

图 3-11　中控及膜分离车间建设现场及 UF/RO 膜分离车间

图 3-12　总出水原液-生化出水-总出水对比

参 考 文 献

[1] Ingo S, Olav S, Markus S. New concepts of microbial treatment processes for the nitrogen removal in wastewater. FEMS Microbiology Reviews, 2003, 27 (4): 481-492.

[2] 徐红岩, 王俊, 张原洁, 等. 多相催化臭氧氧化技术处理染料废水生化出水. 环境工程学报, 2017, 11 (5): 2819-2827.

[3] Turk O, Mavinic D S. Preliminary assessment of a shortcut in nitrogen removal from wastewater. Canadian Journal of Civil Engineering, 1986, 13 (6): 600-605.

[4] 张捍民, 李义菲, 赵然, 等. 电气石对厌氧氨氧化菌驯化与反应器启动的影响. 北京工业大学学报, 2015, (10): 1469-1478.

[5] 刘芳, 赵鑫, 潘玉瑾, 等. 高效异养硝化细菌富集与强化脱氮. 东南大学学报 (自然科学版), 2016, 46 (4): 807-811.

[6] 杨明珍, 包震宇, 师晓春, 等. 鸟粪石沉淀法处理沼液实验研究. 工业安全与环保, 2011, 3: 31-32.

第4章

辽河流域有毒有害物污染控制与应用研究

"十一五"期间，辽河干流水质得到较大改善，但辽河流域重污染行业特征有毒有害污染物的污染现状不清，缺乏针对有毒有害物的处理工艺技术和方案对策。"十二五"期间，水专项开展了辽河流域有毒有害物污染控制与应用示范研究，针对辽河流域有毒有害物污染问题，开展技术创新与集成，建立了辽河流域典型行业优先控制污染物清单，筛选出典型行业废水毒性的灵敏指示生物和毒性指标，开发工业废水的综合毒性评估方法。针对化工、制药和石化行业废水，研发出有毒有害物控制的 8 项单元关键技术，形成了 3 项集成技术，提出了辽河流域有毒有害物污染控制方案和策略，开展了技术应用示范，高浓度多硝基芳烃废水处理与资源化集成技术等 3 项集成技术分别应用于辽河流域 3 个示范工程，以及宁夏石嘴山生态经济开发区污水处理工程，为流域区域化工、制药、石化等典型工业行业有毒有害物污染控制探索了新的技术途径，提供了技术支撑。

4.1 概　　述

4.1.1 研究背景

"十一五"期间，辽河流域开展了控源减排、重污染河道生态修复、流域面源治理等方面系统的技术研究和应用示范。但是，重污染行业(主要包括化工、制药、冶金、石化、印染)中的特征有毒有害污染物的削减还没有引起足够重视[1]。现有的污水处理工艺缺乏对有毒有害污染物的控制，需要不断提高水处理工艺对有毒有害污染物的去除效率，使出水水质满足不断提高的水质标准要求，保障人类和生态的健康。按照现有标准，即使行业废水排放已经达标，但出水中仍含有大量难降解有毒有害物，具有生态毒性。因此，从建设生态型健康河流的角度出发，开展有毒有害物污染控制技术研究势在必行。

针对这些问题，通过技术创新与集成，建立了辽河流域典型行业优先控制污染物清单，筛选出典型行业废水毒性的灵敏指示生物和毒性指标，开发工业废水的综合毒性评估方法；开发了高浓度多硝基芳烃废水高效催化还原技术、高浓度芳香胺吸附回收技术、高浓度小檗碱含铜废水处理及资源化技术、分质处理生物共代谢复配功能菌强化 ABR-CASS 生物处理技术、制药污泥臭氧氧化预处理-厌氧消化技术、石化废水生物强化与高级氧化组合脱毒关键技术、腈纶污水处理厂生物脱毒工艺升级改造技术、石化废水生化尾水 RO 浓水深度处理-序批式电 Fenton 高级氧化技术 8 项单元关键技术。通过技术集成，形成了：①高浓度多硝基芳烃废水处理与资源化集成技术；②制药行业废水有毒有害物控制成套技术；③石化废水生物强化与高级氧化组合脱毒关键技术 3 项集成技术。提出了辽河流域有毒有害物污染控制方案和策略。成果应用于流域内"辽宁庆阳特种化工有限公司 100t/d 高浓度多硝基芳烃废水处理与资源化工程"、"20000t/d 的东北制药集团股份有限公司细河厂区制药综合废水处理工程"和"3600t/d 抚顺石化公司腈纶化工厂污水综合治理工程" 3 个示范工程，并推广到 20000t/d 的宁夏"石嘴山生态经济开发区循环经济试验区污水处理厂一期工程"，获得良好的社会、环境和经济效益，并为辽河流域有毒有害物污染控制提供了技术支撑。

4.1.2 有毒有害物污染控制技术应用成果

1. 系统解析了辽河流域典型行业有毒有害物污染特征

通过流域污染源识别，建立了流域典型行业污染源清单和优先控制污染物清单和基于暴露水平-毒性-检出频次的典型行业重点排污河段优先控制污染物清单；通过源-汇响应、风险评估研究，揭示了流域有毒有害物污染特征和环境效应[2-4]，提出了有毒有害物污染防控管理对策。

1) 建立了典型行业有毒有害物污染源清单

将资料调研和现场检测相结合，系统开展了辽河流域典型行业有毒有害物污染源调查，对典型行业有毒有害物排放特征进行了分析。通过工业统计数据、污染源普查数据、企业和地方政府调查、文献资料搜集，并结合企业典型工艺和产排污节点，对污染源进行分析；选择化学需氧量、氨氮、重金属(砷、六价铬、铅、镉、汞)和有毒有机污染物(多环芳烃等)等污染因子，同时参考生态环境部的国家重点监控企业办法，筛选出占工业排放量 75%的企业，获得了初始重点污染源清单；在此基础上，筛选出石化、化工、制药、冶金、印染行业重点污染企业(包括东北制药集团、沈阳抗生素厂、抚顺石化公司石油二厂、海丰印染工业园区、抚顺石化公司腈纶化工厂、辽宁庆阳特种化工有限公司、鞍山钢铁集团有限公司等)，对这些企业的综合污水进行实际样品分析和检测，将资料调查和实际水样监测相结合，阐明了有毒有害物种类，建立了典型行业有毒有害物污染源清单，其中石化 7 家、化工 8 家、制药 10 家、冶金 14 家、印染行业 13 家[5-7]。

2) 针对典型行业重点排污河段，揭示其有毒有害污染物的分布特征，建立了优先控制污染物清单

针对典型行业重点排污河段(太子河干流及其支流、浑河干流及其支流、浑河-太子河-大辽河干流)，于不同水期/季节采集了表层水样和沉积物样品，对典型重金属和优先控制有机污染物进行检测，得到各优先控制污染物的空间分布，阐释了水体-沉积物中典型有毒有害物分布特征及相间的分配规律；通过重点排污河段断面及典型排污口之间有毒有害物的响应关系分析，揭示了典型污染物排污口与河流断面的源-汇的响应关系；采用改进的潜在危害指数法，综合考虑有毒有害物毒性效应、流域介质检出浓度和检出率，通过加权求和及分值比较，明确了流域特征污染物，建立了基于暴露水平-毒性-检出频次的典型行业重点排污河段的优先控制污染物清单[8,9]。

3) 明确了典型行业重点排污河段有毒有害污染物的环境风险

采用地累积指数法、潜在生态危害指数法、风险商值评价法、毒性当量因子评价法、效应区间评价法等，分别对重点排污河段的典型优先控制污染物：重金属、多环芳烃、酞酸酯类和酚类进行了风险评价。研究发现酞酸酯类污染物在所选择多数河段具有中高风险，多环芳烃与重金属在冶金行业重点排污河段具有中高风险，酚类污染物在制药行业重点排污河段具有中高风险[3,9]。研究结果为辽河流域有毒有害物的污染防控提供了数据支撑。

4) 提出了辽河流域有毒有害物污染防控管理对策

基于国内外有毒有害物污染防控对策、流域管理发展思路，以及辽河流域产业特征和面临的污染问题，从行业环境标准的制修订、有毒有害物环境监测、行业污染控制技术法规与制度、公众监督管理等多方面，提出了辽河流域有毒有害物防控管理对策与政策建议[4]，为辽河流域典型行业特征污染物控制与管理提供技术支撑。

2. 开发了工业废水的综合毒性评估方法

通过筛选反映典型行业有毒有害物综合废水潜在生态和健康危害的灵敏指示生物和毒性指标，构建了制药、化工和石化行业废水的综合毒性评价方法，为有毒有害物毒性削减提供指导。

针对废水生物毒性管理和排放削减，根据工业废水组成复杂、毒性强、毒性特征多样的特点，采用急性毒性和特殊毒性的实验方法，确定了制药、化工和石化行业废水的综合毒性。根据三种行业直排水和处理后排放水的毒性强度和特征，筛选出大型蚤和斑马鱼作为工业废水毒性评价的灵敏指示生物，发光菌急性毒性测试可作为工业废水毒性评价的快速筛选方法[10-12]。辽河本土物种麦穗鱼与国际标准模式物种斑马鱼对工业废水的毒性反应灵敏度相当但毒性特征不同，对于评价工业废水排放对辽河流域的生态危害，具有良好的灵敏度和生态相关性。基于该工业废水毒性评价方法体系，确定了辽河流域典型制药、石化和化工企业水处理工艺的毒性削减效果，现有传统生化处理工艺对废水毒性的削减能力远低于 COD 去除率，本书形成的污染控制成套技术显著提高了毒性削减率。该工业废水毒性评估方法对辽河流域三种工业废水具有良好的灵敏性，能够有效评估工业废水的毒性强度和污染控制技术的毒性削减效果。

3. 突破典型行业毒害物控制关键技术，形成了辽河流域有毒有害物污染控制成套集成技术

1) 高浓度多硝基芳烃废水毒性削减和资源化集成技术

特种化工行业废水含有硝基芳烃等毒性污染物和高浓度的无机盐，处理难度大[13]。针对此问题，研发了高浓度多硝基芳烃废水滚筒还原技术、高浓度芳香胺吸附回收技术、高盐度废水梯级生物驯化技术。通过关键技术与传统技术的耦合，形成"多硝基芳烃废水滚筒还原预处理—还原后高浓度芳香胺吸附回收工艺—吸附排水的梯级生物驯化"的全过程优化的高浓度硝基废水处理与资源化集成技术。废水中的毒性物质硝基芳烃能有效削减 90%以上，同时资源化回收芳香胺 330t/a，每吨水处理成本比现有焚烧技术降低 50%以上。

(1)关键技术之一——高浓度多硝基芳烃废水滚筒还原技术。该废水含有难降解有机物、高浓度无机盐，可生化性差、难以达标处理。首先利用滚筒铁屑还原技术进行预处理，将废水中的硝基芳烃还原为芳香胺类物质。传统的铁屑还原技术存在还原剂易氧化及板结，还原剂利用效率低、回收困难、铁泥量大等问题。为了克服传统铁还原的弊端，本技术采用滚筒式反应器的结构设计，避免铁屑的板结，提高反应效率，强化传质，提高使用寿命[14,15]。反应停留时间为 4~12h，pH 控制在 2 以下，还原率大于 90%。

(2)关键技术之二——高浓度芳香胺吸附回收工艺。还原后的废水中除了含有高浓度芳香胺外，还含有大量的无机盐。采用大孔树脂吸附法使芳香胺类有机物质与无机盐分离，实现有机物的资源回收[16,17]。大孔吸附树脂不带酸、碱功能基，具有很大的比表面积。废水中的芳香胺类有机物质能在大孔吸附树脂的表面发生富集，进一步通过反洗后得到高浓度的芳香胺类物质，完成其资源化回收；采用商业化的大孔树脂 HYA-106 为吸附剂，还原 pH 为 2.0，树脂吸附量为 7mg/g，再生液组成为 0.5% NaOH，再生时间为 8h。再生液中苯胺类含量达到 60000mg/L 以上，再生率达到 85%以上。

(3)关键技术之三——高盐度废水梯级生物驯化技术。树脂回收后的排水，采用浓度梯度法驯化出耐盐的活性污泥，同时对苯胺类物质和硝基苯类具有较高的降解效率，使其达标排放[18,19]。采用梯度生物驯化后的活性污泥能够将含盐量在 5%以下的初始浓度为 700mg/L 左右的含盐废水在 24h 停留时间内完全降解。本技术不需要改变现有设备及构筑物，不需要增加动力成本，运行管理简单，对苯胺类含盐废水具有很好的适应性。

2)研发了合成制药废水全流程毒性削减与资源化成套技术

化学合成制药废水含有磷霉素、金刚烷胺、吡拉西坦、苯酚等有毒有害物，处理难度大[20]。针对此问题，研发了小檗碱含铜废水结晶沉淀-树脂吸附回收碱式氯化铜资源化关键技术、制药综合废水分质处理生物共代谢复配功能菌强化 ABR-CASS 生物处理技术、制药污泥臭氧氧化预处理-厌氧消化技术。通过技术集成，形成"结晶沉淀—树脂吸附资源化回收—分质处理生物共代谢复配功能菌 ABR—CASS 强化脱毒—污泥臭氧氧化预处理—厌氧消化"全过程优化的制药行业有毒有害物污染控制和资源化集成技术，出水达标排放，有毒有害物的去除率达到 90%以上，吨水 COD 处理成本控制在 5.3~5.7 元。

(1)关键技术之一——小檗碱含铜废水结晶沉淀-树脂吸附回收碱式氯化铜资源化关键技术。小檗碱含铜废水来源于化学合成法生产小檗碱中脱铜反应过程[21]。作为有机反应中的催化剂，铜离子是废水中唯一存在的重金属离子。采用化学沉淀法和树脂吸附法结合处理小檗碱含铜废水，不仅能够使废水达标排放，而且可以以碱式氯化铜的形式回

收废水中的 Cu^{2+} 等有价物质，而碱式氯化铜一般用作农药中间体、医药中间体、木材防腐剂、饲料添加剂，具有较高的经济价值。在进水 Cu^{2+} 为 8000~20000mg/L 时，出水可降至 1mg/L 以下，急性毒性去除 90% 以上，使其满足后续生物处理要求。产生的沉淀以碱式氯化铜的形式得以回收，每年实现经济效益 26.74 万~95.38 万元[22,23]。

(2) 关键技术之二——合成制药综合废水分质处理生物共代谢复配功能菌强化 ABR-CASS 生物处理技术。针对高浓度含难生物降解制药废水(磷霉素、金刚烷胺、左卡、吡拉西坦)[24,25]，按照特定的比例(1:1~1:5)与含有生活污水的低浓度废水混合后，采用二级 ABR-CASS 工艺处理。利用易降解物质产生的酶加快难降解物质的分解，并为处理难降解物质的微生物提供充足的能量；ABR 可强化难降解物质的水解，将大分子的难降解物质分解为小分子物质；CASS 反应器设计了针对毒害物的反应区，并投加针对有毒有害物的复配功能菌，进一步强化脱毒效果。处理后废水达到行业排放三级标准，苯酚、对甲苯酚和邻苯二甲酸酯等毒害物的去除率达到 90% 以上，吨 COD 的处理费用为 5.3~5.7 元[26]。

(3) 关键技术之三——制药污泥臭氧氧化预处理-厌氧消化技术。针对制药污泥包含难降解有机物、可生化性差、难于生物降解的问题，利用臭氧氧化作为污泥预处理，在水力停留时间 3~5 天条件下，利用微生物将污泥中残留的药物原材料长链高分子化合物转化为有机小分子化合物，将部分药物母体及中间体水解，增加污泥可生化性。储泥池搅拌均匀的污泥进入臭氧氧化反应柱，在臭氧量为 100mg/g 干重的条件下，进一步将污泥中药物原材料、母体及中间体等大分子、难降解有机物部分转化为小分子、易降解有机物，进一步提高污泥的可生化性。臭氧氧化预处理后的污泥进入搅拌池，在缺氧状态下进行搅拌，去除污泥中残留的臭氧，使其中自由基充分消耗，以免进入厌氧消化池冲击厌氧消化功能菌群。搅拌后的污泥进入厌氧消化反应罐，进行中温厌氧消化，消化温度为 33~37℃，污泥停留时间为 10~15 天，反应 pH 为 6.5~7.5，利用臭氧释放出的污泥内有机质作为厌氧消化菌的基质，对污泥中难降解有机物进行有效去除，同时通过收集甲烷气体实现污泥资源化利用。工艺运行处理成本为 30~50 元/t[27,28]。

3) 石化废水生物强化与高级氧化组合脱毒集成技术

针对腈纶厂丙烯腈生产废水中含有大量有机氮、酚类等有毒有害物，常规处理工艺难以高效去除的问题，研发石化废水生物强化与高级氧化组合脱毒关键技术、腈纶污水处理厂生物脱毒工艺升级改造技术与石化废水生化尾水 RO 浓水深度处理-序批式电 Fenton 高级氧化技术[29]，形成"石化废水生物强化与高级氧化组合脱毒集成技术"。部分关键技术应用于抚顺腈纶化工厂示范工程，年削减 COD 420t，氨氮 21.4t，有毒有害物去除率达 90% 以上，实现废水污染物达标排放和有毒有害物质强化削减。

(1) 关键技术之一——高浓度丙烯腈废水预处理技术。针对高浓度丙烯腈生产废水含有酚类[30]、含氮有机氮(腈类、含氮杂环类)等大量有毒有害有机物[31,32]，处理难度大，生化工艺处理效率低下的问题，利用高浓度丙烯腈废水自身热量对过硫酸盐进行热活化，产生过硫酸根自由基；同时催化臭氧氧化产生羟基自由基[33,34]；通过耦合高级氧化工艺将高浓度丙烯腈废水中难降解有机物降解成小分子有机物、二氧化碳和水，提高其可生化性，同时去除有机氮与总氮，大幅降低有毒有机物(氰化物)含量，可极大提升后续生化系统处理效率[35]。最优条件为 pH=8.9，臭氧投加量为 $1kg/m^3$，过硫酸盐投加量为 $0.8kg/m^3$，运行96h。最优条件下连续运行96h，COD平均去除率为40.7%，总氮平均去除率为26.1%，出水平均B/C为0.323。经过催化臭氧耦合过硫酸盐氧化处理后出水中有机氮含量变化显著，降低至44.9%，氨氮提高至19.9%。与此同时出水中检测到硝酸盐氮含量增加至9.1%，而26.1%的氮元素以氮气形式从反应体系中去除[36]。从源头解决了高浓度、小水量、富含有毒有害有机物废水的毒性抑制问题，经过预处理后可进入后继常规二级生化处理系统，从而确保出水全面达标[37]。

(2)关键技术之二——腈纶污水处理厂生物脱毒工艺升级改造技术。针对普通二级生化系统处理丙烯腈废水处理效率较低，出水水质不能稳定达标且含有有毒有害有机物的问题，在二级生化处理段采用"二级生化生物膜强化生化技术"，通过增加填料至填充比30%，同时增加碱度、冬季通入蒸汽保温，提高了COD、氨氮与氰化物的处理效率。在二级生化末端采用"DN/CN生物滤池脱氮除碳脱毒"技术，通过在线投加碳源、絮凝药剂与粉末活性炭以满足出水SS、总氮的达标排放和有毒有害物质的进一步削减。反硝化滤池利用生物陶粒填料，而脱碳滤池则利用软性填料。首先污水三沉池出水自流进入新设置的BAF DN池，在DN池中投加碳源(乙酸钠)将上游来水中的硝态氮在此还原为氮气释放，完成脱氮反应，由于要得到较高的脱氮率，因此碳源需过量投加，为保证出水COD达标，利用CN池去除有机物。DN池出水通过水泵提升到BAF CN池，完成碳化反应，确保出水COD与有毒有害物质达标。同时曝气反硝化生物滤池中的异养菌可以通过投加易降解的有机物，协同转化难降解的有毒有害物质，从而使出水COD、氨氮、总氮和有毒有害物质(总氰化物)全面达标排放。

(3)关键技术之三——石化废水生化尾水RO浓水深度处理-序批式电Fenton高级氧化技术。针对石化废水生化尾水或其RO浓水深度除碳和有毒有害有机物问题，采用外加H_2O_2和Fe^{2+}的电芬顿法，外加的H_2O_2和Fe^{2+}发生Fenton反应能在短时间内产生大量高活性的·OH，使废水中难降解有机物迅速降解，同时通过电流作用，反应体系中生成的Fe^{3+}在阴极不断还原为Fe^{2+}，可以减少Fe^{2+}的用量，提高反应效率[38,39]。该技术在高效去除石化尾水反渗透浓水中有机物的同时，还可有效地强化去除腈类、苯酚类、含氮杂环类、氰化物等有毒有害物质，可有效解决石化废水二级生化处理单元后毒害物残留的瓶颈问题。该技术的最优条件：初始pH为3.0，Fe^{2+}投加量为5.0mmol/L，H_2O_2投加量为60.0mmol/L，电流强度为0.2A。采用该反应器直接处理二级生化处理后的石化尾水，当尾水COD浓度在100～120mg/L，氨氮浓度为20～30mg/L时，该电Fenton装置处理后的出水COD浓度小于20mg/L，氨氮浓度小于5.0mg/L。COD和氨氮去除率分别在80%和75%以上。出水可满足污水综合排放标准中的一级标准。该序批式电Fenton装置与传统 Fenton 法相比，H_2O_2 和 $FeSO_4$ 投加量分别减少 30%和 75%，可大幅降低运行成本，吨水处理成本为 3.9～5.3 元/t；同时，由于省去了铁泥的处理和处置环节，可有效节省构筑物的占地面积约 50.0%。

4.1.3　有毒有害污染物控制技术成果应用与推广

1. 高浓度多硝基芳烃废水资源化示范工程

该示范工程位于辽阳市，处理规模为 100t/d。建设主体单位为辽宁庆阳特种化工有限公司。

示范工程首先对高浓度多硝基芳烃废水进行调节，以均衡水质水量；混合调节池出水由提升泵进入酸化反应池，投加硫酸，调整；然后进入催化还原反应器，使硝基芳烃还原为芳香胺类；出水进去沉淀池，同时加碱调整 pH 为中性，沉淀去除铁泥，含高浓度芳香胺上清液进入石英砂过滤去除悬浮物防止对后续设备的影响；进一步进入树脂吸附回收系统，使得有机物和盐进行分离；吸附饱和后的大孔树脂进行再生，实现芳香胺的资源化回收；吸附出水进入厂内的综合生物池，通过处理后达标排放。该示范工程在满负荷运行条件下预计可年回收芳香胺 330t，对改善太子河辽阳段控制单元水质具有重要意义。

2. 制药行业废水有毒有害物控制示范工程

东北制药集团股份有限公司是以化学合成为主，兼有生物发酵、中西药制剂和微生物制剂的大型综合性制药企业，示范工程"制药行业废水有毒有害物控制示范工程"位于沈阳市细河开发区，设计规模为 2 万 t/d。示范工程建设主体单位(用户)为东北制药集团股份有限公司。

在原料药生产过程中产生的废水中含有难生物降解物质和抑制微生物生长的物质，但废水中可生物降解的有机物成分仍较多，因此，根据水质污染程度的不同实施分类处理，将生产排放的有机污水分解为低浓度污水和高浓度废水。为保证生产废水水质稳定达到综合污水处理厂的水质要求，各产品实施预处理，并设有一个或多个废水收集池或提升池。废水收集后经地下污水管网或地上污水管廊进入污水处理装置进行处理。金刚烷胺、磷霉素、吡拉西坦三个产生的高浓度难生化废水分别设置了废水专线，废水经收集后进管廊进入高浓度调节池。其他项目废水均经污水管网进入低浓调节池。该示范工程满负荷运行后可实现年削减 COD 5500t，有毒有害污染物削减率 90%以上，对改善浑河沈阳段控制单元水质具有重要意义。

3. 石化废水有毒有害物毒性削减示范工程

抚顺石化分公司腈纶化工厂污水含有大量有毒有害物，同时总氮含量较高，原处理设施生物流化床工艺段填料不足、缺少反硝化系统、外加碳源投加系统与末端深度处理系统，造成出水 COD 与氨氮无法稳定达标，SS 与总氮超标[40]。

抚顺石化公司腈纶化工厂污水综合治理示范工程采用生物脱毒工艺升级改造技术工艺。其中二级生化处理段采用 MBBR 生物膜强化生化技术[41]，通过增加填料至填充比30%，同时增加碱度、冬季通入蒸汽保温，提高了 COD、氨氮与氰化物的处理效率。在二级生化末端采用 DN/CN 生物滤池脱氮除碳脱毒技术，通过在线投加碳源、絮凝药剂与粉末活性炭以满足出水 SS、总氮的达标排放和有毒有害物质的进一步削减。反硝化滤池中的填料利用生物陶粒填料，而脱碳滤池则利用软性填料。首先污水由三沉池出水自流进入新设置的 BAF-DN 池，在 DN 池中投加碳源(乙酸钠)将上游来水中的硝态氮在此还原为氮气释放，完成脱氮反应，由于要得到较高的脱氮率，因此碳源需过量投加，为保证出水 COD 达标排放，利用 CN 池去除有机物。DN 池出水通过水泵提升到 BAF-CN 池，完成碳化反应，确保出水 COD 与有毒有害物质达标。同时曝气反硝化生物滤池里面的异养菌可以通过投加易降解的有机物，协同转化难降解的有毒有害物质，从而使出水 COD、氨氮、总氮和有毒有害物质(总氰化物)全面达标排放[42]。该示范工程正常满负荷运行后可年削减 COD 420t、氨氮 32t、总氰化物 1.76t。

4. 石嘴山生态经济开发区循环经济试验区污水处理厂一期工程

研发的工业废水催化臭氧氧化预处理技术推广应用于宁夏"石嘴山生态经济开发区循环经济试验区污水处理厂一期工程"项目，水量 2 万 t/d，COD 由 85mg/L 降至 60mg/L，B/C比由 0.1 提高至 0.2，再进入好氧/缺氧反硝化/后好氧-移动床生物膜反应器(O/A/O-MBBR)脱氮生化系统[43]。"石嘴山生态经济开发区循环经济试验区污水处理厂一期工程项目"位于宁夏石嘴山市，处理规模为 2 万 t/d。工程建设主体单位(用户)为宁夏石嘴山市平罗县德渊市政产业投资建设(集团)有限公司。

石嘴山生态经济开发区园区废水经过粗细格栅与旋流沉砂预处理后进入调节池，提升至气浮装置除油与 SS。气浮出水提升至催化臭氧氧化单元(设计接触反应时间为25min，降解废水中 COD 的同时改善其可生化性，催化氧化后出水进入臭氧破坏池对残余臭氧进行分解。臭氧破坏池出水自流进入 O/A/O-MBBR 单元，进一步降低 COD，同时在反硝化段投加碳源进行反硝化脱氮。生化出水进入二沉池后，再经过纤维转盘过滤，然后自流进入紫外消毒池进行消毒杀菌(预留活性炭过滤罐应急处理，正常时超越)，消毒后达标排放。

4.2 辽河流域有毒有害物污染控制技术创新与集成

4.2.1 有毒有害物污染控制技术基本信息

创新集成了辽河流域有毒有害物污染控制技术 3 项，基本信息见表 4-1。

表 4-1　有毒有害物污染控制技术基本信息

编号	技术名称	技术依托单位	技术内容	适用范围	启动前后技术就绪度评价等级变化
1	高浓度多硝基芳烃废水毒性削减与资源化集成技术	大连理工大学	对废水中所含的高浓度多硝基芳烃,首先采用滚筒铁屑还原技术将其还原为芳香胺类物质;还原后得到的含高浓度芳香胺废水进一步利用大孔树脂吸附分离回收技术,实现废水中的芳香胺与无机盐的分离;对吸附饱和的大孔树脂利用碱液进行再生,可以回收芳香胺类物质,实现其资源化;吸附残液与厂内的其他污水混合,进行生物处理,最终达标排放	该技术适用于含高浓度多硝基芳烃的各种化工废水的处理及资源化	3 级提升至 7 级
2	合成制药废水全流程毒性削减与资源化成套技术	中国环境科学研究院、东北制药集团股份有限公司、北京交通大学	对含有难降解有毒有害物的制药综合废水预处理段采用沉淀结晶-吸附回收资源,接着采用分质处理生物共代谢复配功能菌 ABR-CASS 工艺强化脱毒效能,剩余污泥采用臭氧氧化-厌氧处理的综合工艺技术	该技术适用于含有难降解有毒有害物制药废水的处理及资源化	3 级提升至 7 级
3	石化废水生物强化与高级氧化组合脱毒集成技术	大连理工大学、中国石油天然气股份有限公司抚顺石化分公司	针对国内多家腈纶厂污水处理目前主要采用的"厌氧-好氧(一段生化)-缺氧-生物流化-硝化-生物炭塔(二段生化)"工艺出水无法达标且含有大量有毒有害有机物的问题,通过对现有污水处理工艺的运行效果与参数的分析,最大限度地利用现有的污水处理装置,对其运行方式与参数进行优化调整,在生物处理前端增加高浓度丙烯腈废水预处理或在生化末端再增设必要的生化系统(生物滤池)与反渗透-电 Fenton 技术,提高有毒有害有机物降解效率,削减废水中有毒有害有机物浓度	该技术适用于有毒有害难降解石化废水的处理厂的升级改造	3 级提升至 7 级

4.2.2　有毒有害物污染控制技术

1. 高浓度多硝基芳烃废水毒性削减与资源化集成技术

1) 基本原理

高浓度多硝基芳烃废水含高浓度多硝基类物质(20000～35000mg/L)和高浓度的无机盐(5%～10%),可生化性差、难以处理达标。首先利用滚筒铁屑还原技术进行预处理,将废水中的硝基芳烃还原为芳香胺类物质。传统的铁屑还原技术存在还原剂易氧化及板结、还原剂利用效率低、回收困难、铁泥量大等问题。为了克服传统铁还原的弊端,本技术采用滚筒式反应器的结构设计,有利于避免铁屑的板结,提高反应效率,强化传质,提高使用寿命。

还原后的废水中除了含有高浓度芳香胺外,还含有大量的无机盐。采用大孔树脂吸附法使芳香胺类有机物质与无机盐分离,实现有机物的资源回收。大孔吸附树脂不带有酸、碱功能基,具有很大的比表面积。废水中的芳香胺类有机物质能在大孔吸附树脂的表面发生富集,进一步通过反洗后得到高浓度的芳香胺类物质,完成其资源化回收;而废水中的无机盐成分和少量有机物残留在吸附后的排水中，待进一步处理。

树脂回收后的排水，采用浓度梯度法驯化出耐盐的活性污泥，同时对苯胺类物质和硝基苯类具有较高的降解效率，使其达标排放。本技术不需要改变现有设备及构筑物，不需要增加动力成本，运行管理简单，对苯胺类含盐废水具有很好的适应性。

2)工艺流程

工艺流程为"废水酸化—滚筒铁屑还原—大孔树脂吸附回收—树脂回收后排水的生化处理"，如图4-1所示，具体如下。

(1)高浓度多硝基芳烃废水中首先进入调节池，以均衡水质水量；混合调节池出水由提升泵进入酸化反应池，投加硫酸，调整 pH 为 2 左右，搅拌转速为 40 转/min。

(2)然后进入滚筒还原反应器，使硝基芳烃还原为芳香胺类，反应器采用滚筒式设计，反应停留时间为 4～12h，滚筒转速为 3～5 转/min，设计功率 4.5kW，硝基化合物的还原率为 90%以上，产生的苯胺类含量为 10000mg/L 左右。

(3)出水加碱调整 pH 为 6～7，进入沉淀池，沉淀去除铁泥，沉淀池停留时间 4h；沉淀池出水，即含高浓度芳香胺的上清液进入石英砂过滤去除悬浮物，防止对后续设备的影响，石英砂过滤器的停留时间为 0.5h。

(4)进一步进入树脂吸附回收系统，使得有机物和盐分离。大孔树脂型号为 HYA-106 为吸附剂，吸附流速为 1.0BV/h，树脂吸附量为 7mg/g。大孔树脂采用间歇工作方式，即吸附 2 天，反洗 1 天。出水中盐含量为 5%～10%，苯胺类含量低于 500mg/L；吸附出水进入综合生物池，利用驯化后的活性污泥进行生物处理，达标排放。

(5)吸附饱和后的大孔树脂进行再生，实现芳香胺的资源化回收。再生液组成为 0.5% NaOH，反洗时间为 8h，再生液中苯胺类含量达到 60000mg/L 以上，再生率达到 85%以上，再生液可以回收再利用，实现了废水的资源化。

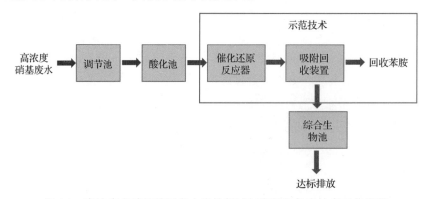

图4-1　高浓度多硝基芳烃废水毒性削减与资源化集成技术工艺流程

3)技术创新点及主要技术经济指标

高浓度多硝基芳烃废水毒性削减与资源化集成技术，包括高浓度多硝基芳烃废水滚筒还原技术、高浓度芳香胺吸附回收工艺及高盐度废水梯级生物驯化技术。

高浓度多硝基芳烃废水滚筒还原技术为解决传统反应器板结及铁泥产生量大的问题，采用滚筒式设计，有利于避免铁屑的板结，提高反应效率，强化传质，提高使用寿命。反应停留时间为 4～12h，pH 控制在 2 以下，还原率大于 90%。

高浓度芳香胺吸附回收工艺使废水中的芳香类有机物能在大孔吸附树脂的表面发生富集，而废水中的无机盐成分残留在液相中，实现了有机物和无机物的分离，使得芳香胺类物质吸附到大孔树脂中，进一步通过反洗后得到高浓度的芳香胺类物质。采用商业化的大孔树脂 HYA-106 为吸附剂，还原 pH 为 2.0，树脂吸附量为 7mg/g，再生液组成为 0.5%NaOH，再生时间为 8h。再生液中苯胺类含量达到 60000mg/L 以上，再生率达到 85% 以上。

对活性污泥采用梯度生物驯化后，能够将含盐量在 5% 以下的初始浓度为 700mg/L 左右的含盐废水在 24h 停留时间内完全降解。技术不需要改变现有设备及构筑物，不需要增加动力成本，运行管理简单，对苯胺类含盐废水具有很好的适应性。

该集成技术可以有效地还原硝基物为芳香胺，还原率接近 95%；芳香胺化合物回收技术，可以达到 85% 以上的回收率。工程运行的综合处理成本为 80～100 元/t。同时回收得到的苯胺类可回用于生产环节，回收收益为 50～60 元/t。

4）技术来源及知识产权概况

优化集成，申请发明专利 3 项。

周集体，张爱丽，金若菲. 一种原位吸附-微电解-催化氧化的污水处理设备及方法. CN201210254876.X，2012-12-19.

金若菲，于百珍，周集体，等. 一种还原转化硝基芳烃类废水的铁-粉煤灰-高岭土填料及方法. CN201510038334.2，2015-5-6.

周集体，徐啸，朱晓兵，等. 一种对多组分不同质荷比物质进行多级分离和回收的电泳装置和方法. CN201510296132.8，2015-8-19.

5）实际应用案例

应用单位：辽宁庆阳特种化工有限公司。

高浓度多硝基芳烃废水资源化示范工程位于辽阳市，处理规模为 100t/d。示范工程首先使高浓度多硝基芳烃废水进入调节池，以均衡水质水量；混合调节池出水由提升泵进入酸化反应池，投加硫酸，调整；然后进入催化还原反应器，使硝基芳烃还原为芳香胺类；出水进入沉淀池，同时加碱调整 pH 为中性，沉淀去除铁泥，含高浓度芳香胺上清液进入石英砂过滤去除悬浮物，防止对后续设备的影响；进一步进入树脂吸附回收系统，使得有机物和盐进行分离；吸附饱和后的大孔树脂进行再生，实现芳香胺的资源化回收；吸附出水进入厂内的综合生物池，通过处理后达标排放。

该示范工程满负荷运行条件下年回收芳香胺 330t，对改善太子河辽阳段控制单元水质具有重要意义。

2. 合成制药行业废水全流程毒性削减与资源化成套技术

1) 基本原理

采用制药废水有毒有害物控制成套技术，实现制药废水的达标排放，毒害物去除率90%以上。

A. 车间废水脱毒与资源化技术

针对合成制药行业废水组成复杂，高浓度废水中含有抗生素及溶剂等有毒有害物质导致废水难以处理，生化处理单元对磷霉素钠、苯乙胺、小檗碱等特征污染物降解效果差的问题，首先采用分质处理技术对小檗碱含铜废水等影响生物处理效率的废水进行预处理，通过络合沉淀反应使铜离子形成碱式氯化铜，99%以上的 Cu^{2+} 被去除，出水 Cu^{2+} 浓度远低于现有处理工艺的效果，达到后续处理单元的要求，同时可以以碱式氯化铜的形式回收废水中的 Cu^{2+} 等有价物质，具有较高的经济价值。

B. 综合废水分质处理与脱毒技术

针对高浓度含难生物降解制药废水(磷霉素、金刚烷胺、左卡尼汀、吡拉西坦)，按照特定的比例(1:1~1:5)与含有生活污水的低浓度废水混合后，采用二级 ABR-CASS 工艺处理。利用易降解物质产生的酶加快难降解物质的分解，并为处理难降解物质的微生物提供充足的能量；ABR 可强化难降解物质的水解，将大分子的难降解物质分解为小分子物质；CASS 反应器设计了针对毒害物的反应区，进一步强化脱毒效果。

C. 制药污水厂污泥减量化与脱毒技术

制药污水处理厂剩余污泥处理关键技术，实现制药污泥减量同时去除其中有毒有害物质。臭氧氧化对制药污泥进行预处理，利用臭氧的强氧化性作用于污泥所含细菌的细胞壁、细胞膜，使其构成成分受损而导致新陈代谢障碍，继而穿透膜而破坏内脂蛋白和脂多糖，改变细胞通透性，导致细胞溶解、死亡；同时氧化污泥中难降解的大分子物质。预处理后的污泥进入厌氧消化环节，经臭氧氧化释放的易生化降解的有机质作为厌氧消化细菌的基质，使其进行分解，从而实现污泥减量，有效去除污泥中难降解物质，同时通过回收厌氧消化产生的甲烷，实现污泥资源化利用。

2) 工艺流程

工艺流程为"制药废水分质处理(以小檗碱含铜废水为例)+高浓度废水与低浓度废水混合后进入一级 ABR-CASS+低浓度废水和高浓度废水的出水混合后进入二级 ABR-CASS，剩余污泥的臭氧氧化+厌氧硝化"，如图 4-2 所示。

(1) 小檗碱含铜废水分质处理技术的工艺流程为"废水调节水质—沉淀结晶—大孔树脂吸附回收—尾水排入生化池"。高浓度小檗碱含铜废水中含 8000~20000mg/L 硝基芳香烃，首先进入调节池，以均衡水质水量；混合调节池出水由提升泵进入反应池，投加碱，调整 pH 为 6 左右，反应时间为 0.5h；然后进入箱式压滤机，固体为产品，反应停留时间为 2h，铜离子的去除率为 90%以上；滤液进入 2 级大孔树脂柱，吸附小檗碱和铜离子，出水铜离子能达到 1mg/L 以下吸附出水进入厂内的综合生物池，通过处理后达标排放。

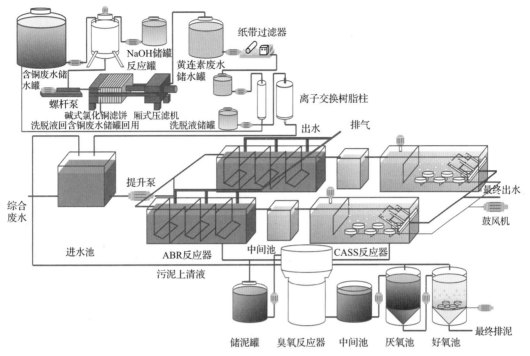

图 4-2　制药废水有毒有害物控制成套技术工艺流程

(2)制药综合废水生物处理部分采用两级四段工艺，实施串联加并联污水生物水处理的独特技术路线。厂区的低浓度废水与生活污水(118t/d)排入下水道混合后进入综合污水处理厂，高浓度废水经污水运输专线进入综合污水处理厂。首先，高浓度废水进入高浓度污水调节池，在此与低浓度废水按照 1∶1～1∶5 的比例混合，再进入一级 ABR 反应池，经深度水解处理后进入一级 CASS 好氧强化生物池，该 CASS 池的 DO 浓度保持在 6mg/L 以上；之后，经过两段生物处理的高浓度废水与低浓度废水混合，再依次进入二级 ABR 反应池(HRT 控制在 20～30h)和二级 CASS 好氧强化生物池(DO 浓度保持在 6mg/L 以上，HRT 控制在 15～20h)，处理后废水经分离后达标排放(图 4-3)。

(3)制药污泥臭氧氧化预处理-厌氧消化具体流程如下：制药污泥首先进入储泥池，水力停留 3～5 天，利用微生物将污泥中残留的药物原材料长链高分子化合物转化为有机小分子化合物，将部分药物母体及中间体水解，增加污泥可生化性。储泥池搅拌均匀的污泥进入臭氧氧化反应柱，在臭氧量为 100mg/g 的条件下，进一步将污泥中药物原材料、母体及中间体等大分子、难降解有机物部分转化为小分子、易降解有机物，进一步提高污泥的可生化性。臭氧氧化预处理后的污泥进入搅拌池，在缺氧状态下进行搅拌，去除污泥中残留的臭氧，使其中的自由基充分消耗，以免进入厌氧消化池冲击厌氧消化功能菌群。搅拌后的污泥进入厌氧消化反应罐，进行中温厌氧消化，消化温度 33～37℃，污泥停留时间 10～15 天，反应 pH 为 6.5～7.5，利用臭氧释放出的污泥内有机质作为厌氧消化菌的基质，对污泥中难降解有机物进行有效去除，同时通过收集甲烷气体实现污泥资源化利用。

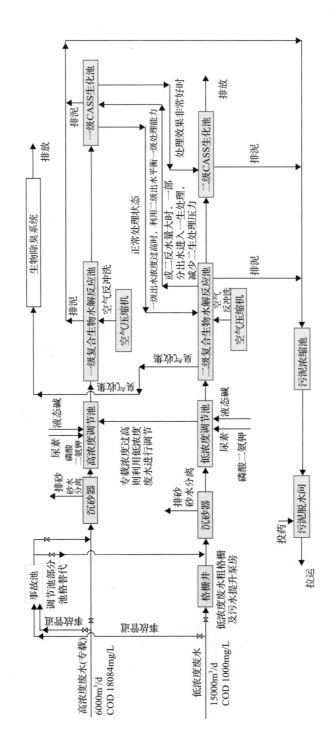

图4-3 制药综合废水分质处理生物共代谢复配功能菌强化ABR-CASS工艺流程图

3）技术创新点及主要技术经济指标

该成套技术实现了合成制药行业废水的"一减两化"，即毒性削减、资源化和减量化。

通过沉淀结晶工艺和 2 级大孔树脂吸附技术对制药行业高浓度小檗碱含铜废水进行分质处理，在进水 Cu^{2+} 8000～20000mg/L 时，出水可达到 1mg/L 以下，急性毒性去除率 90% 以上，使其满足后续生物处理要求。产生的沉淀以碱式氯化铜的形式回收，实现经济效益 26.74 万～95.38 万元/a。

针对高浓度含难降解制药废水（磷霉素、金刚烷胺、左卡尼汀、吡拉西坦），按照特定的比例（1∶1～1∶5）与含有生物污水的低浓度废水混合后，采用二级 ABR-CASS 工艺处理。利用易降解物质产生的酶加快难降解物质的分解，并为处理难降解物质的微生物提供充足的能量。处理后废水达到行业排放三级标准，苯酚、对甲苯酚和邻苯二甲酸酯等毒害物的去除率 90% 以上，吨 COD 的处理费用为 5.3～5.7 元。

针对制药污泥包含难降解有机物、可生化性差、难于生物降解的问题，利用臭氧氧化作为污泥预处理，通过臭氧破壁释放污泥胞内物质，提高污泥可生化性，随后进入厌氧消化，利用厌氧消化功能菌群消耗污泥中有机质实现污泥减量，同时产生甲烷气体实现污泥资源化利用。工艺运行处理成本 30～50 元/t。

4）技术来源及知识产权概况

优化集成，申请发明专利 3 项。

曾萍，宋永会，单永平，等. 一种利用黄连素含铜废水制备碱式氯化铜的工艺. CN201310042379.8，2013-7-24.

姚宏，裴晋，王辉，等. 一种制药污泥减量化处理方法. CN201410513353.1，2015-2-11.

曾萍，宋永会，谢晓琳，等. 一种磷霉素降解菌筛选及其菌剂制备方法和该菌剂的应用. CN201610109635.4，2016-6-22.

5）实际应用案例

应用单位：东北制药集团股份有限公司。

东北制药集团股份有限公司是以化学合成为主，兼有生物发酵、中西药制剂和微生态制剂的大型综合性制药企业，示范工程"制药行业废水有毒有害物控制示范工程"位于沈阳市细河开发区，设计规模为 2 万 t/d，于 2014 年年底完工。在原料药生产过程中产生的废水中含有难生物降解物质和抑制微生物生长的物质，但废水中可生物降解的有机物成分仍较多，因此，根据水质污染程度的不同实施分类处理，将生产排放的有机污水分解为低浓度污水和高浓度废水。为保证生产废水水质稳定达到综合污水处理厂水质要求，各产品实施预处理，并设有一个或多个废水收集池或提升池。废水收集后经地下污水管网或地上污水管廊进入污水处理装置进行处理。

金刚烷胺、磷霉素、吡拉西坦三个产生的高浓度难生化废水分别设置了废水专线，废水经收集后进管廊进入高浓度调节池。其他项目废水均经污水管网进入低浓调节池。该示范工程满负荷运行后年削减 COD 5500t，有毒有害污染物削减率 90% 以上，对改善浑河沈阳段控制单元水质具有重要意义。

3. 石化废水生物强化与高级氧化组合脱毒集成技术

石化废水生物强化与高级氧化组合脱毒集成技术由三个技术组成，分别是高浓度丙烯腈废水臭氧预处理技术、混合废水 MBBR 生物脱毒工艺升级改造技术和石化废水生化尾水 RO 浓水序批式电 Fenton 高级氧化技术。

1）基本原理

A. 高浓度丙烯腈废水臭氧预处理技术

针对高浓度丙烯腈生产废水含有酚类、含氮有机物（腈类、含氮杂环类）等大量有毒有害有机物，处理难度大、生化工艺处理效率低等问题，采用高浓度丙烯腈废水臭氧预处理技术。该技术是将臭氧氧化法与非均相催化剂和均相催化剂 BR 相结合应用于腈纶厂丙烯腈废水预处理，预处理后的水进入后续生化反应器，为生化反应减轻处理负荷。过硫酸钠（persulfate，PS）高级氧化技术由于其储存运输方便、价格低廉、水溶性好，能产生氧化能力强的 $SO_4^- \cdot$（E_0=2.5～3.1eV）且无选择性，因而被越来越多地应用于工业污水的处理领域。由于过硫酸盐可以将氨氮和部分有机氮氧化成硝酸盐氮，对于高含氮量的丙烯腈废水处理具有重要意义。催化臭氧氧化技术由于运行成本高，活化过硫酸盐催化氧化技术对有机物的去除能力较弱，但由于其热活化、价格低廉、运输储存方便且对有机氮去除效果较好等特点，越来越多的研究将其应用于工业废水或特殊废水的处理中。将催化臭氧氧化和活化过硫酸盐氧化技术相耦合，通过组合工艺应用于高浓度丙烯废水的预处理过程中，既可以利用废水自身的热量活化过硫酸盐节省能源，同时又可以去除水中高浓度有机氮、降低臭氧用量并提高处理效率。

B. 混合废水 MBBR 生物脱毒工艺升级改造技术

由于普通二级生化系统处理丙烯腈废水存在处理效率低、出水水质不能稳定达标且含有毒有害有机物等问题，研究人员研发了腈纶污水处理厂生物脱毒工艺升级改造技术。该技术采用多段微生物单元集成技术，实现有毒有害难降解腈污水处理厂的升级改造工作。在二级生化处理段采用 MBBR 生物膜强化生化技术，通过增加填料至填充比 30%，同时增加碱度、冬季通入蒸汽保温，提高了 COD、氨氮与氰化物的处理效率。在二级生化末端采用 DN/CN 生物滤池脱氮除碳脱毒技术，通过在线投加碳源、絮凝药剂与粉末活性炭以满足出水 SS、总氮的达标排放和有毒有害物质的进一步削减。反硝化滤池中的填料利用生物陶粒填料，而脱碳滤池则利用软性填料。首先污水三沉池出水自流进入新设置的 BAF-DN 池，在 DN 池中投加碳源（乙酸钠）将上游来水中的硝态氮在此还原为氮气释放，完成脱氮反应，由于要得到较高的脱氮率，因此碳源需过量投加，为保证出水 COD 达标利用 CN 池去除有机物。DN 池出水通过水泵提升到 BAF-CN 池，完成碳化反应，确保出水 COD 与有毒有害物质达标。同时曝气反硝化生物滤池里面的异养菌可以通过投加易降解的有机物，协同转化难降解的有毒有害物质，从而使出水 COD、氨氮、总氮和有毒有害物质（总氰化物）全面达标排放。

C. 石化废水生化尾水 RO 浓水序批式电 Fenton 高级氧化技术

针对生化尾水 RO 浓水深度除碳和有毒有机物的问题，利用石化废水生化尾水 RO 浓水深度处理-序批式电 Fenton 高级氧化技术来进行处理。该技术采用外加 H_2O_2 和 Fe^{2+} 的电芬顿法，外加的 H_2O_2 和 Fe^{2+} 发生 Fenton 反应能在短时间内产生大量高活性的 •OH，使废水中难降解有机物迅速降解，同时通过电流作用，反应体系中生成的 Fe^{3+} 在阴极不断地还原为 Fe^{2+}，可以减少 Fe^{2+} 的用量，提高反应效率。Fe^{2+} 只需一次性投加，通过加碱絮凝、加酸溶解、电还原、使 Fe^{2+} 回收再生，实现催化剂重复利用，提高了反应效率，降低了运行成本。反应器以序批式运行，分为进水、电解、絮凝、沉淀和出水 5 个阶段。整个运行过程由时间程序控制器(PLC)实现装置的自动运行和控制。

2) 工艺流程

腈纶污水处理厂生物脱毒工艺升级改造技术的工艺流程为"厌氧+缺氧(一段生化)—缺氧池+生物流化池+硝化池(二段生化)—反硝化生物滤池(BAF-DN)+除碳生物滤池(CN)(三段生化)"，工艺流程图如图 4-4 所示。

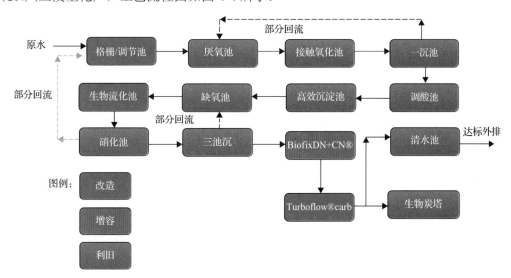

图 4-4　腈纶污水处理厂升级改造技术工艺流程图

(1)混合污水(丙烯腈污水+生活污水+其他污水)进入集水井，经机械格栅去除大部分杂物后，经泵提升至调节池与热电厂排放的污水混合，使冬季时水温适宜生物生长要求。

(2)调节池的出水进入厌氧池，经过厌氧池去除一部分有机物，之后出水进入改造后的兼氧池，即接触氧化池，利用水解增强有毒有害有机物(有机氮)的降解效率，之后进入到改造后的反硝化池，即缺氧池，并从硝化池末端回流至反硝化单元，利用反硝化反应进一步强化对有毒有害有机物的降解效率。在生物流化池通过增加填料至填充比 30%，同时增加碱度，冬季通入蒸汽保温，提高了 COD、氨氮与氰化物的处理效率。

(3)三沉池出水自流进入新设置的反硝化生物滤池，在反硝化生物滤池中投加碳源

(乙酸钠)将上游来水中的硝态氮在此还原为氮气释放，完成脱氮反应，由于要得到较高的脱氮率，因此碳源需过量投加，为保证出水 COD 达标利用除碳生物滤池去除有机物。反硝化生物滤池出水通过水泵提升到除碳生物滤池，完成碳化反应，确保出水 COD 及有毒有机物(总氰化物)可以达标。

3)技术创新点及主要技术经济指标

高浓度丙烯腈废水预处理技术利用高浓度丙烯腈废水自身热量对过硫酸盐进行热活化，产生过硫酸根自由基；同时催化臭氧氧化产生羟基自由基；通过耦合高级氧化工艺将高浓度丙烯腈废水中难降解有机物降解成小分子有机物、二氧化碳和水，提高其可生化性，同时去除有机氮与总氮，大幅降低有毒有机物(氰化物)含量，可极大提升后续生化系统处理效率。最优条件为 pH=8.9，臭氧投加量为 $1kg/m^3$，过硫酸盐投加量为 $0.8kg/m^3$，运行 96h。在此条件下，COD 平均去除率为 40.7%，TN 平均去除率为 26.1%，出水平均 B/C 比值为 0.323。经过催化臭氧耦合过硫酸盐氧化处理后出水中有机氮含量变化显著，降低至 44.9%，氨氮升高至 19.9%。与此同时出水中检测到硝酸盐氮含量增加至 9.1%，而 26.1%的氮元素以氮气形式从反应体系中被去除。

腈纶污水处理厂生物脱毒工艺升级改造技术将一段生化的好氧单元改造成为兼氧单元，利用水解增强有毒有害有机物(有机氮)的降解效率；将二段生化的缺氧单元改造成为反硝化单元，并从硝化池末端回流至反硝化单元，利用反硝化反应进一步强化对有毒有害有机物的降解效率；在生物流化床单元增加生物填料的投加比，进一步强化生化效果；在三沉池出水处增设反硝化生物滤池与除碳生物滤池对残余的有毒有机物(总氰化物)、氨氮与总氮进行脱除至达标。新增反硝化生物滤池的硝态氮容积负荷为 $1.15kg/(m^3 \cdot h)$，平均滤速 10.17m/h，停留时间 1.3h；除碳生物滤池的平均滤速 5.55m/h，回流比 66.7%，停留时间 3.3h。通过以上提标改造工艺方案，达到出水水质达标排放的目的。新增直接运行费用为 1.61 元/$(m^3 \cdot 污水)$(电费与药剂费用)。

石化废水生化尾水 RO 浓水深度处理-序批式电 Fenton 高级氧化技术在高效去除石化尾水反渗透浓水中有机物的同时，还可有效地强化去除腈类、苯酚类、含氮杂环类、氰化物等有毒有害物质，可有效解决石化废水二级生化处理单元后毒害物残留的瓶颈问题。该技术的最优条件：初始 pH 为 3.0，Fe^{2+} 投加量为 5.0mmol/L，H_2O_2 投加量为 60.0mmol/L，电流强度为 0.2A。采用该反应器直接处理二级生化处理后的石化尾水，当尾水 COD 浓度为 100～120mg/L，氨氮浓度为 20～30mg/L 时，该电 Fenton 装置处理后的出水 COD 浓度小于 20mg/L，氨氮浓度小于 5.0mg/L。COD 和氨氮去除率分别在 80%和 75%以上。出水可满足污水综合排放标准中的一级排放标准。该序批式电 Fenton 装置与传统 Fenton 法相比，H_2O_2 和 $FeSO_4$ 投加量分别减少 30%和 75%，可大幅降低运行成本，吨水处理成本为 3.9～5.3 元/t；同时省去了铁泥的处理这一步骤，可有效地节省构筑物的占地面积约 50.0%。

4) 技术来源及知识产权概况

优化集成, 申请发明专利 3 项。

杨凤林, 吴宗蔚, 陈捷, 等. 一种负载型双组分金属氧化物臭氧催化氧化催化剂的制备方法. CN201210475655.5, 2013-2-27.

李长波, 赵国峥, 张强, 等. 丙烯腈废水的高效处理组合工艺. ZL201510656003.5, 2017-10-17.

李长波, 赵国峥, 张强, 等. 腈纶废水深度处理方法. ZL201510656020.9, 2018-5-15.

5) 实际应用案例

(1) 应用单位: 宁夏石嘴山市平罗县德渊市政产业投资建设(集团)有限公司。

研发的工业废水催化臭氧氧化预处理技术推广应用于宁夏 "石嘴山生态经济开发区循环经济试验区污水处理厂一期工程" 项目, 水量 2 万 t/d, COD 由 85mg/L 降至 60mg/L, B/C 比由 0.1 提高至 0.2, 再进入 O/A/O 脱氮生化系统。

园区废水经过粗细格栅与旋流沉砂预处理后进入调节池, 提升至气浮装置除油与 SS。气浮出水提升至催化臭氧氧化单元(设计接触反应时间为 25min), 降解废水中 COD 的同时改善其可生化性, 催化氧化后出水进入臭氧破坏池对残余臭氧进行分解。臭氧破坏池出水自流进入 O/A/O-MBBR 单元, 进一步降低 COD, 同时在反硝化段投加碳源进行反硝化脱氮。生化出水进入二沉池后再经过纤维转盘过滤后自流进入紫外消毒池进行消毒杀菌(预留活性炭过滤罐应急处理, 正常时超越), 消毒后达标排放。

(2) 应用单位: 中国石油天然气股份有限公司抚顺石化分公司。

抚顺石化分公司腈纶化工厂污水含有大量有毒有害物, 同时总氮较高, 原处理设施生物流化床工艺段填料不足, 缺少反硝化系统, 外加碳源投加系统与末端深度处理系统, 造成出水 COD 与氨氮无法稳定达标, SS 与总氮超标。

示范工程采用生物脱毒工艺升级改造技术工艺。其中二级生化处理段采用 "MBBR 生物膜强化生化技术", 通过增加填料至填充比 30%, 同时增加碱度、冬季通入蒸汽保温, 提高了 COD、氨氮与氰化物的处理效率。在二级生化末端采用 DN/CN 生物滤池脱氮除碳脱毒技术, 通过在线投加碳源、絮凝药剂与粉末活性炭以满足出水 SS、总氮的达标排放和有毒有害物质的进一步削减。反硝化滤池中的填料利用生物陶粒填料, 而脱碳滤池则利用软性填料。首先污水由三沉池出水自流进入新设置的 BAF-DN 池, 在 DN 池中投加碳源(乙酸钠)将上游来水中的硝态氮在此还原为氮气释放, 完成脱氮反应, 由于要得到较高的脱氮率, 因此碳源需过量投加, 为保证出水 COD 达标排放, 利用 CN 池去除有机物。DN 池出水通过水泵提升到 BAF-CN 池, 完成碳化反应, 确保出水 COD 与有毒有害物质达标。同时曝气反硝化生物滤池里面的异养菌可以通过投加易降解的有机物, 协同转化难降解的有毒有害物质, 从而使出水 COD、氨氮、总氮和有毒有害物质(总氰化物)全面达标排放。该示范工程正常满负荷运行后年削减 COD 420t, 氨氮 32t, 总氰化物 1.76t。

4.3 辽河流域有毒有害物污染控制技术应用工程示范

4.3.1 有毒有害物污染控制应用示范工程基本信息

开展了辽河流域有毒有害物污染控制技术应用工程示范，基本信息见表 4-2。

表 4-2 有毒有害物污染控制技术应用示范工程基本信息

编号	名称	承担单位	地方配套单位	地址	技术简介	规模、运行效果简介	技术推广应用情况
1	高浓度多硝基废水资源化示范工程	大连理工大学	庆阳特种化工有限公司	辽阳市文圣区台子沟路 2 号	对高浓度多硝基废水采用"酸化+铁屑还原+大孔树脂吸附"工艺进行处理，然后对吸附饱和的大孔树脂进行反洗再生，得到芳香胺产品，实现废水的资源化	处理规模 100t/d，示范工程满负荷运行条件下，年可回收芳香胺 330t	关键技术在庆阳特种化工有限公司示范工程中得到应用，为工程设计提供了方案，对运行参数选择提供支撑
2	东北制药集团股份有限公司合成制药废水中有毒有害物污染控制示范工程	东北制药集团股份有限公司	东北制药集团股份有限公司	东北制药集团股份有限公司细河原料药厂区	对含磷霉素、金刚烷胺、吡拉西坦等难降解有毒有害物的综合制药废水采用分质处理生物代谢及复配功能菌强化 ABR-CASS 生物处理技术，优化工艺控制参数及其集成技术，实现制药废水达标排放	处理规模 20000m³/d，实现出水达到行业排放三级标准，典型有毒有害污染物达标排放或实现削减率 90%以上	关键技术在东北制药集团合成制药废水有毒有害物污染控制示范工程中得到应用，为制药综合废水的高效处理提供依据，对处理工艺及运行参数选择提供支撑
3	抚顺石化公司石化废水有毒有害毒性削减示范工程	大连理工大学	中国石油天然气股份有限公司抚顺石化分公司	抚顺东洲区城乡路 52 号	抚顺石化分公司腈纶化工厂污水综合治理示范工程采用生物脱毒工艺升级改造技术工艺。包括：MBBR 生物膜强化生化技术与 DN/CN 生物滤池脱氮除碳脱毒。其中二级生化处理段采用 MBBR 生物膜强化生化技术，通过增加填料至填充比 30%，同时增加碱度、冬季通入蒸汽保温，提高了 COD、氨氮与氰化物的处理效率。在二级生化末端采用 DN/CN 生物滤池脱氮除碳脱毒技术，通过在线投加碳源、絮凝药剂与粉末活性炭以满足出水 SS、总氮的达标排放和有毒有害物质的进一步削减	处理规模 3600m³/d，工程稳定运行	关键技术在抚顺石化分公司腈纶化工厂污水综合治理工程中得到应用，为工程设计提供了方案，对运行参数选择提供支撑

4.3.2　有毒有害物污染控制与应用示范工程

1. 高浓度多硝基废水资源化示范工程

示范工程首先使高浓度多硝基芳烃废水进入调节池，以均衡水质水量；混合调节池出水由提升泵进入酸化反应池，投加硫酸，调整；然后进入滚筒铁屑还原反应器，使硝基芳烃还原为芳香胺类；出水进去沉淀池，同时加碱调整 pH 为中性，沉淀去除铁泥，含高浓度芳香胺上清液进入石英砂过滤去除悬浮物防止对后续设备的影响；进一步进入大孔树脂吸附回收系统，使有机物和无机盐进行分离；吸附饱和后的大孔树脂进行再生，实现芳香胺的资源化回收；吸附出水进入厂内的综合生物池，通过处理后达标排放。该示范正常满负荷运行可实现年回收芳香胺 330t，对改善太子河辽阳段控制单元水质具有重要意义。

示范工程于 2016 年 6 月开始施工建设，2017 年完成建设进行调试运行。示范工程采用"酸化+铁屑还原+大孔树脂吸附"工艺。通过调试运行数据来看，该工程可以有效地还原硝基物为氨基物，还原率接近 95%；芳香族氨基化合物可以达到 85% 以上的回收率，毒性污染物的削减率达到 90% 以上。示范工程满负荷运行条件下，年可回收芳香胺 330t。示范工程设计及建设施工单位具有相应资质，建设、施工及运行均严格遵守相应国家或地方相应标准、规范，以水质管理工作为核心，建立了一系列人员管理制度、水质控制与清洁生产制度、工艺设备操作维护规程、安全操作规程等规章制度。

2. 东北制药集团股份有限公司合成制药废水中有毒有害物污染控制示范工程

示范工程采用"分质处理生物共代谢及复配功能菌强化 ABR-CASS 生物处理技术"，针对合成制药行业废水组成复杂，高浓度废水中含有的抗生素及溶剂等有毒有害物质，导致废水难以处理，以及生化处理单元对磷霉素钠、苯乙胺、小檗碱等特征污染物降解效果差的问题，按照特定的比例(1∶1～1∶5)与含有生活污水的低浓度废水混合后，采用二级 ABR-CASS 工艺处理。利用易降解物质产生的酶加快难降解物质的分解，并为处理难降解物质的微生物提供充足的能量；ABR 可强化难降解物质的水解，将大分子的难降解物质分解为小分子物质；CASS 反应器设计了针对毒害物的反应区，并投加根据废水中的特征污染物筛选出的功能微生物，进一步强化脱毒效果。

示范工程于 2015 年年底完成各项施工，2016 年通水开始调试运行，并完成了第三方监测。制药综合废水示范工程采用两级四段工艺，实施串联加并联污水生物水处理的独特技术路线。厂区的低浓度废水与生活污水(118t/d)排入下水道混合后进入综合污水处理厂，高浓度废碎经污水运输专线进入综合污水处理厂。首先，高浓度废水进入高浓度污水调节池，在此与低浓度废水按照 1∶1～1∶5 的比例混合，再进入一级 ABR 反应池，经深度水解处理后进入一级 CASS 好氧强化生物池，该 CASS 池的 DO 浓度保持在 6mg/L以上；之后，经过两段生物处理的高浓度废水与低浓度废水混合，再依次进入二级 ABR反应池(HRT 控制在 20～30h)和二级 CASS 好氧强化生物池(DO 浓度保持在 6mg/L 以上，HRT 控制在 15～20h)，处理后废水经分离后达标排放。该示范工程满负荷运行后年削减

COD 5500t，有毒有害污染物削减率 90%以上。

2017 年平均进水 COD 4780mg/L；ABR 平均出水的 COD 3335.5mg/L；CASS 平均出水 COD 230mg/L；处理后废水达到行业排放三级标准，苯酚、对甲苯酚、邻苯二甲酸酯等毒害物的去除率 90%以上。2016 年处理 COD 5133.12t，运行费用为 2733 万元，COD 综合处理成本为 5.32 元；2017 年处理 COD 5382.98t，运行费用为 3081 万元，COD 综合处理成本为 5.72 元。工程满负荷运行后年削减 COD 5500t，实现有毒有害污染物削减率达 90%以上，有效支撑流域水体有毒有害物污染控制的实施。

3. 抚顺石化公司石化废水有毒有害物毒性削减示范工程

抚顺石化分公司腈纶化工厂污水综合治理示范工程采用"生物脱毒工艺升级改造技术"工艺。包括 MBBR 生物膜强化生化技术与 DN/CN 生物滤池脱氮除碳脱毒。其中二级生化处理段采用 MBBR 生物膜强化生化技术，通过增加填料至填充比 30%，同时增加碱度、冬季通入蒸汽保温，提高了 COD、氨氮与总氰化物的处理效率。在二级生化末端采用 DN/CN 生物滤池脱氮除碳脱毒技术，通过在线投加碳源、絮凝药剂与粉末活性炭以满足出水 SS、总氮的达标排放和有毒有害物质的进一步削减。反硝化滤池中的填料利用生物陶粒填料，而脱碳滤池则利用软性填料。首先污水三沉池出水自流进入新设置的 BAF-DN 池，在 DN 池中投加碳源(乙酸钠)将上游来水中的硝态氮在此还原为氮气释放，完成脱氮反应，由于要得到较高的脱氮率，因此碳源需过量投加，为保证出水 COD 达标利用 CN 池去除有机物。DN 池出水通过水泵提升到 BAF-CN 池，完成碳化反应，确保出水 COD 与有毒有害物质达标。同时曝气反硝化生物滤池里面的异养菌可以通过投加易降解的有机物，协同转化难降解的有毒有害物质，从而使出水 COD、氨氮和典型有毒有害物(总氰化物)全面达标排放。

示范工程于 2017 年 9 月开始建设，2017 年 12 月完成建设并开始通水运行。第三方检测结果表明污水厂总排出水平均值为：COD 39mg/L、氨氮 1mg/L 和总氰化物 0.04mg/L，上述水质指标均达到《石油化学工业污染物排放标准》(GB 31571—2015)中直接排放限值要求。示范工程正常运行后可实现年削减 COD 420t、氨氮 32t、氰化物 1.76t，改造后新增直接运行费用 1.61 元/t 水。

参 考 文 献

[1] 周冏, 董广霞, 景立新, 等. "十一五"期间重点流域化学需氧量排放及减排潜力分析. 中国环境监测, 2013, 29(5): 154-160.

[2] Liu R, Tan R, Li B, et al. Overview of POPs and heavy metals in Liao River Basin. Environmental Earth Sciences, 2015, 73(9): 5007-5017.

[3] Li B, Hu X, Liu R, et al. Occurrence and distribution of phthalic acid esters and phenols in Hun River Watersheds. Environmental Earth Sciences, 2015, 73(9): 5095-5106.

[4] 刘瑞霞, 李斌, 宋永会, 等. 辽河流域有毒有害物的水环境污染及来源分析. 环境工程技术学报, 2014, 4(4): 299-305.

[5] 李斌, 张晓孟, 刘瑞霞, 等. 辽河流域制药行业重点污染河段特征污染物鉴别. 环境工程, 2014, 8: 14-18.

[6] 张晓孟, 李斌, 单永平, 等. 辽河流域印染行业重点排污河段有机污染物的定性分析. 环境工程技术学报, 2013, 6(6): 519-525.

[7] 王立阳, 李斌, 李佳熹, 等. 沈阳市典型城市河流优先控制污染物筛选及生态环境风险. 环境科学研究, 2019, 32(1): 25-34.

[8] 张晓孟, 李斌, 刘瑞霞, 等. 太子河水系印染行业重点污染河段优先控制污染物的确定. 环境工程学报, 2015, 9(4): 2007-2013.

[9] Li B, Liu R, Gao H, et al. Spatial distribution and ecological risk assessment of phthalic acid esters and phenols in surface sediment from urban rivers in Northeast China. Environmental Pollution, 2016, 219: 409-415.

[10] Yu M X, Wang J Y, Liu W, et al. Effects of tamoxifen on the sex determination gene and the activation of sex reversal in the developing gonad of mice. Toxicology, 2014, 321: 89-95.

[11] Wang Y G, Liu W, Yang Q, et al. Di-(2-ethylhexyl)-phthalate exposure during pregnancy disturbs temporal sex determination regulation in mice offspring. Toxicology, 2015, 336: 10-16.

[12] Yu M X, Liu W, Wang J Y, et al. Effects of tamoxifen on autosomal genes regulating ovary maintenance in adult mice. Environmental Science and Pollution Research, 2015, 22(24): 20234-20244.

[13] 陈文希. 电化学强化 A/O-MBR 处理油页岩干馏废水. 沈阳: 东北大学, 2015.

[14] 李炳智. 铁炭还原/电解/SBR 耦合工艺处理某化工园区含氯代硝基芳烃综合废水. 科技通报, 2014, 30(3): 218-224.

[15] 陈宜菲. 零价金属还原转化硝基芳香烃污染物研究进展. 辽宁化工, 2009, 38(9): 643-646, 687.

[16] 李鸿江, 温致平, 赵由才. 大孔吸附树脂处理工业废水研究进展. 安全与环境工程, 2010, 17(3): 21-24, 35.

[17] 赵培, 赵山山, 潘轶. 大孔树脂吸附处理邻苯二胺废水工艺研究. 石化技术与应用, 2014, 32(2): 166-169.

[18] 于鹏飞, 耿佳鑫, 高子平, 等. 高盐废水生化处理技术研究进展. 广州化工, 2015, 43(7): 25-26, 83.

[19] 申泰铭, 戴梓茹, 郑韵英. 处理高盐度采油废水污泥驯化方法的改良-依据盐度抑制动力学原理. 钦州学院学报, 2010, 25(3): 11-15.

[20] 高梦国. 臭氧氧化-水解酸化对制药尾水预处理效果的研究. 长春: 吉林大学, 2012.

[21] 孙兆楠. 铝/铁双电极周期换向电凝聚处理印染及制药废水研究. 沈阳: 东北大学, 2013.

[22] 曾萍, 宋永会, 崔晓宇, 等. 含铜黄连素制药废水预处理与资源化技术研究. 中国工程科学, 2013, 15(3): 88-94.

[23] 崔晓宇, 单永平, 曾萍, 等. 结晶沉淀-树脂吸附组合工艺回收黄连素废水中铜试验研究. 环境工程技术学报, 2017, 7(1): 1-6.

[24] Zeng P, Xie X L, Song Y H, et al. The fosfomycin degradation by hydrolysis acidification-biological contact oxidation and microbial community analysis. Advanced Materials Research, 2013, 807-809: 1129-1134.

[25] 谢晓琳, 曾萍, 宋永会, 等. 制药废水中磷霉素和α-苯乙胺的生物降解及相互作用. 中国环境科学, 2014, 34(11): 2824-2830.

[26] 廖苗, 樊亚东, 刘诗月, 等. 进水成分变动下 ABR-CASS 耦合工艺处理制药综合废水的中试研究. 环境工程技术学报, 2017, 7(3): 293-299.

[27] 裴晋, 于晓华, 姚宏, 等. 制药污泥处理技术研究现状与实验对比. 环境工程学报, 2015, 9(8): 4009-4014.

[28] 马岚茜娅, 裴晋, 于晓华, 等. 超声波联合厌氧消化处理制药污泥效果研究. 环境工程学报, 2015, 9(11): 8-14.

[29] 安鹏. 纳滤—厌氧氨氧化—高级氧化工艺深度处理干法腈纶废水研究. 大连: 大连理工大学, 2013.

[30] An P, Xu X, Yang F, et al. A pilot-scale study on nitrogen removal from dry-spun acrylic fiber wastewater using anammox process. Chemical Engineering Journal, 2013, 222: 32-40.

[31] 梁立伟, 刘丽莹, 杨帆. 腈纶工业污水预处理技术研究. 精细石油化工进展, 2019, 20(4): 26-28.

[32] Li X W, Chen L B, Mei Q Q, et al. Microplastics in sewage sludge from the wastewater treatment plants in China. Water Research, 2018, 142: 75-85.

[33] 张若羽. 催化臭氧氧化同时去除氨氮和 COD 的研究. 大连: 大连理工大学, 2018.

[34] Wu Z W, Zhang G Q, Zhang R Y, et al. Insights into Mechanism of Catalytic Ozonation over Practicable Mesoporous Mn-CeOx/γ-Al$_2$O$_3$ Catalysts. Industrial & Engineering Chemistry Research, 2018, 57(6): 1943-1953.

[35] 宋帅楠. 催化臭氧过硫酸盐耦合高级氧化处理高浓度丙烯腈废水. 大连: 大连理工大学, 2017.

[36] Wu Z W, Xu X C, Jiang H B, et al. Evaluation and optimization of a pilot-scale catalytic ozonation-persulfate oxidation integrated process for the pretreatment of dry-spun acrylic fiber wastewater. RSC Advances, 2017, 7(70): 44059-44067.

[37] 吴宗蔚. 铝基催化剂制备、臭氧氧化有机物和氨氮性能与应用研究. 大连: 大连理工大学, 2018.

[38] 徐静. 阴阳极协同电化学氧化处理反渗透浓水的研究. 大连: 大连理工大学, 2018.

[39] 那春红. 典型二级处理及深度处理组合工艺对工业废水毒性削减性能的研究. 大连: 大连理工大学, 2017.

[40] 毕珩. 抚顺腈纶厂污水治理项目进度管理研究. 抚顺: 辽宁石油化工大学, 2018.

[41] 邹瑜. 同时亚硝化/厌氧氨氧化/反硝化(SNAD)—藻类耦合工艺处理污泥消化液及强化产能技术研究. 大连: 大连理工大学, 2019.

[42] 王明明. 腈纶废水生化出水的深度处理方法研究. 大连: 大连理工大学, 2010.

[43] 王叶鑫. 催化臭氧氧化处理反渗透浓水研究. 大连: 大连理工大学, 2019.

第三篇　辽河水污染治理与水生态修复研究

- 系统介绍了水专项在吉林省辽河源头区、辽河干流以铁岭为核心的上游段、辽宁省辽河保护区、辽河盘锦河口区开展的水污染治理和水生态修复技术研究及其工程示范。研究成果为辽河水污染治理和水生态修复提供了技术支撑。

- 吉林省辽河源头区主要开展了粮食深加工和氯碱行业点源污染控制、农业面源污染控制、水生态修复及水环境综合管理技术研究，突破了5项关键技术，开展了4项工程示范。

- 辽河上游段主要针对村镇生活污水、农村固体废弃物、农副产品加工废水等污染问题开展治理技术研究，突破了低温环境下乡镇集中式污水处理、固体废弃物综合治理等4项关键技术，开展了6项工程示范。

- 辽河保护区主要针对河流湿地恢复、水污染控制和水生态建设保护等综合治理问题开展技术研究，突破了河流生态完整性评价、大型河流湿地网构建等关键技术6项，开展了4项大型工程示范。

- 辽河河口区主要针对"油田、稻田、苇田"三大典型功能区水环境污染和生态退化问题开展污染阻控与生态修复技术研究，突破了5项关键技术，开展了5项工程示范。

第5章

辽河源头区水污染综合治理技术研究与示范

辽河流域吉林省境内的东辽河、招苏台河和条子河统称为辽河源头区，既是流域居民主要饮用水源地，又是沿河城市的纳污水体。多年来，辽河源头区水体污染严重，工业点源与面源污染并重，污径比高，黑臭河段未得到有效治理，威胁着流域300多万人的饮用水安全，严重制约了流域社会经济发展。在源头区开展污染减排、生态保护与修复，实现河流生态系统功能提升，是保障源头区生态安全，确保下游水质清洁的关键。"十二五"期间，开展了水专项辽河源头区水污染综合治理技术及示范研究，针对源头区亟待解决的水体污染问题，从点源减排、面源控制、生态修复与综合管理决策等方面入手，突破了源头区短产品链粮食深加工废水污染控制与中水回用组合技术、源头区氯碱化工水污染控制与资源化技术、源头区农村面源污染防治技术、源头区缓冲带污染物阻控人工强化综合技术和源头区水环境综合管理技术5项关键技术，形成了构建辽河源头区水污染控制技术和管理体系，为辽河吉林省段污染控制和水生态功能提升提供技术支持的标志性成果，为辽河源头区综合治理和水环境改善提供了关键的技术支撑和重要科学依据。

5.1 概 述

5.1.1 研究背景

辽河源头区位于吉林省西南部，地处123°42′E～125°31′E，42°34′N～44°08′N，流域面积11283km^2，占全省总土地面积的6.02%，主要城市为四平市和辽源市。近年来随着区域经济社会快速发展，水污染与环境问题日益突出，严重威胁到流域水生态环境安全。主要表现为：第一，结构性污染突出，区域内以粮食深加工、化工、印染、制药、造纸等资源型产业为主导，具有"高耗水、高排放、低效率"的特点，污染治理难度大，流域水质污染严重；第二，面源污染严重，区内为重要农业区，农村生活污染重，畜禽养殖污染问题日益突出；第三，水源涵养的能力较差，区域天然径流量较小，污径比高，供水安全和水环境安全受到严重威胁，已成为影响当地和下游地区经济与社会可持续发展的重大制约性因素。辽河源头区水污染综合治理技术及示范研究以"辽河源头区水质持续改善和生态恢复"为目标，以完善流域水污染控制与治理技术体系为重点，通过重点行业典型工业源的水污染控制与节水减排技术和典型区域面源污染控制技术，在流域层面进行水质改善与生态保障综合技术的研发与集成，为实现源头区水污染防治提供技术支撑。

5.1.2 水污染综合治理技术成果

1. 成果一：研发完成了短产品链粮食深加工行业清洁生产、氨氮高效去除、废水深度处理及回用技术集成

短产品链粮食深加工是辽河源头区的重要产业之一。该行业存在淀粉废水处理系统耐冲击能力差，污水处理设施出水 COD 和氨氮不能稳定达标、总氮超标，中水深度处理与回用系统因藻类滋生和结垢不能运行等问题[1-5]。针对以上问题，研发形成了关键技术——源头区短产品链粮食深加工废水污染控制与中水回用组合技术，如图 5-1 所示，该技术体系突破了核心关键技术——短产品链粮食深加工行业污水氨氮高效强化去除及脱氮技术。主要研究内容及成果包括：①开展了玉米深加工行业清洁生产与节水减排技术研发，形成了《短产品链粮食(玉米)深加工行业废水物排特征和减排技术方案》；②研发了沉淀预处理及强化反硝化组合工艺，解决行业淀粉废水处理系统耐冲击能力较差，污水处理系统出水 COD 不能稳定达标、总氮严重超标的问题；③研发了化学除磷保安技术+UF/RO 组合工艺等中水深度处理与回用技术；④在上述研究和技术示范的基础上形成了《短产品链粮食(玉米)深加工废水深度处理与回用整装成套技术》，并提出了《辽河流域(吉林省段)玉米深加工行业污染防治技术规范(建议稿)》。

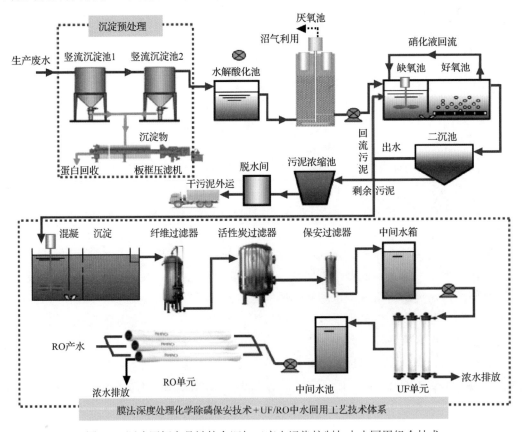

图 5-1　源头区短产品链粮食深加工废水污染控制与中水回用组合技术

2. 成果二：研发完成了氯碱化工行业水污染控制与资源化技术集成

氯碱化工是典型的耗水量和排水量大、污染严重的行业。针对氯碱化工行业废水氨氮经常性超标的问题和行业对低成本中水回用技术的需求[6-9]，完成了氯碱化工行业水污染控制与资源化技术集成，形成关键技术——源头区氯碱化工水污染控制与资源化技术，如图 5-2 所示，该技术体系突破了核心关键技术——氯碱化工行业中水预处理与双膜法组合深度处理技术。主要的研究内容及成果包括：①氯碱化工废水氨氮来源解析与氨氮污染控制，开展了氨氮源解析研究，确定了废水中氨氮直接来源是电石渣上清液和乙炔洗脱液，最初来源是原料电石，提出了将乙炔洗脱液等高氨氮废水全部截留并直接回用于乙炔发生的技术方案，有效实现了氨氮的大幅减排和废水的稳定达标排放；②氯碱化工废水深度处理与回用，构建了以臭氧氧化为核心，结合微絮凝砂滤、活性炭滤池、超滤与反渗透双膜的氯碱化工废水深度处理和回用组合技术，实现了中水低成本回用，出水水质明显优于标准要求。

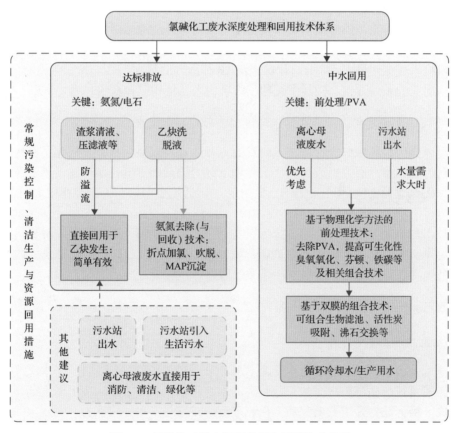

图 5-2　氯碱化工废水深度处理和回用技术体系

3. 成果三：研发完成了辽河源头区农业面源污染防治技术集成

针对辽河源头区农村面源污染突出的问题，研发形成了关键技术——源头区农村面源污染防治技术，突破了核心关键技术——低温地区畜禽养殖粪便无害化和资源化的好氧微生物处理技术。主要内容和成果包括：①研发了低温地区畜禽养殖粪便好氧微生物处理技术，提高了冬季(低温条件下)堆肥效率、腐熟化程度和堆肥产品质量，缩短了堆肥时间，编制了《辽河源头区典型畜种养殖污染防治技术规范(建议稿)》；②研发了农村面源地表径流河道湿地处理技术，完成了一体化生活污水处理装置设计；筛选了耐污能力强、对 COD 及氨氮去除率高的湿地植物——香蒲及芦苇，实现了 10%～50%的 COD 及氨氮净化率。

4. 成果四：研发完成了辽河源头区流域生态保障技术集成

辽河源头区面源污染存在严重的入河途径短、入河通量不清、沿河河岸带污染物阻控能力差、流域生态系统服务功能弱且水源涵养能力低等问题[10-14]。针对以上问题，形成关键技术——源头区缓冲带污染物阻控人工强化综合技术，突破了核心关键技术——适合寒冷地区的河流源头区的污染负荷估算与总量核定技术。关键研究内容及成果包括：①建立了高风险期面源入河途径模拟技术和辽河干流与支流缓冲带空间划定技术，确定了东辽河流域截留氮、磷污染物的最佳宽度为低山丘陵区河岸缓冲带 10～50m，平原区 15～20m；②建立了干流河岸缓冲带本土植物原址推广修复技术和重污染支流河岸缓冲带污染阻控人工强化技术，综合对比筛选出 20 种适宜的植物，凝练出河道缓冲带污染物截留植物配置的系列方案，构建了缓冲带污染物人工植物阻控技术体系。

5. 成果五：研发完成了源头区水环境综合管理技术集成

辽河源头区水环境综合管理技术研发的主要内容及成果包括：①构建了水环境承载力系统动力学模型，研究形成源头区水环境承载力的限制方案；②构建了水资源优化配置多目标优化配置模型，研究形成"三生用水"、生活用水内部和三次产业用水配置方案；③综合分析现有 18 个工业集中区产业结构、空间布局及其发展程度，研究整体水循环产业链接技术与模式；④建立支流各排污口与干流入河口的输入响应模型，解析污染源；分析重污染河流的有毒有害污染物 PAHs 和 OCPs 的分布特征，评价了生态风险；建立地表水环境动态监控平台，完善水环境质量监控总体方案。

5.1.3 水污染综合治理技术应用与推广

1. 玉米深加工点源减排

针对玉米深加工行业污水处理设施出水 COD 和氨氮不能稳定达标、中水深度处理等问题，研发了短产品链粮食深加工行业清洁生产、氨氮高效去除、废水深度处理及回用技术集成，极大地提升了玉米深加工行业水污染减排与中水回用能力，实现水资源"变废为宝"。

研发的沉淀预处理及废水深度处理回用技术已经应用于典型企业示范工程，工程建成后企业污水处理系统年削减 COD 排放量 60.5t，年削减氨氮排放量 37.4t，年回收蛋白质约 440t，为企业增加收益 198 万元/a；中水回用工程使企业减少新鲜水取水量 2880m³/d，每年可以为企业节约水费 230 余万元(以工业用水价格 4.10 元/t 计)，污水排放量减少，中水处理系统出水满足循环冷却水的补水要求，实现了水资源的循环利用。

2. 氯碱化工点源减排

依托典型企业，针对氯碱化工行业废水氨氮经常性超标的问题和行业对低成本中水回用技术的需求，研发完成了氯碱化工行业水污染控制与资源化技术集成，有效解决了行业废水氨氮超标问题，实现了中水低成本回用。

氯碱化工氨氮污染控制与达标排放方面，提出的乙炔洗脱液集中收集并直接回用于乙炔发生的技术方案于 2013 年年初被四平昊华化工有限公司采纳应用，并一直运行至其停产。每小时可节水 40m³，全年可实现氨氮减排约 42t、COD 减排约 56t、废水减排 35 万 t。氯碱化工中水深度处理与回用方面，本书提出的以 PVC 离心母液废水为原水，微絮凝砂滤+臭氧氧化+活性炭滤池+超滤+反渗透的组合技术方案被四平昊华化工有限公司采纳，列入其废水回收利用项目的可行性研究报告中并应用于工程设计。虽然中水处理与回用装置未能完成建设，但该组合技术由于具有明显的成本优势和良好的处理效果，可使氯碱化工企业能够实现中水低成本回用，因而具有良好的应用前景。

3. 面源阻控

针对农村居民散排的生活污水、农田的坡面径流及分散畜禽养殖废水等流经村屯支沟或自然沟渠进入河道等问题，集成辽河源头区农业面源污染防治技术，全面防治农村面源污染。

研究的简易农村生活污水处理装置可广泛应用于环境相对敏感区域的农户、小型饭店及办公场所等，有一定的推广空间。畜禽养殖粪便的好氧微生物处理技术可减少畜禽养殖业大量的污染物排放，为农村畜禽养殖业污染减排提供技术支持。生态拦截沟渠与湿地植物重建协同净化技术示范推广至辽源市杨木水库生活饮用水水源保护区环境保护项目，至少减少污染物 COD25.4t/a；氨氮 1.27t/a 入河量，有效地支撑流域水质改善。为全面治理流域农村面源污染，构建点面结合、科学系统的污染防治技术体系提供技术支持。

4. 面源阻控与生态修复

针对沿河河岸带污染物阻控能力差、流域生态系统服务功能弱且水源涵养能力低等问题[15-17]，集成辽河源头区流域生态保障技术，实现岸边生态防护与污染物截留，为全流域生态系统功能恢复、流域环境污染综合治理提供技术支撑。

充分结合河流生态系统特征和污染入河特点，经小区种植与截污试验，综合对比筛选出 20 种适宜的植物，凝练出河道缓冲带污染物截留植物配置的系列方案，构建了缓冲带污染物人工植物阻控技术体系。该技术体系具有经济、截污强、可操作性强等特点，可有效实现入河污染物截留，保护水环境质量，可在全区域大规模推广，应用前景良好。该技术已应用于"四平市条子河支流小红嘴河全流域污染综合整治工程"中的生态护坡工程设计中。

5. 综合管理决策

综合本书点源减排、面源控制、生态修复研究成果[18-22]，研发了"源头区水环境综合管理技术"，编制完成了《辽河流域吉林省部分(辽河源头区)水环境管理方案》，为辽河源头区水环境管理提供基础。

研发辽河源头区水环境承载力调控技术、水资源优化配置技术及其形成的水资源优化配置方案，该方案的应用可以有效实现 COD 减排量 16 万 t/a、氨氮减排量 4.5 万 t/a，对辽河源头区水资源环境管理提供支撑。研发的辽河源头区工业集中区循环经济链接技术与模式，行业特色明显，成果应用可以有效提高工业集中区水资源、物质的利用效率。形成的《辽河源头区畜禽养殖污染防治技术规范(初稿)》，发布实施后可以有效规范区域畜禽养殖业的污染防治行为，遏制面源污染不断加剧的趋势。

5.2 辽河源头区水污染综合治理技术创新与集成

5.2.1 水污染综合治理技术基本信息

创新集成了辽河源头区水污染综合治理技术 5 项，基本信息见表 5-1。

表 5-1 水污染综合治理技术基本信息

编号	技术名称	技术依托单位	技术内容	适用范围	启动前后技术就绪度评价等级变化
1	源头区短产品链粮食深加工废水污染控制与中水回用组合技术	中国环境科学研究院、长春工程学院	短产品链粮食深加工行业清洁生产与节水减排组合技术、短产品链粮食深加工行业水污染控制与中水回用技术	短产品链粮食深加工废水处理	4 级提升至 7 级
2	源头区氯碱化工水污染控制与资源化技术	吉林大学	氯碱化工行业废水氨氮来源解析与氨氮污染控制技术、离心母液废水的前处理与深度处理回用技术	氯碱化工企业污水处理与中水回用	3 级提升至 6 级
3	源头区农村面源污染防治技术	吉林省环境科学研究院	农村畜禽粪便资源化技术、农村面源地表径流河道湿地处理技术和农业种植面源污染源头控制技术	农村粪便资源化利用与生活污水控制	5 级提升至 7 级
4	源头区缓冲带污染物阻控人工强化综合技术	吉林大学	干流与支流缓冲带空间划定技术、高风险期面源入河途径模拟技术、缓冲带植物截污优选技术与辽河源头区缓冲带污染物人工植物强化阻控综合技术	岸边污染物入河阻控、生态防护与修复	5 级提升至 6 级
5	源头区水环境综合管理技术	吉林大学	辽河源头区水环境承载力调控技术、水资源优化配置技术、流域工业集中区循环经济链接技术、畜禽养殖污染防治技术集成与水环境监控技术	地方政府管理部门	4 级提升至 7 级

注：技术就绪度评价参照《水专项技术就绪度(TRL)评价准则》(见附录)执行。

5.2.2 水污染综合治理技术

1. 源头区短产品链粮食深加工废水污染控制与中水回用组合技术

1) 基本原理

以短产品链粮食深加工行业为工业点源代表，开展辽河源头区典型行业水污染控制与中水回用技术的研究，把水污染控制与水资源回收利用相结合，研发典型废水的脱氮、深度处理和中水回用关键技术，并进行优化、集成和示范，实现短产品链粮食深加工行业生产的全程污染控制与资源回用，为流域的点源污染控制和水质改善提供技术支撑。研究内容主要包括：短产品链粮食深加工行业清洁生产与节水减排组合技术方案研究；短产品链粮食深加工行业水污染控制与中水回用技术的集成与示范。

2）技术路线

该项研究的技术路线如图 5-3 所示。

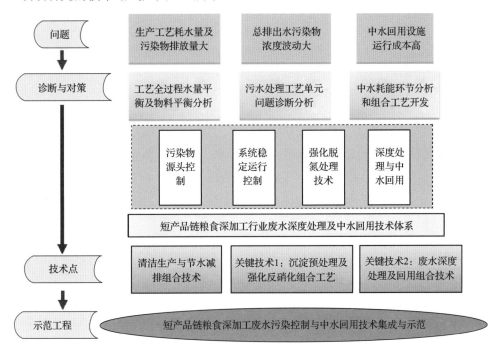

图 5-3　源头区短产品链粮食深加工废水污染控制与中水回用组合技术路线图

3）关键技术

沉淀预处理及强化反硝化组合工艺、废水深度处理及回用组合技术。

2．源头区氯碱化工水污染控制与资源化技术

1）基本原理

该技术包括高氨氮废水氨氮回收与去除、高氨氮废水直接回用、离心母液废水前处理、离心母液废水深度处理与回用等核心技术。针对氯碱化工企业污水站出水氨氮超标的问题，解析了废水氨氮的来源，确定了主要的高氨氮废水。基于高氨氮废水水量较小的情况提出对其单独收集并处理的原则。基于此，一方面优化了磷酸铵镁沉淀法、催化吹脱气提法和折点加氯法等简单、廉价高氨氮废水氨氮去除与回收技术；另一方面研发了将高氨氮废直接回用于乙炔发生的方案，从而实现污水站出水氨氮达标排放。针对中水低成本回用，在对氯碱化工废水特征深入研究的基础上，提出以离心母液废水为原水

的技术方案，确定回用的关键在于水溶性高分子聚乙烯醇(PVA)的去除，筛选和优化了能有效去除 PVA 的铁碳微电解、空气-芬顿、臭氧氧化等前处理技术。在此基础上构建了以臭氧氧化为核心，结合微絮凝砂滤、活性炭滤池、超滤与反渗透的氯碱化工废水深度处理和回用组合技术。该组合技术可低成本实现中水回用，出水水质明显优于标准要求。

2)工艺流程

氯碱化工氨氮污染控制与达标排放部分的工艺流程为：①电石渣上清液避免溢流进入污水站；②乙炔洗脱液集中收集后，一方面可以采用磷酸铵镁沉淀法、催化吹脱气提法和折点加氯法等方法处理，回收和/或去除氨氮，然后再排入污水站处理；另一方面可以直接回用于乙炔发生，代替新鲜水，全部消耗在乙炔发生环节。

氯碱化工中水深度处理与回用部分的工艺流程为：①离心母液废水首先用微絮凝砂滤去除大颗粒、部分 PVA 和 COD；②出水用臭氧氧化法(或铁碳微电解、空气-芬顿等其他物理化学方法)处理，去除几乎全部的 PVA 和大部分 COD；③出水经活性炭滤池、超滤、反渗透等深度处理工艺，实现优质出水。

3)技术创新点及主要技术经济指标

该技术包括原创和集成优化技术。原创部分主要为氨氮源解析，通过源解析，确定原料电石为氨氮最初来源，并确定氨氮的成因和赋存形态。其他重要创新包括把空气吹脱与催化氧化相结合，在去除氨氮的同时去除低价硫；研发新型催化剂，提高臭氧氧化效率等。

乙炔洗脱液直接回用于乙炔发生，可实现全部洗脱液的回用，代替新鲜水，不再排放。以四平昊华化工有限公司为例，乙炔洗脱液产量约为 $40m^3/h$，其直接回用可实现氨氮减排 42t/a，COD 减排 56t/a，废水减排 35 万 t/a。

乙炔洗脱液采用磷酸铵镁沉淀法处理时，条件为初始 pH 为 9～10，以与氨氮摩尔比 1.2：1 的比例投加 $Na_2HPO_4 \cdot 12H_2O$ 和 $MgSO_4 \cdot 7H_2O$，氨氮去除率和回收率可达 85%。采用催化吹脱气提法时，废水初始 pH 为 12，温度为 70℃，通气速度 $0.50m^3/(h \cdot L)$，反应 150min，氨氮去除率可达 99%，回收率 80% 以上。采用折点加氯法时，废水初始 pH 为 8，活性氯投加量 1.5mg/L，停留时间 5min，氨氮去除率接近 100%。

离心母液废水采用铁碳微电解法前处理时，反应 4h、铁粉投加量为 0.179mol/L、Fe/C=1：2、pH=2，通气量 0.8L/min，PVA 和 COD 去除率分别为 96% 和 64%。采用空气-芬顿法时，$FeSO_4 \cdot 7H_2O$ 投加量 0.625mmol/L、pH=5、H_2O_2/Fe^{2+}=4、通气量 0.4L/min、反应 10min、反应温度 40℃，PVA 和 COD 去除率分别为 96% 和 60%。采用絮凝-臭氧氧化法时，混凝剂 $Al_2(SO_4)_3 \cdot 18H_2O$ 投加量 60mg/L，不调节 pH，O_3 投加量 0.5g/L，停留 5min，PVA 和 COD 去除率分别为 96% 和 78%。

采用组合技术处理离心母液时，微絮凝段絮凝剂硫酸铝的投加量为 30～50mg/L，不调节 pH，砂滤滤速不超过 7.5m/h；臭氧-活性炭段臭氧投加量约 50mg/L，接触时间不小于 15min，活性炭空床滤速不超过 7.5m/h；超滤-反渗透段超滤运行压力为 0.1～0.2MPa，反洗周期为 20min，反洗流量为 2～3m³/h，反洗压力为 0.2～0.25MPa，反洗持续时间约 20s，滤膜化学清洗周期 20 天；反渗透系统进水压力≤1.25MPa，浓水压力≤1.2MPa，循环流量为 0。处理后出水 COD 一般小于 10mg/L，去除率在 90%以上；电导率小于 10μS/cm；氨氮一般小于 1mg/L，去除率在 80%以上。在 100m³/h 的规模下，吨水处理成本估计在 3.0 元以下。

3. 源头区农村面源污染防治技术

1) 基本原理

以堆肥微生物菌剂的研制为突破，研制出一种用于畜禽粪便堆肥的高效微生物复合菌剂，优化了堆肥过程，加速了堆肥效率，提高了腐熟化程度和堆肥产品质量。上述菌剂分别添加到猪粪、牛粪和鸡粪协同玉米秸秆屑好氧堆肥过程中，并对不同时期的各种理化性质进行检测，确定了堆肥的腐熟程度、无害化程度。结果表明，腐熟的粪肥减重至少在 50%以上，粪大肠菌群数对比初始降低 70%左右，有机质、总养分、水分、pH 等指标均符合国家农业行业标准《有机肥料》(NY 525—2012)中的规定限值。

开展了农村面源地表径流河道湿地处理技术的研究，具体为生态拦截沟渠与湿地植物协同净化作用处理地表径流污水，完成了湿地耐污植物的优选方案。结果表明，香蒲及芦苇对 COD 及氨氮去除率较强。香蒲处理效果最好，石菖蒲及水柳耐污能力差，对农村生活污水的适应能力较弱。湿地植物香蒲及芦苇主要对浅层积水深度要求不同，不同积水深度地区要求重建不同的植物，同时利用沟渠中的湿地植物吸收利用径流中的养分，减缓水流的速度，增加滞留时间，提高植物对养分的利用时间，提高水体的自净能力。

2) 技术路线

技术路线如图 5-4 所示。

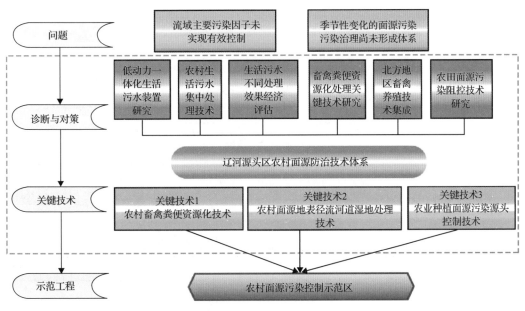

图 5-4　源头区农村面源污染防治技术路线图

3) 关键技术

农村畜禽粪便资源化技术、农村面源地表径流河道湿地处理技术和农业种植面源污染源头控制技术。

4. 源头区缓冲带污染物阻控人工强化综合技术

1) 基本原理

在对研究区流域生态环境调查与分析的基础上，针对区域面源污染严重、污染物入河途径短、河岸带纳污截污阻控能力差等特点，以建立区域生态修复技术体系为目标，以环境空间技术和植物修复技术为手段，重点开展了河流缓冲带生态修复与污染物截留的系列技术研发。首先在区域生态环境演变分析的基础上，构建生态环境要素空间数据库，结合外业调查与污染物入河模拟数据，建立了基于多因子的缓冲带空间划定技术，初步确定了不同河段缓冲带构建的最佳宽度(15m)及空间分布；针对北方寒冷地区河流两个污染高风险期，建立了污染物入河途径的模拟技术，为污染物入河通量估算和阻控提供技术支撑；在河岸带地貌和植被调查、河流水质监测的基础上，通过实验室栽培和截污模拟试验，筛选了适合立地条件的20种植物，建立了缓冲带植物截污优选技术；确定了针对不同河段、不同缓冲带环境特点的植物配置方案，最终形成了辽河源头区缓冲带污染物阻控人工强化综合技术体系，为全流域生态系统功能恢复、流域环境污染综合治理提供技术支撑。

2) 技术路线

技术路线如图 5-5 所示。

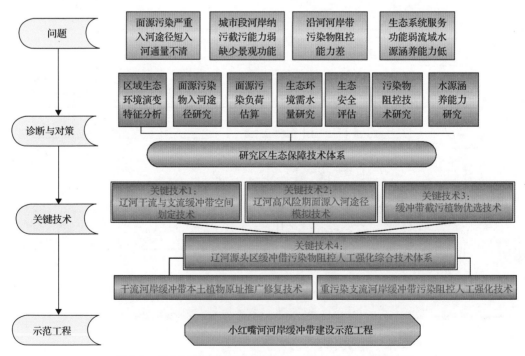

图 5-5　源头区缓冲带污染物阻控人工强化综合技术路线图

3）关键技术

干流与支流缓冲带空间划定技术、高风险期面源入河途径模拟技术、缓冲带植物截污优选技术与辽河源头区缓冲带污染物人工植物强化阻控综合技术。

5. 源头区水环境综合管理技术

1）基本原理

针对构建高污径比河流的水污染综合管理的技术体系的技术难点，研究提出基于社会经济协调发展的水环境承载限制方案和水资源优化配置方案，构建了工业集中区循环经济链接技术与模式，具有一定的先进性；同时针对源头区的特殊地理条件和生态因子的分布特征，结合主要污染物入河途径和污染源强，建立面向对象的流域生态环境要素空间数据库，提出水环境综合管理方案，完善相关行业技术规范、监管对策和管理办法，为推进辽河源头区的水环境综合管理技术体系的建立和健全提供技术支撑。

2）技术路线

技术路线如图 5-6 所示。

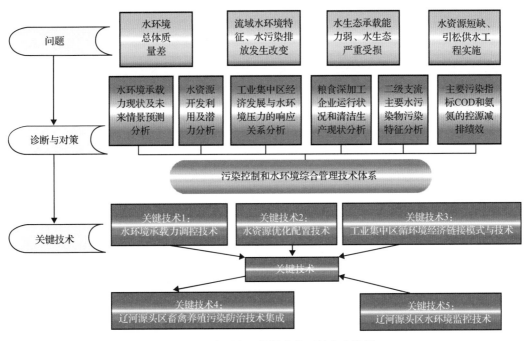

图 5-6　源头区水环境综合管理技术路线图

3）关键技术

辽河源头区水环境承载力调控技术、水资源优化配置技术、流域工业集中区循环经济链接技术、畜禽养殖污染防治技术集成与水环境监控技术。

5.3 辽河源头区水污染综合治理技术工程示范

5.3.1 水污染综合治理技术示范工程基本信息

开展了辽河源头区水污染综合治理技术的工程示范，基本信息见表5-2。

表5-2 水污染综合治理技术示范工程基本信息

编号	名称	承担单位	地方配套单位	地址	技术简介	规模、运行效果简介	技术推广应用情况
1	农村面源污染控制示范工程	吉林省环境科学研究院	吉林省辽源市环保局	吉林省辽源市东辽县辽河源镇境内，东辽河汇入杨木水库段东辽河河岸两侧	实施畜禽养殖粪便等农村固体废物减量化、资源化处理示范，然后施用于农田。实施农村生活污水集中处理，示范畜禽粪便资源化处理、农村污水治理等技术，从多方位治理农村面源污染	示范区面积 20km² 以上，实现示范区河流断面主要污染物 COD、氨氮浓度降低 20%以上（以2012年为基准）	相关技术已形成技术规范在流域内推广
2	岸边生态防护与污染物截留技术示范区	吉林大学	吉林省四平市红嘴经济技术开发区管理委员会	吉林省四平市红嘴经济开发区东起谢家屯，西至环城公路太平沟桥，依托工程整治河道长度为3033m，示范河道 100m	利用植物生态学理论与技术，结合护坡及景观建设等工程，建设岸边生态恢复带，分析估算示范区水源涵养能力和面源污染物阻截能力的变化，优化岸边生态防护技术体系方案	示范区控制面积10km² 以上，示范区生物量增加 40%以上	示范工程应用技术在整个流域推广，应用于流域水污染防治规划
3	短产品链粮食深加工行业的清洁生产与污水深度处理和回用示范工程	中国环境科学研究院、长春工程学院	吉林省四平市天成玉米开发有限公司	吉林省四平市天成玉米开发有限公司院内	对企业高浓度废水进行预处理，进一步回收可利用的干物质；提高污水处理站对氨氮的去除效率，降低 COD 排放量及污水排放总量；扩大中水回用系统处理能力，提高出水水质，实现节水减排和清洁生产	污水处理能力扩大到5500m³/d，中水回用能力120m³/h，氨氮排放量削减30%以上，COD 持续稳定在 70mg/L 以下	在技术研发的基础上编制了相关技术规范，为区域相关行业提供技术支持
4	典型氯碱化工行业废水处理与资源化示范工程	吉林大学	吉林省四平市四平昊华化工有限公司	吉林省四平市四平昊华化工有限公司院内	乙炔洗脱液和电石渣清液的直接回用实现污水站出水稳定达标；中水深度处理与回用系统以臭氧氧化为核心，离心母液为原水	乙炔洗脱液和污水站出水直接回用规模分别为40m³/h和200m³/h。实现污水站出水稳定达标，氨氮减排 54t/a，COD 减排 161t/a，废水减排 210 万 t/a	已在四平昊华化工有限公司应用

5.3.2 水污染综合治理技术示范工程

1. 农村面源污染控制示范工程

结合《辽河流域(吉林省部分)水污染防治"十二五"规划》、《杨木水库生活饮用水源保护规划》中的集中式饮用水源地保护、农村面源污染防治示范等规划任务，示范区依托吉林省农村环境连片整治工程、三江三河"杨木水库生活饮用水源保护区"环境保护项目(环境保护专项资金)等工程开展示范工作。

示范地点在辽源市东辽县辽河源镇境内,东辽河汇入杨木水库段东辽河河岸两侧,其地理坐标为 42°52′N~42°54′N,125°17′E~125°22′E。2013 年开工建设,建设了人工湿地外围堰、引水主渠、水源保护区管理站等工程,结合水专项生态拦截沟渠与湿地植物协同净化作用研究结果开展湿地植物重建工作。

在示范区内,结合区域环境特点,以农户为基本单位实施畜禽养殖粪便等农村固体废物减量化、资源化处理示范,然后施用于农田。同时以相对集中的村屯为单元实施农村生活污水集中处理,建立采取畜禽粪便资源化处理、农村污水治理等技术,从多方位治理农村面源污染。示范区农村面源污染控制主要包括两个处理系统:①农村固体废物资源化处理系统,包括人禽粪便收集系统、处理系统及再利用系统(回用于农田);②村屯污水处理系统,主要对流经村屯的支沟中的污水进行综合治理,其污水主要是收集的居民生活污水和上游农田的坡面径流。

示范区控制面积 20km² 以上,实现示范区河流断面(东辽河入杨木水库前)主要污染物 COD、氨氮削减 20%以上(以 2012 年为基准)。

2. 岸边生态防护与污染物截留技术示范区

该示范工程项目东起谢家屯,西至环城公路太平沟桥,整治河道长度为 3033m。示范工程中示范区长 100m,位于整治河道上游起点至下游方向 100~200m 的河道两岸,岸宽 15±5m,南岸为农田,北岸为农田和农村居民点,对化肥和农药施放、农村生活污染等农业面源的截污治理有示范推广意义(图 5-7)。在示范区内,将从污染截留、保持水土、生物多样性、景观等角度,进行河岸缓冲带植物群落优化配置,以达到削减污染、提高生物量的目的。

针对该河道污染现状,结合河道整治工程的水利建设,如图 5-8、图 5-9 所示,设计

图 5-7　岸边生态防护与污染物截留技术示范区位置示意图

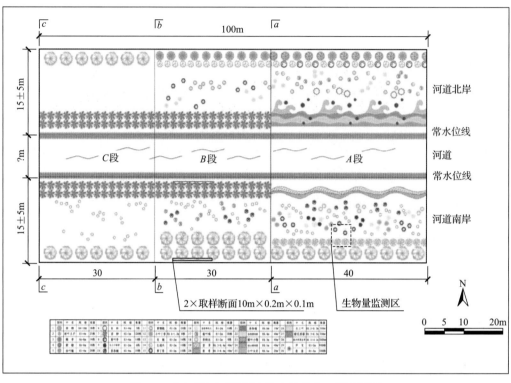

图 5-8　小红嘴河河岸缓冲带建设示范工程平面图

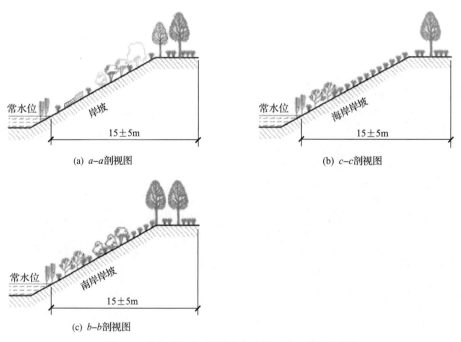

(a) *a–a* 剖视图　　　　　　　　(b) *c–c* 剖视图

(c) *b–b* 剖视图

图 5-9　小红嘴河河岸缓冲带建设示范工程剖视图

优先考虑植被对污染物的截留功能，其次是河道的园林景观，再次是生物多样性，建立优化的河岸缓冲带植物群落配置结构。具体来讲，从河岸区段划分、植物材料的选择、绿化层次配置、生态效益、养护管理等方面都进行了充分的分析和讨论。力求使本方案实现以下目标：①能够满足小流域排洪蓄水功能，防止水土流失；②对两岸面源污染实现高效截留与削减，吸收空气中部分有害气体；③绿化配置层次鲜明、错落有致，季相变化明显、四季有景可观，发挥最大生态效益；④提高生物量；⑤便于养护管理，有效防止病虫害的发生。

3. 短产品链粮食深加工行业的清洁生产与污水深度处理和回用示范工程

以四平市天成玉米开发有限公司为研究对象，完成短产品链粮食深加工行业清洁生产。依托企业现有污水处理扩能改造工程，通过研发示范氨氮强化去除、污水处理及回用关键技术，支撑污水处理能力扩大到 5500m³/d，中水回用能力 120m³/h，氨氮排放量削减 30%以上，COD 持续稳定在 70mg/L。

通过对典型短产品链粮食深加工，企业现有废水处理工艺的研究找到制约污水处理效能的关键因素，依托现有工艺开发提高废水中有机物和氨氮去除的技术。根据示范企业的技术需求和实际情况，结合本示范工程的研究任务，在现有污水处理系统前端增设了前处理单元装置；在企业现场中试研究的基础上，集成了"短产品链粮食深加工行业中水回用技术"，编制了《天成玉米开发有限公司污水及中水回用改造工程可行性研究报告》；考虑企业需求和节省投资，项目组依托企业原有中水车间的基础设施，采用了项目组研究的微絮凝接触过滤除磷保安技术+UF/RO 中水回用工艺技术集成，编制了《四平市天成玉米开发有限公司中水回用工程改造方案》。

1) 完成淀粉车间清洁生产和污水处理系统预处理段改造工程设备的安装与调试，使废水处理规模达到 5500m³/d，提高出水水质

通过研究，在淀粉生产车间加装了 1 台处理量为 120m³/h 的澄清离心机(图 5-10)对

图 5-10　淀粉车间澄清离心机

生产过程中高浓度废水(淀粉生产工艺废水和淀粉装置蒸发冷凝液)进行分离,分离后的干物质回收到生产系统,既回收了资源又减少了污染物的排放量,实现了车间的清洁生产。

经过现场调研和实验研究后,如图 5-11 所示,将研发的沉淀预处理关键技术应用于企业污水处理系统,在污水预处理单元加装了 2 台竖流沉降罐和 3 台板框过滤机,大大降低了污水处理系统的负荷,改善了系统出水水质。

图 5-11　污水预处理段改造示范工程装置图

2) 建成回用能力为 120m³/h 的中水示范工程

如图 5-12～图 5-14 示,研究单位在示范企业搭建了 3 套中试装置,完成了示范技术的中试研究,实现了"短产品链粮食深加工行业中水回用技术的集成"。

编制了《四平市天成玉米开发有限公司中水回用工程改造方案》和《天成玉米开发有限公司污水及中水回用改造工程可行性研究报告》,并协助企业申报了环保专项——天成玉米开发有限公司污水及中水回用改造工程项目,并获得吉林省生态环境厅 100 万元专项经费资助的批准。

图 5-12　外置式膜生物反应器和反渗透组合工艺中试装置

图 5-13　微絮凝接触过滤化学除磷保氨技术中试装置

图 5-14　化学除磷-A/O-内置 MBR 技术中试装置

　　天成玉米开发有限公司与技术研发单位——中国环境科学研究院和长春工程学院针对示范工程的建设进行了多次的探讨研究，最终采纳研发单位提供的《四平市天成玉米开发有限公司中水回用工程改造方案》对"短产品链粮食深加工行业中水回用技术"示范工程进行了建设。

建成了回用能力为 120m³/h 的中水示范工程，如图 5-15、图 5-16 所示，完成了项目合同指标。

图 5-15　除磷保氨装置

图 5-16　中水回用装置

4. 典型氯碱化工行业废水处理与资源化示范工程

依托四平昊华化工有限公司的"典型氯碱化工行业废水处理与资源化示范工程"的两部分内容：一部分是改造和优化现有污水处理工艺，提高出水水质，使其达到《污水综合排放标准》（GB 8978—1996）一级标准；另一部分是建设 500m³/h 的中水深度处理与回用装置，出水水质主要理化指标达到《城市污水再生利用　工业用水水质》(GB/T 19923—2005)标准。对于中水深度处理与回用装置，考虑技术、经济合理性及示范企业的排水和需水情况，处理规模由 500m³/h 变为 100m³/h。因此，示范工程主要包括为了保证污水站出水达标排放进行的改造和新建中水处理与回用装置，此外还包括一些节水减排的其他措施，具体见图 5-17。

对于未实现污水站出水达标排放进行的改造部分，示范单位于 2013 年年初通过采纳应用研究团队提出的将乙炔洗脱液废水全部直接回用于乙炔发生而不再排放、同时避免电石渣上清液溢流的技术方案，实现了污水站出水的稳定达标排放。该技术方案简单有效，基本不需设备投资，亦不需要专门的日常运行管理。鉴于达标排放的目标已实行，且企业污水站处理工艺亦不落后，因此对污水站本身不再进行改造，如图 5-18 所示。乙炔洗脱液改造措施实施后，实现了污水站出水水质优于《污水综合排放标准》(GB 8978—1996)一级标准，同时实现氨氮减排约 42t/a，COD 减排约 56t/a，每年节省生产用水成本约 150 万元。配合乙炔洗脱液的直接回用，示范单位同时采纳和应用了研究团队关于将污水站出水直接回用于乙炔发生的建议，从而实现了乙炔发生环节不再消耗新鲜水，进一步节约水资源、减排污染物，而且该措施同样基本不需要设备投资和专门的日常维护，如图 5-19 所示。

氯碱化工中水深度处理与回用方面，研究团队在研究的基础上提出以 PVC 离心母液废水为原水，微絮凝砂滤+臭氧氧化+活性炭滤池+超滤+反渗透的组合技术方案被示范单位所采纳，列入其废水回收利用项目的可行性研究报告中，并应用于工程设计。

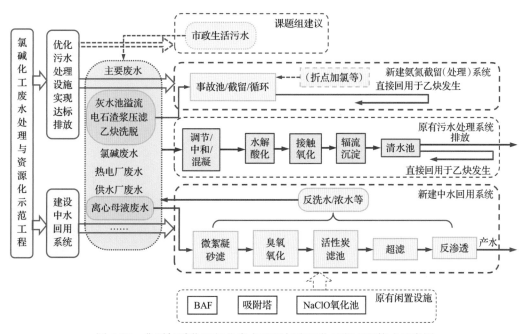

图 5-17　典型氯碱化工行业废水处理与资源化示范工程构成示意图

(a) 改造前

(b) 改造后

图 5-18　高氨氮废水直接回用改造前后废水流向情况对照

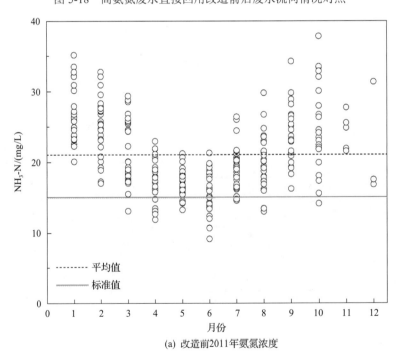

(a) 改造前2011年氨氮浓度

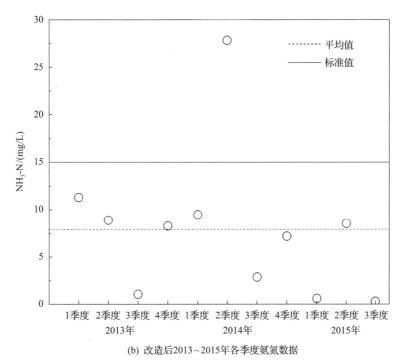

(b) 改造后2013~2015年各季度氨氮数据

图 5-19　高氨氮废水直接回用改造前后四平昊华污水站出水氨氮浓度对照图

(a)数据来源为企业和课题组自行监测数据；(b)数据来源为国家重点监控企业污染源监督性监测结果公开平台数据

参 考 文 献

[1] Pan J P, Huang M S, He Y. An experimental study on the treatment of corn processing waste water by Membrane Bioreactor. Advanced Materials Research, 2012, (518-523): 2986-2990.

[2] 辛璐, 年跃刚, 李晋生, 等. 玉米深加工废水的混凝实验. 环境工程学报, 2012, (6): 1871-1874.

[3] Yang K, Li Z, Zhang H, et al. Municipal wastewater phosphorus removal by coagulation. Environmental Technology, 2010, 31(6): 601-609.

[4] 颉亚玮. 玉米深加工废水回用于循环冷却系统的处理工艺研究. 北京: 中国环境科学研究院, 2012.

[5] Hafez A, Khedr M, Gadallah H. Wastewater treatment and water reuse of food processing industries. Part II: Techno-economic study of a membrane separation technique. Desalination, 2007, 214(1-3): 261-272.

[6] 孙莹莹, 郭爱桐, 葛睿, 等. 铁碳微电解法预处理聚氯乙烯(PVC)离心母液废水. 环境科学与技术, 2014, 4: 139-144.

[7] 景丽凤. PVC 离心母液废水预处理实验研究及工艺设计. 长春: 吉林大学, 2013.

[8] Li M, Zou D, Zou H, et al. Degradation of nitrobenzene in simulated wastewater by iron-carbon micro-electrolysis packing. Environmental Technology, 2011, 32(15): 1761-1766.

[9] Sun Y Y, Hua X Y, Ge R, et al. Investigation on pretreatment of centrifugal mother liquid produced in the production of polyvinyl chloride by air-Fenton technique. Environmental Science & Pollution Research, 2013, 20(8): 5797-5805.

[10] 唐浩, 黄沈发, 王敏, 等. 不同草皮缓冲带对径流污染物的去除效果试验研究. 环境科学与技术, 2009, 32(2): 109-112.

[11] 汤家喜, 孙丽娜, 孙铁珩, 等. 河岸缓冲带对氮磷的截留转化及其生态恢复研究进展. 生态环境学报, 2012, (8): 1514-1520.

[12] Fu J Y, Gao M F, Wang X Y, et al. Application of ecological engineering technology in agricultural nonpoint source pollution control. Environmental Science & Technology, 2014, 37(5): 169-175.

[13] Bu X, Xue J. Effect and mechanism of nitrogen and phosphorous losses from agricultural fields in riparian buffer strips. Environmental science & Management, 2013, 38(7): 31-35.

[14] Fan Y, Dawen G, Hui G. Screening of plants with efficient absorption of nitrogen and phosphorus for riparian buffer zones. Journal of Northeast Forestry University, 2010, 38(9): 59-62.

[15] 吕川, 刘德敏, 刘特. 辽河源头区流域农业非点源污染负荷估算. 水资源与水工程学报, 2013, 24(6): 185-191.

[16] 王媛, 马继力, 吕川, 等. 吉林省辽河流域农业面源污染特征及趋势研究. 东北农业科学, 2012, 37(3): 61-64.

[17] 孟凡祥, 赵倩, 马建, 等. 农业非点源污染负荷及现状评价——以大苏河地区为例. 农业环境科学学报, 2010, 29(B3): 145-150.

[18] Zeng C, Liang C H, Tong X S. Control research of carrying capacity on water environment of Baita River basin in Shenyang based on SD model. Journal of Shenyang Agricultural University, 2013, 44(2): 195-201.

[19] Zhu Y Y, Chai L. Study on the dynamic change of the water environment carrying capacity based on system dynamics in a city. Water Conservancy Science and Technology and Economy, 2010, 16(9): 1039-1041.

[20] Xie H J, Hu Y X, Wang Y Z, et al. Simulation and prediction of water environmental carrying capacity in watershed of Miyun reservoir based on system dynamics model. Chinese Agricultural Science Bulletin, 2012, 20(9): 2233-2240.

[21] Liu D, Chen X, Lou Z. A model for the optimal allocation of water resources in a saltwater intrusion area: A case study in Pearl River Delta in China. Water Resources Management, 2010, 24(1): 63-81.

[22] Bao L J, Wang Y G, Mu D C, et al. Study on optimal allocation in science and technology resources in the four municipality cities in China. Science and Technology Management Research, 2013, 32(5): 795-806.

第6章

辽河上游水污染控制及水环境综合治理技术集成与示范

辽河上游以铁岭为核心的区域，农业农村面源污染特征明显，成为河流污染的主要原因。水专项辽河上游水污染控制及水环境综合治理技术集成与示范研究，创新集成了东北地区低温环境下乡镇集中式污水处理技术、高效低耗小型一体化污水处理技术和农业农村面源固体废弃物综合治理与资源化技术，形成了基于寒冷干旱地区特点的农业农村污水与有机固体废弃物污染综合防控集成技术的标志性成果，建立了 200 余平方千米的综合示范区，实现"十二五"期间 COD 排放量削减 15.95%、氨氮排放量削减 20.48% 的目标，提出了《辽宁省全覆盖拉网式农村环境综合整治实施方案》和《辽宁省培育发展农业面源污染治理和农村污水垃圾处理市场主体实施方案》，支撑完成 2696 个农村环境综合整治项目，受益人口近 500 万人。

6.1 概 述

6.1.1 研究背景

辽河在辽宁省境内流经铁岭、沈阳、鞍山、盘锦、锦州、阜新六市，河长 521km。研究区域包括铁岭市，沈阳市法库县、康平县、沈北新区及新民市，是我国粮食主产区，畜禽养殖、农村生产生活，以及农副加工企业对辽河干流及支流造成严重污染，区域气候寒冷干旱，常规治理技术无法保障设施长效稳定运行，其区域支流河已经成为流域完成"水十条"考核目标的关键点，如亮子河后施堡断面水质常年劣 V 类，直接关系到辽河干流的水质状况。

本章以重点针对上游区域内村镇生活污水、农村固体废弃物、农副产品加工废水等重要污染源，开展水质污染治理与控制技术研究，建设和恢复辽河水环境。攻克农村地区集中式、分散式污水处理关键技术，建立农村地区有机固体废物资源化技术体系，形成辽河流域农村污染控制及综合治理技术体系及技术指南，为辽河流域水质的持续改善提供成功的工程示范和技术支撑。

6.1.2 水污染控制及综合治理技术成果

通过 5 年的研究、技术集成和示范，形成基于寒冷干旱地区特点的农业农村污水与有机固体废弃物污染综合防控集成技术的标志性成果，构建了辽宁省农村污水分级处理技术体系，提供流域农村污水治理全面解决方案，保障设施长效稳定运行；打通了农村有机固废资源化技术集成瓶颈，完善循环利用体系，延伸农业生态链条，实现生产要素产业间循环。

1. 成果一：构建辽宁省农村污水分级处理技术体系，提供流域农村污水治理全面解决方案，保障设施长效稳定运行

在"十一五"水专项研究成果基础上，对辽河流域近200个村镇开展调查，通过小试研发、中试验证及工程示范推广，注重技术集成创新和示范应用，坚持因地制宜、按需施策，构建了辽宁省农村污水分级处理技术体系，为寒冷干旱气候特点的农业密集型地区实施农村环境综合整治提供了技术支撑，分级处理技术体系如图6-1所示。

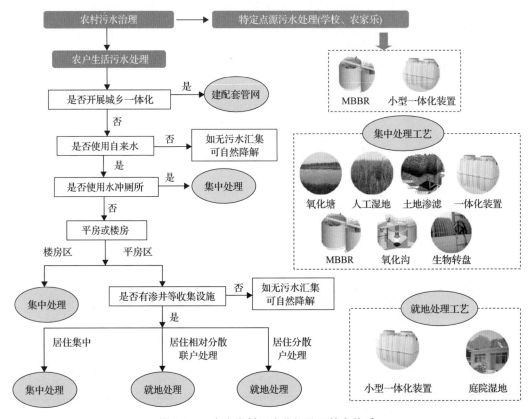

图6-1 辽宁省农村污水分级处理技术体系

1) 创新乡镇集中式污水处理技术，提高常规工艺处理效率，保障低温环境下稳定运行

针对辽河上游区域乡镇级污水处理设施运行不稳定、寒冷干旱的特点，以及500t/d规模以上污水处理技术需求，通过集成创新，提升氧化沟的冬季稳定运行能力，降低其运行成本；提升稳定塘、地下渗滤等技术的污染物处理效率，特别是氨氮处理效率。乡镇集中式污水处理技术完成工程示范2处，纵轴曝气氧化沟技术获得国家环境保护最佳实用技术。技术就绪度由4级提升至6级或7级。低温环境下氧化沟高效节能污水处理技术，克服传统氧化沟工艺冬季运行效率差、恶臭浓度高、动力消耗大等问题，引进消化吸收日本北海道乡镇集中式(农村集落)污水处理技术，研发新型纵轴曝气技术，利用叶轮旋转产生的向下流切断鼓风机提供的空气而产生细微气泡提高氧气传质效率，此技术较常规转刷充氧动力效率提高32%。该技术在辽河流域范围内的黑山县八道壕污水处

理厂、大虎山污水处理厂、岫岩县新甸镇污水处理厂和本溪满族自治县高台子污水处理厂得到示范应用，工程平均运行费用 0.39 元/t，较常规氧化沟运行成本节省 17%。

村镇污水生态处理组合塘系统构建技术，通过前置塘、后置塘基质的选择，发挥系统组合优势，提高生态污水处理效率。该技术在开原市庆云堡村镇污水处理工程得到示范应用，处理规模 2000t/d，冬季运行稳定，COD 年削减量 90.27t。示范工程运行费用 0.08 元/t，处理成本低于常规污水处理工艺 50% 以上。

北方地区污水处理土地渗滤系统脱氮关键技术，针对传统渗滤工艺脱氮效果差的问题，通过地下渗滤系统中生物基质构建、干湿交替运行方式实验，掌握了土地渗滤系统脱氮机理，探明土地渗滤系统脱氮微生物及氮还原酶活性变化规律，脱氮能力较常规渗滤运行方案提高 10%。COD、氨氮、TP 出水浓度满足《城镇污水处理厂污染物排放标准》（GB 18918—2002）一级 A 标准。

2) 研发农村分散式污水处理集成技术，降低运行维护成本，保障设备长效稳定运行

针对农村地区收水管网不健全、建设资金不充足、管护能力不到位等现实问题，开展农村分散式污水处理集成技术研发（500t/d 规模以下），实现了一体化污水处理装置低能耗、低成本、低维护运行。该技术共完成工程示范 1 处，获得专利授权 2 项，技术就绪度由 4 级提升至 7 级。结合区域特性和管理要求，农村分散式污水处理集成技术分别设计研发了高效低耗和脱氮除磷深度处理两类小型一体化污水处理装置。其中高效低耗小型一体化污水处理装置，集成无（微）动力充氧和厌氧滤床工艺，有效降低好氧单元的曝气成本，减轻农村污水治理后期运行管理负担。并且针对农村地区进水不连续特征，厌氧单元采用滤床、好氧单元采用节能型接触氧化工艺设计，便于装置的启动和运行。农村污水分散处理集成技术在新民市大红旗镇马长岗村污水处理工程中得到示范应用，工程规模 50t/d，COD 去除率 74%，COD 年削减量 4.03t，为了保证小型一体化污水处理装置冬季运行效果，采取了保温措施，在槽体外增加保温层，并设置可拆卸塑料大棚。工程采用风光互补能源系统，工艺运行成本 0.47 元/t，较同类设备成本降低 25% 以上。

3) 攻克农村重点点源治理难题，助力企业提标改造，支持农副产品加工行业发展

辽河上游地区腌制调味、乳制品、油脂和淀粉加工等农副产品加工废水具有浓度高、难降解、进水水质变化大等污染特征，是区域内水污染防治的难题[1]。腌制含盐废水作为辽河上游地区农副产品加工行业中典型，其主要技术难点在污水含盐量高和水质波动大，导致微生物系统稳定性差，处理效率低，运行成本高，难以保证稳定达标排放。

本书提出了以耐盐微生物菌群原位强化为主的含盐废水处理工程提标改造技术，利用高通量测序的生物多样性分析手段，定向增强原菌群中解淀粉酶芽孢杆菌、β-变形菌和拟杆菌的占比，突破传统活性污泥工艺处理含盐废水的低效问题，快速提升微生物系统的稳定性，解决了水质变化大而难以稳定达标的技术难题[2]。该技术耐盐阈值：盐度（NaCl）不大于 2.0%，适用于水质水量周期性变化较大的酱腌制含盐废水处理。技术应用于开原市鸿浩食品有限公司污水处理提标改造工程后，工程 COD 去除率提高 10%～15%，COD 年削减量 131.7t；与传统活性污泥工艺相比节约成本 10%～20%。

2. 成果二：打通农村有机固废资源化技术集成瓶颈，完善循环利用体系，延伸农业生态链条，实现生产要素产业间循环

在"十一五"水专项研究中，形成了以高效厌氧发酵为核心的农村有机物利用体系，"十二五"课题针对农村有机固体废弃物资源化技术集成过程中存在的秸秆资源化二次污染、有机肥中重金属等制约技术推广的问题，开展技术研发及示范，该技术获得专利授权9项(含国际专利1项)，技术就绪度由4级提升至6级或7级，并在同一工程中集中示范应用。

通过关键技术研发、集成及示范，进一步完善了农村有机固体废弃物循环利用技术体系，通过物质和能量的循环利用，可同时解决畜禽养殖粪污、农作物秸秆、农村有机垃圾等多种农村有机固体废弃物污染问题，研究成果在法库县黄花岭村固体废弃物资源化工程中示范应用。

如图6-2所示，该模式包含养殖废水厌氧资源化处理、畜禽粪便制取有机肥、秸秆固化成型-制取活性炭三个单元，通过技术研发延伸产业链条，将废弃物进行资源化循环再利用，实现生产要素的产业间大循环，创造性的探索出了一条"粪—沼—肥—碳"的高效生态循环经济模式。示范工程年产有机肥4万t、沼气8.7万m³、活性炭60t。在降低企业经营成本、增加经济收益的同时，减弱了农业生产对环境的污染，可年减排COD 3600t，减排氨氮384t、总氮800t、总磷352t，综合效益显著。

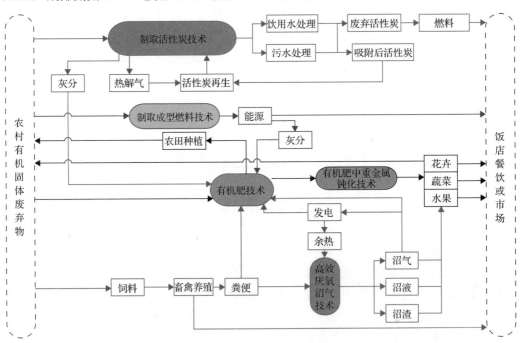

图6-2 农村有机固体废弃物循环利用体系

1) 突破农村面源固体污染物制取活性炭技术，实现能量自给，闭路循环

本书通过单元技术创新和过程集成技术，提出了新型炭化和活化工艺，实现了以玉

米秸秆、麦秆、污泥及树枝等农村、农业固体废物为原材料，清洁热解制备生物炭和活性炭的新工艺。重点通过全新设计的炭化炉结构，实现碳化过程焦油在炭化炉内的自吸附，进而实现对热解气中焦油的炉内脱除，避免了焦化废水的产生，实现了污染物的过程控制；采用热解气及其冷凝水代替目前普遍采用的利用水蒸气作为活化剂，在保证活化效果的同时改善了热解气的品质，热值提高 1.65 倍，降低了活性炭的制取成本[3]，活性炭比表面积达到 $260 \sim 580 m^2/g$。上述成果申请并授权专利 6 项，其中含国际专利 1 项。

2）研发重金属钝化技术，助力畜禽粪便制取有机肥推广

当前畜禽粪便处理与资源化的主流技术是有机肥技术，有机肥中重金属超标问题是制约其推广的瓶颈。本书在国内首次将乙硫氮引入畜禽粪便制取有机肥中重金属的钝化处理。开发乙硫氮和硫化钠两种重金属钝化剂并阐明钝化机理，两种钝化剂的中心作用原子均是 S 原子与重金属形成离子螯合物，性质比较稳定，能明显降低禽畜粪便中可交换态和碳酸盐结合态重金属含量，使其转化为硫化物结合态[4-7]。研究通过对钝化效果、淋滤试验分析、钝化机理分析及土地利用实验验证，形成了畜禽粪便制取有机肥中重金属钝化技术，对铜、铬等重金属钝化率达到 90% 以上，提高了有机肥品质，拓展了应用范围，增加了有机肥企业的经济效益，上述成果申请并授权发明专利 1 项。

6.1.3　水污染控制及综合治理成果应用与推广

1. 农村面源固体污染物制取活性炭闭路循环技术

以农村面源固体污染物质为原料，采用高温热解气作为热载体和活化剂热解活化农村面源固体污染物，将热解和活化过程耦合，提出了闭路循环制备活性炭技术。强化焦油的冷凝，达到焦油的近零排放的目的，实现生物质自清洁热解。生产的活性炭应用于农村生活污水处理。该研究农村面源固体污染物资源化构建了高效且流程简单的适用技术。在辽宁省沈阳市法库县黄花岭村建立了年处理 240t 农村固体废弃物和生产活性炭 60t 的农村面源固体废弃物制备活性炭工艺所需要的基础设备，投资为 132 万元（包含造粒机，其产能远高于本项目需求），运行成本为 25.23 万元/a，活性炭直接市场经济效益为 30 万元/a，直接经济效益为 4.77 万元/a，对固体废弃物的收购价格为 500 元/t，为农民间接创收 12 万元（由于本示范规模很小，加之造粒机产能过剩，因此经济性不高，随着规模的扩大，经济性将显著提高）。

2. 低温环境下氧化沟高效节能污水处理技术

锦州市黑山县八道壕镇面积 $15km^2$，人口 4.5 万，为锦州市果树示范基地镇，镇区商贸集中，主要道路实现硬化。黑山县八道壕污水处理厂，工程由辽宁北方环境保护有限公司负责，工程处理规模为 $3000m^3/d$，采用纵轴曝气氧化沟技术。委托辽宁北方环境检测技术有限公司进行第三方监测，监测时限为 6 个月。污水处理厂 COD、氨氮出水数据达到《城镇污水处理厂污染物排放标准》（GB 18918—2002）二级排放标准。COD 去除率 67.6%，氨氮去除率 77.7%。纵轴曝气技术在辽河流域应用在黑山县八道壕污水处理厂、黑山县大虎山污水处理厂、岫岩县新甸镇污水处理厂和本溪满族自治县高台子污水处理

厂 4 项污水处理工程，总推广规模 16000m³/d，估算技术推广效益年 COD 削减量 1300t，氨氮削减量 180t。

3. 高效低耗小型一体化污水处理技术

示范工程地点在新民市大红旗镇马长岗村，该村现有居民 560 户，人口 1795 人，耕地面积 11880 亩，村中以种植业和畜禽养殖业为主，污水处理规模 50m³/d。工艺以厌氧为主，好氧为辅，增加多级跌水设计，能耗较低，易于管理，并且采用风光互补系统替代大部分的电力使用，进一步降低运行成本，解决农村环保设施后期运行费用不足的问题，该示范工程 COD 去除率 74%，COD 年削减量 4.03t。

该技术在丹东市宽甸县、抚顺市抚顺县、铁岭市昌图县等多地推广应用。

4. 耐盐微生物菌群构建技术

2010 年开原市鸿浩食品有限公司新厂区建成，日产生废水 200t，处理工艺采用两级厌氧+两级生物接触氧化工艺，但一直不能满足《辽宁省污水综合排放标准》。改造前污水处理设施一直处于调试运行阶段，由于调试技术难度较大，运行效果不好，成本较高，出水水质较差，污水一直不能稳定达标排放，工程一直没能顺利通过验收。该关键技术应用于示范工程——开原市鸿浩食品有限公司污水提标改造工程中，出水满足设计要求，按改造前后污水排放的实际水质指标估算，年削减 COD131.7t/a，氨氮 8.5t/a。

以上 4 项技术成果支撑了国家级科技平台建设，助力"水十条"和《关于全面推行河长制的意见》等重要政策实施，支持地方"生态乡镇"建设。

2016 年 11 月借助水专项研究成果支持，国家环境保护干旱寒冷地区村镇生活污水处理与资源化工程技术中心获得环保部批复，正式挂牌。该工程技术中心为国家环境保护村镇污水治理管理决策提供技术支撑，为后续的技术推广提供了有力的平台。在着力深化技术研究的同时，注重参与地方环境政策管理和工作实践，发挥环保科技的指引和服务作用。课题组重点参与编写了《辽宁省农村污染控制及环境综合治理技术指南》《辽宁省农村生活污水处理技术规范》《辽宁省农村有垃圾气化工程技术规范》《辽宁省培育发展农业面源污染治理、农村污水垃圾处理市场主体实施方案》等系列省级环境管理文件，参与完成 2696 个农村环境综合整治，形成农村生活污水收集处理能力 1.7 亿 t/a，推动 330 个村庄开展固体废弃物资源化项目，受益人口近 500 万人。同时起草的《北票市农村环境综合整治实施方案》等 4 县(市)农村环境整治方案经当地政府审议通过实施。

研究期间，国家"水十条"和《关于全面推行河长制的意见》等一系列重大政策相继颁布实施。课题组主动行动，根据示范区面源污染特征突出的问题，结合课题成果，先后编制了《铁岭市水污染防治工作方案》《铁岭市亮子河断面达标方案》等 5 项达标方案，《铁岭市河长制汛河"一河一策"保护及管理方案》等 61 条河流"一河一策"方案。有效地体现了水专项研究成果对辽宁省"水十条"和"河长制"的支撑作用。以上工作有效地促进了美丽辽宁、美丽农村的建设，在生态村镇创建、农村环境综合整治、村镇污水处理设施建设运行等工作中发挥积极作用。

6.2 辽河上游水污染控制及水环境综合治理技术创新与集成

6.2.1 水污染控制及综合治理技术基本信息

创新集成了辽河上游水污染控制及水环境综合治理技术 4 项,基本信息见表 6-1。

表 6-1 水污染控制及综合治理技术基本信息

编号	技术名称	技术依托单位	技术内容	适用范围	启动前后技术就绪度评价等级变化
1	农村面源固体污染物制取活性炭闭路循环技术	大连理工大学	以农村面源固体废物为原料采用闭路循环技术,以热解气为活化和热载体制取活性炭,无二次污染	适用于北方地区农村面源固体污染物资源化,具体包括玉米秸秆、麦秆、污泥及树枝等废物资源化	4 级提升至 7 级
2	低温环境下氧化沟高效节能污水处理技术	辽宁省环境科学研究院	采用纵轴曝气装置,池内污水处于全混合状态,提高氧气传质效率,降低能耗,池体可封闭,利于低温环境运行	适用于北方地区 500～5000m³/d 规模的乡镇污水处理,出水满足《城镇污水处理厂污染物排放标准》二级出水标准	4 级提升至 7 级
3	高效低耗小型一体化污水处理技术	辽宁省环境科学研究院、中国环境科学研究院	设两级厌氧滤床,减轻后续处理负荷。好氧单元设跌水+拔风,通过自然充氧与曝气相结合,降低曝气成本	适用北方地区 500m³/d 以下农村分散式污水治理,出水满足《城镇污水处理厂污染物排放标准》二级出水标准	4 级提升至 7 级
4	耐盐微生物菌群构建技术	辽宁省环境科学研究院	依据驯化过程中生物多样性动态分析结果,复配优势菌种,定向优化菌群结构,强化微生物耐盐和有机物去除特性的污水处理技术	适用于农副产品加工行业高含盐废水处理,含盐量 0.8%～1%,COD 3500～6000mg/L	4 级提升至 7 级

注:技术就绪度评价参照《水专项技术就绪度(TRL)评价准则》(见附录)执行。

6.2.2 水污染控制及综合治理技术

1. 农村面源固体污染物制取活性炭闭路循环技术

1)基本原理

该技术通过单元技术创新和过程集成技术,提出了新型炭化和活化工艺,实现了以农村面源固体废弃物为原材料,清洁热解制备生物炭和活性炭的新工艺。其基本原理为:通过全新设计的炭化炉结构,调控炭化过程料层高度、活化气体用量和热解气排气温度,实现碳化过程焦油在炭化炉内的自吸附,进而实现对热解气中焦油的脱除,避免了焦化废水的产生;采用热解气及其冷凝水代替目前普遍采用的利用水蒸气作为活化剂对热解焦炭进行活化,热解气中的 H_2、CO 和 H_2O 等组分在活化温度下都具有较强的活化能力,同时热解气体经过活化后其成分发生变化、热值提高,更适合可燃气体作为热量来源用于活性炭的制取过程中,以此来降低活性炭的制取成本,大幅降低污染排放。

2)工艺流程

工艺流程为"原材料—压缩—热解—活化—产物"。具体如下:

(1) 首先将生物质固体废弃物进行压缩制备压缩颗粒。

(2) 生物质压缩颗粒进入活性炭闭路循环制备炉中。

(3) 利用热解气和热解产生的高温烟气作为活化和热载体，通过闭路循环，在热解炉内循环炭化/活化生物质压缩颗粒，并对吸附于生物质颗粒上的焦油进行热解炭化，经过一定时间炭化和活化，得到活性炭的成品。

3) 技术创新点及主要技术经济指标

创新点：通过全新设计的炭化炉结构，实现炭化过程焦油在炭化炉内的自吸附，进而实现对热解气中焦油的炉内脱除，避免了焦化废水的产生；采用热解气及其冷凝水代替目前普遍采用的利用水蒸气作为活化剂，在保证活化效果的同时改善了热解气的品质，降低了活性炭的制取成本，实现了污染物的过程控制。

主要技术经济指标：以秸秆为原料为例，每日投资为 60～100 万元/t(规模越小投资越高)；运行成本为 2200～8500 元/t(产品品质越高，价格越高)。与目前主流技术相比，焦化废水产生量减少 80%以上，生产成本降低 20%以上。

4) 技术来源及知识产权概况

自主研发，授权发明专利 3 项(包括国际专利 1 项)。

李爱民，高宁博，张雷，等. 一种有机固体燃料干燥、热解焚烧一体化方法与装置. ZL201210387495.9，2015-1-7.

李爱民，高宁博，尹玉磊. 一种连续式制备活性炭的一体化装置及方法. ZL201310306054.6，2015-4-29.

Li A M，Gao N B，Mao L Y. Method for preparation of active carbon by pyrolysis of organics. US9650254B2，2017-5-16.

李爱民，尹玉磊，高宁博，等. 一种利用熔融盐活化制备活性炭的方法. ZL201410350867.X，2018-1-16.

2. 低温环境下氧化沟高效节能污水处理技术

1) 基本原理

采用纵轴型曝气装置，创新了氧气溶解方式，叶轮旋转产生的向下流切断鼓风机提供的空气而产生细微气泡，之后送至氧化沟底部增加有效水深，延长气泡在水中的停留时间。该装置实现了水流速度和供氧量的独立运行与独立控制，可在叶片转动方向形成较薄的液层，增加溶解氧，提高氧气供给率，降低能源消耗。利用其较强的扬水能力，可保证氧化沟内循环流的形成，池内污水处于完全混合状态，有效防止污泥沉降。另外，提供空气的位置比较浅，可选用小型化和低能耗的鼓风机，其氧气溶解能量消耗总和大致为传统曝气装置的 2/3[8-11]。

2) 工艺流程

工艺流程为"格栅—沉砂池—氧化沟—二沉池—消毒池"。具体如下：

(1)格栅：去除污水中较大的悬浮或漂浮物，以减轻后续水处理工艺的处理负荷。

(2)沉砂池：沉淀比重较大易下沉的颗粒物，如石块、砂粒等硬质颗粒物。

(3)氧化沟：氧化沟采用纵轴曝气装置，主要去除有机污染物。

(4)二沉池：进行泥水分离，使混合液澄清、浓缩和回流活性污泥。

(5)消毒池：使消毒剂与污水混合，对处理污水进行消毒，杀死处理后污水中的病原性微生物。

3）技术创新点及主要技术经济指标

引进消化吸收国外先进技术，自助研发氧化沟纵轴曝气装置和池体结构，改变了氧气溶解方式，叶轮旋转产生的向下流切断鼓风机提供的空气而产生细微气泡，供气设备实现小型化和低能耗。该技术氧利用率(Ea)高达 34%，为转刷曝气机的 2.5 倍、倒伞式曝气机的 1.3 倍，实现了对污水的低温高效脱氮效果，突破了氧化沟工艺在北方寒冷地区冬季运行达标困难的工程问题；该设备充氧深度较常规氧化沟提高了 30%，在冬季 –15℃低温环境下，COD 与氨氮的去除效率可以分别达到 86%和 64%。

4）技术来源及知识产权概况

优化集成国外先进技术工艺、2012 年国家环境保护最佳实用技术。

3. 高效低耗小型一体化污水处理技术

1）基本原理

一体化装置既可用于独家独户，也适用于多人区域性污水处理的小型分散式污水处理。考虑农村地区的技术适用性，装置在保证处理效果的基础上，减少整体的动力消耗并简化运行，减轻后期的维护管理负担。装置采用一体化设计，分别由调节池、厌氧生物滤池、接触氧化池和沉淀池组成。各池体之间由隔板进行分隔，污水通过自流方式流动。装置集成了无(微)动力充氧"跌水+拔风"组合工艺和厌氧滤床工艺，通过两级厌氧滤床，减轻后续好氧单元处理负荷。接触氧化单元设"跌水+拔风"，通过自然充氧与曝气相结合，降低曝气成本[12-15]。

2）工艺流程

工艺流程为"调节池—厌氧生物滤池—接触氧化池—沉淀池"。具体如下：

(1)通过调节池调节水量、均衡水质，有效截流原水中大颗粒物质。

(2)两级厌氧生物滤池利用厌氧及兼性微生物，通过水解酸化作用，提高污水的可生化性，同时也可降解一部分有机物。填料的添加，可提高微生物浓度，加强厌氧处理效果，减轻后续好氧单元处理负荷；一级厌氧滤池的填料填充率为 40%，二级厌氧滤池的填充率为 60%，填料填充率先低后高，有效避免堵塞。

(3)采用接触氧化工艺，填料填充率为 55%，设"跌水+拔风"形成自然充氧与曝气相结合，降低人工曝气量。

(4)通过沉淀池去除悬浮颗粒物，进行泥水分离。

3）技术创新点及主要技术经济指标

集成创新了无（微）动力充氧工艺、厌氧滤床工艺，形成低能耗一体化污水处理装置，有效降低好氧单元的曝气成本，减轻农村污水治理后期运行管理负担。并且针对农村地区进水不连续特征，厌氧单元采用生物滤床、好氧单元采用接触氧化工艺，便于装置的启动和运行。微动力充氧环境下，气水比从 8∶1 降至 4∶1，曝气量降低 50% 的情况下，装置出水 COD 和氨氮仍能满足《城镇污水处理厂污染物排放标准》（GB 18918—2002）二级出水标准。示范工程运行成本 0.47 元/t，较同类设备成本降低 25% 以上；节省管网投资，工程总投资造价节省 20% 以上；可采取地埋安装方式，节约占地面积；运行操作简单，无须专人值守。

4）技术来源及知识产权概况

优化集成，获得实用新型专利授权 1 项。

冯欣，郎咸明，师晓春. 一种跌水拔风自然充氧污水处理装置. ZL201621177913.1，2017-7-7.

4. 耐盐微生物菌群构建技术

1）基本原理

微生物菌群结构会根据所处环境条件的变化，在微生物种类和数量上进行自我调整，以适应新的生长环境。根据微生物结构调整分析出优势菌种，采用扩大培养并与基础菌群复配的方式定向强化微生物的耐盐功能特性，提高处理效率[16-18]。

2）工艺流程

工艺流程为"接种菌源—驯化（基础菌群构建）—微生物多样性动态分析—优势菌分离扩培—复配强化"。具体如下：

（1）选择生物多样性完整、经济性好、适应性强的活性污泥作为菌源接种于待处理污水生化系统中。

（2）在驯化过程中调整工艺参数，提升处理效果，从而获得微生物稳定的基础菌群。

（3）对驯化过程中的生物多样性进行全程动态跟踪监测，分析结构变化特征。

（4）分离鉴定驯化过程中的优势菌种，并扩大培养，形成功能强化菌剂。

（5）将强化菌剂与基础菌群复配，强化微生物处理系统的耐盐特性。

3）技术创新点及主要技术经济指标

提出以耐盐微生物菌群原位强化技术为主的含盐污水处理工程提标改造技术，突破传统活性污泥工艺处理含盐废水的低效问题，快速提升微生物系统的耐盐特性，提高高盐废水处理中微生物菌群稳定性，解决了水质变化大而难以稳定达标的技术难题。该技术耐盐阈值：盐度不大于 2.0%，适用于水质水量周期性变化较大的酱腌制含盐废水处理，对生化处理系统中微生物进行耐盐特性强化后，全工艺 COD 去除率提高 10%～15%，与传统活性污泥工艺相比较，相同出水条件下可节约成本 10%～20%。

4）技术来源及知识产权概况

优化集成。

6.3　辽河上游水污染控制及水环境综合治理技术工程示范

6.3.1　水污染控制及综合治理技术示范工程基本信息

开展了辽河上游水污染控制及水环境综合治理技术工程示范，基本信息见表 6-2。

表 6-2　水污染控制及综合治理技术示范工程基本信息

编号	名称	承担单位	地方配套单位	地址	技术简介	规模、运行效果	技术推广应用情况
1	开原市庆云堡镇生活污水处理工程	辽宁省环境科学研究院	开原市庆云堡镇人民政府	开原庆云堡镇	采用了多种处理单元塘优化组合的工艺流程，应用了较全的工程强化措施，有效地提高了稳定塘的净化效率与效果	设计水量2000m³/d，COD的年削减量达到90.27t。出水 COD 满足《城镇污水处理厂污染物排放标准》（GB 18918—2002）二级标准	2014 年盘锦市大洼县新兴镇王家村等生态稳定塘 511 个，总面积 133 万 m²，初步实现了农村污水的集中收集处理
2	新民市大红旗镇马长岗村综合整治示范工程	新民市环保局	新民市环保局	新民市大红旗镇马长岗村	采用高效低耗小型一体化污水处理装置，以厌氧为主，好氧为辅，增加多级跌水设计，并且采用风光互补系统	该示范工程处理规模50m³/d，经第三方监测，COD 平均去除率74%，COD 年削减量4.03t	一体化污水处理工艺在昌图县、抚顺市得到了推广应用，已建成处理设施 10 座，处理规模合计达到2140t/d
3	法库县黄花岭村综合治理工程	辽宁省环境科学研究院	法库县环保局	沈阳市法库县黄花岭村	养殖废水高效厌氧处理、畜禽粪便制取有机肥中重金属钝化、农村面源固体污染物制取活性炭、秸秆等固体废弃物制取固化燃料等资源化技术	年处理畜禽粪便 8.8 万 t，可减排 COD 3600t，减排氨氮 384t，总氮 800t，总磷 352t	7 项大型面源污染治理项目中得到应用，年处理畜禽养殖粪污 7 万 t，年削减 COD 2520t、削减氨氮 168t
4	开原市鸿浩食品有限公司污水处理提标改造工程	开原市鸿浩食品有限公司	开原市鸿浩食品有限公司	开原市工业园区南区	处理规模 100m³/d，原工艺为厌氧+兼氧+两级接触氧化。通过构建复合耐盐微生物菌群和生物膜法改造等技术研究，提高生化处理单元对有机污染物的去除性能，成果成功运用于开原市鸿浩食品有限公司污水处理提标改造工程，使排放污水水质显著提升，满足稳定达标的要求。年减排 COD 131t，氨氮 8t	100m³/d，示范工程运行稳定，排放污水水质显著提升，满足稳定达标的要求。年减排 COD 131t，氨氮 8t	—
5	黑山县八道壕镇污水处理工程	黑山县八道壕镇	黑山县八道壕镇	黑山八道壕镇	采用纵轴曝气氧化沟技术，沟内水体流速与曝气量分别控制，属高效节能型装置	处理规模 为 5000m³/d，COD 去除率 67.6%，氨氮去除率 77.7%	纵轴曝气氧化沟技术在辽宁省得到良好推广应用，总规模达到16000m³/d

6.3.2 水污染控制及综合治理技术示范工程

1. 开原市庆云堡镇生活污水处理工程

针对辽河流域上游大部分村镇生活污水不经处理直接排放，污染水体的问题，根据村镇污水可生化性好，但水质、水量波动大的特点，采用人工强化技术，有效降低污水中有机物及悬浮物浓度。选择采用稳定塘强化处理技术、组合稳定塘生态处理系统等综合配套技术，重点开发适合北方低温环境的污水处理技术，充分利用自然生态系统的自净能力，降低污水处理成本，并进行示范。

小试和中试参数水力停留时间为 17 天，C/N 为 11，温度为 20℃时，在此最优参数下，研究组合稳定塘对污染物的处理效果。结果表明，系统出水稳定，COD、氨氮和总磷的平均去除率分别为 93.94%、69.54% 和 79.95%。

庆云堡稳定塘示范工程设计水量 2000m³/d。采用了多种处理单元塘优化组合的工艺流程，采用了较全的工程强化措施，有效地提高了稳定塘的净化效率与效果。沉淀厌氧塘：面积 4200m²，深度 2.9m，水力停留时间 6.5 天，在布水渠采用秸秆+炉渣填料进行人工强化，保证冬季去除效果。物化吸附反应塘（人工湿地）：面积 3990m²，深度 1.2m，水力停留时间 1.5 天，水力负荷 0.5m/d。自然塘：面积 4200m²，深度 2.6m，水力停留时间按 10 天。后置调节塘：面积 3521m²，深度 2.9m，水力停留时间 6.5 天。工程处在亮子河的"几"字形内，项目所在位置 42°32′25.61″N，123°51′14.61″E，区域面积 30000m²，实际占地面积 28246m²，受益人口 1.6 万人，建设规模为 2000t/d，工程总投资 1147 万元。

示范工程于 2016 年 9 月建成竣工，通过连续 6 个月运行监测，出水水质 COD 满足《城镇污水处理厂污染物排放标准》(GB 18918—2002)二级标准。COD 的年削减量达到90.27t。

示范工程由庆云堡镇政府负责组织管理，保证了工程建设和建成后的稳定运行。

2. 新民市大红旗镇马长岗村综合整治示范工程

马长岗村是 2012 年环保部农村环境连片综合整治示范项目村庄，污水治理确定采用一体化污水处理工艺，处理规模 50m³/d。工程施工由辽宁北方环境保护有限公司负责，工艺选用了辽宁省环境科学研究院根据水专项研发的高效低耗小型一体化污水处理装置。工艺以厌氧为主，好氧为辅，增加多级跌水设计，能耗较低，易于管理，并且采用风光互补系统替代大部分的电力使用，进一步降低运行成本，解决农村环保设施后期运行费用不足的问题。

大红旗镇马长岗村污水处理设施建成后，COD 年削减量约 4t，可解决污水直排造成的水体污染问题，同时防止地下水环境污染，对新民市建设生态城市具有重要意义。示范工程投资成本约 10000 元/t，与同类型技术(5000~15000 元/t)相比处于中等水平，但工程采用的小型一体化污水处理装置在保证处理效果的基础上，可减少整体的动力消耗并简化运行，减轻后期的维护管理负担；风光互补系统替代大部分的电力使用，进一步降低运行成本。本工艺运行成本 0.47 元/t，低于同类型技术水平(0.6~1.6 元/t)。目前已在 10 处推广应用了一体化污水处理装置，处理规模合计达到 2140t/d。污水处理工程由大红旗政府责成专人负责后期运行维护。

3. 法库县黄花岭村综合治理工程

黄花岭村的有机固体废弃物污染问题治理，采用的是资源化、能源化和循环利用的技术路线。通过建设有机肥处理中心、沼气工程、秸秆资源化处理站三个工程项目，以好氧堆肥技术为纽带，将畜禽养殖废水厌氧处理技术、畜禽粪便制取有机肥及有机肥中重金属钝化技术、农村面源固体污染物制取活性炭闭路循环技术、秸秆类废弃物固化燃料技术紧密联系起来。通过上述环境综合整治，在黄花岭村及周边区域形成集畜禽养殖，农田及经济作物种植，有机肥、沼气、成型燃料、活性炭生产，以及饮用水及污水处理于一体的循环经济产业链条，同时解决多环境因素污染问题，实现农村有机固体废弃物的资源化、能源化和循环利用。

1) 养殖废水高效厌氧处理

针对养殖废水高有机物浓度、高悬浮物等特点，开发了畜禽养殖废水高效厌氧发酵产沼气技术，在进料浓度为 8%时，累积沼气产率达到最高，为 430mg/g-VS。采用正方向涡轮搅拌方式，在发酵 28 天后累积沼气产率可达 472mg/g-VS。

2) 畜禽粪便制取有机肥中重金属钝化处理

研发乙硫氮和硫化钠为重金属钝化剂，分析了其对畜禽粪便中重金属的钝化性能，两种钝化剂能明显降低禽畜粪便中可交换态和碳酸盐结合态重金属含量，使其转化为硫化物结合态。

3) 秸秆类废弃物固化燃料制备

研究各种秸秆的理化特性(水稻、小麦、玉米、向日葵秸秆为重点)和成型机理，建立秸秆理化特性数据库，构建一整套指导设备稳定运行的技术工艺体系；通过技术组装和集成创新，开发镶嵌式环模、平模成型机，双环模秸秆成型机和单向多头棒状秸秆成型机，形成能够使用不同原料生产不同密度、不同形状，满足不同使用要求、价格低廉的秸秆成型燃料的系列设备。

4) 农村面源固体污染物制取活性炭闭路循环

研究以农村地区面源污染物中的主要未利用成分生物质类废弃物为原料制取活性炭，通过考察活性炭制取条件、活性炭改性、活性炭对农村饮用水源、生活废水的吸附处理、活性炭再生，以及活性炭生命周期内的能量核算数据，对其参数进行优化。提出了对生物质废物制取活性炭技术的中试技术路线图，并完成了设备开发。

该工程由辽宁省环境科学研究院提供可研报告、技术试验数据及报告，设计调试小试设备，提供技术工程化设备化建议。由辽宁北方环境保护有限公司设计、施工。由沈阳清泽源农牧发展有限公司负责运行管理。2016 年 5 月起稳定运行。

工程年减排 COD 3600t，氨氮 384t，总氮 800t，总磷 352t。有效减少了畜禽粪便等污染物通过地表径流等方式进入泡子沿水库，对水库水环境改善和水质安全保障具有重要意义，污染减排效果明显。在 7 项大型面源污染治理项目中得到应用推广，年处理畜禽养殖粪污 7 万 t，年削减 COD 2520t、氨氮 168t。

4. 开原市鸿浩食品有限公司污水处理提标改造工程

示范工程为开原市鸿浩食品有限公司污水处理提标改造工程，工程现有处理规模 100m³/d，主要用于处理生产车间产生的高盐有机废水。废水常年平均 COD 4000mg/L，氨氮 100mg/L，盐度 8000mg/L，但水质极不稳定，随着一年内的生产周期的变化，有机污染物浓度和盐度波动较大，导致工艺运行不稳定，常年达标排放困难，给环境带来污染的同时，也限制了企业的发展。开原市鸿浩食品有限公司是以研发、生产、销售酱腌制果蔬食品为主营的民营企业，创建于 2005 年，企业现有员工 500 多人，生产流水线十余条，主要产品为土豆、萝卜条和榨菜等，共几十个品种，是东北地区最大的酱腌制食品内销生产厂家之一。2008 年《辽宁省污水综合排放标准》开始执行后，企业一直积极响应，希望通过改造污水处理工程使企业满足新的地方标准，但由于高盐高浓度废水处理难度大和技术条件的限制，改造工程一直没有成功实施，给当地的水环境质量带来极大压力。

通过构建复合耐盐微生物菌群和生物膜法改造等技术的研究，提高生化处理单元对有机污染物的去除性能，并将此研究成果成功运用于开原市鸿浩食品有限公司污水处理提标改造工程，使排放污水水质显著提升，满足稳定达标的要求[19]。

示范工程采用耐盐微生物菌群原位构建技术[20]。该技术主要运用微生物菌群会根据所处环境条件的变化，在种类和数量上进行自我调整，以适应新的生长环境的相关理论。在原有工艺和工程设施的基础上，选择生物多样性完整、经济性好、适应性强的活性污泥作为菌源接种于腌酱制加工含盐废水中，采用逐级驯化方式得到耐盐基础菌群；在此过程中动态分析微生物菌群结构的变化，筛选鉴定优势菌，并扩大培养，形成耐盐强化菌剂；最后通过复配强化原有耐盐微生物菌群的耐盐特性。该技术的特点在于耐盐强化菌剂来源于土著菌群，对基础菌群的兼容性和适应性相对较好，在工程应用中具有强化效果好、稳定性强、衰退周期长等特点。

其次，示范工程还应用到含盐废水微生物脱氮强化技术中。该技术主要运用微生物胞内相容物可调节细胞壁内外渗透压的原理，来提高微生物的耐盐特性。通过向含盐废水中添加外源甜菜碱或四氢嘧啶，选择较优的投加配比方案，增大胞内相容物的浓度，调节细胞壁内外的渗透压，从而增强微生物菌群的耐盐特性，提高脱氮性能。

除此之外，示范工程还应用生物膜技术对工程原有的厌氧和兼氧单元进行生物膜法改造。通过在反应单元内安装组合弹性填料，为微生物生长提供稳定的载体，可减小各单元的生物流失量，提高容积负荷，增强有机污染物去除性能。

以上三项技术在示范工程中的成功应用，提高了工程设施的污水处理效率，降低了运行成本，并具有较好的稳定性，获得一定的社会经济效益。

开原市鸿浩食品有限公司污水处理提标改造工程于 2015 年 3 月启动，2016 年 3 月完成调试，并开始正常运行。工程建设单位为开原市鸿浩食品有限公司，辽宁省环境科学研究院作为技术咨询服务单位为工程建设编写了可行性研究报告和相应的技术改造方案,并为设计单位提供了大量的工艺技术参数。改造工程中应用的大量工艺参数均来自研究的小试和中试实验研究,为相关技术的成功应用提供了保障。由于改造工程中土建和设备安装工程量极小,工程施工由建设单位按照相关标准规范自行组织完成。工程调试由辽宁省环境科学研究院负责实施;后期保障运行由辽宁省环境科学研究院提供技术支持、指导和培训;在工程管理方面,由辽宁省环境科学研究院协助编写操作规程、监测方案、日常维护记录和简单的故障分析。

在工程日常运行期间,日平均处理水量 97m³/d,进水 COD 为 3500~4100mg/L,氨氮为 90~115mg/L,盐度为 0.6%~0.8%;经厌氧、缺氧、接触氧化和沉淀处理后,夏季出水 COD 为 240~290mg/L,氨氮为 20~23mg/L,冬季出水 COD 为 340~410mg/L,氨氮为 22~25mg/L。出水水质均符合《辽宁省污水综合排放标准》中排入市政管网的要求。

从环境效益和直接经济效益两方面对比分析工程改造前后的效果。改造前污水处理设施一直处于调试运行阶段,由于调试技术难度较大,运行效果不好,成本较高,出水水质较差,污水一直不能稳定达标排放,工程一直没能顺利通过验收。在进行环境效益分析时,按照改造前后污水排放的实际水质指标估算。

1)进出水水质

进出水水质如表 6-3 所示。

表 6-3 进出水 COD、氨氮指标　　　　(单位:mg/L)

项目	COD	氨氮
进水	4038	111
出水	264	21.2

2)污水水量

根据运行记录,2016 年 7 月至 2016 年 12 月平均水量为 99.7m³/d。据调查,污水处理厂平均年运行 350 天。

3)污染物削减量计算

COD 削减量=(进水 COD−出水 COD)×水量×天数/10⁶。

氨氮削减量=(进水氨氮−出水氨氮)×水量×天数/10⁶,如表 6-4 所示。

表 6-4 COD、氨氮减排量　　　　(单位:t)

项目	COD	氨氮
减排量	131.7	8.5

注:核算根据技术改造前后出水水质数据进行估算。

4)经济效益

经济效益分析主要对改造前后的运行成本进行对比,节约成本是经济效益的主要体现。该项目主要运行成本包括电费、材料费和人工费,如表 6-5 所示。

表 6-5 改造前后成本分析表

项目	改造前	改造后
电费	2.2 元/t	1.8 元/t
人工费(兼职)	1500 元/月	1500 元/月
材料费	0.3 元/t	4000 元/a
合计	10.5 万元/a	8.4 万元/a
平均成本	3.0 元/t	2.4 元/t

注：每年排水量以 35000t 计。

5. 黑山县八道壕镇污水处理工程

锦州市黑山县八道壕镇面积 $15km^2$，人口 4.5 万，为锦州市果树示范基地镇，镇区商贸集中，2015 年 2 月被中央精神文明建设指导委员会评选为"全国文明村镇"，主要道路实现硬化。黑山县八道壕污水处理厂，工程由辽宁北方环境保护有限公司负责，工程处理规模为 $3000m^3/d$，采用纵轴曝气氧化沟技术，目前已投入运行。委托辽宁北方环境检测技术有限公司进行第三方监测，监测时限为 6 个月。污水处理厂 COD、氨氮出水数据达到《城镇污水处理厂污染物排放标准》(GB 18918—2002)二级排放标准。COD 去除率 67.6%，氨氮去除率 77.7%。纵轴曝气技术已在辽河流域应用于黑山县八道壕污水处理厂、黑山县大虎山污水处理厂、岫岩县新甸镇污水处理厂、本溪满族自治县高台子污水处理厂污水处理工程，总推广规模 $16000m^3/d$，估算技术推广效益年 COD 削减量 1300t，氨氮削减量 180t。

参 考 文 献

[1] 晁雷, 崔东亮, 赵晓光, 等. 辽河上游地区农副产品加工废水污染现状及对策. 黑龙江农业科学, 2016, (4): 108-113.

[2] 王闻烨, 尤涛, 刘晋, 等. 优化微生物菌群结构强化处理腌制含盐废水. 工业水处理, 2017, 37(10): 23-26.

[3] Gao N, Li A, Quan C, et al. Characteristics of hydrogen-rich gas production of biomass gasification with porous ceramic reforming. International Journal of Hydrogen Energy, 2012, 37(12): 9610-9618.

[4] 刘文刚, 魏德洲, 郭会良, 等. 硫化剂对畜禽粪便中重金属存在形态的影响. 东北大学学报: 自然科学版, 2015, (36): 867.

[5] 魏德洲, 刘文刚, 米金月, 等. Na_2S 对土壤中重金属离子的钝化性能. 东北大学学报(自然科学版), 2013, (9): 1339-1342.

[6] 赵亮, 刘文刚, 魏德洲, 等. 乙硫氮在水体中的降解特性. 金属矿山, 2016, (6): 189-192.

[7] Liu W G, Wei D Z, Guo H L, et al. Enhanced heavy metal immobilization in poultry litter using sodium diethyl dithiocarbamate. Fresenius Environmental Bulletin, 2016, 25(4): 981-989.

[8] 张杞蓉, 普晓晶. 氧化沟流体力学分析. 山西建筑, 2014, 40(36): 177-179.

[9] 邓荣森. 氧化沟污水处理理论与技术. 北京: 化学工业出版社, 2006.

[10] 区丘州, 胡勇有. 氧化沟污水处理技术及工程实例. 北京: 化学工业出版社, 2005.

[11] 马盼. 纵轴曝气氧化沟清水充氧效率试验研究. 环境工程, 2017, 35: 28-31.

[12] 冯欣, 赵军, 郎咸明, 等. 净化槽技术在我国农村污水处理中的应用前景. 安徽农业科学, 2011, 39(7): 4165-4166.

[13] 冯欣. 自然充氧小型一体化污水处理装置运行性能研究. 环境工程, 2016, 34(10): 35-38.

[14] P.伦斯. 分散式污水处理和再利用. 北京: 化学工业出版社, 2004.

[15] 刘旭东, 姜凤, 冯欣. 新型一体化装置处理村镇污水试验研究. 环境工程, 2016, 34(222): 38-42, 47.

[16] 尤涛. 辽河上游地区腌酱制行业废水处理现状及对策. 环境保护与循环经济, 2016, (8): 6-8.

[17] 李文倩. 含盐废水生物处理过程中菌群变化研究. 青岛: 青岛科技大学, 2016.

[18] 钟璟, 韩光鲁, 陈群. 高盐有机废水处理技术研究新进展. 化工进展, 2012, 31(4): 920-926.

[19] 尤涛. 厌氧/接触氧化处理高盐腌制废水的工艺优化. 工业水处理, 2013, 33(2): 51-54.

[20] 尤涛. 菌源对高盐废水驯化的影响. 江苏农业科学, 2017, 45(6): 285-288.

第7章

辽河保护区水生态建设综合示范

辽河干流地处辽宁省的轴线位置，生态区位和功能十分重要，是国家振兴东北老工业基地的核心区域；长期工农业发展带来的污染和生态破坏，导致辽河生态环境退化严重。为根治辽河、修复辽河水生态，2010年，辽宁省决定建立辽河保护区。保护区从东、西辽河交汇处福德店开始到盘锦入海口，全长538km，总面积1869.2km²，涉及昌图县和铁岭、沈阳、鞍山、盘锦4个市及其所辖的13个县(区)，68个乡(镇、场)，286个村。针对辽河保护区水生态修复和恢复技术需求，水专项辽河保护区水生态建设综合示范研究按照"整体修复，系统管控"的总体思路，遵循河流生态系统"点—线—面"恢复原则，实施"河势稳定与泥沙调控同步、湿地重建与污染阻控结合、河岸带恢复与生态监测管理并重"的技术策略，研发河口污染阻控湿地网构建、河道综合整治与河岸带修复、水生态监控网络优化、健康河流完整性诊断与评估、河流水体和沉积物综合毒性甄别5项技术，支持建设河流生态修复和综合管理示范工程4项，建设了100km²的水污染控制及水环境治理综合示范区，实现了示范段水质达到Ⅳ类标准(以COD计)，河滨带植被覆盖率≥90%，湿地面积≥100万亩，鱼类及鸟类种类恢复到30种以上，支撑了保护区河流水质持续改善，生物多样性得到显著恢复。研究成果对我国北方寒冷地区河流水生态恢复具有重要的参考价值。

7.1 概　　述

7.1.1 研究背景

作为北方寒冷地区典型大型河流，辽河流域污染具有结构性、复合性、区域性的特点。针对河流管理体制机制创新先行示范区——辽河保护区水生态建设开展研究，能够为北方大型河流健康恢复与保护提供经验借鉴。2010年，辽宁省划定辽河保护区，设立辽河保护区管理局，将水利、环保、国土、农业、林业、渔业、交通7个部门涉及辽河管理的职能划归辽河保护区管理局，制定了《辽宁省辽河保护区条例》，为治理和保护辽河提供行政和法律保障。这是我国流域生态环境治理与保护的大事，标志着河流管理进入了以流域为统筹的新阶段，是重要的体制机制创新。辽河的污染防治、资源保护和生态建设工作进入了统一管理、科学规划、全面保护、生态优先、综合治理的新时期。然而，在辽河这样刚刚摆脱重污染的河流上建立保护区，没有先例可循，面临着如何统筹河道整治与河流湿地恢复、环境污染控制、生态建设保护等一系列重大科学问题。针对辽河保护区仍存在的河势不稳、河床泥沙淤积、湿地面积萎缩和破碎化、河岸带植被破坏，以及生物多样性锐减等生态环境问题，"十二五"水专项"辽河保护区水生态建设综合示范"课题以改善河流水质、提高河流生态系统功能、逐步建设健康河流为目标，开展技术研发与工程示范。开展辽河保护区生态系统完整性、河流水体沉积物综合毒性，以及河流水生态健康调查与诊断，确定提高辽河保护区生态完整性对策。研发河口污染阻控湿地网构建技术、多泥沙河流河道综合整治技术、退化河岸带修复关键技术及河流水生态监测管理技术，建设水污染控制及水环境治理综合示范区，提出辽河水生态系统恢复途径与相关技术措施及管理对策，为辽河保护区有效管理提供科技支撑。

7.1.2　辽河保护区水生态建设成果

遵循河流生态系统"点—线—面"恢复原则，实施"河势稳定与泥沙调控同步、湿地重建与污染阻控结合、河岸带恢复与生态监测并重"的技术策略。在"点"上，研发与示范河口污染阻控湿地网构建技术、多泥沙河流河道综合整治技术及退化河岸带修复关键技术，实现河流生态系统修复成套技术研发与集成；在"线"上，开展辽河保护区生态系统完整性、河流水体沉积物综合毒性及河流水生态健康调查与诊断，明确辽河水生态系统整体恢复途径与对策；在"面"上，建设 $100km^2$ 的水污染控制及水环境治理综合示范区，开展湿地外源阻控、河道内源修复、河岸带总体恢复、生态综合监管的推广示范，推进水专项成果转化和应用，支撑辽河保护区水生态恢复目标的实现(图 7-1)。

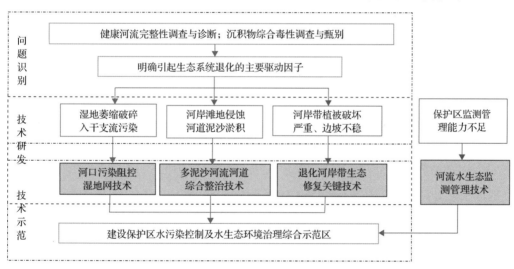

图 7-1　辽河保护区水生态建设主要技术关联图

7.1.3　辽河保护区水生态建设应用与推广

1. 构建了北方寒冷地区大型河流水生态修复成套技术，实现污染控制与生态修复

1)创新河口污染阻控湿地网集成技术，强化外源污染削减

针对辽河保护区湿地萎缩破碎化、入干支流污染严重等问题，开展保护区湿地退化机制与恢复要素研究，研发集成河口污染阻控湿地网技术。针对保护区湿地破碎化严重、生态系统功能严重受损等问题，构建了基于石块抛填、水生植物种植、水生动物恢复的牛轭湖湿地恢复技术，基于坑塘湿地群建设、水质优化与水系连通的坑塘湿地恢复技术，

以及基于支流污染程度和河口滩涂面积的支流汇入口湿地恢复技术。基于 GIS 开展河流空间特征分析、湿地生态健康评估和水环境容量核算，识别湿地恢复位置，明确湿地恢复类型、流域重点恢复区域与河段，以及自然恢复和工程恢复关键节点，确定了恢复湿地规模、恢复措施和不同类型湿地设计参数，形成辽河保护区湿地网空间布局技术，为保护区湿地植被重建、阻控入干支流污染、优化湿地水质提供了可推广的技术模式。

技术应用于东西辽河、八家子河、招苏台河与长河口湿地建设工程，规模 12.92km^2。现场监测表明，湿地污染阻控效果显著，不同类型湿地 COD 去除率为 4%～26%，湿地出水 COD＜30mg/L、氨氮＜1.5mg/L，达到了地表水Ⅳ类水质标准。支流汇入口湿地可削减 COD＞30%、氨氮＞30%、总磷≥40%。湿地植被、鱼、鸟种类明显增多，已形成集景观、旅游、生态功能为一体的湿地工程。技术支持在辽河支流建设 20 处支流河口治理工程，支撑了干流水质改善，增强了河流自净能力。

2) 创新多泥沙河流河道综合整治技术，优化内源污染控制

针对辽河干流河势不稳、泥沙淤积、行洪不畅等问题，开展了不同类型植物坝及其布置方式下水流规律、河道内泥沙粒径与输沙水量关系、辽河干流河势特征与输送泥沙需水量的配置模式研究，研发和集成了梯级石笼植物坝、抛石护根植物坝、生态柔性坝为主体的河势稳定生态控制技术，确定了辽河干流不同断面的输沙水量，构建了基于清淤污泥、原有河心岛的泥沙生态控制技术和以无纺纤维为主材，以芦苇、茭白、香蒲为种植植物的锚固式支流河口人工浮岛水质净化技术。技术将硬性工程与植生工程有效结合，实现了河势稳定、河流泥沙及水体污染的生态综合控制，在控制水土流失与污染的同时，改善了河道景观，减少了疏浚底泥成本，解决了疏浚底泥存储问题。

技术应用于沈阳市石佛寺坝下至马虎山段、沈阳市郭家至巨流河段、铁岭市西河夹心至南高强段等综合治理工程，规模 20.1km^2，示范段河势稳定性与蓄水保土能力明显提高，泥沙入河侵蚀量降低至允许土壤流失量 20t/(km^2·a)，河岸及河心岛植被覆盖率达 90% 以上，年均削减 COD 8.23t，氨氮 2.31t，控制泥沙和污染效果显著。技术实施河段有白鹭、苍鹭、绿头鸭、赤麻鸭、鸿雁等指示性水禽出现，生态环境改善效果明显。技术成果支撑了辽河干流综合治理与清淤工程 17 处，解决了干流河势不稳、河道泥沙淤积问题，景观与生态环境效果良好。

3) 创新退化河岸带生态修复关键技术，提高生态系统功能

针对辽河保护区河岸带岸坡不稳、植被破坏、水土流失与面源污染严重等问题，开展河岸边坡侵蚀特征、土地利用模式、河岸缓冲带污染状况研究，突破了基于全方位生态恢复、植物栽培、抚育与巡护管理的人工强化自然封育技术。研发了适宜不同环境的河岸边坡土壤-植物稳定技术与河岸缓冲带污染阻控技术，提出了不同土壤质地、植被盖度下阻控径流中氮磷 80% 时所需不同植被缓冲带宽度，形成了将保护区沿河两岸各 500m 宽纳入河岸带自然封育范畴的自然封育技术体系，构建了集边坡稳定、污染阻控与自然生境恢复的河岸带人工强化自然封育模式。

技术应用于柳河口至秀水河口段、石佛寺至七星山段和银州区至汛河口段等河岸带修复工程，规模 111km。监测结果表明，通过自然封育与人工辅助强化，河岸带植被覆

盖率从封育前(2009 年)3.34%~39.19%恢复到封育后(2015 年)94.26%~97.46%,提高了 58.27%~90.92%;边坡土壤抗蚀性提高了 1.86~3.36 倍,土壤黏粒、>0.25mm 团聚体、团聚度分别比对照增加了 1.45%~3.45%、4.1%~14.6%、4.1%~33.8%。抗剪性提高 0.56~1.19 倍,内摩擦角增加 5.0~13.4,黏聚力增加了 0.02~0.06MPa;13m 宽自然植被缓冲带可有效截留 89%降水径流和降水径流中 97%的悬浮颗粒物、87%的总氮、90%的总磷;示范段河流Ⅳ类水质达标率由封育前(2011 年)37.78%提高到 2015 年的 100%;东方白鹳、黄嘴白鹭、鸿雁、中华秋沙鸭、阿穆尔隼、小天鹅、大天鹅等水禽和鹊鹞、白尾鹞、雀鹰、短耳鸮、纵纹腹小鸮、红隼等猛禽在示范段再次出现。技术成果支撑了辽河保护区干流全流域河岸带退耕(退林)还河工程,封育河岸带≥75 万亩,修复河岸带 353km,显著提高了河滨带植被覆盖率和生物多样性。

2. 构建了保护区生态系统完整性与水体综合毒性评价技术,明确水生态健康恢复途径

1)创新健康河流完整性指标体系与评价方法,揭示生态完整性现状趋势和退化机制,提出生物完整性恢复对策

针对辽河保护区生态环境退化、生态系统完整性不清的现状,开展了辽河保护区生态系统完整性调查与诊断。构建了保护区物理完整性、化学完整性与生物完整性诊断指标体系,综合运用网络分析法和综合指数法对保护区生态系统完整性进行评价。明确了封育初期辽河保护区物理完整性总体良好、化学完整性整体一般、生物完整性总体较差现状。确定了保护区生态系统完整性随封育年限增加总体向好转变,植物群落由单一草本植物向灌草混合转变的趋势;揭示了河道工程、河岸带过渡开垦、围封养殖、湿地填埋,以及垃圾、废水排放等人类活动是导致河流栖境破坏、生物多样性降低、生态系统退化的主要机制。提出了基于生态功能实施分区、分时段管理的生态恢复策略,建设了辽河保护区动植物标本库,制作动植物标本共 251 科、1070 种、3774 件。

技术成果支撑了辽河保护区生态系统完整性调查诊断与生态功能分区规划,支撑沈阳市康平、法库、新民、辽中等地外来入侵物种调查与评估,以及沈阳市重要生态保护地调查与健康评价,为保护区水生态建设提供基础依据。

2)创新水体沉积物综合毒性甄别与水生态健康综合评估技术,明确沉积物综合毒性现状,确定水生态健康恢复途径

针对保护区干流水体沉积物毒性和水生态健康现状不明等问题,突破以不同生态位生物为受体的水体沉积物综合毒性评估技术。依据沸石、离子交换树脂和椰壳活性炭对氨氮、重金属和有机污染物的选择性吸附特性,结合受体生物的毒性测试技术,识别出致毒污染物的类型。开展沉积物提取液的离体毒性效应导向分析,追踪目标致毒污染物,基于加标回归分析确认致毒污染物,具有易于操作、精确度高、成本低的特点。依据大型底栖动物在河流生态健康评价的重要性,开展了保护区沉积物中大型底栖动物的调查,建立了基于河流大型底栖动物完整性与结构方程模型的水生态健康评估指标体系筛选与评估方法。该方法克服了底栖无脊椎动物完整性指数法(B-IBI)对观测变量变异程度高

估、忽略共存变量的交互作用和无法处理多个指标从属关系等不足，能同时分析多组因变量、因子结构及其与因子的关系，且可计算拟合程度，具有先进、准确等特点。

技术支撑了辽河保护区水体沉积物综合毒性和水生态健康的调查与评估，明确了辽河干流水体无明显毒性特征，柴河、长沟子河、付家窝堡排干、燕飞里排干、左小河、一统河、螃蟹沟及绕阳河等断面沉积物存在明显的生物毒性效应现状；确定了七星湿地后至付家窝堡河段为沉积物毒性重点河段，氨氮和重金属镉是引起保护区沉积物生物毒性的主要致毒因子，提出了保护区河流水体沉积物风险物质清单；明确了封育初期保护区河流水生态健康总体一般现状，为辽河保护区水生态恢复与管理提供基础依据。

3. 以水专项示范为支撑引领，突破生态保障综合技术，建设水环境治理大型综合示范区

1) 研发水生态监测管理技术，创新水生态建设管理机制与保障模式

针对辽河保护区缺乏成熟的管理运行机制、对全河段生态监控能力较低的现状，研发了自主可控的生态环境综合监测管理平台模块，借助可视化开发平台，研发了"数据库组件调用模块"和"GIS 组件调用模块"，采用"组件式"开发的方式实现主系统对监测数据库和地理信息库的快速访问，实现多种预测分析模型的高效集成，进而实现图像信息与基础信息、物种标签的对比分析和水生态风险评估与预测；构建并应用河流水生态监测指标"综合筛选模型"，完成了保护区水生态监测指标体系的筛选和水生态监测网络优化；创新了辽河保护区"污染防治、生态治理、依法监察和宣传教育联动，省、市、县三级联动"的水生态环境管理机制，形成了辽河保护区水生态监测管理可视化平台，提高了辽河保护区管理局的监控管理能力。该项技术无须采购大型平台软件，具有数据传输速度快和对硬件要求低等优点。

技术在辽河干流法库和平橡胶坝与通江口橡胶坝、铁岭平顶堡橡胶坝和大张桥橡胶坝综合管理工程中进行了示范，实现了水质在线监测、远程视频采集、水质水生态指标动态分析、筛选和生态负荷的模拟，以及生态风险的评估与预测，提高了生态监测工作效率，为保护区水生态环境保护管理与决策提供了有力保障。

2) 建设水环境治理大型综合示范区，为保护区水生态恢复提供技术模式

针对辽河保护区水生态环境的突出问题，在铁岭县银州区至汎河口段、沈阳市石佛寺至七星山段和沈阳市柳河口至秀水河口段进行了河岸带人工强化自然封育技术示范和河岸缓冲带技术示范，建设了辽河保护区自然封育工程 111km，并在保护区全流域进行了河岸带自然封育技术的推广应用。同时根据辽河保护区场地特征，因地制宜在东西辽河入口、八家子河汇入口、招苏台河汇入口和长河汇入口进行了湿地植被重建与污染组控技术示范，建设了辽河干流一级支流汇入口湿地污染阻控技术示范工程 12.43km^2；在辽河干流沈阳郭家至巨流河段、铁岭西河夹心至南高强河段和沈北石佛寺坝下至马虎山段进行了多泥沙河流河势稳定生态控制技术、河流泥沙生态调控技术和人工浮岛净化技术示范，建设了辽河保护区河道综合整治工程 20.1km^2；在辽河干流法库和平橡胶坝和通江口橡胶坝、铁岭平顶堡橡胶坝和鞍山台安大张桥橡胶坝进行了河流水生态监测管理技术示范，建设了辽河保护区综合管理示范工程。

示范段河流水体 COD 浓度达到地表水Ⅳ类水标准，保护区河滨带植被覆盖率达到95.65%(比封育前提高了 36.35%)；湿地面积达到 140.34 万亩；植物、鱼类和鸟类分别由封育前 2011 年的 187 种、15 种、45 种恢复到封育后 2015 年的 230 种、33 种、86 种，遗鸥、东方白鹳、大天鹅、小天鹅、阿穆尔隼、纵纹腹小鸮等 10 余种国家级保护鸟类和辽河刀鲚、怀头鲇、圆尾斗鱼、中华鳑鲏等珍稀鱼类在保护区内再次出现。通过技术综合集成与示范应用，支撑了保护区河流水质持续改善，河岸带植被与生物多样性得到恢复(图 7-2)。

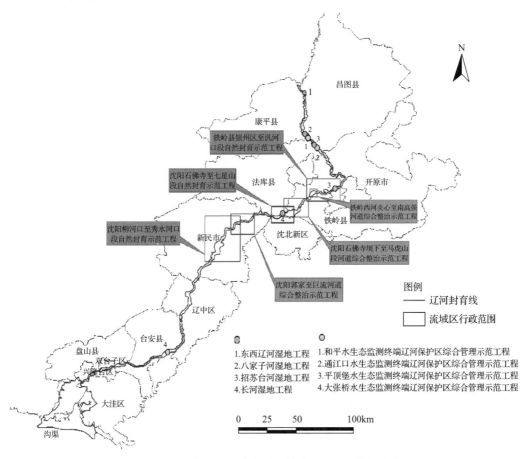

图 7-2　辽河保护区水生态建设技术示范工程空间分布

7.1.4　推广应用前景

水专项"十二五"辽河保护区研究，以改善河流水质、提高河流生态系统功能、逐步建设健康河流为目标，针对水生态恢复技术需求，研发集成了河流生态系统"点—线—面"成套工艺技术，为生态系统完整性诊断、水体综合毒性和水生态健康评估、湿地网外源污染削减、河道内源污染控制、河岸带生态系统修复提供了有效的技术保障。技术支撑建设 100km² 的水污染控制及水环境治理综合示范区，实现示范段水质达到Ⅳ类标准(以 COD 计)，河滨带植被覆盖率≥90%，湿地面积≥100 万亩，鱼类及鸟类种类恢复到

30 种以上，支撑了辽河保护区水生态建设目标的实现。

未来，随着国家"水十条"的深入实施，辽河面临着水质持续改善要求，需要更有力的科技支撑。建议全面总结辽河"划区设局"以来的治理与管理措施，开展集"外源控制-生态修复-生境恢复"于一体的顶层设计，提出辽河保护区整体实施重大生态修复工程的发展战略，开展水生态修复模式与关键技术的筛选、集成与实证，指导辽河保护区健康河流管控技术模式实践，为重点流域生态环境管理提供借鉴。

7.2 辽河保护区水生态建设技术创新与集成

7.2.1 辽河保护区水生态建设技术基本信息

创新集成了辽河保护区水生态建设技术 6 项，基本信息见表 7-1。

表 7-1 辽河保护区水生态建设技术基本信息

编号	技术名称	技术依托单位	技术内容	适用范围	启动前后技术就绪度评价等级变化
1	健康河流完整性评估技术	沈阳农业大学	在明确健康河流完整性概念、内涵的基础上，构建了基于河流物理完整性、化学完整性和生物完整性的生态系统完整性评价指标与方法体系，并对辽河保护区生态系统完整性进行了评价	寒冷地区大型河流	2 级提升至 5 级
2	河流沉积物毒性甄别技术	沈阳航空航天大学	以沸石、离子交换树脂及椰壳活性炭分别掩蔽氨氮、重金属及有机物毒性，结合沉积物化学分析，最后辅以目标污染物加标回归进行毒性确认	受污染河流沉积物	2 级提升至 5 级
3	大型河流湿地网构建技术	中国环境科学研究院	通过基于 GIS 的河流空间特征分析及健康评估，识别湿地网空间布局，形成支流汇入口、坑塘和牛轭湖湿地网和河道修复关键技术，保障干流水质	北方大型湿地的生态恢复和保护	3 级提升至 7 级
4	多泥沙河流河道综合整治技术	沈阳农业大学	经理论与技术集成创新，形成了辽河干流河势稳定生态控制、泥沙生态调控及疏浚、人工浮岛水质高效净化技术	50 年一遇洪水标准及以下河道生态综合修复工程	2 级提升至 7 级
5	河岸带修复关键技术	沈阳大学、辽宁省辽河保护区发展促进中心、辽宁省水利水电科学研究院	构建了基于全方位生态恢复与植物补种、抚育、巡护管理的退化河岸带人工强化自然封育技术，研发了河岸边坡土壤植物稳定技术与河岸缓冲带污染阻控技术，实现了退化河岸带植被与功能的持续恢复	退化河岸带生态恢复和保护	3 级提升至 7 级
6	河流水生态监测管理技术	东北大学	构建了河流水生态指标综合筛选模型和辽河保护区水质及水生态数据库；研发了基于可视化平台的水生态风险评价图像分析技术和基于数据库编程的多模型集成技术；建立了"专职专责与群防群护相结合"综合管理体系和管理局与公安局联动综合执法体系及省、市、县三级联动机制	辽河干流保护区水生态监测	3 级提升至 7 级

7.2.2　辽河保护区水生态建设技术

1. 健康河流完整性评估技术

1) 基本原理

针对辽河保护区河岸带植被稀少、河流生态系统退化严重、生物多样性显著降低的现状,在明确河流生态系统物理完整性、化学完整性、生物完整性及生态系统完整性概念与内涵的基础上,从河流生境的空间稳定性、化学组成的适宜性、生物群落食物网的稳定性,以及河流生态系统结构、功能出发,构建了河流物理完整性、化学完整性、生物完整性和生态系统完整性评价指标体系,并对比筛选了适宜的评价方法。通过现场监测、勘查获取指标参数,综合运用综合指数法对辽河保护区生态系统完整性进行评价,明确辽河保护区河流生态系统物理完整性、化学完整性、生物完整性,以及生态系统完整性现状、植物演替趋势和主要影响因子[1],采用 CLUE-S 模型对辽河保护区生态系统类型的组成及格局分布进行预测。

2) 技术增量

前人对河流生态系统完整性评价多基于河流形态结构、水质变化与水生物等单项指数或两项指标数进行,部分学者引入河流形态结构框架法、B-IBI、着生藻类指数法(P-IBI)及鱼类完整性指数法(F-IBI)等。该技术从生境的空间稳定性、化学组成适宜性、食物网完整性和生态系统结构、功能出发,综合运用综合指数法对保护区生态系统完整性进行了全面综合评价。与以往对比,本书生物完整性部分采用食物网的完整性来表征生物完整性,同时考虑生物保有率指数。构建包括营养级、营养链和生物保有率指数在内的生物完整性指标体系。化学完整性采用生源物质适宜性分析与污染物质的不完整性分析来确定辽河保护区的化学完整性。该技术既可以独立评价河流生态系统物理完整性、化学完整性、生物完整性,也可综合评价生态系统完整性,能更为准确地诊断与评价河流生态系统完整性状况。

3) 工艺流程

(1)进行文献调研,明确河流生态系统物理完整性、化学完整性、生物完整性,以及生态系统完整性的概念与内涵。

(2)依据生态系统完整性概念与内涵,分析研究影响河流生态系统物理完整性、化学完整性、生物完整性的主要因素,筛选并构建河流生态系统物理完整性、化学完整性、生物完整性和生态系统完整性评价指标与评价方法。

(3)确定监测(调查)样地,进行现场调研与勘测,进行河流水体、河岸带土壤与植物样本采集,以及相关参数、指标的测定,现场调研勘测及收集河道地形图。

(4)对辽河保护区河流生态系统完整性进行评价,明确保护区河流物理完整性、化学完整性、生物完整性,以及生态系统完整性现状、演替趋势,确定辽河保护区河流生态系统退化机制和主要影响因子。其主要流程如图 7-3 所示。

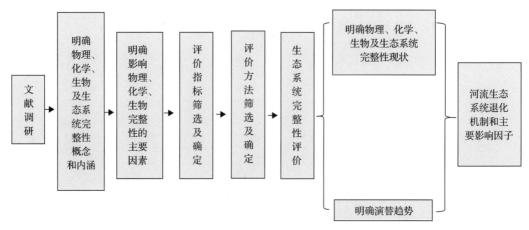

图 7-3　健康河流完整性评估技术工艺流程图

4）技术创新点

A. 创新点

基于生态系统完整性的内涵，从生境的空间稳定性、化学组成适宜性、食物网完整性与生物保有率出发，构建了包括水文特征、河型河势及水陆生境特征的物理完整性指标，生源元素适宜性和污染元素特征的化学完整性指标，包括食营养链食物网和生物保有指数的生物完整性指标[2]，从生态系统结构、功能出发，综合运用综合指数法对保护区生态系统完整性进行了全面综合评价，并利用 CLUE-S 模型对辽河保护区生态系统类型的组成及格局分布进行预测。

B. 技术指标与权重值

生态流量满足程度（0.540）、流量过程变异程度（0.163）、水土流失率（0.297）、输沙平衡度指数（0.200）、河岸带稳定性（0.400）、河流蜿蜒率（0.400）、栖境复杂性（0.333）、河流连通性（0.333）、河岸（道）浅滩深潭边滩指数（0.333）、溶解氧（0.455）、水体总氮（0.263）、水体总磷（0.141）、水体氮磷比（0.141）、耗氧有机污染物状况（0.750）、重金属污染状况（0.250）、营养级级别（0.638）、水体营养级级别（0.181）、陆地营养级级别（0.181）、物种丰度（0.076）、营养链数量（0.397）、连接密度（0.527）。

5）技术来源及知识产权

自主研发。

6）实际应用案例

应用单位：辽宁省辽河凌河保护区管理局。

运用健康河流完整性评价指标与方法体系对辽河保护区生态系统完整性进行综合评价，结果表明，封育初期 2012 年辽河保护区生态系统完整性除局部一般外、整体为差的现状[3]。其中 100%断面生物完整性为差；65%断面化学完整性为差，35%断面化学完整性一般；53%断面物理完整性良好、47%断面物理完整性一般。主要影响因子为河岸带稳固性、河流连通性、栖境破碎度与河流污染；主要退化机制为河道工程、河岸带过渡开垦、围封养殖、湿地填埋,以及垃圾、污水排放等人类活动。随着封育年限的增加,2015 年辽河保护区 71%的断面生态系统完整性向好的方向转变,植物群落处于次生正向演替的初级阶段,并向中级阶段演替,优势植物由单一草本向灌草混合转变。提出了对辽河保护区进行生态功能分区,实现分区、分时段管理,为因地制宜保护、管理和建设各河段提供依据。

2. 河流沉积物毒性甄别技术

1) 基本原理

河流沉积物中污染物一般可分为氨氮、重金属和有机污染物三大类,淡水钩虾、摇蚊幼虫等大型底栖动物对毒性敏感且容易在实验室条件下驯养,可作为沉积物毒性测试的生物受体。该技术依据沸石、离子交换树脂和椰壳活性炭对氨氮、重金属和有机污染物的选择性吸附特性,结合受体生物的毒性测试技术,对污染物毒性分类掩蔽初步识别致毒污染物的类别。在污染物化学分析的基础上,结合沉积物提取液的离体毒性效应导向分析,进一步追踪目标致毒污染物。最终对目标污染物进行加标回归分析,确认致毒污染物。

2) 技术增量

该技术是在美国环境保护局(EPA)沉积物毒性甄别方法(TIE)的基础上,进一步改进完善建立起来的。EPA 方法在沉积物毒性甄别的第二阶段(毒性鉴定),仅是在化学分析的基础上,比对沉积物环境质量标准(ISQG),面对多种污染物复合污染时对致毒污染物追踪的目标导向性差。该技术在此阶段(毒性鉴定)增加了污染物观察毒性、预测毒性和沉积物提取液离体毒性测试,并将三者结合起来应用到致毒污染物的追踪过程中,增加了目标致毒污染物追踪的准确性[4]。

3) 工艺流程

以摇蚊幼虫等模式生物作为受体,首先采用沸石、离子交换树脂及椰壳活性炭分别掩蔽氨氮、重金属及有机物毒性,初步识别引起生物毒性的污染物类别;其次采用各种物理、化学分离技术对毒物进行有目标的分离,结合生物毒性试验和各种化学分析方法对毒物进行跟踪分析,比对 EPA 沉积物质量标准及特征污染物毒性数据,进一步追踪致毒污染物导向;最后采用特征污染物加标回归分析法确认致毒污染物。技术流程如图 7-4 所示。

4) 技术创新点及主要技术经济指标

(1) 改进了沉积物毒性鉴定方法,即对于氨氮及重金属类污染物引入了观察毒性(OTU)预测毒性(PTU)的比值;对于有机污染物,引入了沉积物提取液离体毒性,增加了致毒污染物追踪的目标导向性。

(2) 构建了基于目标污染物加标回归分析的毒性污染物确认方法,并应用该方法确认了氨氮和重金属镉是引起辽河保护区干流重点区域沉积物生物毒性的主要致毒污染物。

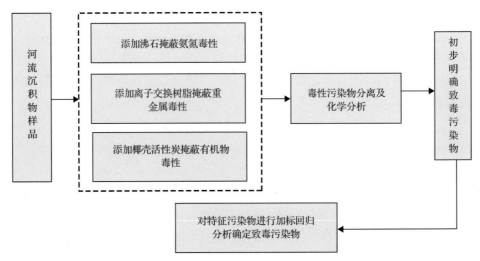

图 7-4　河流沉积物毒性甄别技术工艺流程图

（3）添加沸石和离子交换树脂分别掩蔽氨氮和重金属类污染物毒性，与对照相比摇蚊幼虫成活率提升 30% 以上，说明氨氮和重金属类污染物是引起的沉积物中摇蚊幼虫生物毒性的疑似致毒污染物。

（4）氨氮和镉加标回归分析结果显示，摇蚊幼虫死亡率与目标污染物浓度之间的相关系数呈显著正相关关系，说明氨氮和重金属镉是主要致毒污染物。

（5）该技术所用生物受体，摇蚊幼虫为本地溪流摇蚊，容易获取且易于在实验室条件下驯养。应用沸石、离子交换树脂及椰壳活性炭对污染物分类掩蔽，明确了致毒污染物的目标导向，降低了毒性鉴定阶段化学分析的工作量和成本。此外，特征污染物加标回归分析法易于操作、精确度较高且成本较低。

5）技术来源及知识产权概况

技术集成，申请发明专利 1 项，发表 SCI 论文 1 篇。

6）实际应用案例（以辽河保护区为例）

应用单位：沈阳航空航天大学。

以二龄的摇蚊幼虫为生物受体，对辽河保护区干流进行沉积物毒性评估[5]，明确了沉积物污染的重点区域。对重点区域进行沉积物毒性甄别。添加沸石和离子交换树脂分别掩蔽氨氮和重金属类污染物毒性，与对照相比摇蚊幼虫成活率提升 30% 以上，说明氨氮和重金属类污染物是引起沉积物中摇蚊幼虫生物毒性的疑似致毒污染物。沉积物间隙水中非离子氨含量均在 0.1mg/L 以上，部分样品的 OUT/PTU 值接近 1；沉积物中重金属镉平均浓度在 1.2mg/kg，部分样品的 OUT/PTU 值接近 1，说明氨氮和重金属镉是引起生物毒性的主要疑似污染物。分别对氨氮和镉进行沉积物加标回归分析，摇蚊幼虫死亡率与目标污染物浓度之间的相关系数呈显著正相关关系，说明氨氮和重金属镉是主要致毒污染物[6]。上述研究成果发表在 *Marine Pollution Bulletin* 上。

3. 大型河流湿地网构建技术

1）基本原理

以基于 GIS 的河流空间特征分析为基础，通过分析土地利用的现状、河道的横向和纵向特征，对河流空间进行分区，划分河流土地适宜类型，识别湿地适宜位置；开展基于 GIS 的河流生态健康评估，掌握河流近年健康状况变化特征，识别目前依然存在的生态问题与潜在风险的重点区域，综合提出湿地网布局地点。以支流污染输入现状与水环境容量核算为依据，识别支流河口湿地恢复地点。根据恢复位置具体情况，确定支流汇入口湿地、牛轭湖湿地、坑塘湿地、回水段湿地、干流河口湿地等湿地恢复类型。根据各湿地恢复类型及现场特征，确定湿地恢复面积及恢复措施。

2）工艺流程

工艺流程主要包括基于河流空间特征分析、生态健康评估、水环境容量核算的湿地位置识别，支流汇入口湿地、坑塘湿地、牛轭湖湿地、回水段湿地和河口湿地构建的湿地恢复类型及构建方法的关键技术(图 7-5)。

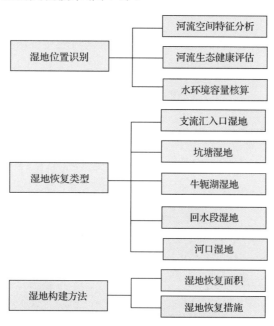

图 7-5 湿地网构建技术路线图

A. 湿地位置识别

a. 基于 GIS 的河流空间特征分析

对湿地网构建河流进行调研，收集自然、地理、生态及空间数据等信息，确认河流现状概况，分析土地利用的现状、河道的横向和纵向特征；在综合考虑河道蜿蜒度、河流地貌、河道发育、支流空间分布及河道宽度的基础上，对河流空间进行分区。在此基础上对每地块进行土地适宜类型分析，识别水质控制适宜用地、高功能湿地系统适宜用地、水库湿地用地等适宜恢复湿地位置（图7-6）。

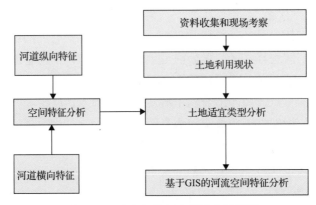

图 7-6 河流空间特征分析技术路线图

b. 基于 GIS 的河流生态健康评估

以河流流经的县（区、市）为基础，开展生态环境现状调查和压力分析，筛选流域生态健康评估指标体系（图7-7）。选择评估年份，划分评估单元，进行指数数据的搜集和处理，开展流域生态健康评估与健康状况比较，掌握河流近年健康状况变化特征，识别目前依然存在的生态问题与潜在风险的重点区域。

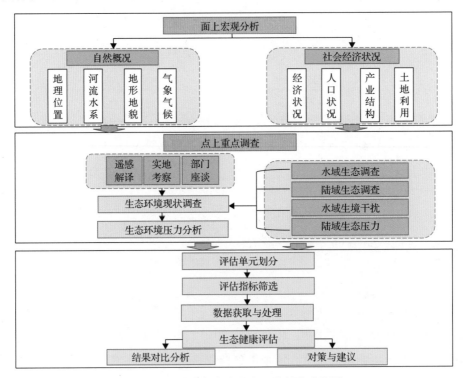

图 7-7 河流空间生态健康评估技术路线图

B. 湿地恢复类型

a. 支流汇入口湿地

(1)湿地位置选择：依据支流污染情况、水质、水量，界定河口区范围，确定湿地位置。

(2)湿地构建方法：综合考虑河口区面积、地势、水文、基质和生物等相关因素，确定湿地构建设计参数，湿地面积由支流污染负荷和枯水期水量计算而定，枯水期水力负荷一般选 $0.01\sim0.1m^3/(m^2\cdot d)$，丰水期水力负荷一般选择 $0.1\sim1.5m^3/(m^2\cdot d)$，停留时间 $5\sim7$ 天，洪水期 1 天。

(3)水质目标确定：以干流水质达标为目标，参照各河口所处功能区类型，设计河口人工湿地最终出水水质。

(4)湿地植物搭配：湿地植物选择包括水生、沼生和湿生，对于污染负荷较大的支流，主要选择一些控污型植物，如芦苇、香蒲等，对于芦苇和香蒲等经济作物秋后需收割，使其资源化。

b. 牛轭湖湿地

(1)湿地位置选择：以废弃河道为湿地中心区边界，对坡度较缓的凸面河滩进行适当的坡度修整，以便在牛轭湖淹水后在凸面河滩形成淹水深度不同的水生、沼生、湿生、中生的生境。牛轭湖新河道一侧的水利设施根据牛轭湖自然湿地中心区生态用水量和防洪泄洪的要求设置[7]。

(2)湿地修建与恢复：通过坡面修整，在非汛期形成淹水深度不同的水生、沼生、湿生、中生的多种生境，根据不同生境特点引入适当先锋种和建群种。在水深小于 0.5m 的浅水区，栽植蒲草、芦苇等亲水植物，若为沙质土壤则选择杭子梢、苦参等沙土植物，若存在无水区则栽植灌木或多年生草本植物，促使牛轭湖湿地自我恢复。

(3)大型牛轭湖湿地修复：针对 $30km^2$ 以上的大型牛轭湖湿地，通过工程措施形成具有明水面、深水区、浅水区、湿生、沼生、中生等多种生境，通过水生植被的恢复引导鱼、虾等水生动物群体的恢复。通过对牛轭湖湿地中心区的自然封育，为大型水生动物和鸟类提供没有人为干扰的良好栖息地，使其在中心区自由栖息繁殖。

c. 坑塘湿地

(1)湿地下垫面整治：连通坑塘湿地水系后，通过整治湿地下垫面，形成淹水深度不同的水生、沼生、湿生和中生的生境。湿地的基底为使用块石、卵砾石、碎石和沙土混合层铺构成，沟通渠的渠道中抛填卵砾石，形成厚度为 0.5～0.8m，宽度为 3～4m 的沟通渠[8]。坑塘边坡削坡比为 1：2～1：3。

(2)植被恢复：坑塘湿地下垫面主要是沙质，植物恢复物种多选沙生植物，如苦参、牦牛儿苗、角蒿等，重污染区域可搭配栽种控污植物，如芦苇、香蒲等。最大限度地恢复坑塘湿地群的沉水、漂浮、挺水等植物种群。坑塘护岸 25～35m 内种植草坪及灌木植被。

(3)生境恢复：坑塘湿地群生境恢复主要针对鱼类和两栖类的生长环境，恢复其栖息地，实现浮游植物-浮游动物-小型鱼类-大型鱼类等食物链的完整性和生物多样性。

(4)水文调控与管理：可通过橡胶坝调节和坑塘湿地群蓄水相结合，综合调控。

3)技术创新点

该关键技术中主要有三个方面的创新。

(1)大型支流河口湿地水质评估及健康评价方法：对于大型支流河口人工湿地，采用内梅罗污染指数法对其有机物和营养物状况进行评价，并计算污染物在湿地中的去除量，最后利用归趋模型对污染物变化情况进行模拟。筛选符合湿地特点的核心评价指标，计算各核心指标的权重，综合评价湿地生态系统健康状况。

(2)大型牛轭湖自然湿地建设关键技术：针对大型牛轭湖自然湿地建设需求，通过分析形成具有明水面、深水区、浅水区、湿生、沼生、中生等多种生境的关键条件，在人工湿地池中使用块石、卵砾石和碎石以一定方式抛填于河道中，并搭配种植各种不同的水生植物，实现通过水生植被的恢复引导鱼、虾等水生动物群体的恢复，重新形成生物链完整、系统稳定和自我恢复的大型牛轭湖自然湿地。

(3)坑塘湿地空间布局技术：以河流两岸的现有沙坑为基础，整体布局，结合河流水系流向，通过坑与坑、坑与河水系连通技术，形成河流干流连水面。坑塘湿地群植被以自然恢复为主，结合干流植被恢复规划，湿地植被类型以土著种为主，包括水生、沼生、湿生和中生。坑塘湿地群建成后，湿地群内水质优于干流水质，且达到丰水期全部淹没、平水期连通渠水流畅通、枯水期连通渠断流的效果。

4)主要技术经济指标

人工湿地大量种植的香蒲、芦苇等作物收割后可以用来做麻绳编席，湿地植物资源化每年可带来可观的经济收入。干流生态景观错落有致，临近城市的生态旅游景区的开发可以改善该区域的经济结构，实现河流生态的经济效益[9]。

5)技术来源及知识产权概况

自主研发，优化集成，申请发明专利3项。

6)实际应用案例

应用单位：辽宁省辽河凌河保护区管理局。

辽河保护区湿地网构建关键技术应用于万泉河、西小河、羊肠河及长河4条支流汇入口湿地建设(七星湿地工程)。一级支流汇入口污染阻控示范工程出水 COD 降至 30mg/L 以下，氨氮降至 1.5mg/L 以下。污染物阻控效果显著，实现了支流入干水质达IV类标准；可削减 COD 35%以上、氨氮 37%以上、总磷 53%左右；生物多样性显著提高，湿地植被、鱼、鸟种类明显增多。初步形成了集景观、生态于一体的湿地工程，实现了回补地下水、调节小气候、调控洪水、为野生动物提供栖息场所、美化环境等重要功能[10]。

4. 多泥沙河流河道综合整治技术

1)基本原理

针对辽河干流已有技术无法满足干流泥沙污染控制与生态恢复的需求现状，进行河道修复理论与技术集成创新，按照河道生态建设、生物栖息地建设、河势稳定、泥沙生态调控的原则，建立了集防护、生态、景观为一体多泥沙河流河道综合整治关键技术。

基于植物柔性坝缓、水流流态和稳定河势作用,将植物稳定河势的优点用于河势稳定控制中,构建硬性工程与植物柔性工程相结合的辽河干流河势稳定生态控制技术。基于辽河干流水沙运移规律,采用净水量法确定辽河干流输沙水量,建立疏浚需水模式,经小试、中试实验形成坡脚以硬性防护为主,岸坡上部及生态岛顶部以植物防控为主的硬柔相济的辽河干流泥沙生态控制技术。将人工浮岛原位水质净化技术集成于河道内源污染治理及生态景观恢复中,研究浮岛生态透水床基材和基质、固定方式与适配植物,形成集植物、基质、基材自上而下"三位一体"的人工浮岛高效净化技术。通过技术集成与实施,实现河势稳定、泥沙防控、污染物削减与河道生物栖息地与生态景观的有机结合。

2)工艺流程

多泥沙河流河道综合整治技术为集成技术,包括河势稳定生态控制技术、泥沙生态调控及疏浚技术和人工浮岛水质净化技术(图 7-8)。

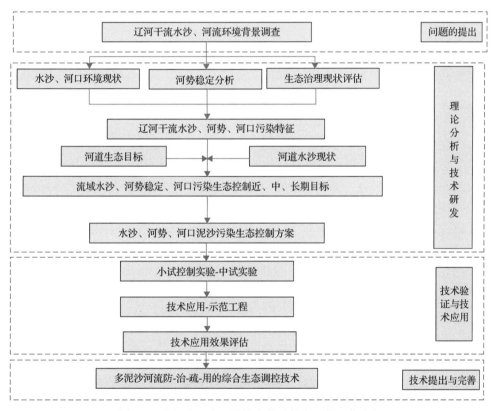

图 7-8　多泥沙河流河道综合整治技术研发工艺流程

A. 河势稳定生态控制技术

根据河势稳定理论分析确定参数,进行技术方案设计,经小试控制和中试试验,构建适合平顺河道、凹凸坎不稳定河道、河滩地的河势稳定生态控制技术,包括:①梯级石笼植物坝,在水流较急凹岸处,建设石笼-台阶/平台嵌土-植草-坝间石笼-植物生态坝;②抛石护根植物坝,在岸坎边坡不稳定处,建设石笼护脚-水生植物-插柳的岸坎生态坝;③生态柔性坝,在滩地栽植水生植物、柳树、活柳桩。

B. 泥沙生态调控及疏浚技术

研究分析辽河干流水沙规律，计算理论输沙量及需水量；试验筛选土著树种及水生植物，经小试控制与中试试验，结合硬性工程，形成以灌木柳为"中心"，芦苇与香蒲为"前锋"，千屈菜与玉带草为"后卫"的生态控沙技术。

C. 人工浮岛水质净化技术

筛选合适的浮岛生态透水床材料，确定合理的人工浮岛固定方式；实验筛选吸收效果好、耐性强的浮岛植物及其植物类型搭配；经小试控制与中试试验，构建以无纺纤维为人工浮岛透水床，芦苇、茭白、香蒲关键植物的锚固式人工浮岛技术。

3) 技术增量

(1) 常规河流综合治理中以硬性工程为主，景观效果差，本技术突破传统的硬性防护技术，提出硬性工程与植生工程相结合的刚柔相济的河道生态综合修复技术体系。

(2) 传统河道治理中以洪水防护或岸坡防护等单一防护为主，该技术的实施达到了防洪安全、稳定河势、恢复河流景观的三赢目的。

(3) 常规的河道清淤将河底淤泥清出后堆放在河道两侧或运输至指定区域，清淤成本高，且具有易侵蚀再次入河的隐患，该技术变废为宝，基于已有河心岛，利用底泥疏浚泥沙构建生态岛，有效减少疏浚成本，提高区域植被覆盖率、遏制岸坡土壤侵蚀。

4) 技术创新点

(1) 提出不同泥沙粒径对辽河下游河道泥沙沉积的影响机制，明确不同泥沙粒径对输沙水量的影响关系，应用净水量法计算确定辽河干流输沙水量。从理论上支撑了利用河道水流疏浚泥沙技术。

(2) 明确不同类型植物坝、布置方式下水流流动规律，构建以挺水植物、木桩、垂柳为主体的植物与硬性工程(丁坝、顺坝)相结合的辽河河势稳定生态控制技术。该技术改变了传统的以浆砌石、干砌石及混凝土工程的硬性护坡，实现了河道柔性防护和生态防护。

(3) 利用原有河心岛构建生态岛，提出生态岛及消落带以灌木柳、芦苇、香蒲、千屈菜、玉带草为关键植物泥沙生态控制及疏浚技术，引入人工浮岛技术，提高河流内源污染的净化能力。在消化河道疏浚泥沙，削减疏浚成本，进行泥沙生态防控方面的同时，增加了河道景观效果，增强了河水水质净化能力。

5) 主要技术经济指标

(1) 技术实施后河段水质明显提升，水质 COD 和氨氮到达 IV 水标准，COD 年平均削减量达 8.23t，氨氮削减量达 2.31t，泥沙年平均输移减少量达 22.33 万 t。

(2) 根据常规河道清淤成本 45 元/m³ 核算，技术实施后，年可减少辽河河道清淤成本 628.03 万元。

6) 技术来源及知识产权概况

自主研发，优化集成，研发的相关技术申请 3 项发明专利。

7) 实际应用案例

应用单位：辽宁省辽河凌河保护区管理局。

技术应用于辽河干流治理工程(铁岭西河夹心至南高强河段、沈阳新民郭家至巨流河段、沈阳沈北新区石佛寺坝下至马虎山河段),完成技术示范 20.1km^2,技术实施河段河势稳定性与蓄水保土能力明显提高,无淌流和紊流引起的土壤泥沙流失,泥沙入河侵蚀量降低至允许土壤流失量 200t/(km^2·a),年平均泥沙输移减少量达 22.33 万 t。实施河段平均水质 COD 平均为 18.11mg/L,年平均削减量达 8.23t;水质氨氮平均为 0.55mg/L,年平均削减量达 2.31t,达到Ⅳ水标准。河岸及河心岛植被覆盖率达 90%以上,生物多样性植物达 1.45,技术实施河段有白鹭、苍鹭、绿头鸭、赤麻鸭、鸿雁等指示性水禽出现,景观及生态环境改善效果明显。

5. 河岸带修复关键技术

1)基本原理

针对保护区河岸带人类干扰强烈、植被破坏的严重现状,根据最小生境尺度理论和恢复生态学原理,结合行洪安全和生态蓄水需求,研究辽河保护区河岸带自然封育全局策略,确定封育尺度与封育模式,实施围栏封育,充分利用河岸带种子库资源及自组织、自恢复能力,实现在最小经济与人力成本下河岸带植被与功能的自然恢复;针对保护区内植被生长缓慢、土壤裸露明显地段,构建全方位生态恢复与植被抚育、巡护管理人工强化技术,人工促进和过程强化河岸带植被与功能持续恢复;针对岸坡滑塌严重和人类农业活动强烈地段,按照近自然修复原理,筛选适宜修复植物,研发边坡土壤-植物稳定和植被缓冲带污染阻控技术,提高河岸带边坡稳定和面源污染阻控功能[11,12]。根据保护区河岸带场地特征进行技术集成与工程示范,建造由河道-河岸带-堤防-外围保护带组成的水陆有机连接的河流生态体系和河流景观带。

2)工艺流程

该技术为集成技术,包括河岸带人工强化自然封育技术、河岸边坡土壤植物稳定技术和河岸缓冲带污染阻控技术。

A. 河岸带人工强化自然封育技术

将辽河干流河槽两侧各 500m 作为封育区(河岸边至大堤不足 500m 的以大堤为界),实施退耕还河、建设管理路和阻隔带,并进行围栏封育。左岸围栏沿管理路左侧或按 1050 线布设,右岸围栏在阻隔带右侧,并在借堤与渡口桥梁交叉处、险工、水渠、支流入汇口等处延伸避让,确保行洪宽度。阻隔带边沟从行洪保障区界向区内方向开挖成上口宽 3m,下口宽 1m,深 2m 的倒梯形,挖出土向保障区内摊平,压实成 4m 宽、0.8m 高的台地,并从台地内边缘向区内栽宽 5m 绿化带。管理路按四级公路标准修建,路基填筑方案分为一般填土路基和风积沙路基路段;根据河岸带地形地貌和植被特征,因地制宜实施全方位生态恢复[13,14]:在常水位以上裸露或植被自然生长缓慢的滩地草原活枝扦插杞柳和桎柳,种植草木樨、紫花苜蓿等多样组合草本土著植物等至合理密度的 80%以上;在河道滩地低洼积水段常水位附近栽植根系较发达芦苇、香蒲等挺水植物,常水位下种植荷、菱等植物,形成多层次防护,促进植被恢复,稳定地表,丰富生物多样性,提高景观效果。

B. 河岸边坡土壤植物稳定技术

在保护区河岸边坡冲刷严重的地方，因地制宜实施不同类型的边坡土壤-植物稳定技术和河岸缓冲带污染阻控技术[15]：在土质松散、侵蚀较重河段岸实施无纺布-圆木-杞柳护岸技术；在植被稀少、土壤中度侵蚀河段实施密植扦插杞柳护岸技术；在河岸淤沙较多河段实施紫穗槐种植护岸技术；在水力冲刷较大、植被稀少的河道弯处实施扦插杞柳枝与植物捆护岸技术，通过活枝疏密扦插、无纺布保墒、圆木稳固坡脚措施快速恢复河岸边坡植被，进行边坡防护。

C. 河岸缓冲带污染阻控技术

在农业活动强烈、滩地侵蚀裸露严重河段，搭配种植杞柳、紫穗槐与自然草本植物，构建多级灌草植被缓冲带，有效截留降水径流及污染物[16-19]。

具体工艺流程如图 7-9 所示。

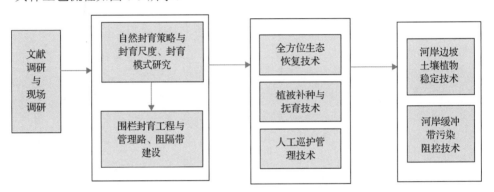

图 7-9　河岸带修复工艺流程图

3) 技术创新点

A. 辽河保护区自然封育全局策略与封育模式

遵循最小生境理论和恢复生态学原理，实施辽河保护区河岸带全流域自然封育[20]。将沿河槽两岸各 500m 宽河滩地，河岸边至大堤不足 500m 的全部纳入生态用地范围，进行退耕还河、围栏封育，建设管理路和生态阻隔带。充分利用河岸带种子库资源及自组织能力，恢复保护辽河流域原有大多数动植物种类和生物多样性，实现在最小经济与人力成本下河岸带植被与功能的自然恢复与生态蓄水、行洪保障的有机结合。

B. 基于边坡稳定、污染阻控与自然生境恢复的河岸带人工强化修复技术模式

构建了河岸带全方位生态恢复与植被抚育、巡护管理人工强化自然封育技术，研发了适宜不同环境河岸边坡稳定技术与河岸缓冲带污染阻控技术，依据辽河保护区河岸带场地特征进行技术集成与应用，形成了边坡稳定、污染阻控与自然生境恢复的河岸带人工强化修复技术模式，有效促进了河岸带植被快速恢复，阻控农业面源污染，提高河岸边坡稳定性，形成河道-河岸带-堤防-外围保护带组成的水陆有机连接的人与自然和谐、宜居的生态格局。

与国内外同类技术对比，技术具有建设成本与运行成本低(围栏和管理路建设成本为

195 元/m，人员巡护管理成本为 8 元/m²)、生态恢复效果好、工程技术易操作、环境友好的特点。通过实施自然封育，局部辅助人工强化措施，实现了低成本建设与运行条件下河岸带植被快速恢复，有效阻控面源污染，支撑河流水质持续改善。示范段河滨带植被覆盖率由封育前 2009 年的 3.34%～39.19%提高到封育后 2015 年的 94.26%～97.46%；边坡土壤抗蚀性提高 1.86～3.36 倍、抗剪性提高 0.56～1.19 倍；13m 自然植被缓冲带可有效阻控 89%径流及径流中 97%悬浮颗粒物、85%氨氮；87% TN；90%TP；干流Ⅳ类水质达标率由封育前 2011 年的 37.78%提高到封育后 2015 年的 100%，Ⅲ类水质时段、区段明显增加；植物、鱼类、鸟类物种明显增加，罗布麻、华黄耆、刺果甘草等多年生土著植物重现且分布范围增大；东方白鹳、黄嘴白鹭、鸿雁、中华秋沙鸭、阿穆尔隼、小天鹅、大天鹅等水禽和鹊鹞、白尾鹞、雀鹰、短耳鸮、纵纹腹小鸮、红隼等猛禽在示范段再次出现。

4) 技术来源及知识产权概况

自主研发，优化集成，申请发明专利 4 项，授权 2 项，技术转让 1 项。

5) 实际应用案例

应用单位：辽宁省辽河凌河保护区管理局。

辽河干流河岸带人类活动强烈、植被破坏与水土流失严重，河岸带的廊道功能、生物栖息地功能、源汇功能、蓄洪调控功能和景观服务功能明显降低。2012 年以来，辽河保护区采用了河岸带自然封育与人工促进技术，通过收租河滩地、修建管理路、布设围栏等措施实施围栏封育，促进两岸滩地植被自然恢复，针对部分区段河水冲刷严重、植被自然生长缓慢、景观效果要求较高等现状，采用全方位生态恢复与活枝扦插、人工补植、平茬复壮等植被抚育与巡护管理等人工强化技术促进河岸带植被与功能恢复，稳定地表，控制水土流失。技术在保护区全流域实施，显著提高保护区河滨带植被覆盖率和生物多样性，支撑河流水质持续改善，保护区干流Ⅳ类水质达标率由封育前 2011 年的小于 40%提高封育后的 97%以上，Ⅲ类水质时段、区段明显增加。河滨带植被覆盖率由封育前 2009 年的 59.30%提高到 2015 年的 95.65%；植物、鱼、鸟种类由封育前 2011 年的 182 种、15 种、45 种分别恢复到 2015 年的 226 种、33 种、86 种；植物优势种由封育前的苋、藜科等田间杂草向封育后多年生草本植物演替，罗布麻、华黄耆、刺果甘草、花蔺等多年生土著物种重现且分布范围增大；国家级保护动物遗鸥、东方白鹳、大天鹅、小天鹅、阿穆尔隼等 10 余种鸟类和辽河刀鲚、怀头鲇、圆尾斗鱼、中华鳑鲏等鱼类在保护区内再次出现，已初步显现完整生物链结构。

6. 河流水生态监测管理技术

1) 基本原理

流域生态管理主要难度在于长期有的放矢的生态监测、海量监测数据的整理分析，以及多种预测分析模型的有效集成。研究针对上述科技难题，结合辽河保护区水生态管理方面缺乏生态建设保障措施与管理体系等实际问题，借助可视化开发平台，研发了数据库组件调用模块和 GIS 组件调用模块，采用组件式开发的方式实现主系统对监测数据库和地理信息库的快速访问，进而实现多种预测分析模型的高效集成，并以此为基础；构建并应用河流水生态监测指标"综合筛选模型"，优化了保护区生态监测网络，创新了辽河保护区生态环境管理机制与保障体系，形成了辽河保护区水生态监测管理可视化平台，提高了辽河保护区管理局的监控管理能力，为保护区生态建设与运行管理提供有力保障。

2）工艺流程

该技术为集成技术，包括水生态监测指标综合筛选技术、基于可视化平台的水生态风险评价及图像分析技术和多模型管理体系的建立与集成技术。工艺流程如图 7-10 所示。

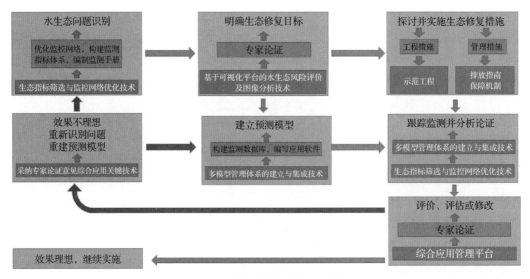

图 7-10　水生态监测管理技术工艺流程图

A. 水生态监测指标综合筛选技术

研究将主成分分析法与专家调查法有机结合，构建了综合筛选方法，实现生态监测指标的动态筛选和监测网络的逐步优化，其技术流程如图 7-11 所示。

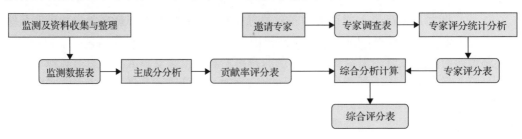

图 7-11　技术流程图

B. 基于可视化平台的水生态风险评价及图像分析技术

研究利用 Visual Studio 可视化开发平台开发主系统，调用 GIS 组件实现图形信息的可视化。基于 Vision Pro 视觉软件的图像识别和定位原理构建分级图像分析模型和生态风险评估模型，利用采集到的图像，结合基础信息进行对比分析和生态风险评估。评估模型及图像分析模型如图 7-12、图 7-13 所示。研究编写了计算程序实现监测指标筛选和生态风险预测模型的自动计算，通过互联网进行影像及数据的传输和管理。

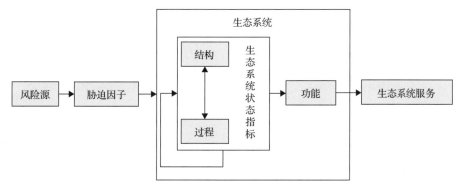

图 7-12　工艺流程生态风险评估模型图

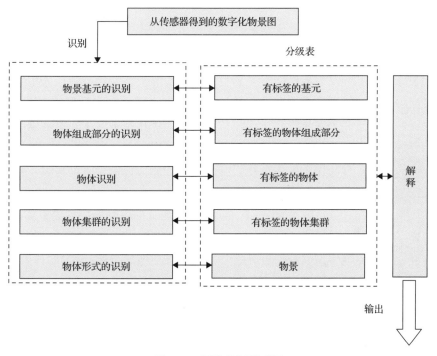

图 7-13　图像分析模型图

C. 多模型管理体系的建立与集成技术

研究首先构建"辽河保护区水质及水生态数据库"，开发并应用数据库组件，水动力、水质及水生态模拟等多个模型通过组件调用的方式，分别访问数据库，实现数据资源的共享和多模型的集成。模型结构如图 7-14 所示。

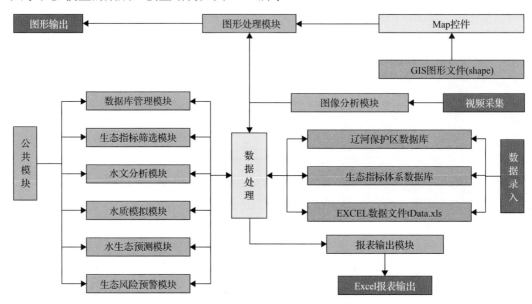

图 7-14　多模型管理体系模型结构图

3）技术创新点及主要技术经济指标

为实现长期有的放矢的生态监测、海量监测数据的整理分析，以及多种预测分析模型的有效集成，自主开发了数据库组件调用模块和 GIS 组件调用模块，采用组件式开发的方式实现主系统对监测数据库和地理信息库的快速访问，进而实现多种预测分析模型的高效集成，为构建完善的生态建设保障技术体系，优化保护区生态监测网络，建设水生态监控可视化平台，并创新性地建设生态环境管理机制与保障体系，以及提高辽河保护区管理局的监控管理及保护区生态建设与运行管理能力提供了有力保障。技术创新点和经济效益主要表现在以下三个方面。

（1）对于一个大的流域（区域）生态系统而言，所包含的生物生境种类繁多，生态指标也复杂多样，同时不同的河段又具有不同的特征，生态指标的重要性存在地域上的差异。以往的研究在评价流域生态系统健康时通常采用综合指标法，建立一定的评价指标体系。在以往研究的基础上，综合考虑生态指标的客观属性和主观服务功能，采用统计方法和专家调查法相结合的方法进行指标筛选，通过计算机编程，计算和分析水生态指标的自然属性和生态服务功能，随着监测数据更新、生态系统的发展，以及人们观念意识的变化，自动分阶段进行，实现监测指标的动态筛选；分析生态指标重要性和敏感度在空间上的差异性，滚动优化监控网络，以适应不断变化发展的生态系统。

（2）以往的"地理信息系统可视化平台"是在 GIS 平台软件基础上，利用 GIS 软件提供的二次开发语言进行二次开发，本研究采用组件式开发方式，与传统的在平台软件上二次开发的技术相比，克服了二次开发语言的局限性，提高了软件的灵活性和可扩展性，不必采购大型平台软件，减少软件的使用成本，软件加载和运行速度更快，对硬件要求更低。流域水生态环境管理具两个特征：一是海量数据；二是涉及多种评估和预测模型。以往的研究通常是首先构建数据库，然后运用数据库语言开发应用系统。本研究编写了一个访问数据库的类模块(visitDatabase，类模块就是一个通用的子程序)，在这个类模块中调用了两个数据库控件(Adodc 和 DataGrid)，各个模型通过调用 visitDatabase 类模块，快速访问数据库。这种方式与传统的用数据语言编程的方式相比，运行速度要快得多。这样就可以实现多个模型共用一个数据库，且访问速度更快，系统可以通过批处理的方式，实现多模型的集成。

(3)研究编写了生态综合筛选方法的计算程序，一方面，所有的统计分析计算由计算机自动完成，节约了人力和物力；另一方面，综合筛选法对初选指标的重要性给出了综合评分并排序，水质水生态的监测工作可以根据经济技术条件优先监测比较重要的生态指标，科学地减少了监测工作量，经济效益显著。多模型集成开发的方法与应用现有专门软件的方法相比，具有如下优点：最大限度地实现数据资源共享，所有的计算模型共用一个数据库，系统自动查询和选取有用的数据信息进行计算；可以根据具体的要求加载或不加载计算模块，节省硬件资源，提高程序的运行速度；统一的时间序列(时间轴)，可以实现各计算模块的互相验证，大大提高模拟结果的可靠性。

4)技术来源及知识产权概况

自主研发。

5)实际应用案例

应用单位：辽河保护区管理局

该项技术在辽宁省辽河凌河保护区管理局进行了工程示范。优化选取法库和平橡胶坝、铁岭平顶堡橡胶坝、通江口和大张桥 4 个监测点，通过在线监测、视频采集和网络传输，进行实时监控和记录。第三方监测结果表明，该示范工程在四个示范点水质、水生态监测范围约 $80km^2$，水温、pH、溶解氧可在线监测，同时可实现视频采集和网络传输。系统可稳定运行，成功地实现了预期的监测指标筛选、生态风险评估、水质水生态预测等功能，跟踪监测、分析和预测生态建设的进展和效果，大大提高了辽河保护水生态环境管理能力。

7.3　辽河保护区水生态建设技术综合工程示范

7.3.1　辽河保护区水生态建设技术示范工程基本信息

开展了辽河保护区水生态建设技术工程示范，基本信息见表 7-2。

表 7-2 辽河保护区水生态建设技术综合示范工程基本信息

编号	名称	承担单位	地方配套单位	地址	技术简介	规模、运行效果简介	技术推广应用情况
1	辽河干流（主要）一级支流汇入口污染阻控示范工程	中国环境科学研究院	辽宁省辽河凌河保护区管理局	沈北新区长河口、康平县八家子河、昌图县东西辽河口、昌图县招苏台河	支流汇入口湿地植物重建技术，支流汇入口湿地污染阻控提升技术	通过示范工程建设，恢复湿地面积共计7km²以上。通过该示范工程建设支流汇入干流水质达到地表水质IV类水质要求（GB 3838—2002）	相关技术推广至辽河保护区其他支流河口湿地建设中
2	辽河保护区河道综合整治示范工程	沈阳农业大学	辽宁省辽河凌河保护区管理局	郭家至巨流河段、西河夹心至高强河段、石佛寺坝下至马虎山段	以辽河流域现有河流修复为基础，经小试控制实验及中试实验，提出适合干流河流制技术，辽河干流河势稳定生态控制及疏浚技术，支流河口人工浮岛高效净化技术	技术主要应用于辽河干流新民市和铁岭县，实施区段 20.1km²，平均流速 1.41m/s，生物多样性指数1.45，水质COD 18.11mg/L，年均COD削减量达 2.31t，泥沙削减量达 22.33 万 t，植被覆盖率达 90%以上，水质氨氮 0.55mg/L，氨氮削减量达 8.23t	相关技术在辽河管理局的新民、铁岭等河段新区应用实施，并发挥了良好的效果
3	辽河保护区河岸带自然封育示范工程	辽宁省辽河保护区管理局促进中心、辽宁省水利科学研究院	辽宁省辽河凌河保护区管理局	铁岭县银州至汎河河口段、沈阳市七星山至石佛寺段、沈阳市柳河河口至秀水河河段	自然封育工程结合生态护岸技术和土壤生物工程相结合的人工促进技术	通过自然封育建设与人工促进技术的实施，促进河岸带植被恢复，河滨带植被覆盖率由封育前的 13%提高到自然封育中；生物多样性及生态功能持续提高；辽河干流水质达IV水质类别以上（以COD计）	相关技术推广至辽河保护区整个流域自然封育建设中；河岸带边坡的土壤-植物-生物稳定方法进行了技术转让
4	辽河保护区综合管理示范工程	东北大学	辽宁省辽河凌河保护区管理局	铁岭法库和平橡胶坝等共4个监测点位	水质指标在线监测、视频采集、网络传输、跟踪建设的进展和效果，为生态环境保护提供技术支持	监测范围约80km²，减少监测工作量，模拟预测主要水质、水生态50%以上。水生态指标	在辽河保护四个监测点位应用，大大提高了水生态监测的工作效率

7.3.2　辽河保护区水生态建设综合示范工程

1. 辽河干流(主要)一级支流汇入口污染阻控示范工程

辽河保护区湿地网构建关键技术中的支流汇入口湿地植物重建技术、支流汇入口湿地污染阻控技术应用于东西辽河、八家子河(三河下拉)、招苏台河、长河四个支流汇入口湿地建设。一级支流汇入口污染阻控示范工程出水 COD 降至 30mg/L 以下,氨氮降至 1.5mg/L 以下。污染物阻控效果显著,实现了支流入干水质达Ⅳ类标准;可削减 COD 35%以上、氨氮 37%以上、总磷 53%左右;生物多样性显著提高,湿地植被、鱼、鸟种类明显增多。初步形成了集景观、生态于一体的湿地工程,实现了回补地下水、调节小气候、调控洪水、为野生动物提供栖息场所、美化环境等重要功能。

示范的关键技术包括支流汇入口湿地植物系统重建技术及支流汇入口湿地污染阻控提升技术,具体如下:

(1)湿地位置选择。依据支流污染情况,选择是否构建河口人工湿地,对于要构建人工湿地的河口,根据支流水质、水量,界定河口区范围,确定湿地摆放位置。

(2)湿地构建方法。综合考虑河口区面积、地势、水文、基质和生物等相关因素,确定湿地构建相关设计参数,给出工程布局,河口人工湿地面积由支流污染负荷和枯水期水量计算而定,枯水期水力负荷一般选 $0.01\sim0.1\text{m}^3/(\text{m}^2\cdot\text{d})$,丰水期水力负荷一般选 $0.1\sim1.5\text{m}^3/(\text{m}^2\cdot\text{d})$,停留时间 $5\sim7$ 天,洪水期 1 天。

(3)水质目标确定。以辽河干流水质达标为目标,参照各河口所处功能区类型,设计河口人工湿地最终出水水质。

(4)湿地植物搭配。湿地植物选择包括水生、沼生和湿生,对于污染负荷较大的支流,主要选择一些控污型植物,如芦苇、香蒲等,对于芦苇和香蒲等经济作物秋后需收割,使其资源化。

示范工程建设、施工、运行和管理情况见表 7-3。

表 7-3　辽河保护区支流汇入口湿地示范工程明细表

项目名称	辽河干流河道综合治理工程(康平县福德店段/青龙山段)	招苏台河入辽河口湿地扩建工程	沈北新区辽河保护区河道综合整治工程	福德店示范区改造
发包单位	康平县辽河保护区管理局	昌图县辽河局工管处	沈阳市沈北新区河道堤防管理所皇家分所	昌图辽河局建管处
初设单位	黑龙江农垦勘测设计研究院	辽宁江河水利水电新技术设计研究院	黑龙江农垦勘测设计研究院	辽宁江河水利水电新技术设计研究院
施工单位	沈阳利鑫土木工程有限责任公司	凌源市鑫盛水利建筑工程有限公司	内蒙古辽河工程局股份有限公司	大连宏伟水利水电工程有限公司
施工时间(年/月/日)	2014/8/12～2014/11/15	2014/8/21～2014/10/30	2014/8/12～2015/4/30	2013/10/18～2014/6/15

建立东西辽河汇入口(42.903083°N,123.551302°E)、八家子河/三河下拉(42.676830°N,123.572727°E)、招苏台河(42.624624°N,123.661535°E)、长河(42.153438°N,123.459227°E)

四个支流汇入口示范工程 4 处，面积总共 12.43km²；一级支流汇入口污染阻控示范工程出水 COD 降至 30mg/L 以下，氨氮降至 1.5mg/L 以下。污染物阻控效果显著，实现了支流入干水质达Ⅳ类标准。

主要示范工程情况见图 7-15、图 7-16。

图 7-15　沈北新区长河支流汇入口示范工程建设前后对比

图 7-16　辽河支流招苏台河生态工程布置效果图

辽河支流招苏台河生态工程位于昌图县通江口镇，距入辽河口 280m 修建一座净宽 40m 的钢坝闸，闸高 2.5m，回水长度 10km，形成湿地面积 744 亩

2. 辽河保护区河道综合整治示范工程

该技术应用于辽河干流新民市、铁岭县、沈北新区，技术针对辽河干流河势不稳，主河道游荡，河岸、滩地侵蚀严重，河床泥沙淤积，行洪不畅等实际问题，通过理论研发与技术集成创新，建立多泥沙条件下辽河干流河势稳定生态控制技术、辽河干流泥沙生态控制及疏浚技术和支流河口人工浮岛水质高效净化技术示范。技术示范 3 处河段，面积达 20.1km²。

依据第三方评估结果，技术实施后，实施河段泥沙入河量达到允许土壤流失量水平，泥沙削减量达 22.33 万 t，平均流速为 1.41m/s，植被覆盖率达 90%以上，生物多样性指数达到 1.45。水质 COD 为 18.11mg/L，水质氨氮为 0.55mg/L，达到地表水坏境Ⅳ类水标准，年均 COD 削减量达 8.23t，氨氮削减量达 2.31t。结果表明该技术有效保护了两侧滩地的生态环境，有利于区域内水生态环境的恢复，具有较好的应用前景(图 7-17、图 7-18)。

图 7-17　辽河保护区河道综合整治示范工程实施前情况

图 7-18　辽河保护区河道综合整治示范工程实施后效果情况

161

3. 辽河保护区河岸带自然封育示范工程

针对辽河保护区内部分区段水体污染严重、植被自然生长缓慢等实际情况,通过建立自然封育工程,结合生态护岸技术和土壤生物工程相结合的人工促进技术,对保护区进行综合治理。示范工程共分为三段,分别为铁岭县银州区至汛河口段、沈阳市七星山至石佛寺段和沈阳市柳河口至秀水河口段。

经过封育工作的持续开展,自然封育示范工程运行稳定后保护区植被覆盖率、生物多样性明显提高,通过现场调查与监测,从水质、土壤、生物多样性等方面对封育效果进行评估,示范工程对于促进保护区水质、土壤条件改善、提高生物多样性与植物群落组成(结构)完整性等具有明显成效(图 7-19)。

图 7-19　辽河保护区河岸带自然封育示范工程实施后效果情况

4. 辽河保护区综合管理示范工程

辽河保护区综合管理示范工程依托辽河保护区管理局"辽河流域生态系统及生物多样性综合示范平台"建设项目,设置了四个水生态监测示范点位(法库和平橡胶坝、铁岭平顶堡橡胶坝、通江口和大张桥)。在管理房、生态护坡等工程基础上,建设了视频采集系统和水质在线监测系统。部分水质指标可在线监测,同时实现视频采集和数据的网络传输,跟踪生态修复的进展和效果,据此构建"辽河流域生态系统及生物多样性综合示范平台",为辽河保护区水质水生态分析与预测提供实测数据,为辽河保护区生态环境的保护提供技术支持。

　　指标筛选及监控网络优化技术应用：针对研究初期辽河保护区缺少科学高效的指标筛选方法、全流域角度出发的监测网络和监测站点统一的技术标准与信息共享平台。研究应用主成分分析法与专家调查法（德尔菲法）相结合分析生态指标重要性和敏感程度在空间上的差异性，优化监控网络。

　　基于可视化平台的水生态风险评价的图像分析技术应用：针对研究初期辽河保护区动态观测和应急响应能力较差，缺乏生态建设保障措施与生态风险管理机制和管理体系的问题，通过调用 GIS 相关组件实现图形信息的 GIS 可视化；基于 Vision Pro 视觉软件的图像识别和定位原理构建分级图像分析模型和生态风险评估模型；利用采集到的图像，结合辽河局采购的基础信息进行对比分析实现生态风险评估。

　　多模型管理体系的建立与集成技术应用：研究通过应用可视化开发平台，调用 GIS 组件、共用数据库和统一时间轴的方法实现了多个目标模型的集成应用。克服了传统基于平台软件二次开发语言局限性，具有成本低、数据传输速度快，对计算机硬件要求不高等优点。

　　优化选取法库和平橡胶坝、铁岭平顶堡橡胶坝、通江口和大张桥 4 个监测点，通过在线监测、视频采集和网络传输，进行实时监控和记录。形成保护区日常巡护管理与生态综合监（观）测网络。四个示范点水质、水生态监测范围约 $80km^2$，部分水质指标（水温、pH、溶解氧）可在线监测，同时可实现视频采集和网络传输，跟踪生态建设的进展和效果，为辽河保护区水质水生态分析与预测提供实测数据资料，为辽河保护区生态环境保护提供技术支持。

参 考 文 献

[1] 张群, 曲波, 翟强, 等. 辽河保护区生态系统多样性研究进展. 环境保护与循环经济, 2014, 52(6): 55-58.

[2] 关萍, 翟强, 张群, 等. 辽河保护区原生动物多样性分析及在水质评价中的作用. 水生态学杂志, 2013, 34(1): 18-24.

[3] 王迪, 张依然, 曲波. 辽河干流生物完整性评价. 沈阳农业大学学报, 2018, 49(1): 88-94.

[4] 郭伟, 范其阳, 可欣, 等. 辽河保护区干流水体生物毒性诊断与评价. 生态学杂志, 2014, 33(10): 2761-2766.

[5] 梁婷, 朱京海, 徐光, 等. 应用 B-IBI 和 UAV 遥感技术评价辽河上游生态健康. 环境科学研究, 2014, 27(10): 1134-1142.

[6] Ke X, Gao L L, Huang H, et al. Toxicity identification evaluation of sediments in Liaohe River. Marine Pollution Bulletin, 2015, 93: 259-265.

[7] 段亮, 宋永会, 郅二铨, 等. 辽河保护区牛轭湖湿地恢复技术研究. 环境工程技术学报, 2014, 4(1): 18-23.

[8] 段亮, 宋永会, 张临绒, 等. 辽河保护区坑塘湿地恢复技术研究. 环境工程技术学报, 2014, 4(1): 24-28.

[9] 段亮, 宋永会, 白琳, 等. 辽河保护区治理与保护技术研究. 环境工程技术学报, 2013, 15(3): 107-112.

[10] 李蕊, 段亮, 王思宇, 等. 辽河保护区七星湿地生态系统健康评价. 环境工程技术学报, 2016, 6(1): 43-48.

[11] 夏继红, 严忠民. 生态河岸带的概念及功能. 水利水电技术, 2006, 37(5): 15-17.

[12] 张鸿龄, 郭鑫, 孙丽娜. 辽河保护区河岸带自然生境恢复现状. 沈阳大学学报(自然科学版), 2016, 28(2): 98-104.

[13] 秦明周. 美国土地利用的生物环境保护工程措施——缓冲带. 水土保持学报, 2001, 1: 119-121.

[14] Young K, Hinch S, Northcote T. Status of resident coastal cutthroat trout and their habitats. North American Journal of Fisheries Management, 1999, 19: 901-911.

[15] 王兵, 高甲荣, 陈琼, 等. 护岸柳树表层根系生长的影响因素. 东北林业大学学报, 2014, 42(12): 26-29.

[16] 郭二辉, 孙然好, 陈利顶. 河岸植被缓冲带主要生态服务功能研究的现状与展望. 生态学杂志, 2011, 30(8): 1830-1837.

[17] 汤家喜, 何苗苗, 周博文, 等. 辽河上游河岸植被过滤带对地下渗流中氮磷截留效果的影响. 水土保持学报, 2018, 32(1): 39-45.

[18] 张鸿龄, 李天娇, 赵志芳, 等. 辽河河岸植被缓冲带构建及其对固体颗粒物和氮阻控能力. 生态学杂志, 2020, 39(7): 2185-2192.

[19] Lowrance R, Leonard R A, Sheridan J M. Managing riparian ecosystems to control nonpoint pollution. Journal of Soil and Water Conservation, 1985, 40(1): 87-89.

[20] 黄凯, 郭怀成, 刘永郁, 等. 河岸带生态系统退化机制及其恢复研究进展. 应用生态学报, 2007, 18(6): 1373-1382.

第8章

辽河河口区水质改善与湿地水生态修复技术集成与示范

辽河河口区拥有世界第二大芦苇湿地，浩瀚的苇海、延绵的滩涂、丰富的水网构成其独特的自然生态景观，发挥着涵养水源、净化水质、调节气候、养育珍禽的重要生态功能，也是辽河流域污染物进入辽东湾的最后一道生态屏障。然而，由于油田开采、路网修建、稻田种植、苇田养殖等人类活动，逐渐改变了辽河口湿地原有的自然风貌，加上生态缺水、保护体系不完善，导致芦苇群落明显退化，显著影响其生态功能的发挥，植被退化和水体污染严重威胁着辽河口湿地和辽东湾的生态安全。"十二五"期间，水专项辽河河口区水质改善与湿地水生态修复技术集成与示范研究，针对辽河口湿地"油田、稻田、苇田"三大典型功能区中油田开采的烃类污染、稻田种植的氮磷污染、苇田养殖的有机营养物污染及芦苇湿地植被退化、生态功能下降等问题，以控制湿地水体污染、提升湿地生态功能和实现河口区水生态健康为目标，以河口湿地石油烃类、氮磷和COD等点、面源特征污染物联合阻控关键技术研发为主线，形成了集辽河口石油开采区湿地功能恢复和烃类污染物削减技术、河口水稻生产全过程氮磷多级生态削减与控制技术和河口区芦苇湿地生态用水调控及生境修复与污染阻控技术等三大核心技术于一体的辽河河口区大型湿地水质改善与生态修复集成技术标志性成果。构建了辽河口湿地生态保护体系，编制了《辽河口湿地生态安全预警标准》。研发的关键技术在辽宁省盘锦市进行了工程示范，示范面积达 $51.9km^2$，实现了示范区污染物控制、生物群落恢复、生态功能提升的总体目标。

8.1 概　述

8.1.1 研究背景

辽河口湿地位于辽河流域末端的辽河入海口处，受海洋和陆地交互作用影响，形成了复杂多样的湿地类型和生态环境。辽河口湿地具有保持物种多样性、拦截和过滤物质流、稳定毗邻生态系统及净化水质等多种生态功能，其污染状况和面临的生态风险对辽东湾生态保护有着举足轻重的影响。

辽河口湿地拥有世界第二大滨海芦苇湿地，也是我国第三大油田——辽河油田开采区、著名的盘锦大米生产区和河蟹养殖区。受油田开采、稻田种植和苇田养蟹等人类活动多强度、多方面的影响，上下游污染叠加特征明显，加上生态缺水和保护体系不完善，导致使该区域芦苇群落退化，氮磷和石油类污染问题日趋严重，生态功能显著下降，对辽河口湿地生态健康和辽东湾水域生态安全造成严重威胁，因此，迫切需要建立一套完善的辽河口湿地生态安全保护体系和生态用水调控、污染阻控与生态修复技术，以有效遏制辽河口湿地水质恶化和生态功能下降问题。本书开展的辽河口湿地水质改善和生态修复技术研究，可为辽河流域污染物控制和辽河口湿地生态功能提升提供理论依据和技术支撑，为辽东湾近岸水域污染阻控提供技术保障。

8.1.2 水质改善与湿地水生态修复技术成果

辽河河口区水质改善与湿地水生态修复技术集成研究为辽河流域水污染控制做出了重要贡献，技术支持了辽河流域河口区水质的持续改善，根据辽宁省盘锦环保局《环境质量公报》显示的辽河断面水质监测结果，胜利塘断面水质已由 2013 年以前的 V 类水质改善为 2014～2017 年持续达到 IV 类及以上水质，实现了《辽河流域水污染防治规划（2011—2015 年）》目标。

8.1.3 水质改善与湿地水生态修复技术应用与推广

1. 研发了辽河口石油开采区湿地功能恢复和烃类污染物削减技术，显著提升了油田开采区湿地净化能力，实现了累积性烃类污染物的高效削减

辽河口湿地油田开采区油井分布密度高、地面工程集中连片，造成湿地破碎化，原有生境受损、污染物净化功能下降[1-3]。而且石油开采过程也造成井场周边土壤和湿地污染严重，土壤中难降解石油烃累积，中、重组分比例较高，自然净化难度大[4,5]。针对上述问题，开展了河口区石油烃类有机污染物环境行为及湿地退化影响因子研究，揭示了氧气、营养、水量、生物等强化因子作用途径及相互关系，提出了湿地生态净化过程中主要强化因子的系统调控原理，研发了湿地功能恢复和烃类污染物削减技术。该技术包括石油开采破坏性湿地净化能力的仿真模拟与优化设计、河口区累积性烃类有机污染物的强化阻控与水质改善技术。其中，石油开采破坏性湿地净化能力的仿真模拟与优化设计包括湿地水资源的时空调配、养分调控和仿真模拟与优化设计。该项技术依据辽河油田石油开采区湿地现有沟渠、水塘及湿地等分布和构成，进行不同程度破坏湿地单元划分，阐明各单元石油烃浓度分布、DEM、养分本底值、现有水量和需水量、净化能力等指标差异，进行不同湿地单元水量调配和养分调控优化设计；基于 Monte Carlo 模拟[6]，建立油田作业区湿地净化能力仿真模型，明确水资源与养分等关键调控因子，通过优化设计实现石油烃削减率超过 20%；与自然降解相比，石油烃削减负荷增加 20%～40%，湿地净化功能显著恢复。河口区累积性烃类有机污染物的强化阻控与水质改善技术包括针对井场周边湿地厌氧/好氧-共代谢组合削减技术和井场土壤的有毒有机污染物电动修复两项核心技术。厌氧/好氧-共代谢组合削减技术以调控湿地为厌氧/好氧-共代谢协同削减为工艺核心，利用厌氧微生物和好氧微生物及代谢产物的共代谢机制，辅以人工构筑设施调节淹水及落干状态，优化停留时间，实现地表水体中石油烃污染物去除率达 50%以上；根据烃类污染物的醇-醛-酸转化途径及限速步骤，基于电动与生物降解的相互作用，研发了电动-微生物耦合修复技术，拥有创新性知识产权，包括：系列电极、专用检测仪器等关键器件制备，降解菌剂、电解质助剂等生物与化学制剂研制，可控修复操作

系统与配套的一体化设备研发。该技术突破了常规生物修复速度慢、效率低、工程应用受限等难题，有效提高了污染物的去除效率，实现了土壤中石油烃污染物的去除率超过50%。与国内外修复技术相比，修复效率提高 1.5 倍，修复成本显著降低，综合效益提高1 倍以上。

该技术将河口区湿地功能恢复与石油烃类污染物削减有机结合，提升了河口区湿地的净化能力和水源涵养能力，对于油田开采区污染治理具有技术支撑与工程示范的带动性作用。其核心技术——石油烃类污染土壤电动-微生物修复技术已经入选国家重点环境保护实用技术，并在辽河油田、胜利油田和吉林油田石油污染土壤修复进行了推广应用。

2. 研发了河口水稻生产全过程氮磷多级生态削减与控制技术，实现了氮磷肥施用减量、退水沿程净化与湿地深度利用，显著减少了稻田系统对河口区氮磷污染的贡献

辽河口水稻生产区土壤碱性与盐度较高，植株各生理期对氮磷摄取率均偏低，导致氮磷过量流失；稻田排水沟渠泄洪功能突出而净化能力薄弱，氮磷沿程削减率有限；稻田与湿地在空间上相互镶嵌，水网水文复杂，而湿地内部却水路单一，无法有效承接稻田退水，不仅严重浪费淡水资源，湿地的深度净化功能也未得到充分发挥[7]。针对上述稻田生产过程中氮磷利用率低、流失率高、阻控能力差的问题，根据河口土壤特定的理化性质及水稻各时期的发育需求与氮磷形态转化和吸收利用的关系，基于稻田生态系统氮磷通量衡算原理，研究并优化适合河口区稻田生产全过程的灌排制度与水文管理方法，研发了以氮磷水文过程为核心线索的田内减量、田间阻控与末端利用联控技术，建立了河口水稻生产全过程氮磷多级生态削减与控制技术。该技术由水肥一体化管理与精准施肥技术、退水沟渠阻控与多级净化技术、毗邻湿地水文改善与氮磷深度利用等技术单元组成。水肥一体化管理与精准施肥技术包括水位动态控制与减次联施、缓释复合肥料与测深施肥，该技术在精准计算水稻植株不同生理期对营养和水分需求的基础上，获得了河口区稻田土壤吸附与释放氮磷的动力学方程，通过优化灌溉水量与频次，充分调动土壤-植物系统间的协作关系，较大幅度地增加了氮磷的生物利用率[8]；采用测深施肥替代原基肥-插秧-水施-追肥的方法，在插秧时同步施入氮磷复合肥，利用土壤与缓释肥料的长期缓慢释放作用，在秧苗分蘖期有效促进氮磷吸收，避免了后期追肥，减少了总施入肥量，获得了稻田水肥联控的效果，氮磷的排放量减少 8.5%以上；基于叶片高光谱特征对叶片氮含量的响应，筛选确定并利用叶片氮的"指纹光谱"，进行氮磷肥的精准施用，实现了氮磷源头有效减量。退水沟渠阻控与多级净化技术包括原有水生植物结构优化、复合植物浮岛布设和塘-渠功能联结，该技术通过人为修整沟渠内水生植物结构与形态的方法，显著提高了退水阻力，延长了水力停留时间，通过增加水流雷诺数，强化水湍流度，促进了氮磷净化；将伴渠坑塘与沟渠进行水文联结，增加了退水的水文形态，延长了停留时间；采用复合植物浮岛，强化了局部渠段的氮磷净化能力，与技术示范前相比，退水中氮磷去除率提高了 42.8%，氮磷去除率分别达到 64.6%和 37.2%。毗邻湿地水文改善与氮磷深度利用技术包括人工诱导和透水坝拦截，该技术通过在退水干路上设置透水坝设施，将退水诱导至经人工挖掘的湿地水文支路，充分发挥湿地对氮磷营养的深度利用作用，进一步将氮磷削减率提高 30%以上。该技术的实施可使稻田单位面积增产近

11%，纯氮施用量减少 35.1%，节水 12.5%～18.87%，减排 19.9%。

该技术统筹水稻生产氮磷输入与释放的关键通路，整合了河口区稻田生态系统的各子单元功能，实现了对河口区稻田氮磷污染的全程控制。其核心技术水肥一体化管理与精准施肥技术在盘锦市鼎翔米业集团水稻生产中得到了大规模推广应用，对于河口农业面源污染治理具有技术支撑与工程示范的带动性作用。

3. 研发河口区芦苇湿地生态用水调控及生境修复与污染阻控技术，改善河口区芦苇湿地生态健康，提高芦苇湿地对污染物的净化能力

辽河口湿地可利用水资源量逐年下降，苇田实时供水难以保证，芦苇湿地生态结构受损、生物量逐年减少，湿地自然净化功能减弱，加上苇田养殖带来的营养负荷，使湿地水体 COD 和氨氮污染日趋严重。针对辽河口芦苇湿地水量性缺水、养殖污染及植物群落退化、生态功能下降等问题，应用生态学原理，基于水盐平衡和生态恢复理论，在辽河口芦苇湿地开展芦苇生境修复、污染阻控和水质改善研究，通过分析苇田养分运移途径及其生态效应，优化苇田水资源调配方案，研发河口区芦苇湿地生态用水调控及生境修复与污染阻控技术。该技术包括芦苇湿地生态用水调控技术、芦苇湿地生境修复技术和养殖水体物理-生物联合阻控技术等技术单元。芦苇湿地生态用水调控技术包括芦苇湿地水资源调控与苇田内用水调控技术，芦苇湿地水资源调控技术根据芦苇湿地生态用水量和微咸水灌溉的生态效应，结合湿地水深、地形等环境条件，建立芦苇湿地一维和二维水流水质耦合调控模型，调控人工构筑物涵洞、闸、水泵的运行参数，模拟苇田沟渠一维水流，耦合二维水流过程，优化苇田水质水量参数，建立芦苇湿地水资源调控技术；苇田内用水调控技术根据苇田河蟹养殖的水质、水位状况及芦苇生长的水量要求，耦合芦苇湿地供水水质水量参数，提出苇田内分流水量与污染负荷，开发经济、易操作的导流及布水系统，改善苇田水盐平衡，建立苇田内用水调控技术，实现芦苇湿地供水资源调控与苇田内用水分区调控，有效提高苇田自净能力。芦苇湿地生境修复技术针对芦苇群落退化问题，采用局地水循环调控和碱性土壤破壳技术，促进湿地土壤盐分淋溶，有效增加水体和土壤含氧量，促进植物根系的呼吸，改善土壤氧化还原条件，提高芦苇湿地的污染物净化能力[9]；通过研发高效固氮和释磷微生物菌剂，调控湿地土壤养分，辅助应用植物促生菌剂，建立芦苇湿地生境修复技术，有效提高芦苇的养分利用效率和生长速率，促进退化芦苇群落的恢复，使芦苇生物量提高 65%，对氮磷的净化能力提高60%[10]。苇田养殖水体物理-生物联合阻控技术是在上述两项技术单元实施后局部水体仍有未达标时，利用煤渣、沸石及高效有机黏合剂，开发耐冲击负荷、多孔隙的生物填料(拥有生物炭球、煤渣-沸石复合净化球、复合多孔介质球等自主知识产权)，强化微生物在介质表面的附着效应和介质微孔隙捕捉有机物的吸附效应，研发由多孔介质填料所组成的生物处理单元，并辅助设置在出水口处，构建苇田养殖水体物理-生物联合阻控技术，该技术对苇田养殖水体氨氮和 COD 的去除效率分别提高 57.2%和 51.2%。

该技术突破了芦苇湿地植被修复过程中营养不平衡的技术瓶颈，缓解了苇田生态需要水量增加和供水量不足的矛盾，有效提升苇田水体的净化能力和湿地生态环境质量。该技术成果应用于盘锦市羊圈子苇场，不仅提高了芦苇产量和经济效益，且明显改善了

苇田出水水质，苇田出水氨氮和 COD 分别降至 0.15mg/L 和 30mg/L 以下。

8.2　辽河河口区水质改善与湿地水生态修复技术创新与集成

8.2.1　水质改善与湿地水生态修复技术基本信息

创新集成了辽河河口区水质改善与湿地水生态修复技术 5 项，基本信息见表 8-1。

表 8-1　水质改善与湿地水生态修复技术基本信息

编号	技术名称	技术依托单位	技术内容	适用范围	启动前后技术就绪度评价等级变化
1	河口区地表水体中烃类有机污染物的强化阻控与水质改善技术	中国科学院沈阳应用生态研究所	包括厌氧/好氧-共代谢组合削减和有毒有机污染物电动修复技术	油田开采区湿地及井场周边土壤中石油烃类污染物的去除	3 级提升至 7 级
2	石油开采破坏性湿地净化能力的仿真模拟与优化设计	中国科学院沈阳应用生态研究所	包括水资源的时空调配和养分调控仿真模拟与优化设计	油田开采区破坏性湿地石油烃净化功能恢复	3 级提升至 7 级
3	河口区稻田生态系统面源污染控制与水质改善技术	沈阳大学	包括稻田水肥调控及稻田退水"沟渠-湿地"生态阻控两项技术	稻田生产过程中田间及稻田生产区退水中氮磷污染控制	3 级提升至 7 级
4	河口湿地养殖水体污染的物理-生物联合阻控与水质改善技术	中国海洋大学	包括生态用水调控技术与生物-多孔介质联合阻控技术	苇田河蟹养殖区	3 级提升至 7 级
5	河口区退化芦苇湿地生境修复技术	中国海洋大学	包括"三灌两排"和微咸水利用的水盐调控技术，同时强化湿地水循环，以微生物菌剂平衡湿地营养条件	退化的滨海湿地	3 级提升至 7 级

8.2.2　水质改善与湿地水生态修复技术

1. 河口区地表水体中烃类有机污染物的强化阻控与水质改善技术

1）基本原理

针对井场周边湿地烃类污染扩散区，以厌氧/好氧-共代谢组合削减为工艺核心，利用基质、厌氧和好氧微生物之间的共代谢机制，辅以人工构筑设施调节淹水及落干状态，优化停留时间，促进难降解污染物降解；针对井场高浓度累积性烃类污染土壤，以电场强化有毒有机污染物微生物降解为核心，通过系统工艺参数优化，耦合电场去除与生物降解作用，提高难降解污染物的去除效率。

2）工艺流程

工艺流程包括两部分："井场周边湿地烃类污染扩散区厌氧/好氧-共代谢组合削减"和"井场高浓度难降解有毒石油烃污染土壤电动修复"。具体如下：

A. 井场周边湿地烃类污染扩散区厌氧/好氧-共代谢组合削减

(1) 进出水口布置：在控制小区进行进出水闸坝的布置。

(2) 沟渠布设：对控制小区内进出水沟渠进行布设，沟渠布设维护工程4000m。

(3) 微生物、N、P的投加：针对各控制小区的净化能力，进行微生物菌剂制备，按优化配比投加微生物、N和P营养物到各控制小区。

(4) 水量调控：根据厌氧-好氧各阶段污染物的净化能力，调节各控制小区淹水时间，淹水时间为2～4天，落干时间为1～3天，水量调配主要由进出水闸坝来控制。

(5) 修复过程的运行维护(图8-1)。

图8-1 井场周边湿地烃类污染物组成削减工艺流程图

B. 井场高浓度难降解有毒石油烃污染土壤电动修复

(1) 场地平整：对于井场周边场地进行平整及辅助构筑设施的建造及安装。

(2) 修复设备及材料制备：进行电动修复一体化设备、电极、修复菌剂及助剂的制备。

(3) 菌剂及助剂添加：在土地平整时添加高效菌剂及营养物质，微生物菌剂添加量为1‰，营养物质添加按照C∶N∶P的比为100∶5∶1来添加。

(4) 电极布设：电极布设按照行/列组电极阴阳两极扫描式切换。参数设置为电极间距设置为100cm，电压24V/100cm，切换时间为10min/次，电场覆盖率90%以上，电场均匀性达到90%以上。

(5) 设备安装及调试：安装电动强化修复集成操作系统，主要包括可编程控制系统、触摸屏、可视中央控制器、传感器及独立操作装置等几个部分。

(6) 过程调控：采用可控的修复操作系统与配套一体化设备进行修复过程监测调控，并进行电场、水分、营养等修复条件及修复工艺优化。

(7) 修复过程的运行维护(图8-2)。

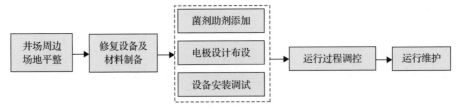

图8-2 井场高浓度石油烃污染土壤电动修复工艺流程图

3) 技术创新点及主要技术经济指标

该关键技术包括厌氧/好氧-共代谢组合削减技术和有毒有机污染物电动修复技术两个核心技术。

A. 技术创新点

厌氧/好氧-共代谢组合削减技术以湿地微生物降解烃类污染物为主要手段,通过控制湿地中氧含量,使湿地内部具有不同生态位的厌氧和好氧微生物菌群保持长效活性,并充分发挥厌氧和好氧微生物的协同共代谢作用,促进湿地难降解有机污染物的快速去除。该项技术与湿地自然降解相比,污染物的去除负荷显著提高,石油烃类污染物去除率提高 20%～30%。

有毒有机污染物电动修复技术以电场强化微生物为主,利用电场和微生物的耦合作用高效去除井场周边高浓度有机污染物。该项技术从修复材料、设备制备、电场优化设计调控与强化微生物降解效率入手,有效提高了石油污染土壤的修复效率,实现土壤中石油烃污染物的去除率超过 50%。与国内外同类修复技术相比,修复效率提高 1.5 倍,修复成本显著降低,效益成本比提高 1 倍以上。

B. 技术经济指标

厌氧/好氧-共代谢组合削减技术运行参数:淹水时间为 2～4 天、落干时间为 1～3 天;C∶N∶P 为 100∶5∶1。有毒有机污染物电动修复技术运行参数:电压 1V/cm、切换时间 10min/次、土壤湿地 20%～25%、土壤中微生物数量大于 107cfu/g 干土;污染去除率超过 50%,总成本 80～150 元/t。

4)技术来源及知识产权概况

该项技术为自主研发及优化集成,申请发明专利 6 项,其中国际发明专利 2 项,已获得国家授权发明专利 2 项,完成专著 2 部。

5)实际应用案例

应用单位:中国科学院沈阳应用生态研究所。

本项目研发的河口区地表水体中烃类有机污染物的强化阻控与水质改善技术已在"河口区有机污染物削减技术示范工程"中应用,示范工程位于辽河油田曙光地区,示范面积为 1km²。

在污染扩散区,采取厌氧/好氧-共代谢组合技术对烃类污染物进行阻控,利用地表水体的结构特点,辅以人工构筑设施,实现湿地中污染物的分级去除;针对井场周边重污染区域,采用电动强化微生物修复技术,运用极性切换的电极技术模式,使电场和微生物去除达到耦合,实现井场周边土壤难降解有毒有机污染物的高效削减。

对示范工程建设前后总石油烃浓度的跟踪监测,发现通过示范工程实施,土壤中石油烃得到大幅度削减,污染物去除率超过 50%,总成本 80～150 元/t。电动-微生物修复技术已被批准为国家重点环境保护实用技术,并在胜利油田等地进行了推广应用。

2. 石油开采破坏性湿地净化能力的仿真模拟与优化设计

1)基本原理

该项技术依据辽河油田石油开采区湿地现有沟渠、水塘及湿地等分布和构成,进行不同程度破坏湿地单元划分,阐明各单元石油烃浓度分布、DEM、养分本底值、现有水量和需水量、净化能力等指标差异,进行不同湿地单元水量调配和养分调控优化设计;

基于 Monte Carlo 模拟，建立油田作业区湿地净化能力仿真模型，明确水资源与养分等关键调控因子，通过仿真模拟进行水量及营养双因子调控，提高湿地生态系统内烃类总体净化能力，使湿地净化功能得以恢复。

2）工艺流程

工艺流程为"补水与养分调控单元划分—补水点及养分调控单元确定—补水单元水量及养分调配仿真模拟—补水单元水量配置设计及营养调配方案—不同保证率下的湿地补水量及营养调配方案—补水时间和营养调控时间设置"。具体如下：

（1）根据示范区现有地貌形态和现有沟渠及湿地分布情况，将不同地貌单元区分出来。

（2）根据每个单元的现有水量、污染现状、氮磷等营养状况、净化能力等，对每个单元的补水量及氮磷营养进行合理配置。

（3）设计补水线路及营养调配时间，并通过湿地水环境的仿真模拟与优化设计。

（4）进行各单元补水量及养分的调配。

（5）根据各湿地单元对石油烃的净化能力进行参数优化，保证湿地正常运行（图 8-3）。

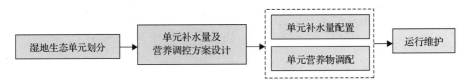

图 8-3　石油开采区湿地补水与营养调控优化设计工艺流程图

3）技术创新点及主要技术经济指标

本关键技术包括水资源的时空调配和养分调控仿真模拟与优化设计。

A. 技术创新点

（1）将湿地划分成不同的补水单元，在此基础上，针对各处理单元现有水量和生态需水量，进行水量调配，合理安排各单元配水时间和水量，该方案是在谨慎调查研究湿地退化机理的前提下进行的，具有针对性和实用性。

（2）以湿地现有污染特征及 N、P 营养状况为基础，将石油烃的去除与 N、P 营养状况联系起来，用实际定量关系揭示各处理单元石油烃去除与营养物之间的关系，确定营养补充量和补充时间，促进石油开采破坏性湿地净化功能的恢复。

（3）该技术从经济学理论方面探讨了基于水资源的时空调配和养分调控仿真模拟与优化设计，提高湿地生态系统的总体净化能力，石油烃的去除率达到 20% 以上，较常规湿地自然恢复效率提高 1 倍以上。

B. 主要技术经济指标

使用该技术，湿地的运行成本 <0.25 元/m²；湿地的净化功能提高，污染物去除率超过 20%，芦苇产量提高 15% 以上。

4）技术来源及知识产权概况

该项技术为自主研发及优化集成，已申请发明专利 4 项，已授权 2 项。

5) 实际应用案例

应用单位：中国科学院沈阳应用生态研究所。

项目研发的石油开采破坏性湿地净化能力的仿真模拟与优化设计技术已在"油田开采区湿地净化功能恢复技术与工程示范"中应用，示范工程位于辽河油田曙光地区，示范面积为 12km²。

根据前期研究基础设计退化湿地生态恢复方案。首先进行湿地不同结构单元的划分，依据各单元生态需水量的计算和石油烃去除率与 N、P 含量之间的关系分析，确定最佳的补水时间、补水方式、养分调配时间和养分调配方式，辅以工程及人工措施控制湿地水量及营养物之间比例，建立湿地净化功能恢复示范工程。

通过对油田地面工程破坏湿地的结构信息及 DEM 数据获取分析，根据各区块的自然特征与净化能力差异，基于水量因子与营养因子对湿地的净化石油烃能力的影响，对各区块补水量及氮磷营养进行合理时空调配，通过河口石油开采区湿地水环境仿真模拟与优化设计，模拟示范区湿地对石油烃净化率超过 20%的目标，并给出合理的双因子调控方案。

对示范工程建设前后总石油烃浓度的跟踪监测，发现通过示范工程实施，土壤中石油烃得到大幅度削减，污染物去除率达到 20%以上。该项技术还在辽河油田欢喜岭采油厂地区破坏湿地恢复中应用，面积 15km²，湿地净化功能得以恢复，石油烃去除率达到 20%以上。

3. 河口区稻田生态系统面源污染控制与水质改善技术

1) 基本原理

主要包括稻田水肥调控及稻田退水沟渠-湿地生态阻控两项技术。其中，前者是通过调控稻田灌溉时间、施肥量、施肥时间及频次，增加氮磷的生物利用率，达到氮磷肥精准施用；结合田埂宽度调节、生态田埂间作等栽培模式有效减少稻田氮磷的侧渗流失，实现稻田保水抑渗效果。后者是通过人工诱导、自然强化等方法，结合水岸带复合植物体系构建、生态沟渠设计、生态单元联结等技术措施，充分发挥稻田产区退水支渠、干渠及自然坑塘、湿地等生态净化功能，实现稻田退水中氮磷的多级生态削减[11]。

2) 工艺流程

工艺流程为"稻田水肥调控—退水沟渠-湿地污染物削减与阻控—退水污染物天然湿地削减与阻控—排入辽河"。具体如下：

(1) 稻田水肥调控：采用间歇灌溉方式，灌水定额 30mm，施氮量 170kg/(h·m²)，施磷量 30kg/(h·m²) 左右，分 3 次施用，基肥 50%在整地前施入，分蘖肥 30%，拔节肥 20%。控制田间排水位 20cm。与此同时，在水稻生长关键期，基于叶片高光谱特征对叶片氮含量的响应，筛选敏感光谱波段，确定表征叶片氮特征光谱指数，进而利用叶片氮的"指纹光谱"实现精准施肥。

(2) 退水沟渠-湿地污染物削减与阻控：①沟渠-塘-湿地设计与改造，现状调查，沟渠设计，将直线的顺流渠道增加凸点，增加湍流，改善渠水流态，强化渠水自净功能；针对渠道边原有独立的塘系统，通过施工，开通塘水出口，连通渠道，优化空间结构，形成沟渠-塘-湿地连通的水生生态系统[12,13]；②水生植物配置，在沟渠-塘-湿地接近水体的无水生植物生长的岸边带栽种芦苇和菖蒲，增加水生植物多样性。栽种水生植物有芦苇、菖蒲，栽种密度为 25 株/m²；③稻田排水渠植物构建，在植物稀少排水渠栽种水生植物，栽种芦苇、水葱；栽种密度为芦苇 25~50 株/m²，水葱 25~40 株/m²。

3）技术创新点及主要技术经济指标

A. 技术创新点

稻田水肥调控技术体系基于辽河河口区地形、土壤、气候、降水量和水稻种植方式等的空间差异性，综合多因子、长时间、大规模及产量、品质、生态环境效应，形成了以减（减少施用量）-控（调控水肥耦合过程）-阻（阻控水肥流失）为体系的技术措施，与常规单因素分析、单一技术相比，可更有效地提高辽河河口区水肥利用效率，控制农业非点源污染。

稻田退水"沟渠-湿地"生态阻控技术是通过开展原位沟渠整修、生境联通、水生植物栽种和人工浮岛一系列适宜北方地区的沟渠生态阻控措施，结合水力负荷的调控，充分利用沟渠基质和生物作用去除稻田退水中的氮磷污染物，具有一定的先进性。

B. 主要技术经济指标

本书开发的稻田水肥调控技术体系，因地制宜地考虑了辽河河口区区域水文特征及气候特点，不但技术操作简单，且符合当地耕作传统，有效整合了不同生产单元（水、肥、田埂），并实现了不同生产资料的优化配置和高效利用，同时具有使用成本低、增产效果明显、环境效益好、农民易于接受等优点，这些特征都有利于该技术的进一步推广。

针对稻田生产区退水缓流段水体进行原位修复，主要靠水力学调控、微生物降解、植物吸收转化、基质吸附为主要途径将污染物去除，流水水体氧含量基本满足净化需求，技术手段节能环保，美化环境，运行费用较低。

以天然湿地作为氮磷净化场，区别于人工湿地的是它不额外占用土地面积，节约了土地资源；利用现有水线加以改造，并充分利用天然芦苇植被的生物利用和转化作用，不需要额外栽植，可以节约治理成本；退水也是一种资源，通过湿地净化，可以起到尾水利用，同时退水中的氮磷物质对芦苇湿地也是一种营养补充。因此，该技术具有一定的经济性。

4）技术来源及知识产权概况

优化集成。申请国家专利 4 项，已获授权 2 项。

5）实际应用案例

应用单位：辽宁盘锦鼎翔农工建（集团）有限公司。

技术实际应用地点位于辽宁省盘锦市新生镇（41°05′14″N~41°07′02″N，121°50′58″E~121°52′14″E）；应用规模：总控制面积 5.2km²（包括稻田水肥调控示范区 3.8km² 和退水生态阻控示范区 1.4km²），沟渠长度 2.4km。

为解决稻田水肥调控利用率低的问题，实施水肥一体化调控管理，其技术内涵是：遵循水稻植株对水分的需求规律，制定基于"淹水-湿润-短暂落干"方式的间歇灌溉制度；基于叶片氮"指纹光谱"特征，确定水稻在不同生长期的需氮量，实施精准施肥；采用宽埂-作物配置模式，提高养分的田间截留和吸收，减少氮磷外渗途径。实施上述技术后，施用区单位面积增产近 11%，纯氮施用量减少 35.1%，节水 12.5%～18.87%，氮磷减排 19.9%。

为进一步阻控并净化稻田退水中的氮磷，实施退水沟渠-湿地生态阻控。其技术内涵是：根据退水中氮磷在沟渠与湿地中的迁移转化规律，构建沟渠水岸带与植物浮岛，利用本土优势水生植物芦苇、香蒲等，净化退水中氮磷物质；利用傍渠自然坑塘，辅以人工导流、结构整形等措施，增加岸线弯曲度，延长退水停留时间，强化削减退水氮磷物质；通过对湿地导流渠的整形与疏导，强化稻、苇生态单元的水力联结，利用自然湿地的生物吸收与转化功能，实现对退水中氮磷物质进一步净化，氮磷削减 40% 以上。

上述技术实施，共同支撑稻田出水浓度从 6～8mg/L 降低至 5mg/L 以下的目标。开发的稻田水肥调控技术体系，因地制宜地考虑了辽河河口区区域水文特征及气候特点，不但技术操作简单，而且符合当地耕作传统，有效整合了不同生产单元(水、肥、田埂)，并实现了不同生产资料的优化配置和高效利用，同时具有使用成本低、增产效果明显、环境效益好、农民易于接受等优点，这些特征都有利于该技术的进一步推广。稻田退水"沟渠-湿地"生态阻控技术特别适用于北方河口区，大多具备稻田、沟渠和天然湿地等生态单元在空间上相互镶嵌、在水文上相互连通的特征，通过对地表径流和区域水线加以改造，结合相应的管理措施，可充分利用天然湿地处理面源氮磷污染，具有广泛的应用前景。

4. 河口湿地养殖水体污染的物理-生物联合阻控与水质改善技术

1) 基本原理

河口湿地养殖水体污染的物理-生物联合阻控与水质改善技术包括生态用水调控技术与生物-多孔介质联合阻控技术。生态用水调控技术是针对芦苇湿地灌溉用水供需现状，研究苇田进水、出水水流的运动特征和水质变化规律。在此基础上，利用实测水深地形资料建立示范区苇田一、二维水流水质耦合调控模型，通过苇田实测水文资料对模型进行率定、验证相关参数，给出不同水平年满足苇田用水的配置方案。

利用煤渣、沸石及高效有机黏合剂等研发耐冲击负荷、多孔隙的生物填料，以充分利用煤渣和沸石的大比表面积和高吸附性，强化微生物在介质表面的附着效应和介质微孔隙捕捉有机物的吸附效应净化养殖水体中的营养有机污染物。同时利用现有的苇田生态体系，对进水和排水沟渠等水利工程进行改造，开发经济、易操作的导流及布水系统，并根据苇田主要养殖对象——河蟹的水质、水位调控及芦苇生长的水量要求提出分流水量与污染负荷。在出水口附近设置由多孔介质填料组成的生物处理单元，研发适合于苇田养殖水体净化的物理-生物联合阻控技术，进一步去除养殖水体中的营养有机污染物质。

2) 工艺流程

关键技术的实施包括苇田水网调控和生物-多孔介质联合阻控技术应用，过程为"掌握河网水质动态—确定苇田用水调控方案—制备多孔介质生物载体—布放多孔介质净化装置—回收再生"。具体如下：

(1) 首先通过水质监测与调查，掌握河网水质动态变化，得到初始水质参数。

(2) 结合苇田水利设施现状，水站年供水和区域降水预测，模拟调试并确定苇田用水配置方案。

(3) 针对养殖水体 COD 和氨氮较高，不能自净的区域，制备煤渣-沸石复合多孔介质吸附材料，形成可置于苇田污染区域的多孔介质净化载体。

(4) 根据污染区域状况，将净化载体以适宜的方式组合后，实施装置布放，监测其净化效果，并及时调整布放方案。

(5) 回收净化载体，对多孔介质吸附材料进行再生。

3) 技术创新点及主要技术经济指标

本书根据辽河口苇田养殖水体污染特征，从经济有效、可操作性出发研发的物理-生物联合阻控技术通过分析地表水和微咸水资源灌溉苇田产生的生态效应，并根据实测水深地形资料建立了苇田一、二维水流水质耦合调控模型；同时利用煤渣、沸石及高效有机剂等制备了耐冲击负荷的经济型多孔介质材料——煤渣-沸石复合净化球，并在强化湿地净化功能的基础上耦合了多孔介质材料的吸附效应，建立了适用于河口湿地养殖的原位修复技术，解决一般工艺中处理费用较高，占地面积较大，维护和管理较复杂的问题。

在水力参数为 $0.24m^3/d$ 及污染负荷为 $0.48m^3/(m^2 \cdot d)$ 的运行条件下，氨氮和 COD 的进水浓度分别为 $1.5 \sim 1.8mg/L$ 和 $40 \sim 60mg/L$ 时，通过物理-生物联合阻控体系后，其去除均接近 60%。根据设计的苇田循环水净化方案，模拟结果显示：当模拟时段为 $8 \sim 9$ 月时，经过约 21 天的阻控降解，苇田水体 COD 降至 30mg/L 以下、氨氮降至 1.5mg/L 以下。

4) 技术来源及知识产权概况

自主研发，优化集成，申请国家发明专利 6 项，其中授权 2 项。

5) 实际应用案例

应用单位：盘锦市羊圈子苇场。

河口湿地养殖水体污染的物理-生物联合阻控与水质改善技术，是根据辽河河口区苇田养殖水体有机污染特征和苇田主要养殖对象——河蟹的水质、水位调控及芦苇生长的水量要求提出分流水量与污染负荷，并在环沟出水口附近设置由多孔介质填料所组成的生物处理单元，构建芦苇湿地营养有机污染物理-生物联合阻控技术，以改善苇田养殖水体水质，维持苇田生态功能。技术实际应用地点位于辽宁省盘锦市羊圈子苇场。应用规模：工程面积 $31.6km^2$。

$2014 \sim 2016$ 年，该技术成果在辽宁省盘锦市羊圈子苇场进行了应用与示范，通过调节和控制该苇田的水力条件(主要包括进水时间、进水途径和进水量)并结合排水处的生物处理单元，完成了对氨氮和 COD 的净化作用。运行期间的净化结果表明，在氨氮和 COD 的进水浓度分别为 $0.17 \sim 0.66mg/L$ 和 $28 \sim 67mg/L$ 的前提下，在既能满足苇田主要养殖对象——河蟹的水动力要求又能实现水质优化的最佳进水流量(10L/h)及 $0.48m^3/(m^2 \cdot d)$ 的污染负荷的运行条件下，出水氨氮和 COD 浓度分别为 $0.12 \sim 0.38mg/L$ 和 $19 \sim 30mg/L$，去除率均接近50%，从而确保了苇田水体中COD降至30mg/L以下，氨氮降至1.5mg/L以下。

盘锦芦苇湿地面积较大，苇田的环沟内均存在虾、鱼和蟹的养殖。受养殖的影响，在芦苇收获的季节，会有大量的有机物和营养物质附苇田排水进入河流乃至海洋。该成果应用于养殖苇田湿地，可有效解决苇田养殖水体的污染问题，减少进入其他水体中的污染物质的量，具有广泛的应用前景。

5. 河口区退化芦苇湿地生境修复技术

1）基本原理

芦苇群落是辽河口湿地的主要植物群落类型，对维持湿地的生态功能具有决定性作用。然而近年来由于淡水资源缺乏、苇田内水循环不畅、人为干扰加强等综合因素作用，芦苇湿地原有生境被改变，局部区域出现了严重的退化现象[14]。因此，针对退化芦苇湿地出现的基底不平、营养失衡、水量分配不均等问题，对退化芦苇湿地的生长环境进行改良和修复，对于修复植物群落结构、改善植物群落生态功能具有重要实践意义。

河口区退化芦苇湿地生境修复技术包括水盐调控技术和土壤改良技术。以"三灌两排"的水分调控[15]和淡咸水间隔灌排的盐分调控为基础形成苇田湿地用水的水盐调控技术；通过表层土壤疏松、施用芦苇专用的微生物菌剂促进土壤氮磷营养平衡，通过强化湿地水循环改善土壤含氧量，加速有机质矿化[16]，物理和生物共同作用形成土壤改良技术。在生境修复技术的基础上，采用生长素浸泡苇根，采用扦插栽植，促进芦苇生长，实现植被的快速恢复。

2）工艺流程

工艺流程为"土壤改良—水盐调控—高效植建"。具体如下：

（1）利用机械工具，在盐度较高的区域，采用表层疏松的方式，打破原有黏重碱壳，减轻毛管作用，减少盐分表聚过程，促进水分入渗和排盐。

（2）施用芦苇专用微生物菌剂，促进土壤养分的矿化作用及植物残体的养分释放，进而改善土壤肥力，平衡芦苇生长的营养需求。

（3）根据芦苇生态需水量及需水窗口期，确定单位面积灌溉量；根据芦苇耐盐性及耐盐规律，确定可利用淡咸水盐度范围，采用"三灌两排"的水分调控方式和淡咸水间隔灌排的盐分调控方式，通过水盐协调管理，为辽河口芦苇群落土壤环境的恢复创造环境条件。

（4）在生境修复完成后，以生长素喷洒在采集的芦苇根茎上，采用苇根扦插方式进行栽植，促进苇根生根发芽。

3）技术创新点及主要技术经济指标

河口区退化芦苇湿地生境修复技术包括水盐调控盐技术和土壤改良技术，通过各种技术的组合运用，达到芦苇湿地生境修复、芦苇生物量提高的目的。土壤改良技术是在土壤机械耕作基础上，通过微生物菌剂所独有的氮合成、磷释放等生物作用，保证芦苇生长急需的氮、磷等营养元素的有效供应，并且一次施用可以长期有效，减少了过多的人为干扰，降低了应用成本，该类菌剂在芦苇生态修复中施用国内外还未见报道。第三方机构对芦苇湿地生境修复技术进行查新检索后，认为采用的"三灌两排"的调控措施、降低了表层土壤盐分，促进芦苇群落的正向恢复；疏松表层土壤、施用芦苇专用微生物菌剂，降低了盐分的表聚现象，平衡了土壤养分，提高了芦苇群落的生物量，具有新颖性。

通过在盘锦市羊圈子苇场芦苇植被严重退化湿地进行工程示范和应用，芦苇生物量提高了 20%以上，节约淡水 $8000m^3/km^2$ 以上，生态功能明显提升，取得了良好的修复效果。该技术周期短、实施管理方便、生态修复效果良好，具有很好的环境效益。

通过示范工程建设及关键技术应用，芦苇生物量得到较大的提升，由 $500g/m^2$ 提高至 $1000g/m^2$，增加了生物量，合计增加芦苇质量为 $500t/km^2$，按当前价格为 300 元/t，可增加经济价值 15 万元/km^2，扣除工程投资、运行管理成本及芦苇收割成本(每吨约 100元)，则每年可增加经济效益为 4.22 万元/km^2。2009 年，辽河口芦苇湿地面积为 $670km^2$，其中退化面积超过 10%，如退化芦苇湿地全部修复后，可每年增加芦苇产值约 283 万元，经济效益显著。

4)技术来源及知识产权概况

技术来源于自主研发及优化集成，申请发明专利 5 项、实用新型专利 1 项，其中授权发明专利 1 项。

5)实际应用案例

应用单位：盘锦市羊圈子苇场。

本技术包括水盐调控技术和土壤改良技术，2014～2016 年，在盘锦市羊圈子苇场进行应用并示范，示范面积 $2.1km^2$。自主研发的微生物固氮、释磷菌剂能够明显改善土壤氮、磷等营养环境，促进芦苇营养吸收，是提高退化湿地生物量的关键措施之一。

在技术应用之前，2013 年 7 月示范工程区平均生物量为 $0.548kg/m^2$；技术应用后，2015 年 7 月、2016 年 7 月，示范工程区地表生物量干重分别达到了 $1.359kg/m^2$、$1.535kg/m^2$，增长了一倍以上；通过控制灌排次数和淡咸水水量，水资源利用效率大幅提高，平均节约淡水 $8000m^3/km^2$ 以上。通过退化芦苇湿地生境修复技术的实施，以及后期田间水肥条件管理，退化芦苇湿地生物量及生态功能逐渐提升，这将对辽河河口区退化芦苇湿地的生态修复起到较好的示范作用。

该技术成果对于修复植物群落结构、改善植物群落生态功能、提升湿地的生态价值具有重要实践意义，在滨海湿地生态修复中具有施工周期短、实施及管理方便、生态恢复效果好等优势，可为我国北方河口湿地生态修复提供理论指导和技术支持，具有较好的社会效益和经济效益，具有广泛的应用前景。

8.3 辽河河口区水质改善与湿地水生态修复技术工程示范

8.3.1 水质改善与湿地水生态修复技术示范工程基本信息

开展了辽河河口区水质改善与湿地水生态修复技术的工程示范，基本信息见表 8-2。

表 8-2　水质改善与湿地水生态修复技术示范工程基本信息

编号	名称	承担单位	地方配套单位	地址	技术简介	规模、运行效果简介	技术推广应用情况
1	河口区有机污染物削减技术示范工程	中国科学院沈阳应用生态研究所	辽宁盘锦鼎翔集团农业公司，盘锦森源盛实业有限公司	辽河油田曙光地区	河口区烃类有机污染物的强化阻控与水质改善技术，包括厌氧/好氧-共代谢组合削碱和有毒有机污染物电动修复技术	示范区面积为井场周边地区1km²，运行后石油烃的去除率达到50%以上	电动-微生物耦合修复技术已被批准为国家重点环境保护实用技术，并在吉林、胜利油田进行了推广应用
2	油田开采区污染物湿地净化技术示范工程	中国科学院沈阳应用生态研究所	辽宁盘锦鼎翔集团农业公司，盘锦森源盛实业有限公司	辽河油田曙光地区	石油开采破坏性湿地净化能力的仿真模拟与优化设计，包括水资源的时空调配和养分调控仿真模拟与优化设计	示范工程面积12km²，通过水资源调配和养分调控，湿地水体中石油烃得到大幅度削减，示范区内石油烃的去除率达到20%以上	示范工程在运行效果、实施成效上取得了较好的效果，可在其他地区开采区推广应用
3	稻田生态系统氮磷营养物控制技术示范	沈阳大学	辽宁盘锦鼎翔农工建设（集团）有限公司	辽宁省盘锦市新生镇	稻田水肥一体化调控及稻田生产区水"沟渠-湿地"生态阻控两项技术	示范工程总控制面积5.2km²（包括稻田水肥调控示范区3.8km²和退水生态阻控示范区1.4km²），沟渠长度2.4km；通过技术示范稻田出水浓度从6~8mg/L降低至5mg/L以下	示范工程在运行效果、实施成效上取得了阶段性成果，待条件成熟后在公司所属稻田推广应用
4	河口区苇田养殖水体污染阻控技术示范工程	中国海洋大学、盘锦市苇田科学研究所	盘锦市羊圈子苇场	盘锦市羊圈子苇场	建立苇田养殖水体的物理-生物联合阻控技术，改造水利工程进行，开发导流及布水系统，降低有机污染	总面积31.6km²，实现苇田排放水体COD降至30mg/L以下，氨氮降至1.5mg/L以下	在羊圈子苇场胜利分场进行推广应用。苇田排水COD25.8mg/L，氨氮0.27mg/L
5	河口湿地芦苇湿地生态修复关键技术示范工程	中国海洋大学、盘锦市苇田科学研究所	盘锦市羊圈子苇场、盘锦市东郭苇场	盘锦市羊圈子苇场	建立河口区退化芦苇湿地生态修复技术，改善水体贫氧环境，强化有机质降解，应用芦苇专用微生物菌剂改良土壤养条件，促进营养养平衡；加强水资源管理和调配，合理利用淡咸水资源	总面积2.1km²。实现生物量增长60%（以平均生物量547g/m²为基准），年均节约淡水8000m³/km²	在羊圈子苇场进行应用，植物生物量得到较大提高

8.3.2 水质改善与湿地水生态修复技术示范工程

1. 河口区有机污染物削减技术示范工程

该示范工程主要针对油田开发对湿地造成的污染和破坏问题,以井场周边累积性难降解烃类污染物削减为重点,采用河口区累积性烃类有机污染物的强化阻控与水质改善关键技术难降解石油烃类有机污染物的削减去除。主要集成电动-微生物耦合修复技术和厌氧/好氧-共代谢组合削减技术两项支撑技术完成井场周边土壤及湿地有机烃类污染物质的削减。电动-微生物耦合修复技术以电化学氧化和生物降解协同作用为核心,进行了修复设备及修复材料研发,通过系统工艺参数优化,有效调控电场强度与生物群落的空间分布,从而提高污染物的去除效率,实现土壤中石油污染物的高效削减。在井场周边湿地污染物扩散区,利用湿地中厌氧和好氧微生物协同作用和共代谢作用进行烃类污染物的削减,该技术以厌氧/好氧-共代谢协同作用为工艺核心,进行厌氧/好氧交替处理,促进难降解污染物的降解,建立湿地水体中污染物的厌氧/好氧-共代谢组合削减工艺,辅以人工调节淹水及落干状态,优化停留时间,实现湿地中污染物的快速去除。

示范工程位于辽河油田曙光地区(41°08′50.01″N~41°10′0.49″N,121°48′37.84″E~121°50′23.06″E),示范区面积为井场周边地区 1km²。负责单位为辽宁盘锦鼎翔集团农业公司和盘锦森源盛实业有限公司。

示范区分为 4 个控制小区,根据每个小区内土壤中污染物分布特征采取针对性的强化阻控技术和削减技术。针对井场周边重污染区域,采用电动-微生物耦合修复技术,建立极性切换的电极技术模式,实现湿地难降解有机污染物的高效削减。在污染扩散区,采取厌氧/好氧-共代谢组合技术对烃类污染物进行阻控,利用地表水体的结构特点,辅以人工构筑设施,实现水体中污染物的分级去除。

辽宁盘锦鼎翔集团农业公司和盘锦森源盛实业有限公司负责示范工程的运行维护和管理,包括设备维护、菌剂助剂补加、水分水量调配等;中国科学院沈阳应用生态研究所负责示范过程中样品采集及测定。示范工程建设后,壤中石油烃得到大幅度削减,总石油烃去除率达到 60%以上。电动-微生物耦合修复技术已被批准为国家重点环境保护实用技术,并在胜利油田等地进行了推广应用(图 8-4)。

图 8-4 河口区有机污染物削减技术示范工程设备及建设情况

2. 油田开采区污染物湿地净化技术示范工程

该示范工程主要针对河口区油田开采地面工程等造成的湿地结构破坏、种群退化及污染物净化功能丧失问题，根据示范区现有地貌形态和现有沟渠及湿地分布情况，将不同地貌单元区分出来，根据每个单元的现有水量、污染现状、氮磷等营养状况、净化能力等，对每个单元的补水量及氮磷营养进行合理配置，设计补水线路及营养调配时间。具体技术单元如下。

(1)湿地有机污染净化系统水资源时空调配：根据每个单元现有水量和生态需水量，计算每个单元湿地不同季节所需补水量，通过调整湿地布水，实现湿地水资源优化配置。

(2)湿地有机污染净化系统养分调控：在合理配置湿地系统石油污染负荷的条件下，进行了湿地物质养分调配量，通过调整自然净化时间，建立湿地有机污染净化系统养分调控工艺，提高湿地生态系统内烃类总体净化能力。

(3)河口石油开采区湿地水环境仿真：统筹考虑水量与营养的影响，通过仿真模拟进行双因子调控，实现湿地生态系统水量及养分的优化调控，使破坏性湿地净化功能恢复。

示范工程位于辽河油田曙光地区($41°08'50.01''N\sim41°10'0.49''N$，$121°48'37.84''E\sim121°50'23.06''E$)，示范区面积为油田作业区破坏性湿地 $12km^2$。示范工程建设单位为辽宁盘锦鼎翔集团农业公司和盘锦森源盛实业有限公司。

根据方案整体的设计思路，在室内作业(图像解译、地形图数字化)的基础上，结合野外实地考察、影像纠正等工作，对示范区湿地进行分区单元划分，具体依据如下：根据湿地内水分分布规律如分布位置、面积、水深等水文特征来划分；根据湿地内井场分布密度、地面工程、沟渠情况来划分；根据湿地内污染物分布情况及现有净化能力划分；根据湿地内氮、磷营养状况划分。

具体实施过程包括补水与养分调控单元划分(图 8-5)；补水点及养分调控单元确定；补水单元水量配置设计及营养调配方案；不同保证率下的湿地补水量及营养调配方案；补水时间和营养调控时间设置(图 8-6)。

设计图说明

　　研究区总面积13km²，设计根据河流、灌渠、道路等共划分为4大区域Ⅰ、Ⅱ、Ⅲ、Ⅳ。区域内部又根据小灌渠和道路各自分成了小区域，其中Ⅰ区包括Ⅰ(1)、Ⅰ(2)，Ⅱ区包括Ⅱ(1)、Ⅱ(2)、Ⅱ(3)、Ⅱ(4)、Ⅱ(5)、Ⅱ(6)，Ⅲ区包括Ⅲ(1)、Ⅲ(2)、Ⅲ(3)、Ⅲ(4)，Ⅳ区包括Ⅳ(1)、Ⅳ(2)、Ⅳ(3)。

　　详细情况如下。

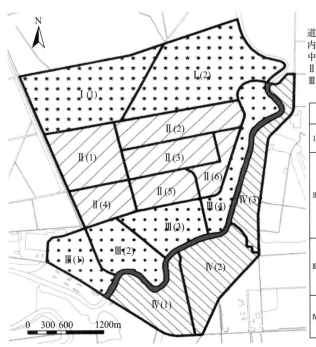

	编号	位置	总面积/km²	芦苇面积/km²	水塘面积/km²	沟渠面积/km²	井场面积/km²	芦苇覆盖率/%
Ⅰ	Ⅰ(1)	41.173°~41.183°N, 121.799°~121.827°E	1.342	1.635	0.137	0.054	0.006	88.76
	Ⅰ(2)	41.173°~41.185°N, 121.817°~121.849°E	2.177	0.567	0.224	0.078	0.008	85.76
Ⅱ	Ⅱ(1)	41.163°~41.172°N, 121.801°~121.815°E	1.043	0.971	0.026	0.035	0.008	93.10
	Ⅱ(2)	41.163°~41.172°N, 121.814°~121.833°E	0.933	0.577	0.018	0.032	0.006	94.00
	Ⅱ(3)	41.163°~41.168°N, 121.815°~121.833°E	0.734	0.642	0.025	0.0232	0.044	87.47
	Ⅱ(4)	41.157°~41.163°N, 121.803°~121.816°E	0.552	0.572	0.103	0.009	0.068	67.39
	Ⅱ(5)	41.155°~41.164°N, 121.815°~121.828°E	0.544	0.242	0.096	0.011	0.195	44.49
	Ⅱ(6)	41.159°~41.168°N, 121.826°~121.838°E	0.401	0.172	0.084	0.056	0.039	42.89
Ⅲ	Ⅲ(1)	41.147°~41.157°N, 121.797°~121.809°E	0.324	0.294	0.023	0.020	0.284	47.34
	Ⅲ(2)	41.150°~41.158°N, 121.805°~121.819°E	0.803	0.219	0.123	0.065	0.356	32.25
	Ⅲ(3)	41.151°~41.159°N, 121.811°~121.828°E	0.787	0.245	0.120	0.075	0.336	31.51
	Ⅲ(4)	41.153°~41.174°N, 121.828°~121.844°E	0.839	0.591	0.156	0.068	0.024	70.44
Ⅳ	Ⅳ(1)	41.139°~41.152°N, 121.807°~121.822°E	0.924	0.338	0.086	0.071	0.429	36.58
	Ⅳ(2)	41.139°~41.154°N, 121.822°~121.837°E	1.123	0.863	0.194	0.054	0.042	74.85
	Ⅳ(3)	41.150°~41.175°N, 121.833°~121.850°E	0.811	0.572	0.143	0.086	0.010	70.53

图8-5　油田开采区污染物湿地净化示范工程总体设计及单元划分

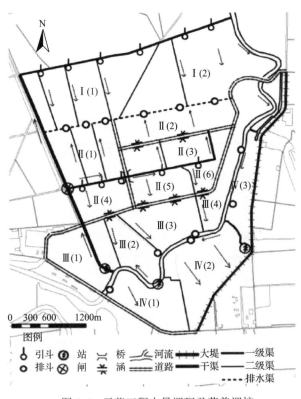

图例

引斗　站　桥　河流　大堤　一级渠
排斗　闸　涵　道路　干渠　二级渠
　　　　　　　　　　　　　排水渠

图8-6　示范工程水量调配及营养调控

辽宁盘锦鼎翔集团农业公司和盘锦森源盛实业有限公司负责示范工程的运行维护和管理，包括设备维护、菌剂助剂补加、水分水量调配等；中国科学院沈阳应用生态研究所负责示范过程中样品采集及测定。对示范工程建设前后石油烃的跟踪监测，发现通过示范工程实施，湿地水体中石油烃得到大幅度削减。在每个修复小区设置进水口和出水口，跟踪监测发现，示范区内石油烃的去除率达到 20%以上。该技术紧密结合了油田作业区破坏性湿地特点，为"油田开采区污染物湿地净化工程示范"的核心关键技术，采用该技术后湿地烃类有机污染物净化率可以超过 20%，可以为恢复湿地生态功能提供保障，而且对整个辽河三角洲地区的环境保护起到了重要的作用(图 8-7)。

(a) 土地平整

(b) 导流系统

(c) 沟塘填平

(d) 流量控制系统

图 8-7　示范工程建设情况

3. 稻田生态系统氮磷营养物控制技术示范

示范的关键技术为河口区稻田生态系统面源污染控制与水质改善技术。包括稻田水肥一体化调控技术和稻田生产区退水沟渠-湿地生态阻控技术。示范工程依托辽宁盘锦鼎翔农工建(集团)有限公司稻田改造项目，并由该公司进行投资建设、施工运行和监督管理。

在稻田水肥调控方面，在河口区稻田水分灌溉最优制度筛选、稻田肥料元素配比参数及施用方案优化、稻田田埂布局及宽度调整、生态田埂作物品种与种类组合筛选的基础上，结合稻田灌水、排水系统改良、不同宽度稻田田埂构建、不同元素配比肥料施用、生态田埂不同植被单作种植与间作栽培等技术体系，实现稻田内水肥的减量化，从源头上削减面源氮磷污染。

在沟渠-湿地生态阻控方面，利用稻田生产区分布的退水支渠、干渠、自然坑塘、天然湿地等生态单元,通过人工诱导、自然强化等方法,结合水岸带复合植物体系构建、生态沟渠设计、生态单元联结等技术措施,对退水中的氮磷进行沟渠-湿地多级生态削减。通过对示范区沟渠退水的监测指标(总氮、氨氮和硝氮)的测定,在蘖肥期和追肥期稻田出水口下游沟渠中各形态氮均有不同程度的削减。

以上两项成果均在辽河河口地区辽宁盘锦鼎翔农工建(集团)有限公司水稻种植及周边河网水质改善中得到应用。稻田水肥调控技术示范结果显示,稻田出水中氨氮浓度和土壤中硝态氮流失有明显的下降,经初步统计,技术施用区单位面积增产近11%,纯氮施用量减少35.1%,节水12.5%~18.87%,减排19.9%。

项目承担单位沈阳大学与辽宁盘锦鼎翔农工建(集团)有限公司建立合作长效机制,定期就示范工程项目进行沟通,明确双方责任,并就示范工程配套事宜签订协议。沈阳大学负责技术指导。辽宁盘锦鼎翔农工建(集团)有限公司作为示范工程的责任管理单位负责对示范项目及其配套设施实施建设、管理和养护,负责统一监督管理及对项目运行的组织、协调、指导和考核;设立相应的项目管理机构,安排人员负责项目及其配套设施的运行和维护,建立定期巡查制度,及时制止侵占、破坏或损坏项目及其配套设施的行为。示范工程在运行效果、实施成效上取得了阶段性成果,待条件成熟后在公司所属稻田推广应用(图8-8、图8-9)。

图 8-8 水肥调控技术在示范工程中的应用

图 8-9 植物构建技术示范

4. 河口区苇田养殖水体污染阻控示范工程

示范的技术有以下三项。

(1) 苇田生态用水调控技术：针对芦苇湿地水量性缺水及苇田养殖造成芦苇湿地水体污染、生态功能下降问题，研发的河口区苇田用水苇田生态用水调控技术，根据实测水深地形资料建立苇田一、二维水流水质耦合调控模型，调试人工构筑物涵洞、闸、水泵的运行参数。

(2) 苇田环沟导流系统：利用现有苇田生态体系，耦合水质水量调控技术，根据苇田河蟹养殖的水质、水位状况及芦苇生长的水量要求，提出分流水量与污染负荷，开发经济、易操作的导流及布水系统。

(3) 苇田养殖水体物理-生物联合阻控技术：根据养殖水体有机污染特征，利用煤渣、沸石及高效有机黏合剂等开发研制耐冲击负荷、多孔隙的生物填料，以充分利用炉渣和煤渣的大比表面积和高吸附性，强化微生物和介质微孔隙捕捉有机物的吸附效应，在出水口附近辅助设置由多孔介质填料所组成的生物处理单元，构建芦苇湿地营养有机污染物理-生物联合阻控技术，净化养殖水体中的营养有机污染物。

河口区苇田养殖水体污染阻控示范工程位于绕阳河与辽河交汇处的盘锦市羊圈子苇场，示范区面积为 $31.6 km^2$，示范工程负责单位为盘锦市芦苇科学研究所。示范工程建设时间为 2013 年 1 月~2016 年 12 月。建设内容包括：①闸门、涵洞维修与维护工程，维修及维护的闸门 10 个，其中进水闸门 5 个，排水闸门 5 个，维修及维护的涵洞 46 个；②渠道清淤与平整工程，对 8.4km 上水干渠和 9.6km 排水干渠进行清淤和平整；③苇田环沟太阳能水泵导流系统工程，根据地势将苇田分成若干个地块，并设以边沟和格坝，以利于淡水压盐、边沟排盐和水力调配控制；④环沟内多孔介质材料布设工程；结合环沟原位布设多孔介质笼。通过工程示范，实现苇田排放水体 COD 降至 30mg/L 以下、氨氮降至 1.5mg/L 以下的目标。

监测从 2015 年 5 月中旬苇田进水开始，每月中旬前后采集水样 1 次，至 9 月下旬苇田放水将近结束，共 6 次。监测从 2016 年 6 月中旬开始，每月中旬前后采集水样 1 次，至 9 月下旬苇田放水将近结束，共 4 次。结果显示湿地排水口 COD 约为 26.3mg/L，氨氮约为 0.17mg/L，COD、氨氮去除率分别为 49%、44%。示范工程运行良好，排水水质符合建设目标要求(COD 低于 30mg/L、氨氮低于 1.5mg/L)。

河口湿地养殖水体污染的物理-生物联合阻控与水质改善技术在羊圈子苇场胜利分场进行推广应用。推广区 2015 年、2016 年苇田排水水质 COD 约为 48mg/L，氨氮约为 1.2mg/L；通过上述技术中的生态用水调控技术的推广应用，2017 年 7~8 月监测结果表明，该苇田排水水质 COD 约为 25.8mg/L、氨氮为 0.27mg/L，苇田排水水质明显改善，芦苇产量有所提高，说明该技术具有重要的推广价值(图 8-10)。

芦苇

煤渣-沸石多孔介质球

苇田养殖水体

物理-生物联合阻控体系

图 8-10　渠道清淤与平整、闸门、涵洞维修与维护工程及多孔介质材料布设

5. 河口湿地芦苇群落生态修复关键技术示范工程

示范的关键技术为河口区退化芦苇湿地生境修复技术，包括以水利工程为基础建立的水盐调控技术、以微生物菌剂为基础建立的土壤改良技术和高效植建技术。

河口湿地芦苇群落生态修复关键技术示范工程位于绕阳河与辽河交汇处的盘锦市羊圈子苇场，示范区面积为 2.1km^2，示范工程负责单位为盘锦市芦苇科学研究所。示范工程建设时间为 2013 年 1 月～2016 年 12 月，建设内容包括三部分。

(1)针对示范区地势高低不平导致的湿地沼泽化、荒漠化、盐渍化问题而开展的高洼地整平工程。

(2)针对水资源短缺、淡水利用效率低而开展的围堤、格堤修建、灌排水渠维修与清淤等工程建设。

(3)关键技术分区建设。①土壤改良：针对土壤生态环境退化、营养失衡区域，进行微域改土、微生物菌剂改良；②促进湿地水循环：改善水动力条件，提高水体及湿地氧含量，促进污染降解；③水盐调控：优化湿地灌排水时间和水量，合理利用微咸水，提高淡水利用效率；④芦苇高效植建：采用人工植建方式进行生态恢复，人工栽植芦苇 110 万根。

示范工程建设后，实行分区划片运行管理，在统一应用"三灌两排"的灌排水策略基础上，根据芦苇生态需水需盐特性，在第二次灌水时利用 3‰淡咸水，通过土壤改良和水盐调控提升芦苇生物量和节约淡水资源。

通过示范工程建设和关键技术应用，打通了芦苇灌排水通道，改善了湿地土壤氮、磷等营养条件，满足了芦苇的需水需盐过程，强化了水资源高效使用。第三方监测显示，2013 年 7～8 月示范工程区平均生物量分别为 534g/m²、1080g/m²(背景值)，2015 年 7～8 月，示范工程区地表平均生物量干重分别已经达到 1359g/m²、1787g/m²，增长 65%，2016 年 7～8 月，示范工程区地表平均生物量干重分别已经达到 1535g/m²、1943g/m²，增长 80%；通过控制灌排次数和水量，并考虑部分应用淡咸水，水资源利用效率大幅提高，平均节约淡水 1200m³/km²。通过卫星遥感影像分析结合现场调查结果，示范工程区 2013 年 7 月平均生物量为 548g/m²，2015 年 7 月平均生物量为 1119g/m²，生物量增长达100%。通过生境修复技术的实施及后期田间水肥条件管理，退化芦苇湿地生物量及生态功能逐渐提升，对辽河河口区退化芦苇湿地的生态修复起到较好的示范作用(图 8-11、图 8-12)。

图 8-11　排灌渠维护及水盐调控分区示范工程

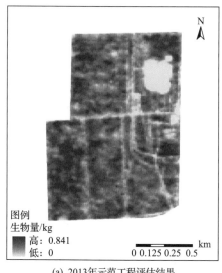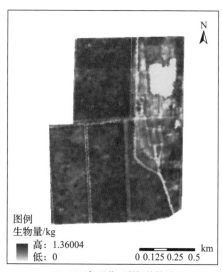

(a) 2013年示范工程评估结果　　　　　　(b) 2015年示范工程评估结果

图 8-12　示范工程区 7 月生物量卫片解析

　　退化芦苇湿地生境修复技术在羊圈子苇场大台子分场选择盐度高、苇田退化严重的区域进行推广应用，推广区 2015 年、2016 年的芦苇产量约为 300t/km²，通过上述技术中水盐调控"三灌两排"等技术的应用，2017 年 7～8 月监测结果表明，该区芦苇产量平均可达近 500t/km^2，产量明显提高，直接增加经济效益约 8 万元/km^2，增效显著，具有很高的推广应用价值。

参 考 文 献

[1] Ji G D, Sun T H, Ni J R. Impact of heavy oil-polluted soils on reed wetlands. Ecological Engineering, 2007, 29: 272-279.

[2] 冷延慧, 郭书海, 聂远彬, 等. 石油开发对辽河三角洲地区苇田生态系统的影响. 农业环境科学学报, 2006, 25(2): 432-435.

[3] 罗先香, 张秋艳, 杨建强, 等. 双台子河口湿地环境石油烃污染特征分析. 环境科学研究, 2010, 23(4): 437-444.

[4] 胡迪, 李川, 董倩倩, 等. 油田区土壤石油烃组分残留特征研究. 环境科学, 2014, 35(1): 227-232.

[5] 王坚, 张旭, 李广贺, 等. 石油污染土壤物化修复前后生物毒性效应. 环境科学, 2012, 33(4): 1352-1360.

[6] 王彦华, 郭书海, 李刚, 等. 基于数字高程模型的生态净化系统分析与设计. 应用生态学报, 2010, 21(4): 1038-1042.

[7] 李昱, 孟冲, 李亮, 等. 生态沟渠处理农业面源污水研究现状//2019 中国环境科学学会科学技术年会论文集(第二卷). 北京: 中国科学学会, 2019, 1407-1411.

[8] 季现超. 辽河河口区稻田退水过程氮迁移转化规律研究. 沈阳: 沈阳大学, 2016.

[9] 樊玉清, 赵越, 洪波, 等. 双台子河口芦苇湿地盐分离子空间变化与植物群落退化演替关系. 中国海洋大学学报(自然科学版), 2014, 44(7): 91-94.

[10] 师振华. 植物根际促生菌剂的研发及其对芦苇生长发育的促进作用. 青岛: 中国海洋大学, 2015.

[11] 吕学东. 稻田退水沟渠-湿地净化技术研究. 沈阳: 沈阳大学, 2015.

[12] 王翔, 张伟, 杨文辉, 等. 三级处理塘与生态沟渠用于农业面源污染治理. 中国给水排水, 2019, 18: 94-98.

[13] Wang J L, Chen G F, Fu Z S, et al. Application performance and nutrient stoichiometric variation of ecological ditch systems in treating non-point source pollutants from paddy fields. Agriculture, Ecosystems & Environment, 2020, 299: 106989.

[14] 郑云云. 辽河口退化湿地土壤理化性质及其对芦苇生长影响. 青岛: 中国海洋大学, 2014.

[15] 胡逸萍. 盘锦辽河三角洲芦苇发育生长与苇田灌溉模式浅析. 现代农业, 2015, (2): 101-102.

[16] 王宁宁, 赵阳国, 孙文丽, 等. 溶解氧含量对人工湿地去除污染物效果的影响. 中国海洋大学学报(自然科学版), 2018, 48(6): 24-30.

第四篇　浑河水污染治理与水生态修复研究

- 系统介绍了水专项在浑河源头区大伙房水库及其上游、浑河沈抚段快速城市化区域、浑河中游沈阳城市段开展的水污染治理和水生态修复技术研究与工程示范。研究成果为浑河水污染治理和水生态修复提供了技术支撑。

- 浑河上游源头区大伙房水库及上游针对水源涵养林结构不良、汇水区水源涵养功能衰退和河库周边生态环境修复等问题，突破了以水源涵养林结构改善与功能提升为核心的5项关键技术，开展了5项工程示范。

- 浑河沈抚段针对快速城镇化进程中河流从自然河流向城市内河转型的环境污染和生态功能退化等问题，突破了混合面源污染生态削减和岸带生态阻控等4项关键技术，开展了3项工程示范。

- 浑河中游针对沈阳段水污染控制与水环境治理技术需求，主要开展了制药园区尾水综合处理、城市河流水环境治理等技术研发，突破了5项关键技术，形成了3套技术方案，开展了5项工程示范。

第 9 章

浑河上游水环境生态修复与生态水系维持关键技术研究与示范

　　浑河上游拥有辽宁省最重要的饮用水水源地大伙房水库,其生态地位和功能十分重要,是涵养水源、保持水土,保障水源地生态安全,确保库区及下游水质清洁、水量充沛的关键所在。"十二五"期间,水专项浑河上游水环境生态修复与生态水系维持关键技术及示范研究,以浑河上游源头区大伙房水库周边及上游区域为对象,针对源头区水源涵养林结构不良,汇水区水源涵养功能衰退,水量逐年减少,水体污染日趋严峻,河库周边生态环境亟待修复等问题,科学评价了水环境生态安全格局,系统划分源头区水源地保护区等级,突破了以水源涵养林结构改善与功能提升为核心的 5 项关键技术,形成了集源头区水源涵养林结构优化与调控、低效水源涵养林改造和河库周边滨水植被结构调控与空间配置 3 套关键技术体系于一体的水源涵养与水生态功能恢复的植被优化与改造技术标志性成果,构建了水源涵养林功能恢复、河库区周边水质改善、流域面源污染控制的"山水林田湖"综合治理与恢复的格局。相关技术已在浑河上游区推广应用,森林单位面积水源涵养量提高了 5%~10%,示范区水质达到地表水 II 类,有力地支撑了浑河上游区的水环境改善与水生态恢复。该技术成果适合在我国北方以森林为主要地貌的河流源头区推广应用,为河流上游区的生态恢复提供了典型范例。

9.1 概　　述

9.1.1 研究背景

　　大伙房水库位于辽河重要支流浑河上游,总库容 22 亿 m^3,是辽宁省最大的饮用水源地[1],大伙房水库的水质水量关系着辽宁省 2600 万人的饮水安全。浑河上游流域面积约 2700km^2,是大伙房水库的主要集水区,径流量占大伙房水库入库水量的 52.7%,区域内森林覆盖率达 70%以上。森林的水源涵养[2]功能影响着全流域的水质安全与水量供给,上游区供给水量的多少、水质的优劣,均对大伙房水库的生态安全产生重要影响,关系着辽宁中部城市群工农业生产及生活用水安全,是东北老工业基地振兴的重要环境支撑。

　　近年来,由于上游区森林资源不合理开发,以及农业生产等原因造成森林面积减少、森林结构改变、森林土壤和枯枝落叶层的涵养水源功能下降。据中国科学院清原森林生态系统观测研究站近 10 年的监测研究表明:天然次生林涵养水源能力为原始林的 70%~80%,落叶松人工林土壤饱和持水量为天然次生林的 80%;且人工落叶松水源涵养林地表径流的 pH<5.2,低于天然次生林地表径流的 pH(6.3),极易引起河流水体酸化;以浑

河上游的北口前水文站为例，1950~2010 年，该断面的年平均径流量从 7.08 亿 m³ 下降到 5.11 亿 m³，20 世纪 80 年代最低至 4.4 亿 m³，近些年年际间波动加大。同时，受上游地区水土流失，点、面源污染的影响，入库河段的总氮、总磷均超过地表水 II 类标准，库区总氮年均值为 2.41mg/L（超标 5 倍），总磷年均值为 0.2mg/L（超标 2 倍）。

水专项辽河项目浑河上游水环境生态修复与生态水系维持关键技术及示范研究以"一股清水溢满池"为目标，在浑河上游开展以水环境生态修复与生态水系维持为重点的技术研发，突破了源头区水源涵养与水生态功能恢复的植被优化与改造、河/库周边植被结构与空间配置、点/面源污染控制与水质改善等关键技术，为确保大伙房水库水质、水量安全，持续改善浑河上游区水生态环境提供技术支撑。

9.1.2 水环境生态修复与生态水系维持关键技术成果

1. 针对源头区天然次生林破坏严重，水源涵养、水量调控功能锐减等问题，研发源头区水源涵养林结构优化与调控技术体系，提升源头区天然次生林的涵养水源能力

浑河上游地区的森林覆被率超过 70%，其中天然次生林占主体地位（约 60%）。针对天然次生林垂直结构不明显、更新能力不足，部分林型的水源涵养功能下降等问题，应用生态学原理，基于林窗调控理论与生态疏伐等理论，在浑河上游开展不同林型林冠截留、枯落物持水能力和土壤拦蓄水量研究[3-8]，分析不同林型对地表径流水质的影响，以明晰不同林型的水源涵养与净化水质能力，筛选最优水源涵养林结构模式，提出高效水源涵养林结构配置参数，研发源头区水源涵养林结构优化与调控技术体系。该技术体系包括林窗更新调控、生态疏伐、林冠下更新三大核心技术，其中，林窗更新调控技术拥有自主知识产权（林窗大小、面积、上/下限等发明专利），破解了森林更新过程中原生境、干扰小、恢复快的结构调控世界性难题；林冠下更新技术突破现有行业技术规程，打破原有的森林更新只采用渐伐、择伐、带状或块状皆伐等方法，提出林冠下更新技术，增加林下灌草植物多样性 10%；将原有 5 级分类法的疏伐技术拓展为生态疏伐技术，由注重单一的木材生产，转变为以水源涵养功能提升为重点，提高单位面积森林涵养水量 5%~10%。

该技术体系一方面将森林经营技术与水源涵养功能提升有机地结合，促进行业间技术融合；另一方面突破现有林业技术规程限制，提出强度抚育，优化林分结构（林窗调控、冠下更新等），从而提升了上游源头区森林植被的涵养水源、净化水质能力。其核心技术已编入《辽宁·清原·国家级森林经营样板基地建设》实施方案，应用于国家森林可持续经营试验与示范区建设，为示范区建设提供技术支撑。

2. 针对上游地区人工林树种单一、结构失控、功能失调、涵养水源能力低下等问题，研发源头区人工水源涵养林改造技术体系，提升源头区人工林的涵养水源能力

针对浑河上游区人工水源涵养林（占森林总面积 40%）密度过大，生物多样性和林分稳定性差，水源涵养能力低下，且极易导致水体酸化（人工林地表径流 pH<5.2）的现状与问题，应用生态学原理，基于近自然经营理论与边缘效应理论等，通过分析不同类型人工林结构与涵养水源能力的关系，阐明影响人工林水源涵养功能低下的原因，设置不

同宽度的效应带、不同强度的疏伐与近自然诱导等试验,筛选并评价不同改造措施对人工林涵养水源功能的提升效果,研发并集成了低效水源涵养林改造关键技术体系。该技术体系包括近自然化诱导、效应带改造、疏伐与补植三大核心技术,其中,近自然诱导技术突破现有的林业行业技术规程,提高森林抚育间伐强度 10%～20%,将人工针叶纯林诱导为混交林,增加地表径流的 pH(从 5.2 提高到 6.2);效应带改造技术将等距离带状间伐拓展为效应带改造,增大保留带与效应带比例,实现效应带逐步改造(1∶1→2∶1等),提高单位面积林地涵养水源能力 5%～10%;疏伐与补植技术通过重构水源涵养林空间结构,形成干扰小、恢复快的技术体系,提高凋落物层涵养水源、改善水质能力。该技术体系全面优化、改造水源涵养林的空间、树种、龄组三大结构,强化林下有益于灌、草的保护和生境改善,逐渐向高效水源涵养林诱导,将低效水源涵养林培育为净水、蓄水能力更强的高效水源涵养林,提高现有水源涵养林的水源涵养功能。

该技术体系突破了国外的水源保护区只以保护为主,禁止对水源涵养林进行经营的界限,提出对水源涵养林适度经营的理念,即在不影响森林其他生态功能正常发挥的前提下,对水源涵养林进行适度经营,提高水源涵养功能(单位面积林地涵养水源能力提高5%～10%);同时,提出在水源涵养林内适度开发林下资源,增加林农经济收入,有利于促进林区稳定与经济发展,从而更好地保护水源涵养林。目前该技术已编入《辽宁·清原·国家级森林经营样板基地建设》实施方案,应用于国家森林可持续经营试验与示范区建设,同时还在浑河上游典型流域开展推广应用。

3. 针对河/库周边区河岸带生态功能退化、水质净化能力基本丧失及水库周边森林水源涵养能力下降等问题,研发了河/库周边滨水植被结构调控与空间配置技术体系,实现了河/库周边植被的生态功能恢复和水质改善

针对浑河入库河道河岸带植被退化严重,群落结构简单,净化水质能力下降;入库河口湿地退化,生物多样性低,湿地自然恢复速度慢,生态功能低下;水库周边人工水源涵养林(油松、落叶松林纯林)结构不合理,涵养水源和净化水质能力下降等问题,研发并集成了河/库滨水植被带生态恢复及水质改善技术体系。该技术体系集成了寒冷地区入库河道植被生态恢复、库边湿地改造与恢复和水库周边高效水源涵养林结构调整与优化等 3 项核心技术。筛选适宜的乡土植物并建立多自然型入库河道,构建了乔、灌、草及水生、湿生植物相结合的 4 种滨水植被缓冲带配置模式,人工改造库滨微地貌并构建了湿地植被恢复模式,提出了水库周边水源涵养林林分结构调整和优化技术方案。

该技术体系突破了北方寒冷地区河/库周边植被生态恢复关键技术,量化了河/库区植物种类、结构与水质改善、净化能力的关系,为河岸带植被的空间配置、格局优化,以及植被的生态恢复和保护提供了科学依据。该技术体系的应用有效削减了水体的氮、磷污染物,实现入库河道水质优于国家Ⅲ类水质标准。技术成果已应用于清原满族自治县河道综合整治工程、大伙房国家湿地公园建设和抚顺县温道林场人工林近自然林改造项目中,不仅改善了示范区水环境质量,保证浑河水环境的长期持续改善,为大伙房水库的水生态安全做出重要贡献,还为北方寒冷地区河流/水库周边植被的生态恢复和水质改善提供参考。

9.1.3　水环境生态修复与生态水系维持关键技术应用与推广

应用上述三项技术体系所建立的 45km² 综合示范区内水质得到了明显改善，溶解氧、COD、氨氮、总氮、总磷等指标均达到了国家Ⅱ类水质标准。据测算，该技术体系推广到浑河源头区和大伙房水库上游区后，年有效蓄水量将分别提高 2000 万 t 和 4000 万 t 以上，将有力地保障下游居民生活及工农业生产的用水安全。该技术体系的核心关键技术不仅获得中国科学院科技促进发展奖、辽宁省科学技术进步一等奖、辽宁省林业科学技术一等奖，还入选了国家"十二五"科技创新成就展，不仅为浑河流域森林植被水生态功能恢复提供技术支撑，为辽河流域的水生态环境治理提供范式，还为水专项河流源头区水源涵养林功能提升提供重要参考。

9.2　浑河上游水环境生态修复与生态水系维持关键技术创新与集成

9.2.1　水环境生态修复与生态水系维持关键技术基本信息

以浑河上游源头区（大伙房水库周边及上游区）为研究对象，针对源头区水源涵养林结构不良，汇水区水源涵养功能衰退，水量逐年减少，水体污染日趋严峻，河/库周边生态环境亟待修复等问题，突破了以水源涵养林结构改善与功能提升为核心的 5 项关键技术，在浑河上游区建立了水源涵养林功能恢复、河/库区周边水质改善、流域面源污染控制的"山水林田湖"综合治理与恢复的格局（表 9-1）。

表 9-1　水环境生态修复与生态水系维持关键技术基本信息

编号	技术名称	技术依托单位	技术内容	适用范围	启动前后技术就绪度评价等级变化
1	水源涵养与水生态功能恢复的植被优化与改造技术	中国科学院沈阳应用生态研究所	高效水源涵养林空间配置技术（林窗调控、冠下更新、生态疏伐）、低效人工水源涵养纯林近自然化诱导关键技术、结构不合理退化水源涵养林抚育、更新改造等关键技术（效应带改造、疏伐与补植）	我国北方以森林为主要植被类型的河流源头区	2 级提升至 8 级
2	农业面源污染主要途径甄别与面源污染控制技术	中国科学院沈阳应用生态研究所	在识别流域农业面源污主要来源的基础上，针对分散农村生活污水，在原有土地渗滤系统的基础上，通过串联两个土地渗滤系统和中段添加碳源的方式，提高系统总体对分散农村生活污水总氮的去除率	北方经济欠发达、地形复杂、无法开展生活污水集中处理的分散农村、农户	2 级提升至 6 级
3	工矿区地表水质改善与尾矿水资源化利用技术	中国科学院沈阳应用生态研究所	通过尾矿库表面氧化还原控制，延长污水停留时间，增设胶体颗粒二次分离过程，实现尾矿库区的污染控制与尾矿水回用	选矿废水回用处理	2 级到 7 级
4	水质改善的河/库周边植被结构与空间配置技术	中国科学院沈阳应用生态研究所	通过河岸带植被恢复，水源涵养林分结构优化和调整，库边湿地的人工改造，提高森林水源涵养和净化水质功能	适合在北方寒冷地区入库河流河岸带及水库周边植被区进行应用与推广	2 级提升至 7 级
5	入库干支流污水处理厂提标改造技术	抚顺市环境科学研究院	将 CAST 工艺改造为 A^2/O 工艺，并在曝气方式及曝气量等方面进行优化	对原为 CAST 工艺的村镇小型污水处理厂进行提标升级改造	3 级提升至 7 级

9.2.2　水环境生态修复与生态水系维持关键技术

1. 水源涵养与水生态功能恢复的植被优化与改造技术

1) 基本原理

在浑河上游源头区内，针对森林空间结构存在水平分布不均匀、林分垂直结构不明显，更新活力不足；林分树种结构过于单一、防护林效益较低、水源涵养能力退化等现状，采取抚育改造、林窗调控、效应带改造、生态疏伐、冠下更新红松、封山育林等措施；针对林相残破或密度过大，生长状况差，林分质量和水源涵养能力下降的现状，应用近自然化、效应带改造、封育改造等方法与措施，全面优化、改造水源涵养林的空间、树种、龄组三大结构，强化林下有益灌、草的保护和生境改善，逐渐向高效水源涵养林诱导，将低效水源涵养林培育为调水、净水、蓄水能力更强的高效水源涵养林，提高现有水源涵养林的水源涵养功能。该技术主要由水源涵养林结构优化与配置技术(高效水源涵养林空间配置)、低效水源涵养林改造技术(低效人工水源涵养纯林近自然化诱导和结构不合理退化水源涵养林抚育、更新改造)组成。

2) 工艺流程

该技术主要包括水源涵养林结构优化与配置技术、低效水源涵养林改造技术两部分，其中，水源涵养林结构优化与配置技术包括林窗调控、林冠下更新与生态疏伐等；低效水源涵养林改造包括近自然化诱导、效应带改造、抚育与补植等技术，其具体工艺流程为选择水源涵养林类型—分析其空间结构与水源涵养能力—确定具体技术—组织实施—诱导为高效水源涵养林。具体工艺流程如图 9-1、图 9-2 所示。

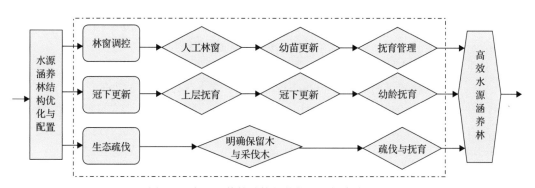

图 9-1　水源涵养林结构优化与配置技术流程图

3) 技术创新点及主要技术经济指标

本技术立足于水源涵养林的生态恢复与生态治理，通过对浑河源头区水源涵养林建设和生态恢复关键技术的研究与示范，系统集成了我国北方河流源头区水源涵养与水生态功能恢复的植被优化与改造技术，该技术区别于林业行业的传统经营技术，突出对水质、水量的影响，将森林经营技术与水源涵养有机地结合起来，促进了行业间的技术融

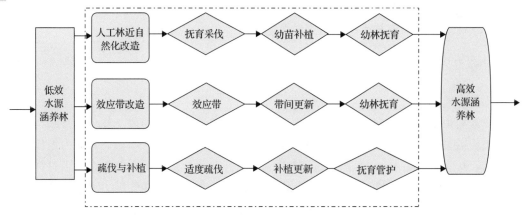

图 9-2　低效水源涵养林改造技术流程图

合。同时该技术还针对源头区的水源涵养林保护与建设提出在不影响森林其他生态功能正常发挥的前提下，对水源涵养林进行人为调控，以提高现有水源涵养林的生态服务功能，这区别于国外的水源保护区只以保护为主，同时人为干扰也促进了森林的正向演替，增加林农的经济收入，有利于林区的稳定与社会经济的发展。

A. 高效水源涵养林结构优化与配置技术

(1) 林窗调控：林窗体积兼顾林窗总面积不超过水源涵养林总面积的 10%。林窗更新后，可进行幼林抚育，清理灌木与杂草保留目的树种，在第 3～5 年进行适当的割除杂灌即可(每年 1 次)。

(2) 林冠下更新红松：针对不同林龄的天然次生水源涵养林，确定了适合林下更新红松的郁闭度等级(0.7～0.8)，明确采伐木对象：干型较差和长势不良的林木和 4、5 级木，林分保留郁闭度控制在 0.5～0.6，明确保留木密度为 300～500 株/hm²；实施抚育间伐后，在采伐林隙和空地补造 3 年生红松幼苗，株数密度控制在 1000～1200 株/hm²，此后 3 年内每年进行 1～2 次割灌除草，清除妨碍幼苗生长的灌木杂草。

(3) 生态疏伐：针对天然幼龄林，通过不同强度的生态疏伐和抚育择伐试验，明确采伐木的确定标准(影响目的树种生长的非目的树种、灌木等)，保持适当的针阔比(5：5)，采伐径阶结构不合理的林木，调整林分径级结构，以有利于各径级林木向更大径级转移；使林分的郁闭度维持在 0.5～0.8，灌木层盖度达到 45%～50%，呈现出强度混交(混交度接近 1.0)，林木空间分布格局趋向随机分布。

B. 低效水源涵养林改造技术

(1) 近自然化诱导：采用"伐小留大，伐密留稀"的方法调整林分树种组成，合理配置保留木或目标树的分布格局(随机分布)，在林隙中栽植红松、水曲柳、核桃楸、黄波椤树(黄檗)，以及其他乡土阔叶树种，改造时保留密度 300～500 株/hm²，但不宜形成过大的空隙，林分郁闭度保持在 0.6～0.7。

(2) 效应带改造：通过分析不同宽度效应带对水源涵养功能的影响程度，建立带宽与水源涵养功能的关系。对郁闭度小于 0.2 的林分，采用带状改造，保留带以 20m 为宜，采伐带宽为 10m，在伐除带内保留有价值的幼苗、幼树或补植其他阔叶树。

(3)疏伐与补植调控技术：基于不同郁闭度对林下幼苗、幼树生长的影响结果，提出对于郁闭度大于 0.8 的林分，一次疏伐强度为总株数的 15%～20%，疏伐后郁闭度不低于 0.7；郁闭度小于 0.5 的林分，补植红松和阔叶树，补植幼苗后密度达到 1000～1500 株/hm^2，补植宜采用穴状整地，种植穴为 50cm×50cm。

4）技术来源及知识产权概况

该技术主要来源于中国科学院沈阳应用生态研究所水专项浑河课题组，课题组通过研发与集成，形成《浑河上游源头区水源涵养林恢复与水生态功能改善综合配套技术》。课题组申请发明专利 6 项，授权实用新型 1 项，发表学术论文 11 篇。

5）实际应用案例

应用单位：清原满族自治县林业局。

该技术已经编入《辽宁·清原·国家级森林经营样板基地建设》实施方案，在清原满族自治县林业系统开展成果推广与转让。同时在清原满族自治县水源涵养林防护林建设项目的具体实施过程中，推广应用林窗调控、林冠下更新红松等集成技术，完成高效水源涵养林结构优化与配置，促进水源涵养等生态功能的发挥；同时还通过效应带改造、抚育与补植调控技术、近自然化诱导等技术的推广与应用，带动低效水源涵养改造。近年来，通过改善树种组成，优化和调整林分结构，增强森林的稳定性和健康度，提高森林水源涵养和净化水质的功能。该示范工程内监测断面水质达到国家 Ⅱ 类，总氮、总磷等主要指标削减达到 20%，水源涵养能力提高 5%～10%。

该技术为依托工程提供了强有力的技术支撑，全面提高了依托工程的技术含量，通过对水源涵养林建设的综合技术集成，典型示范区的带动作用，全面推动依托工程的建设，还为东北地区以森林为主要植被类型的河流上游源头区水环境治理提供了范式。

2. 农业面源污染主要途径甄别与面源污染控制技术

1）基本原理

农业面源污染从来源上主要包括农业种植源、养殖源和村镇生活源几大类，在治理原则上目前已形成了源头控制、过程阻控及末端削减的综合治理理念，方法上也形成了包括农药、化肥减施，有机种植，农业固体废弃物综合利用等较为成熟的技术体系[9-13]，但在流域范围内如何区分农业面源污染发生的关键区域、主要途径，确定在哪里实施有针对性的治理措施尚缺少关键技术的支撑。该技术基于农业面源污染中氮素为主要污染物，在同位素分馏的作用下，不同污染源产生的氮稳定同位素比值不同的基础原理，通过比对各污染源氮素稳定同位素排放特征和河流水质、底泥间的关系，进行相关性分析来确定流域范围内的主要污染来源，并结合地理信息系统，确定面源污染发生的主要区域，进而有针对性地制订治理措施。

2) 工艺流程

工艺流程为"污染源分类—污染源排放特征监测—流域取样—稳定同位素测定及比对识别—流域面源治理措施提出"。具体如下：

(1) 先期调查，将污染源从大类上分为种植源、养殖源、村镇生活源等几类。

(2) 对种植源开展自然降水情况下输出特征监测，对养殖源、村镇生活源等通过分类收集畜禽粪便、下水排水等样品，并测定养分组成及稳定同位素特征。

(3) 在流域范围内按流域不同等级河流汇流节点及河流源头进行取样，获得河流底泥的稳定同位素情况。

(4) 对比分析不同污染源与河流的稳定同位素差异，进行相关性分析，确定流域内主要污染源来源。

(5) 针对不同污染源有针对性地提出治理措施。

3) 技术创新点及主要技术经济指标

创新点：该技术从流域范围内污染源的识别入手，通过不同污染源输出特征及河流的污染物状况的比对，获得区域范围内的主要面源污染类型，明确面源污染重点发生区域及主要来源，有针对性地开展治理工作，能使流域范围内农业面源治理效率提高，从治理理念及采用的识别技术方法上具有一定的创新性。

主要技术经济指标：农业面源污染主要途径甄别与面源污染控制技术以底泥中氮稳定同位素变化为主要监测指标，由于底泥具有一定的稳定性，能有效地减少长期定位监测频次，具有一定的经济性；其次，通过该技术的应用能明确不同区域小流域主要污染源，有针对性地提出治理措施，在区域相关治理措施决策上，能够提高效率达到经济的目的。

4) 技术来源及知识产权概况

该技术属于优化集成。

5) 实际应用案例

应用单位：清原满族自治县大苏河乡。

应用该技术成果在浑河上游区开展技术示范，通过比对浑河上游河流底泥中氮稳定同位素比值，确定浑河上游区的农业面源污染来源变化，呈现出从东向西养殖源和村镇生活源逐渐增加的状况，同时表现出从河流源头到流域出口村镇生活产生的面源污染逐渐增多的趋势，确定各个小流域的出口处为农业面源污染防控的重点区域；浑河干流范围上游区域主要面源污染负荷来自种植业，中游区域主要来自养殖源和村镇生活排放源相混合，在库区周边河流的农业面源污染负荷主要来自周边村镇生活源的排放；应用所获得的浑河上游区农业面源污染源识别的结果，依托示范工程，在浑河上游大苏河乡内形成集河库周边植被缓冲带构建、上游区中草药绿色有机种植、分散农户生活污水土地处理、流经村镇河流透水坝污染物拦截等为一体的农业面源污染控制与生态治理综合示范区 8km^2，示范区域内农业面源污染负荷削减量达到 24%。

3. 工矿区地表水质改善与尾矿水资源化利用技术

1) 基本原理

工矿区地表水质改善与尾矿水资源化利用，含集成尾矿库生态治理的污染阻控及尾矿水处理回用两项内容。主要是通过钙剂药剂控制尾矿库表层污染物形态，通过植被修复减少库内径流污染；通过尾矿库实现尾矿砂的有机物、矿砂和污水的初步分离，实现黄药类有机物的光化学降解，通过管网收集在尾矿库下方进行跌水曝气，在氧化塘形成兼氧环境，沉淀大颗粒悬浮物、降解油类有机物，最后靠自流进入物理分离车间，采用纤维转盘过滤进行精滤，出水同河流引水混合提升至选矿车间使用，整个工艺流程中水溶液闭路循环。

2) 工艺流程

(1) 首先用泥浆泵将 Cu、Zn、S 三个工艺的选矿泥浆扬送到尾矿库顶端。

(2) 依据改造后尾矿库库容，选矿水在尾矿库中停留一定时间后，靠自流汇入尾矿库集水管道；管道依据高程，首先进入高效沉淀池，进行跌水，然后进入生态塘。

(3) 利用塘的沉淀及氧化作用，对污水中大颗粒悬浮物和残余有机污染物进一步处理。

(4) 将处理后出水引入物理分离车间，选用纤维转盘精滤设备，对出水中残余的悬浮颗粒进行分离，处理后污水经过自流汇入浑河岸边 1#提水泵房(图 9-3)。

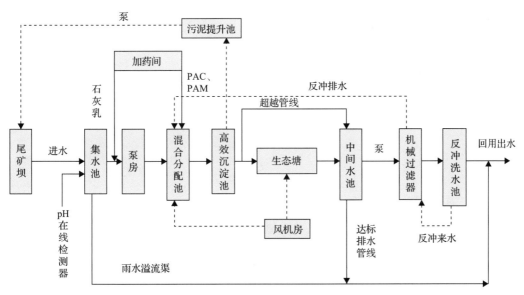

图 9-3　尾矿水处理回用技术工艺流程图

3) 技术创新点及主要技术经济指标

该技术主要是对现有技术的优化。重点在于控制尾矿库表面污染随径流释放，以及去除悬浮颗粒及其吸附的有机污染物，因此，将光解、氧化同物理分离相结合，满足矿山选矿废水回用需求。同时，该工艺全程无动力，降低了生产成本需求，做到低成本的解决工业水污染与减少洁净水取水量，这样，开展独立矿区水污染治理与水质管理工作，才具有实际应用意义。

该技术在浑河上游独立矿区应用，能够有效改善矿区地表水水质，不但有效降低了浑河清洁水源的取水需求，同时还降低了上游区工业生产突发性水质污染风险。工程依靠自然地势，在尾矿浆输送到最高程后，其余均靠重力流，基本无其他能耗，所以其经济性合理。为浑河上游工业区域水污染防控提供有力保障，具有较好的经济可靠性和现实操作性。工程实施后，节省清洁水源 30%以上，能耗节省 80%。

4) 技术来源及知识产权概况

该技术属于优化集成。

5) 实际应用案例

应用单位：中国有色集团抚顺红透山矿业有限公司。

针对红透山铜矿区的工业污水回用及尾矿库修复等问题，以削减选矿废水多次利用过程中 COD 量及减少生态塘末端的高悬浮物为目的，实现尾矿水的有效回用，以及矿区地表水汇流的红透山河水质改善的目标。

在清原满族自治县红透山铜矿区开展矿区污水回用及尾矿生态修复技术示范，解决了尾矿库选矿废水回用污染超标问题，实现了浮选药剂、COD、悬浮物等污染物高效去除，达到矿区废水完全回用目标。工程由抚顺红透山铜矿建筑工程公司、辽宁兴源环保有限公司建设完成，由中国有色集团抚顺红透山矿业有限公司负责运行维护。工程规模污水处理回用量 3000m³/d。示范工程建成后，矿区排入浑河的水质得到明显改善，水体 COD 削减了 20%以上。

4. 水质改善的河/库周边植被结构与空间配置技术

1) 基本原理

系统集成寒冷地区入库河道植被生态恢复技术、水库周边高效水源涵养林林分结构调整和优化技术、库边湿地人工改造与恢复技术等关键技术，通过筛选乡土植物建立了多自然型入库河道，构建了乔、灌、草及水湿生植物相结合的 4 种类型的滨水植被缓冲带[14-20]；研究了水源涵养林林分密度与株间距对水源涵养能力的关系；提出了水库周边水源涵养林林分结构调整和优化方案；结合湿地的地形地貌特征采用局部封育自然恢复与人工生物工程相结合的措施，构建和优化了库滨地貌和湿地植被模式。

2) 工艺流程

工艺流程为"寒冷地区入库河道植被生态恢复—水库周边高效水源涵养林林分结构调整和优化—库边湿地人工改造与恢复—系统集成河库滨水植被带生态恢复及水质改善"。具体如下：

(1) 寒冷地区入库河道植被生态恢复：首先对浑河上游乡土物种进行资源普查；筛选

适宜植物，并进行植被模式构建；

(2)水库周边高效水源涵养林林分结构调整和优化：研究株间距和林分结构对水源涵养能力的关系，对库边水源涵养林进行择伐；

(3)库边湿地人工改造与恢复：结合湿地的地形地貌特征采用局部封育自然恢复与人工生物工程相结合的措施，提升湿地净化能力；

(4)将上述三种技术系统集成，形成生态友好，具有可持续性的水质改善的河/库周边植被结构与空间配置技术。

3)技术创新点及主要技术经济指标

针对寒冷地区河/库周边的生态治理缺乏植被生态恢复方面的研究和关键技术，具有明显的区域特色；开展入库河道和水库植被生态恢复与示范工程和水质改善的河/库周边植被结构与空间配置技术，在国内外鲜有研究和报道。

4)技术来源及知识产权概况

优化集成，已经申请发明专利。

5)实际应用案例

应用单位：清原满族自治县水务局河道管理处、抚顺市大伙房实验林场、国有抚顺县温道林场。

针对入库河道生态功能退化、水质净化能力减弱、植被水土涵养能力降低等问题，历时 5 年，在清原满族自治县红透山镇浑河入库河段、抚顺县温道林场和大伙房水库实验林场，开展了寒冷地区入库河道水质的植被生态净化集成和生态恢复技术示范，控制面积 $3km^2$，长度 3km；水库周边高效水源涵养林林分结构调整和优化技术示范，控制面积 $2km^2$；库边湿地植被带人工恢复与防护关键技术示范，控制面积 $5km^2$。通过筛选乡土植物建立了多自然型入库河道，构建了乔、灌、草及水湿生植物相结合的 4 种类型的滨水植被缓冲带；研究了水源涵养林林分密度与株间距对水源涵养能力的关系；提出了水库周边水源涵养林林分结构调整和优化方案；结合湿地的地形地貌特征采用局部封育自然恢复与人工生物工程相结合的措施，构建和优化了库滨地貌和湿地植被模式。

该技术对于恢复河岸带及水库周边水源林生物多样性、构建和整合自净化植被生态系统、提升水源涵养和水质净化功能具有重要意义，适合在北方寒冷地区进行应用与推广。

5. 入库干支流污水处理厂提标改造技术

1)基本原理

入库干支流污水处理厂提标改造技术由以下两部分组成：①CAST 工艺改造为 A^2/O 工艺；②在改造完成基础上，对曝气方式及曝气量等方面进行优化。改造主要通过在原反应池中增加隔墙及相应设备，新建二沉池和污泥提升泵站，目的是强化污水处理厂的脱除总氮效果。优化方式最终选取了"间歇曝气+优化单池曝气量"，以此获得最优的污染物去除率。

2）工艺流程

技术改造流程具体如下：①对原有生化池进行改造，池内加装隔墙，新增混流型潜水搅拌机及潜污回流泵；②新建两座二沉池；③新建污泥泵房及新增配套设备；④重新铺设厂内进出水管线；⑤更换风机、水泵等配套设备，调节曝气方式为间歇曝气，单池曝气量为 $2m^3/h$；⑥其他建筑及设备依托原有工程。

3）技术创新点及主要技术经济指标

国内尚无将 CAST 工艺提标改造成 A^2/O 工艺的相关研究，本书在占地面积基本不变的基础上，就其改造的可行性进行研究。虽然 A^2/O 工艺为较成熟的污水处理技术，但它具有同步脱氮除磷、反应池构造简单、总水力停留时间短、运行费用低、控制复杂性低、不易产生污泥膨胀等优点，所以该工艺是控制水体富营养化的首选工艺。但传统 A^2/O 工艺存在着回流污泥携带的硝酸盐抑制厌氧条件下磷的释放，硝化与反硝化、除磷、有机物降解之间存在矛盾，回流消化液含有的溶解氧影响缺氧区的反硝化进程等方面的问题。所以国内外针对上述矛盾进行工艺改良设计，本书也是在以上研究基础上进行的（表 9-2）。

表 9-2　提标改造后清原镇污水处理厂主要技术经济指标

序号	项目	单位	指标	备注
1	主要建设内容			
1.1	提标改造污水处理厂	座	1	处理能力 20000m³/d
3	原辅料及动力消耗			
3.1	药剂	t/a	1.66	
3.2	耗电量	万(kW·h)/a	63.52	
3.3	耗水量	t/a	3000	
4	劳动定员	人	30	
5	工程总投资	万元	1250	
5.1	工程费	万元	460	
5.2	二类费用	万元	626.175	
5.3	其他	万元	63.83	
5.4	铺底流动资金	万元	4.2	
5.5	单位成本	元/t	1.35	
5.6	单位经营成本	元/t	0.53	
5.6.1	泵站	元/t	0.07	
5.6.2	污水处理厂	元/t	0.46	

4）实际应用案例

应用单位：清原镇污水处理厂。

为解决清原镇污水处理厂出水总氮不能满足《城镇污水处理厂污染物排放标准》(GB 18918—2002)中一级 A 标准的问题,课题组协助该污水厂制订了提标改造方案,即将 CAST 工艺改造为 A^2/O 工艺的可行性研究。另外,还对 A^2/O 工艺运行过程中的曝气方式及曝气量进行了筛选试验,选出最优的曝气方式及曝气量以优化各污染物去除率。

清原镇污水处理厂提标改造工程于 2013 年 8 月开始施工,2014 年 3 月开始进行试运行,2014 年 6 月出水各项因子已经可以稳定达标。扩建规模为 5000t/d,扩建完成后,清原镇污水处理厂处理规模为 20000t/d。目前,清原镇污水处理厂控制面积已达 $12km^2$。

委托抚顺市环境监测中心站分别于 2013 年 1~6 月(示范工程改造前)及 2015 年 1~6 月(示范工程改造后)对污水处理厂进出水水质进行了监测。从监测结果可以得出以下结论:①示范工程提标改造后,各项污染物指标均能达到一级 A 标准限值;②改造后的工艺尤其在总氮及总磷的削减上改进效果明显;③改造后 A^2/O 工艺可保持全年稳定运行,不存在冬季运行不稳定的问题。

清原镇污水处理厂所采用的改造方式及关键技术可应用于浑河上游河段各城镇污水处理厂。

9.3　浑河上游水环境生态修复与生态水系维持关键技术工程示范

9.3.1　水环境生态修复与生态水系维持关键技术示范工程基本信息

研发的主要成果应用于抚顺市水源地保护区水源涵养林建设综合示范工程、上游农业-农村面源污染控制与生态治理示范工程、工矿区污水回用及尾矿生态修复示范工程、河库周边滨水植被带生态恢复示范工程、清原镇污水处理厂的提标改造工程示范 5 个示范工程,为水专项治理技术体系的构建提供支撑。基本信息见表 9-3。

9.3.2　水环境生态修复与生态水系维持关键技术示范工程

1. 水源地保护区水源涵养林建设综合示范工程

示范工程依托辽宁省天然林保护工程,位于清原满族自治县大苏河乡长沙村(浑河西源头)。针对现有林分布不均匀、林分垂直结构不明显,更新活力不足,以及林分树种结构过于单一,防护林效益较低等现状,采取抚育改造、林窗调控、效应带改造、冠下更新红松、封山育林等措施,全面优化水源涵养林的空间、树种、龄组三大结构,实现林分最优空间配置结构,强化林下有益灌草的保护和生境改善,增强森林的稳定性和健康度,将现有林培育成为调水净水储水能力更强的复层混交林,提高现有水源涵养林的水源涵养和水质净化功能。

依据集成的水源涵养与水生态功能恢复的植被优化与改造技术,应用高效水源涵养林结构优化与配置技术,低效人工水源涵养纯林近自然化诱导技术;将结构不合理退化水源涵养林进行抚育、更新改造;自然封育等技术建立了如下示范区:水源涵养林封

表 9-3 水环境生态修复与生态水系维持关键技术示范工程基本信息

编号	名称	承担单位	地方配套单位	地址	技术简介	规模、运行效果简介	技术推广应用情况
1	水源地保护区水源涵养林建设综合示范工程	清原满族自治县林业局	清原满族自治县林业局	抚顺市清原满族自治县大苏河乡长沙村	水源涵养林结构优化与配置技术、水源涵养林结构改造技术、封育技术	示范区控制流域长度12km，控制面积为10km²；示范区内水质基本达到国家地表水II类	相关技术已经编入《辽宁清原流域省级森林经营样板基地建设》实施方案，在清原满族自治县推广与转让
2	上游农业-农村面源污染控制与生态治理示范工程	清原满族自治县农村经济发展局	清原满族自治县农村经济发展局	辽宁省清原满族自治县大苏河乡杨家店小流域、沙河子村、杨家店村、钓鱼台村、杨家店村	系统应用了农业面源污染控制主要途径甄别与面源污染重点区域控制的农业面源污染甄别技术、户用沼气生态持续产气技术、农村生活污水土地处理技术、植被过滤带定量化应用技术等	形成农业面源污染综合控制示范区8km，运行效果良好，示范区农业面源污染负荷削减24%	示范工程单位将其作为日常工作的一部分开展示范推广
3	工矿区污水回用及尾矿生态修复示范工程	中国有色集团抚顺红透山矿业有限公司	中国有色集团抚顺红透山矿业有限公司	清原满族自治县红透山镇	应用尾矿水生态处理及资源化回用技术和尾矿生态修复技术在尾矿水对浑河开展生态治理、减少山污水对浑河河道的影响	规模：3000m³/d，选矿废水实现完全回用，示范区控制面积5km²，红透山河入浑河COD削减20%以上	技术及方案在红透山矿得到示范应用
4	河库周边溪水植被生态恢复示范工程	清原满族自治县水务局河道管理处、抚顺市大伙房实验林场、国有抚顺县温道林场	清原满族自治县水务局河道管理处、抚顺市大伙房林场、国有抚顺县温道林场	红透山镇西至红透山镇河阳村西、大伙房杨委苍石工区、温道三道沟林场	系统集成了水质改善的河库周边溪结构与空间配置技术，保证寒冷河库入库河道稳定	削减河库的污染负荷，并持续改善水质，使流经示范区域内河库水质优于国家III类水质标准	该技术对构建和整合自净化植被生态系统、提升水源涵养和水质净化功能有重要意义，适合在北方寒冷地区推广
5	清原镇污水处理厂的提标改造工程示范	清原满族自治县环保局	清原镇污水处理厂	抚顺市清原满族自治县清原镇西郊	针对脱氮工艺比选，研究CAST工艺改造为A²/O工艺的可行性，并曝气量及曝气方式等方法优化各污染物去除率	改造后污水处理规模为2万t/d，出水符合《城镇污水处理厂污染物排放标准》(GB 18918—2002)中一级A标准	清原镇污水处理厂已完成由CAST工艺向A²/O工艺的改造，并将调节气量等曝气方法优化技术方法应用于示范工程

育示范区(6.2km²)；高效水源涵养林结构优化配置示范区(0.5km²)；低效人工针叶纯林改造示范区(1.7km²)；退化水源涵养林改造示范区(1.6km²)，示范控制总面积 10km²；通过示范工程的实施，示范区内的水质得到了明显改善，溶解氧、COD、氨氮、总氮、总磷等指标达到了国家地表水标准Ⅱ类。

示范工程应用的水源涵养与水生态功能恢复的植被优化与改造技术已经编入《辽宁·清原·国家级森林经营样板基地建设》实施方案，在清原满族自治县林业系统开展成果推广与转让，将该关键技术应用于其中的防护林增效培育模式组(水源涵养型植被定向恢复培育、低功能水源涵养林结构定向调控、小流域净水调水功能导向型水源涵养林培育)建设，全方面地推动了浑河上游的水源涵养林建设。

取得的水源涵养林恢复与水生态功能改善技术，适合在我国北方河流的以森林为主要地貌的河流源头区推广应用，有利于改善河流源头流域水质，保护水源地生态环境，该技术的实施将为流域的水生态环境保护和水生态环境维系提供技术支持，具有广阔的推广应用前景(图 9-4～图 9-7)。

图 9-4　落叶松人工水源涵养林林窗结构调控

图 9-5　天然水源涵养林林冠下更新红松

图 9-6　落叶松人工水源涵养林效应带调控

图 9-7　落叶松人工水源涵养林间伐与补植

2. 上游农业-农村面源污染控制与生态治理示范工程

针对流域上游区小流域分布多、流域地形水文情况复杂、河流水质影响因素不易辨识的实际问题；系统集成应用农业面源污染主要途径甄别与面源污染控制技术，并根据农业面源污染多以氮污染物为主，自然因素与人为因素都对面源污染产生与转化产生影响的现实状况，基于同位素分馏原理，在主要污染源氮稳定同位素比值测定的情况下，通过分析测定河流底泥中稳定同位素组成，并进行相关的统计分析，建立相关评判标准，确定不同小流域主要面源污染来源(农村源、农田源、混合源等)与关键区域，解决在该区域小流域农业面源污染治理过程中由于缺少调查数据，地域广阔而需要大量实地调查，相关治理措施应用面积广泛，缺乏关键区域治理，区域综合面源污染治理效果不显著的窘境。在利用该技术明确小流域面源污染物主要来源的基础上，分别对农田源、村镇生活污水源、畜禽养殖源进行技术示范与工程削减，集成了植被过滤带定量化应用技术，分散农户生活污水土地处理技术和沼气池持续产气等分源污染负荷削减技术进行污染负荷的源头削减，同时针对进入河流内的污染物集成利用多级透水坝技术进行污染物拦截，并通过减缓河流流速、提高水深、增加跌水等手段提高河流自净能力。

流域面源污染的治理为系统工程，该示范工程的建设主要由清原满族自治县农村经济发展局依托辽宁省大伙房水库上游绿色有机示范项目的配套资金，委托清原满族自治县大苏河乡进行建设，并进行后期的运营管护。

通过沿河农田的水土流失防控措施和植被过滤带，减少沿河农田污染入河量；示范农场对示范区内固体废弃物进行肥料化还田应用；示范区内农业面源污染物综合削减量达到24%，折合总氮3.28t/a、总磷1.84t/a。

农业面源污染主要途径甄别与面源污染控制技术中的小流域面源污染源识别技术，能有针对性地提出面污染治理措施，提高资源利用效率，在决策层提高治理效率，具有较好的经济性；小流域综合整治技术，以成熟农艺措施为技术基础，以分散农户、小流域为基础控制单元，能够有针对性地开展治理，是开展相应农业面源污染治理措施的前提。

示范工程的建设尤其是农业面源类示范工程的建设，要充分认识到农业面源污染来源多、分散、点多面广的实际问题，要多依靠工程建设所在地的农民，在开展建设前要多沟通多宣传，在示范工程的建设中考虑所建工程环境效益的基础上，更要考虑示范工程所在地土地所有人的其他权益问题；技术推广上不应只强调工程的环境效益，更应在环境效益的基础上强调工程示范对所在地居民的切身利益的影响(图9-8～图9-11)。

图9-8　示范工程开展前沿河坡地农田与　　　图9-9　示范工程开展后沿河坡地农田的护坡
　　　　河流间没有过渡　　　　　　　　　　　　　　及部分植被带

图 9-10　示范工程开展前多以玉米常规
种植为主(2012 年)

图 9-11　示范工程开展后形成的绿色有机中草药
种植基地,重点解决有机种植中的农业固体废弃
物快速堆肥还田的技术问题(2014 年后)

3. 工矿区污水回用及尾矿生态修复示范工程

针对红透山铜矿区的工业污水回用及尾矿库修复等问题,以削减选矿废水多次利用
过程中 COD 量及减少生态塘末端的高悬浮物为目的,实现尾矿水的有效回用、矿区地表
水汇流的红透山河水质改善的目标。

该工程在清原满族自治县红透山铜矿区开展矿区污水回用及尾矿生态修复技术示
范。应用有机污染物光解-氧化-精滤协同工艺,解决了尾矿库选矿废水回用污染超标问
题,实现了浮选药剂、COD、悬浮物等污染物高效去除,达到矿区污水完全回用目标;
采取生态护坡、尾矿砂表层稳定及植被修复等工程措施,减少了尾矿库径流污染排放量,
增加了植被覆盖率。工程由抚顺红透山铜矿建筑工程公司、辽宁兴源环保有限公司建设
完成,由中国有色集团抚顺红透山矿业有限公司负责运行维护。工程规模污水处理回用
量 3000m³/d,尾矿库植被种植面积 0.22km²,植物栽种 4 万余株。示范工程建成后,实
现了铜矿生产及尾矿库区 5km² 范围的区域污染减排目标,矿区排入浑河的水质得到明显
改善,水体 COD 削减了 20%以上(图 9-12～图 9-15)。

图 9-12　选矿污水回用处

图 9-13　选矿污水回用精滤车间

图 9-14　尾矿库生态护坡及塘系统　　　　　　图 9-15　尾矿库生态修复照片

4. 河库周边滨水植被带生态恢复示范工程

河库周边植被带是入库河流水质进行最后一次污染物削减的最后防线，为此依托于清原满族自治县生态河道综合整治工程；抚顺县温道林场退化公益林"近自然林"改造项目；辽宁大伙房国家湿地公园建设工程开展工程示范。

该示范工程针对入库河道生态功能退化、水质净化能力减弱、植被水土涵养能力降低等问题，历经 5 年，在清原满族自治县红透山镇浑河入库河段、抚顺县温道林场和大伙房水库实验林场，开展了寒冷地区入库河道水质的植被生态净化集成和生态恢复技术示范，控制面积 3km²、长度 3km；水库周边高效水源涵养林林分结构调整和优化技术示范，控制面积 2km²；库边湿地植被带人工恢复与防护关键技术示范，控制面积 5km²。通过筛选乡土植物建立了多自然型入库河道，构建了乔、灌、草及水湿生植物相结合的 4 种类型的滨水植被缓冲带；研究了水源涵养林林分密度与株间距对水源涵养能力的关系；提出了水库周边水源涵养林林分结构调整和优化方案；结合湿地的地形地貌特征采用局部封育自然恢复与人工生物工程相结合的措施，构建和优化了库滨地貌和湿地植被模式。

示范工程控制总面积 10km²，系统集成了水质改善的河/库周边植被结构与空间配置技术一套，保证寒冷地区入库河道的结构稳定，整体提升了河/库周边植被缓冲带的水土涵养、水质净化能力和湿地植物多样性，改善了河道水环境，削减河/库的污染负荷，并持续改善水质，使流经示范区域内河/库水质优于国家III类水质标准，根据抚顺市环境监测中心站的监测报告，表明示范工程控制面积内的国控断面水质达到了国家 II 类水标准，入库河道全氮污染负荷总去除量达到 2.57t/a，全磷污染负荷总去除量达到 1.55t/a，水土涵养能力提升 30%，对进入大伙房水库的河流水质进行最后的净化与改善，达到了示范工程的预期效果（图 9-16～图 9-19）。

5. 清原镇污水处理厂的提标改造工程示范

该示范工程针对清原镇污水处理厂的提标改造工程提出了以下两点关键技术：①CAST 工艺改造为 A²/O 工艺；②在改造完成基础上，在曝气方式及曝气量等方面进行优化。

图 9-16　河岸带植被的人工恢复

图 9-17　河岸带植被恢复效果

图 9-18　库边湿地人工植被模式

图 9-19　库边水源涵养林林分结构改造后效果

清原镇污水处理厂提标改造工程于 2013 年 8 月开始施工，2014 年 3 月开始进行试运行，2014 年 6 月出水各项因子已经可以稳定达标。扩建规模为 5000t/d，扩建完成后，清原镇污水处理厂处理规模为 20000t/d。目前，清原镇污水处理厂控制面积已达 12km²。示范工程具体改造的主要内容如下：①对原有生化池进行改造，平面尺寸仍为 66.5m×39.4m×5.8m，池内加装隔墙，新增 8 台混流型潜水搅拌机及 8 台潜污回流泵；②新建两座二沉池，单座 φ25m×4m，位于厂区西北侧；③新建污泥泵房及新增配套设备，设计规模 2.0 万 m³/d，变化系数 1.20；④重新铺设厂内进出水管线；⑤更换风机、水泵等配套设备；⑥其他建筑及设备依托原有工程。

委托抚顺市环境监测中心站分别于 2013 年 1～6 月(示范工程改造前)及 2015 年 1～6 月(示范工程改造后)对污水处理厂进出水水质进行了监测。从监测结果可以得出以下结论：①示范工程提标改造后，各项污染物指标均能达到《城镇污水处理厂污染物排放标准》(GB 18918—2002)中一级 A 标准限值；②改造后的工艺尤其在总氮及总磷的削减上改进效果明显；③改造后 A²/O 工艺可保持全年稳定运行，不存在冬季运行不稳定的问题。

该示范工程由清原满族自治县环保局负责管理运营。清原镇污水处理厂所采用的改造方式及关键技术可应用于浑河上游河段各城镇污水处理厂(图 9-20～图 9-23)。

图 9-20　缺氧池及厌氧池

改造内容为在原有池体内加装隔墙

图 9-21　好氧池

改造内容为新增搅拌机及回流泵

图 9-22　二沉池

新建，原址为提升泵房

图 9-23　风机房

左侧为原有风机，右侧为新增变频风机

参 考 文 献

[1] 席兴军, 闫巧玲, 于立忠, 等. 辽东山区次生林生态系统主要林型穿透雨的理化性质. 应用生态学报, 2009, 20(9): 2097-2104.

[2] Xie G D, Li W H, Xiao Y, et al. Forest ecosystem services and their values in Beijing. Chinese Geographical Science, 2010, 20(1): 51-58.

[3] 吴祥云, 李文超, 何志勇, 等. 辽东山地核桃楸天然次生林林地蓄水入渗能力试验. 辽宁工程技术大学学报(自然科学版), 2013, 32(11): 1501-1504.

[4] 吴祥云, 何志勇, 李文超, 等. 辽东山区胡桃楸天然次生林土壤蓄水能力分析. 安徽农业科学, 2013, 41(16): 7192-7193.

[5] 徐天乐, 朱教君, 于立忠, 等. 辽东山区次生林生态系统不同林型树干茎流的理化性质. 生态学报, 2013, 33(11): 3415-3424.

[6] 孙晓辉, 吴祥云, 李文超. 辽东地区核桃楸天然次生林水源涵养特征研究. 防护林科技, 2013, 9(4): 4-6.

[7] 王利, 于立忠, 张金鑫, 等. 浑河上游水源地不同林型水源涵养功能分析. 水土保持学报, 2015, 29(3): 249-255.

[8] 张保刚, 梁慧春, 吴祥云, 等. 辽东山地影响胡桃楸天然次生林凋落物分解因子研究. 辽宁农业科学, 2014, (4): 19-23.

[9] 于海娇, 牛明芬, 马建, 等. 猪粪秸秆高温堆肥过程中渗滤液初步研究. 江苏农业科学, 2015, 43(3): 314-316.

[10] 牛明芬, 于海娇, 武肖媛, 等. 猪粪秸秆高温堆肥过程中物质变化的研究. 江苏农业科学, 2014, 42(9): 291-293.

[11] Ma J, Chen X, Huang B, et al. Removal of inorganic nitrogen and phosphorus by sloping white clover filter strip at different rainfall intensities. Fresenius Environmental Bulletin, 2013, 2013(22): 194-199.

[12] Ma J, Chen X, Huang B, et al. Utilizing water characteristics and sediment nitrogen isotopic features to identify non-point nitrogen pollution sources at watershed scale in Liaoning Province, China. Environmental Science and Pollution Research, 2015, 22(4): 2699-2707.

[13] Niu M F, Wei J, Ma J, et al. A study on the start-up period of underground infiltration system treating rural domestic sewage. Advanced Materials Research, 2013, 774-776: 552-555.

[14] 于帅, 陈玮, 何兴元, 等. 浑河河岸带六种草本植物氮、磷含量特征. 生态学杂志, 2012, 31(11): 2775-2780.

[15] 于帅, 陈玮, 何兴元, 等. 浑河入库河道缓冲带六种木本植物氮磷含量特征. 生态学杂志, 2013, 32(12): 3131-3135.

[16] 宋红, 王孔海, 陈玮, 等. 典型水生植物对水库环境污染物去除能力的实验室模拟. 生态学杂志, 2014, 33(1): 119-124.

[17] 宋红, 陈玮, 何兴元, 等. 三种水(湿)生植物对浑河水体氮去除能力研究. 水生态学杂志, 2014, 35(2): 14-19.

[18] 于帅, 陈玮, 何兴元, 等. 大伙房水库周边 4 种河岸林的土壤理化性质. 东北林业大学学报, 2015, 43(3): 87-89.

[19] Yu S, Chen W, He X Y, et al. A comparative study on nitrogen and phosphorus concentration characteristics of twelve riparian zone species from upstream of Hunhe River. Clean—Soil, Air, Water, 2014, 42(4): 408-414.

[20] Yu S, Chen W, He X Y, et al. Biomass accumulation and nutrient uptake of 16 riparian woody plant species in Northeast China. Journal of Forestry Research, 2014, 25(4): 773-778.

第10章

浑河流域沈抚段水生态建设与功能修复技术集成与示范

浑河沈阳-抚顺段(沈抚段)是城市集群化发展的典型区域。针对快速城镇化进程中河流从自然/原生态河流向城市内河转型，两岸生态带萎缩、城乡污染叠加和水生态环境功能退化等共性问题，水专项浑河流域沈抚段水生态建设与功能修复技术集成与示范研究，创新集成了低水温低 C/N 污水生化物化耦合深度净化、储存污泥复合药剂均匀传质调控减量无害同步处理、混合面源污染"源头-过程-末端"生态削减、河流生态水量调控和岸带生态阻控等关键技术，制订了区域统筹的浑河流域沈抚段河流水生态建设和功能修复总体技术方案，形成了"点-面-线-域"水陆结合、适于寒冷地区城镇化进程中河流水生态建设和功能修复的集成技术与方案。该技术支持了以污水尾水深度净化、储存污泥存量污染治理、混合面源污染生态削减、水质水量调控与岸带阻控和生态景观修复为主要内容的 3 项示范工程和 1 个综合示范区建设；支撑抚顺三宝屯污水处理厂污水深度处理改造工程，使 40 万 t/d 尾水由污染源转变为河流生态补水水源。浑河沈抚段及下游水质得到有效提升，河岸带生态完整性逐渐恢复，区域生态环境景观明显改善。

10.1　概　　述

10.1.1　研究背景

浑河沈抚段区域是正在建设的沈抚新城，已经上升为国家战略。在快速城镇化的背景下，该区域"城进村退"，由过去的农村农业/原生态区域正在逐渐转变为城乡一体化的产城融合区，即"转型区域"；河流逐渐由过去的自然/原生态河流转变为城市内河，即"转型河流"。浑河干流及支流水系正面临着两岸生态带萎缩和水生态环境功能退化等巨大压力[1]，严重影响了浑河水质达标和水生态功能。

为解决转型河流所面临的水生态环境的共性问题，水专项以寒冷地区的沈抚连接带为研究和示范对象，依托沈抚新城水生态环境建设，基于"城市点源控制"、"混合面源削减"和"河流生态修复"的技术路线，攻克技术难题，研发关键技术，形成快速城镇化过程中寒冷地区河流水生态建设和功能修复技术体系和方案，为保证浑河流域沈抚段"转型河流"生态环境质量，同时为破解同类河流面临的难题，使河流维系良好水生态功能提供技术支撑和示范，研究和示范区域见图 10-1。

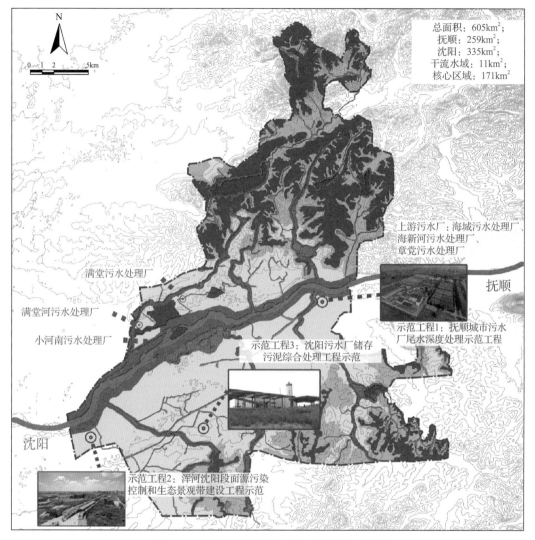

图 10-1　研究区域范围和示范工程位置示意图

10.1.2　水生态建设与功能修复技术成果

通过 4 年的关键技术研发和集成与工程示范,形成了基于"点-线-面-域"水陆结合的适用于寒冷地区城镇化进程中河流水生态建设和功能修复集成技术体系与方案的标志性成果。重点研发出低水温低 C/N 污水生化物化耦合系列深度净化、基于混合面源污染源解析与预测的严寒地区面源污染"源头-过程-末端"生态削减、寒冷地区储存污泥复合药剂均匀传质调控减量无害同步处理 3 项集成技术,以及河流生态水量调控和岸带生态阻控 1 项成套技术,建设了 3 项示范工程和 1 个综合示范区,制订了 2 套方案和 1 个规划,制订了 4 项技术指南,为寒冷地区城镇化进程中河流水生态建设和功能修复提供了技术支撑和示范样板。

213

1. 基于寒冷地区城镇化进程中河流水生态建设和功能修复集成技术体系与方案的应用，实现了浑河沈抚段水质明显提升，水生态环境功能得以恢复

基于"点-线-面-域"水陆结合源头削减和生态修复技术路线，以实现浑河沈抚段水质提升的目标为导向，以低水温、低 C/N 污水生化物化耦合系列深度净化集成技术为重点，将污水厂尾水由点源污染转变为再生水和河流生态补水；以储存污泥复合药剂均匀传质调控无害化减量化集成技术为突破点，降低和化解储存污泥对水生态环境的潜在风险；以基于生态需水量的水质水量调控和岸带生态阻控成套技术为手段，保障河流生态需水量，改善沿河水生态景观；以混合面源"源头-过程-末端"生态削减集成技术为必要措施，有效降低径流入河污染；制订了区域统筹考虑的浑河流域沈抚段河流水生态建设和功能修复总体技术方案，形成了基于"点-线-面-域"水陆结合的适用于寒冷地区城镇化进程中河流水生态建设和功能修复集成技术体系与方案。为沈抚新区编制总体规划和水生态环境治理与生态景观专项规划及工程建设，实现生态优先和绿色发展战略提供了技术支撑，实现了浑河沈抚段水质明显提升，水生态环境功能得以恢复(图 10-2)。

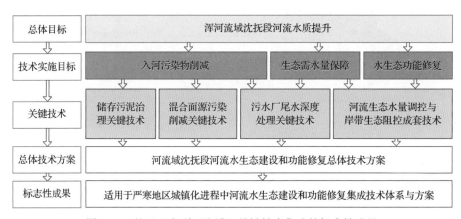

图 10-2 基于"点-线-面-域"关键技术集成的标志性成果

2. 创新集成低水温低 C/N 污水深度处理关键技术，大幅削减入河污染，有效补充河流生态水量

创新集成了"低水温低 C/N 污水厂尾水生物深度降碳脱氮、物理速降 SS、强化除磷和氮磷生态调控的耦合深度处理集成技术"，攻克了低水温低 C/N(水温<10℃，C/N<3∶1)污水深度处理技术难题。创新研发出气浮-旋流预处理除 SS 技术，最大限度保障可生物降解有机物进入生化段，为低 C/N 污水提供了一种崭新的预处理方式。实现了无药剂超微气泡浮-旋分离 SS、总悬浮固体(TSS)去除达 50%～60%，去除率较常规沉砂池提高了20%～30%，轻质 SS 去除率达 40%～50%，重质 SS 上残留有机物浓度<10%。创新研发出内嵌生物膜两级 A/O 耦合旋流破散深度脱氮技术，充分利用好氧回流液内碳源，有

效解决了低水温低 C/N 污水生物脱氮的技术难题。基于分段碳、氮负荷优化调配机制，实现碳氮负荷靶向控制；以 DO 跃升拐点为依据，实现好氧池内 DO 的优化供给和硝化调节；经旋流的强剪切破散作用，促进回流液污泥絮体中有机质的释放，实现生物极限降解状态下的深度脱氮。该技术在 C/N<3∶1，水温低于 10℃条件下，脱氮率较常规 A/O 工艺提高 20%以上。创新研发出微絮凝/絮凝旋流沉淀-浅层滤布滤池尾水深度净化技术，强化尾水 TP 与 SS 的去除，有效解决了低水温的影响。以钢渣和微砂复合功能性晶种介质协同混凝除磷过程，并同步去除水中 COD、TN 和氨氮，以水力旋流分离回收钢渣，絮体沉淀后，通过优选的交错短毛纤维滤布滤池截留微小絮体[2,3]。PFS 投加量仅为 4～6mg/L，较传统混凝沉淀药剂投加量节约 25%～40%，污泥产量降低 20%～40%。建成了抚顺污水厂一级 B 尾水深度处理规模为 2000t/d 示范工程，达到了Ⅳ类水质要求，为寒冷地区新建、扩建和提标改造污水厂提供了技术支撑。

创新研发出新型分形纤维滤料高速过滤尾水深度处理技术，实现了节水节能节地。以自主研发的复合材料分形纤维滤料为核心，达到了无膜微滤效果，去除颗粒粒径小于 0.2～1μm，过滤效果较常规滤池可提高 20%～30%，无膜污染问题；滤速可达到 40m/h 以上，为常规滤速的 7～10 倍；占地少、水头损失小、反洗水量少。建成了抚顺污水厂一级 B 尾水深度处理规模为 2200t/d 示范工程，出水满足地表水Ⅳ类标准。创新研发出基于污水生化处理与复合药剂耦合强化污水深度处理技术，极大地缩短了工艺流程。将复合药剂投加到污水生化后出流的混合液中，将生物与物化有机耦合，协同降解有机物和除氮磷。该技术应用到抚顺市污水厂 40 万 t/d 污水深度处理改造工程中，2017～2018 年，全年平均出水 COD<20mg/L，BOD$_5$<3mg/L，TP<0.3mg/L，氨氮<1mg/L，SS<5mg/L，主要指标达到了地表水Ⅲ类标准。

创新研发出氮磷比定量调控人工湿地技术，实现了污水厂尾水复合净化和生态利用。处理污水厂一级 A 尾水，出水 COD<20mg/L，TN<5mg/L，TP<0.1mg/L，氨氮几乎未检出。主要指标达到Ⅲ类标准，为河流水系提供安全的生态补水。

3. 创新集成寒冷地区储存污泥复合药剂均匀传质调控减量无害同步处理关键技术，支撑存量污染源治理，降低河流水生态环境风险

针对储存污泥由于长期暴露导致的有机质含量低、保水能力强和高黏度等特性，致使污泥与药剂难以均匀混合造成投药量大，以及传统化学干化法采用单一氧化钙投加造成高碱性污泥等处理技术难题，研发出以氧化钙为主剂，粉煤灰和有机酸为辅剂的复合高效储存污泥减量无害化药剂配方，处理后污泥含水率降低至 52.8%～60%，pH 为 8.7～9.3，拓展了该污泥后续资源化利用途径。研发出"泥-药"均匀传质调控污泥处理成套设备，通过穿透式混合反应器实现"泥-药"循环投配和涡流混合；通过蠕动式泥水分离器实现泥水错流过滤分离，较传统混合方式节约药剂用量 30%。形成了兼具热干化和致病微生物灭活作用的污泥脱水干化与重金属稳定固化同步处理集成技术。提出了储存污泥资源化利用途径和技术，结合辽宁省产业攻关和重点研发项目，成功将处理后储存污泥用于烧结制砖，作园林绿化用土和土地复垦用土。

该集成技术支撑了沈阳污水厂储存污泥综合处置 120～500t/d 示范工程的建设，运行成本低于 140 元/t，含水率降低至 60%以下，满足了多途径资源化利用处置要求，实现了沈阳祝家污泥的减量化无害化处理处置。

4. 创新集成基于混合面源污染源解析与预测的寒冷地区面源污染"源头-过程-末端"生态削减关键技术，有效削减径流污染物，提升了入河水质

基于源解析和模拟预测技术、低影响开发(LID)理论和生态景观格局构建技术，形成局域"滞水收集-强化净化-防臭蓄储-原地生态利用"，区域"源头截留-过程阻控-终端生态消纳利用"的混合面源污染全程式复合生态削减集成技术。研发出源头多填料复配生物滞留净化技术，建立适应北方地区气候、地质、降水特征，有效延缓雨峰时间，TSS和氨氮去除率高于 90%，TP 去除率高于 80%。研发出径流过程新型复合生物生态过滤技术，适应北方干沉降期较长的条件，对于处理径流过程中产生的高污染初期雨水和负荷多变的径流雨水具有较稳定和较好的处理效果。研发出末端一体式多级强化雨水生态处理技术，以自主研发的功能性催化填料为生物载体，筛选出耐寒植物，采用复合流湿地多级强化处理，在水力负荷为 $0.4m^3/(m^2 \cdot d)$ 时，COD、氨氮、TN、TP 去除率稳定在 80%以上。源流汇全程式滞留与植物生物复合生态削减的低耗高效混合面源污染处理技术，有利于推进混合面源污染防治、削减城市径流污染负荷和提高城市径流雨水收集利用。

应用该集成技术，支撑了 3.4km² 规模的浑河沈阳段面源污染控制和生态景观带示范工程建设。2017 年年底示范区域植被覆盖率达到 33.5%，张官河入浑河 TN、TP 浓度分别削减 28%和 23%；雨水收集处理系统出水 TN、TP 浓度分别比进水削减 70%和 60%。流域的 TN、TP 总量削减都在 40%以上，其中示范区域削减的 TN、TP 污染物总量分别占到流域的入河污染物总量的 35%和 29%。

5. 集成研发出的浑河沈抚段生态水量调控和岸带生态阻控成套技术，保障了河流生态需水量，恢复了河岸带完整性，提升了河流水质，改善了生态环境景观

基于以河流水系为主线的"上下游-干支流-左右岸"统筹考虑的治理思路，从流域水质和水量两个层面，研发出生态水量保障调控、生态护岸和河岸缓冲带污染阻控、人工湿地耐低温增效和抗堵塞强化三项核心技术，集成为浑河沈抚段河流生态水量调控和岸带生态阻控成套技术。

应用研发的出基于生态需水保障水质水量调控技术，制订了浑河沈抚段生态需水水质水量调控方案，提出了针对浑河干流在不同污染背景条件下的最优需水量，制订了应急情境、2018～2020 年、2020～2030 年和 2030 年后 4 个沈抚段生态需水水质水量调控方案。制订的《浑河沈抚段生态需水水质水量调控方案》已被沈阳市水利部门采用。

　　研发出优化复配填料与增氧耦合强化抗堵塞和耐低温菌剂与植物根基耦合强化增效技术，组合形成了寒冷地区人工湿地耐低温增效和抗堵塞强化技术，有效解决了北方寒区人工湿地低温季节处理效果差和易堵塞处理负荷减低等问题。研发出寒冷地区植物与微生物耦合及植物优化配置和带型建构技术，组合形成了生态护岸和缓冲带生态阻控技术，提出了具有污染物阻控功能的岸带生态景观构建方法，以该技术为依据，在沈阳市浑河两岸生态景观综合提升建设工程中得到了应用。

　　该成套技术支撑了河段长度 11.5km 综合示范区的建设。新立堡考核断面水质优于四类，实现了浑河沈抚段及下游水质有效提升；浑河沈抚段河岸带和缓冲带生态植被破碎化得到了修复，生态景观得到了明显改善。

10.1.3　水生态建设与功能修复技术应用与推广

　　研究人员研发集成的 4 项关键技术，在 3 个示范工程和 1 项综合示范中得到了应用；制订的《浑河流域沈抚段河流水生态环境建设和功能修复总体技术方案》和《浑河沈抚段河流生态带及景观化建设规划》，已为沈抚新区（城）编制《沈抚新城基础设施专项规划——污水和雨水》、《沈抚新区总体规划》、《沈抚新区专项规划——环境环保》、《沈抚新区专项规划——水系、绿地和生态景观》和《沈抚新区基础设施——污水和雨水》提供了技术支撑。课题研发成果，服务了沈抚新区（城）及沈抚两市的水生态环境建设和功能修复，以及黑臭水体治理的规划设计和工程建设。考核断面的 COD 优于地表水Ⅳ类标准，氨氮和 DO 优于地表水Ⅲ类标准，实现了浑河沈抚段及下游水质有效提升；河岸带生态植被破碎化逐渐得到修复，实现了浑河沈抚段生态环境景观的改善。

　　研究成果为沈阳市制订《浑河流域沈阳段水生态修复与治理实施方案（2018—2020 年）》提供技术支撑，水利部将浑河流域水生态修复与治理列为重点支持项目。研发的污水处理深度处理和混合面源污染治理等技术，在沈阳、抚顺、盘锦、营口、辽阳等城市污水深度处理技术改造和海绵城市设计建设中得到推广应用，为辽河流域水生态环境建设和功能修复提供了科学支撑，并获得明显的社会、环境和经济效益。

10.2　浑河流域沈抚段水生态建设与功能修复技术创新与集成

10.2.1　水生态建设与功能修复技术基本信息

　　按照水专项"十二五""减负修复"策略，主要研发低水温低 C/N 全流程污水深度处理集成技术、基于混合面源污染源解析与预测的寒冷地区面源污染"源头-过程-末端"生态削减集成技术、寒冷地区储存污泥复合药剂均匀传质调控减量无害同步处理集成技术和河流水生态环境建设和功能修复成套技术等 4 项关键技术，基本信息见表 10-1。

表 10-1　水生态建设与功能修复技术基本信息

编号	技术名称	技术依托单位	技术内容	适用范围	启动前后技术就绪度评价等级变化
1	低水温低 C/N 全流程污水深度处理集成技术	华东理工大学	研发出低水温低 C/N 污水气浮旋流速降 SS、内嵌生物膜两级 A/O 生物深度降碳脱氮、微絮凝/絮凝旋流-浅层滤布滤池强化除磷和氮磷比定量调控人工湿地深度处理集成技术	北方寒冷地区污水处理厂全流程深度处理，基于Ⅳ类水质要求的寒区新建和扩建污水厂	4 级提升至 7 级
2	基于混合面源污染源解析与预测的寒冷地区面源污染"源头-过程-末端"生态削减集成技术	北京交通大学	开发具有地域特色的基于源流汇全程式滞留与植物生物复合生态削减的低耗高效混合面源污染处理技术。实现"滞水收集-强化净化-防臭蓄储-原地生态利用"。形成具有区域植物风貌的基于面源污染削减的景观格局	适用于寒冷地区农村生活、农业生产、畜禽养殖、城市径流等所带来面源污染，以及雨雪消融水、雨水径流污染的防治和面源污染预测	4 级提升至 7 级
3	寒冷地区储存污泥复合药剂均匀传质调控减量无害同步处理集成技术	沈阳建筑大学	研发出具有同步减量和无害化储存污泥复合药剂配方及"药-泥"均匀传质调控技术，二者集成，实现储存污泥减量无害化	北方寒冷地区储存污泥减量化和无害化处理处置	4 级提升至 7 级
4	河流水生态环境建设和功能修复成套技术	沈阳建筑大学	基于景观生态学原理，岸带阻控-支流控污-干流调度的水生态环境建设和功能修复成套技术，从流域水质和水量两个层面，确保河流水质提升	北方寒冷地区转型河流水质改善及水生态环境恢复	3 级提升至 7 级

10.2.2　水生态建设与功能修复技术

1. 低水温低 C/N 全流程污水深度处理集成技术

1) 基本原理

为强化低水温低 C/N 污水的脱氮除磷效果，建立从生化预处理阶段至尾水深度净化全流程污水深度处理集成技术，主要包括生化前的气浮旋流速降 SS 预处理技术；生化段内嵌生物膜两级 A/O 生物极限脱氮技术和固体碳源辅助 SBBR 同步硝化反硝化脱氮技术；尾水净化段絮凝旋流沉淀-浅层滤布滤池技术、基于污水生化处理与复合药剂耦合技术和分形纤维高速过滤技术；生态净化段的氮磷比定量调控人工湿地技术。其中：①气浮旋流速降 SS 预处理技术降低生化进水无机 SS 比例；②内嵌生物膜两级 A/O 生物极限脱氮技术利用好氧回流液中的有机碳源，固体碳源辅助 SBBR 利用外加碳源，提高 TN 的去除效果；③絮凝旋流沉淀-浅层滤布滤池技术、污水生化处理与复合药剂耦合技术和分形纤维高速过滤，通过促进含磷絮体的生成、强化截留作用，实现除磷和除 SS；④氮磷比定量调控人工湿地技术进行 N、P 调控，进一步降低 N、P 含量。

2) 工艺流程

工艺流程为"污水厂进水—气浮—旋流分离—内嵌生物模两级 A/O 或固体碳源 SBBR—二沉池(复合药剂耦合强化沉淀)—絮凝旋流沉淀/微絮凝—滤布滤池—人工湿地 (潜流+表面流)—出水"，图 10-3 为全流程工艺示意图，具体如下：

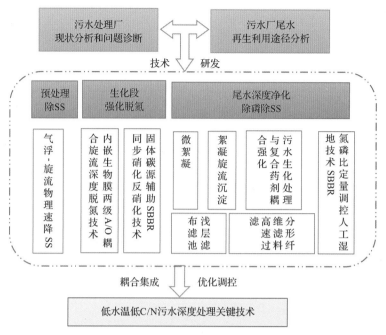

图 10-3　低水温低 C/N 全流程污水深度处理集成技术工艺流程示意图

(1)污水厂进水经格栅后经潜污泵提升进入气浮-旋流分离预处理单元,首先进入溶气罐,污水经溶气罐与气体充分混合后,形成溶气水,经过减压阀后进入一级重相分离旋流器,比重较大的泥沙于旋流器底流口排出,水相从溢流口流出;进入二级气浮旋流器,在旋流器内完成轻质 SS 和污水的分离,轻质 SS 浮渣从上口排出,污水从旋流器下口进入后续内嵌生物膜两级 A/O 池或固体碳源强化的 SBBR 池。

(2)内嵌生物膜两级 A/O 池中污水分别进入两个缺氧池,在缺氧池进行脱氮后进入好氧池,同时好氧池回流液泵送进入旋流器,进行旋流破散处理回流至缺氧池,好氧池出水进入二沉淀池沉淀分离污泥。

(3)固体碳源强化的 SBBR 池中污水处理运行方式同 SBR,运行流程为:进水、曝气、搅拌、沉淀和排水。

(4)尾水净化单元可采用 3 种方式:一是将复合药剂投加到污水生化后出流的混合液中,在二沉池中进行耦合强化沉淀,进入后续过滤单元;二是不加药单纯进行泥水分离,上清液进入后续混凝池,在混凝池中投加混凝剂,经短时搅拌达到微絮凝后进入后续过滤单元;三是不加药单纯进行泥水分离,上清液进入后续混凝池,在混凝池中投加混凝剂,继续进入投加池,投入钢渣,快速搅拌使絮体和钢渣充分接触,然后进入熟化池,慢速搅拌使钢渣细砂絮体逐渐增大熟化,经沉淀后出水经溢流堰流出,钢渣细砂絮体经回流泵回流至水力旋流器进行分离。

(5)复合药剂耦合强化沉淀出水、微絮凝出水或絮凝旋流沉淀出水进入滤布滤池或分形纤维高速过滤器,截留含磷絮体;此时出水可作为再生水回收利用。

(6)污水进入潜流人工湿地,通过钢渣填料将进水 N/P 进行调控;继续进入表面流人工湿地,通过微藻和植物持续净化,此时出水可作为河流生态补水。

3)技术创新点及主要技术经济指标

(1)针对原水 SS 高和 C/N 较低，预处理采用以重力旋流+气浮旋流的两级组合旋流技术，通过优化微气泡形成和流场分布，强化 SS 与微气泡黏附，实现无药剂超微气泡浮-旋分离 SS。TSS 去除达 50%～60%，去除率较常规沉砂池提高了 20%～30%，轻质 SS 去除率达 40%～50%，重质 SS 上残留有机物浓度<10%。

(2)针对原水的低碳氮比和低温水质特性，生化段采用内嵌生物膜组件的两级 AO 耦合旋流破散脱氮技术，基于分段碳、氮负荷优化调配机制，实现碳氮负荷靶向控制；以 DO 跃升拐点为依据，实现好氧池内 DO 的优化供给和硝化调节；经旋流的强剪切破散作用，促进回流液污泥絮体中有机质的释放，实现生物极限降解状态下的深度脱氮。在严寒时段保温的同时，阻止热量散失，保障生物量。

(3)固体碳源辅助 SBBR 同步硝化反硝化深度脱氮技术，通过外加碳源的方式满足生物脱氮需求，外加固体碳源自身释碳量与微生物生长繁殖及反硝化的需碳量达到平衡，保证出水 COD 满足排放标准。TN 去除率达到 80%以上。

(4)深度处理采用絮凝旋流-滤布滤池除磷技术，以钢渣和微砂复合功能性晶种介质协同混凝除磷过程，强化尾水 TP 与 SS 的去除，并同步去除水中的 COD、TN 和氨氮，以水力旋流分离回收钢渣，絮体沉淀后，通过优选出交错短毛纤维滤布滤池截留微小絮体。该技术有效地解决了低水温影响，PFS 投加量仅为 4～6mg/L，较传统混凝沉淀药剂投加量节约 25%～40%，污泥产量降低 20%～40%。

(5)基于污水生化处理复合药剂耦合强化污水厂尾水深度净化技术，将复合药剂投加到污水生化后出流的混合液中，在强化沉池后直接过滤，将生物与化学有机结合，协同降解有机物和除氨磷。该工艺省去了混凝和沉淀单元，缩短了流程，节省了 7%～10%投资，减少了 7%～10%占地，减少了 5%～7%排泥量，简化了操作管理；提高了 20%～30% 系统的综合处理效果。

(6)分形纤维高速过滤深度净化技术，以高比表面积的分形纤维滤料高效吸附和截留水中悬浮杂质，过滤效果较常规滤池可提高 20%～30%。过滤速度可达到 40m³/h，是常规滤池过滤速度的 7～10 倍，占地面积仅为常规滤池的 1/7～1/10；滤料空隙率可达 95%，过滤水头损失小，仅为常规滤池的 1/3；滤料比重为 1.38，反冲洗水头损失小，仅为常规滤池的 1/2。

(7)针对污水厂终端出水排入受纳水体易造成水体富营养化、毒性微藻恶性增殖的问题，末端利用潜流湿地中除磷介质实现对总磷的定量去除，进而优化出水氨磷比，以利于无毒绿藻增殖；在表面流湿地中，发挥水生植物与高效藻的复合强化与平衡制约效应[4]，促进氮磷吸收和微藻生长，实现污水厂终端出水生态资源化利用和对受纳水体的修复。

集成了"气浮旋流预处理+内嵌生物膜两级 A/O 耦合旋流破散深度脱氮+微絮凝/絮凝旋流沉淀-浅层滤布滤池尾水深度净化+氮磷比定量调控人工湿地"全流程污水深度处理技术，对低温和低 C/N（温度低于 10℃，C/N 在 5 以下）城市污水的深度净化具有显著效果，其出水水质可达到 COD：14～20mg/L，对 COD 总去除率达 95%以上，最高可达 96.8%；TN：3.04～4.47mg/L，对 TN 的去除率达 85%～92%；氨氮出水低于 0.5mg/L，对氨氮的去除率基本接近 100%；TP 出水低于 0.1mg/L，对 TP 的去除效率基本为 96%～

98%；出水 SS＜3mg/L，对 SS 的去除效率基本接近 100%。经集成工艺处理后出水水质远优于《城市污水处理厂污染物排放标准》（GB 18918—2002）一级 A 标准，其中 COD 和 TP 可达到《地表水环境质量标准》（GB 3838—2002）地表水III类水质标准，可作为浑河流域沈抚段河流的安全的生态补水，从而达到改善浑河流域沈抚段河流干流水质、维护水生态功能健康的总目标。

4）技术来源及知识产权概况

自主研发，优化集成，申请发明专利 3 项，授权 2 项。

丁雷，陈秀荣，唐庆杰，等. 一种以钢渣微粉作为晶核强化污水除磷的方法. CN201510904191.9，2016-3-23.

于鹏飞，高子平，傅金祥，等. 一种滤布滤池反冲洗装置. ZL201510034191.8，2016-8-24.

傅金祥，唐歆晨，金星，等. 一种高分子聚合物为助滤剂引发堵塞滤料的再生方法. ZL201610971632.1，2018-7-27.

5）实际应用案例

应用单位：抚顺市三宝屯污水处理厂。

处理规模为 2000t/d 全流程污水深度净化工程示范。

污水处理厂进水经提升后通过细格栅，进入气浮旋流单元，去除轻质 SS 并剥离重质 SS 上的有机物，出水进入两级 A/O，利用内嵌的生物膜和优化进水分流比和混合液多点回流比，实现生物极限脱氮，经二沉池泥水分离后，出水进入深度处理车间的絮凝旋流沉淀装置，以钢渣和微砂复合功能性晶种介质协同 PFS 混凝除磷，强化尾水 TP 与 SS 的去除，并同步去除水中的 COD、TN 和氨氮，以水力旋流分离回收钢渣，絮体沉淀后通过浅层滤布滤池截留含磷微絮体，出水进入填充钢渣的潜流人工湿地定量除磷，进而优化出水氮磷比以利于无毒绿藻增殖；在接下来的表面流湿地中，发挥水生植物与高效藻的复合强化与平衡制约效应，进一步对氮、磷吸收去除。

该集成技术对低温和低 C/N（温度低于 10℃，C/N 在 3 以下）城市污水的深度净化具有显著效果，其出水水质可达到 COD：14～20mg/L，对 COD 总去除率达 95% 以上，最高可达 96.8%；TN：3.04～4.47mg/L，对 TN 的总去除率达 85%～92%；氨氮几乎未检出，对氨氮的总去除率基本接近 100%；TP 出水低于 0.1mg/L，对 TP 的总去除效率基本为 96%～98%；出水 SS＜3mg/L，对 SS 的总去除效率基本接近 100%。经集成工艺处理后出水水质远远优于《城市污水处理厂污染物排放标准》（GB 18918—2002）一级 A 标准，其中 COD 和 TP 可达到《地表水环境质量标准》（GB 3838—2002）地表水III类水质标准。

处理规模为 40 万 m³/d 污水深度处理改造工程。在改造中采用基于污水生化处理与复合药剂耦合强化污水深度处理技术，将由 PAFC、天然有机絮凝剂和 FZ 除氮剂组成的复合药剂，投加到污水生化后出流的混合液中，将生物与物化有机耦合，协同降解有机物和除氮磷。改造后，2017 年到 2018 年 11 月底，全年平均出水 COD 小于 20mg/L，BOD₅ 小于 3mg/L，TP 小于 0.3mg/L，氨氮小于 1mg/L，SS 小于 5mg/L，主要指标满足地表水III类水质标准。

处理规模为 2200t/d 抚顺城市污水厂尾水深度处理高速过滤示范单元。进水为三宝屯污水处理厂生化二沉池出水。在采用直接过滤运行方式，滤速最低为 40m/h；过滤周期为 24h；采用气-水联合反冲洗，时间为 15min 运行工况下，从 2017 年长期连续运行结果表明，处理效果好，运行稳定。经第三方监测，平均出水 COD、氨氮、TP、SS 分别达到 13.5mg/L、1.10mg/L、0.15mg/L、2.25mg/L，水质主要指标达到地表水 IV 类。该技术成果在我国北方寒区污水厂水质提标与技术改造中具有良好的推广前景。

2. 基于混合面源污染源解析与预测的寒冷地区面源污染"源头-过程-末端"生态削减集成技术

1) 基本原理

根据浑河沈抚段由自然或原生态河流将转变为城市内河的变化态势，运用同分异构体比例法、主成分分析法、线性回归分析法、同位素示踪法，完成基于土地利用格局变化带来面源污染特征及负荷分析，提出混合面源污染物变化态势、时空分布与迁移转化规律，构建了 CMADS+基于暴雨强度公式的 SWAT 耦合模式和城镇扩张下沈抚段水质污染预测系统，识别面源污染削减关键地段。基于低影响开发(LID)理论，通过物理、化学及生物的协同作用，以及多种控制技术的组合应用，以"源头多填料复配生物滞留净化技术-径流过程新型复合生物生态过滤技术-末端一体式多级强化雨水生态处理技术"为核心，形成局域"滞水收集-强化净化-防臭蓄储-原地生态利用"，区域"源头截留-过程阻控-终端生态消纳利用"混合面源污染全程式复合生态削减集成技术。集成源解析和模拟预测技术、源流汇全程式滞留与植物生物复合生态削减的低耗高效混合面源污染处理技术等，研发出"基于混合面源污染源解析与预测的寒冷地区面源污染"源头-过程-末端"生态削减集成技术"。该技术实现了跟踪检测混合面源污染的迁移转化，有效遏制农村生活、农业生产中的面源污染，推进农业农村污染防治，削减城市径流污染负荷，提高城市径流雨水收集利用，控制住混合面源污染对水环境的影响，保护水资源，改善农村和城市的生态环境，促进新农村和生态城市的建设，最终实现在快速城镇化建设过程中，扩城不扩污染源，提升新城镇的生态化功能的目的[5, 6]。为"水十条"考核目标的实现提供技术支撑。

2) 技术体系与工艺流程

在沈抚研究区域土壤、地下水、河流污染变化研究基础上，基于研究区域多年采样数据，运用同分异构体比例法、主成分分析法、线性回归分析法、同位素示踪法，识别面源污染的来源，确定了面源污染产生的主要贡献体及其贡献程度。在浑河流域沈抚段混合面源污染环境监测和收集大量地方原始数据基础上，构建了 CMADS+基于暴雨强度公式的 SWAT 耦合模式和城镇扩张下沈抚段水质污染预测系统。根据 SWAT 模型系统中的国际气象数据点，模拟了 2020～2030 年本地区未来气象变化情况、水质水量变化情况及各类污染物的变化情况。预估沈抚段土地利用类型在不同情景模式下的污染水平和污染物产量，模拟分析面源污染对水环境污染的影响。

源头采用多种填料复配生物滞留技术，建立了 40%土壤、10%火山岩、20%沸石、30%珍珠岩复配生物滞留设施，通过物理、化学及生物的协同作用，实现了雨水的滞留、有效延缓雨峰时间，TSS 和氨氮去除率高于 90%，TP 去除率高于 80%，实现了雨水的滞水收集和强化净化。

径流过程采用了新型复合生物生态过滤技术，利用改性沸石、纤维球等复合填料作为生物载体组成的滤床，净化径流雨水，氨氮、TP、COD 去除率都在 80% 以上。在较大干/湿交替条件下，短时内系统对 COD、氨氮去除率可恢复到 60%，实现了雨水的强化净化和生态利用。

末端采用一体式多级强化雨水生态处理技术，以自主研发的具有催化功能的填料为生物载体，筛选出耐寒植物，采用复合流湿地多级强化处理，在低温条件下，净化雨水和春季融雪水，实现了低温或春季融雪季节污染物的有效去除，实现了雨水的原地生态利用(图 10-4)。

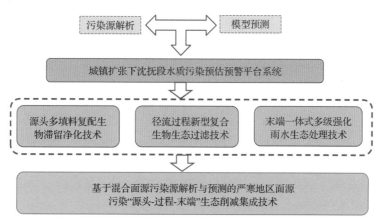

图 10-4　基于混合面源污染源解析与预测的严寒地区面源污染
"源头-过程-末端"生态削减集成技术工艺流程图

3) 技术创新点及主要技术经济指标

A. 技术创新点

研发了局域"滞水收集-强化净化-防臭蓄储-原地生态利用"，以及区域"源头截留-过程阻控-终端生态消纳利用"混合面源污染全程式复合生态削减集成技术。研发了源头多种填料复配生物滞留技术，建立了 40%土壤、10%火山岩、20%沸石、30%珍珠岩复配生物滞留设施，实现了雨水的滞水收集和强化净化。研发了径流过程新型复合生物生态过滤技术，利用改性沸石、纤维球等复合填料作为生物载体组成的滤床，净化径流雨水，氨氮、TP、COD 去除率都在 80% 以上。在较大干/湿交替条件下，短时内系统对 COD、氨氮去除率可恢复到 60%，实现了雨水的强化净化和生态利用。末端一体式多级强化雨水生态处理技术以自主研发的具有催化功能的生物载体为填料，筛选出耐寒植物，采用复合流湿地多级强化处理，在低温条件下，水力负荷为 $0.4m^3/(m^2 \cdot d)$ 时，COD、氨氮、TN、TP 去除率稳定在 80% 以上，实现了低温或春季融雪季节污染物的有效去除和原地生态利用，形成了基于源流汇全程式滞留与植物生物复合生态削减的低耗高效混合面源污染处理技术，提出了基于混合面源污染源解析与预测的寒冷地区面源污染"源头-过程-末端"生态削减集成技术。

B.技术经济指标

源头多填料复配生物滞留系统以40%土壤、10%火山岩、20%沸石、30%珍珠岩复配生物滞留设施，在进水水质COD 140~160mg/L、TP 1.4~1.5mg/L、SS 320~330mg/L、氨氮9~11mg/L，不同重现期条件下，实现了污染物高效去除。TSS的去除率高于92%，氨氮的去除率大于90%，TP的去除率高于80%。生物滞留设施对重现期为1年降水有较好的滞留效果，雨水滞留率为14.64%，雨峰位置系数增大，雨峰削减率达到82.47%。重现期为3年时，雨水滞留为6.6%，雨峰位置系数增大，雨峰削减率达到83.37%，实现了雨水滞留和强化净化。

径流过程新型复合生物生态过滤技术，以改性沸石、纤维球等填料为生物载体，通过前期雨水收集自流进入"植物-土壤-复合填料"构成的生态过滤系统，在COD 180~250mg/L、TP 0.5~1.2mg/L、浊度45~80NTU、SS 160~200mg/L、氨氮4.5~8mg/L，进水滤速为2L/h条件下，通过植物、微生物和土壤净化作用，实现了对污染物的去除，净化径流雨水，氨氮、TP、COD去除率都在80%以上。在较大干/湿交替条件下，10天干沉降期条件下系统2h内对COD和氨氮的去除效果恢复达到60%。

末端一体式多级强化雨水生态处理技术以自主研发的具有催化功能的填料为生物载体，选取耐寒植物，采用复合流湿地多级强化处理，在低温条件下，水力负荷为$0.4m^3/(m^2 \cdot d)$时，一体式雨水生态处理系统在多元催化介质和微生物的共同作用下，有机物、氨氮、TN、TP可得到稳定降解，出水COD、氨氮、TN、TP平均去除率稳定在80%以上，保证低温下或融雪季削减污染物的效能，实现了低温或春季融雪季节污染物的有效去除和原地生态利用。该技术处理单位水成本为0.325元/m^3。相对于常规生物处理工艺0.6~1.0元/t的综合成本，具有较大的运行成本优势。

4) 技术来源及知识产权概况

自主研发。

5) 实际应用案例

应用单位：沈阳建筑大学。

该技术应用在浑河沈阳段面源污染控制和生态景观带建设工程中，应用寒冷地区面源污染"源头-过程-末端"生态削减集成技术，实现了2017年示范区域植被覆盖率达到33.5%。2017年年底张官河入浑河TN、TP浓度分别削减28%和23%；雨水收集处理系统出水TN、TP浓度分别比进水削减70%和60%。流域的TN、TP总量削减都在40%以上。

3. 寒冷地区储存污泥复合药剂均匀传质调控减量无害同步处理集成技术

1) 基本原理

储存污泥复合药剂均匀传质调控减量无害同步处理集成技术主要是将研发的复合高效污泥干化无害化药剂配方应用到"泥-药"均匀传质调控污泥处理设备中，将二者有机结合，实现储存污泥的减量和无害化处理处置。

储存污泥复合药剂工作原理主要以氧化钙为主料，利用氧化钙与水结合反应放热带走污泥水分，实现污泥脱水，提供的高pH环境改变污泥结构、破坏胶体稳定性、改善脱水性能,同时降低病原菌量和重金属植物有效性[7]。辅以粉煤灰、有机酸为辅药剂,其中粉煤灰分子结构中存在大量的 Si—O 和 Al—O 基团,可以起到骨架支撑作用,增大药泥间距,扩大水分输出通道,提高水分脱除效率;酸性物质作为辅助调理剂,起到有效调剂污泥 pH、补充了污泥中有机质作用。自主研发的污泥处理反应器通过蠕动式压饼、聚团、再压饼、聚团的反应机理实现污泥和药剂可以进行穿透式混合反应,杜绝未反应药剂和污泥的存在。通过上述技术集成实现污泥药剂的均匀传质调控和减量无害化同步处理。

2)工艺流程

该项技术主要采用自主研制的复合高效污泥脱水药剂配方,辅以新型污泥药剂混匀技术、采用晾晒循环投加工艺,实现在短时间内完成储存污泥脱水干化、酸碱调节和稳定固化等功能,同时最大限度节约药剂投用量。主要工艺流程为"储存污泥污染特征及环境风险分析—复合高效干化无害化药剂配方研发—储存污泥处理设备研发—复合药剂和污泥处理设备的耦合集成—减量无害化效果分析—系统参数优化调控—集成储存污泥复合药剂均匀传质调控减量无害同步处理"。工艺流程如图 10-5 所示,具体如下:

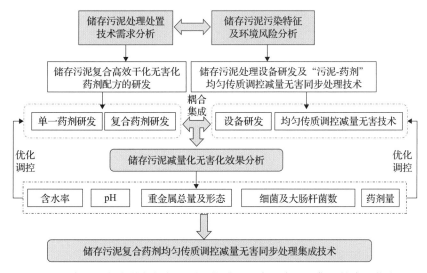

图 10-5　储存污泥复合药剂均匀传质调控减量无害同步处理集成技术工艺流程图

(1)首先对沈阳祝家污泥储坑中储存污泥理化性质分析测试,包括污泥含水率、pH、污泥总碱度、污泥有机物含量等一般物理指标,TOC、TN、T/C 比、TP、TK、氨氮含量等营养元素指标,细菌总数和大肠杆菌微生物学指标,重金属等有毒有害物。

(2)针对储存污泥污染特征和理化性质,研发储存污泥复合高效干化无害化药剂配方,以氧化钙为主料,粉煤灰、有机酸为辅药剂。

(3)针对传统化学干化药剂和污泥混合不均问题,研发具有循环投配、涡流混合的穿透式混匀设备,同时实现错流过滤水分分离功能,提高泥-药混匀效果。

(4)将研发的复合药剂和污泥处理设备耦合集成,考察出泥减量化无害化效果(含水率、pH、重金属、细菌和大肠杆菌等),根据效果对系统药剂种类、药剂投量、压强和反应时间等参数进行优化调试。

(5)基于出泥达到《城镇污水处理厂污泥处置 混合填埋泥质》(CJ/T 249—2007)标准要求，运行成本低于 150 元/t 的技术经济指标要求，集成储存污泥复合药剂均匀传质调控减量无害同步处理技术，并应用在沈阳祝家污泥处理处置工程现场。

3）技术创新点及主要技术经济指标

研发的污泥与药剂穿透式混合反应技术，解决了污泥与其他固体药剂难于穿透混合的难题。使污泥可以和固体粉料以任何比例进行穿透式均匀混合，从而提高药剂的使用效率和反应效率。药泥均匀传质调控系统有效保障污泥和药剂充分混匀，储存污泥复合药剂配方在降低污泥含水率的同时，实现 pH 的降低、致病微生物的灭活和重金属的稳定固化，有效地实现了污泥同步减量无害化处理[8]。主要技术指标为：药剂投加量10%，反应时间 30min，污泥和复合药剂在混匀设备中反应压力 0.3MPa，出泥含水率为 52.8%～60%，pH 8.69～9.27。Cd、Hg、Pb、Cr、As、Ni、Zn、Cu 八种重金属总量符合《城镇污水处理厂污泥处置 混合填埋泥质》(CJ/T 249—2007)标准中要求。该项技术较传统混合方式节约药剂用量30%，运行成本为 140 元/t，具有一定的推广应用前景。

4）技术来源及知识产权概况

自主研发。

5）实际应用案例

应用单位：沈阳泥德环保设备有限公司。

该技术应用在沈阳祝家污泥处置项目中，经该技术处理后污泥可达到《城镇污水处理厂污泥处置 混合填埋泥质》(CJ/T 249—2007)标准。祝家污泥处理现场已实现 120～500t/d 的污泥处理规模，系统运行稳定，出泥效果好，稳定达标。该技术对同类污泥的处理处置具有一定的技术借鉴和工程参考作用。通过该技术的应用和工程的开展，将实现沈阳祝家污泥堆存场的有效修复，新增生态修复面积 30 余万平方米。

4. 河流水生态环境建设和功能修复成套技术

1）基本原理

采取"干流—岸带—支流"的研究思路，从流域水质和水量两个层面，通过岸带修复阻控和支流控污来减少进入干流的污染物，同时通过干流进行生态需水保障的水质水量调度技术，改善河道水动力条件，提高河道自身的水质自净能力，从而全面提升河流水质，实现河流水质稳定达标，从根本上解决河流的健康问题，提升流域的生态系统质量和稳定性[9]。通过采用岸带阻控-支流控污-干流调度的水生态环境建设和功能修复成套技术，研究河流水体物化与生化作用对水质自净能力的影响机制，解决寒冷地区低水温多因素影响下，高度受控河流的自净能力差的问题。

(1)干流生态需水保障水质水量调度技术。在生态需水量变化规律研究的基础上，首先，进行寒冷地区调度所需生态需水量计算，然后，采用 Mike 软件模拟泄水过程和河道水流状态，研究生态需水量与河道水质之间关系，基于干流水质达标的需水量，分析生态需水量和干流水质达标的需水量下河道水质的达标情况，并进行调度需水量优化，制定调度需水量。最后，通过生态水源的分析，制订多水源的调度方案。

(2)寒冷地区基于生态护岸和河岸缓冲带的水生态环境建设和功能修复技术。根据寒冷地区河流特点和水质特征，通过挂膜及直喷的方式强化植被型护坡的径流污染物削减能力，构建了植物和微生物相耦合的生态护岸水质净化系统。筛选出耐低温、污染物削减能力强的土著优势植被，从垂直分层和水平分异角度进行了不同物种栖息地落叶植物的优化配置，研发出适宜寒冷地区的河岸缓冲带构建技术。利用景观生态学原理，提出了基于生态护岸和河岸缓冲带的生态景观格局构建策略[10]。

(3)寒冷地区人工湿地低温和防堵塞强化技术。根据寒冷地区气候特征，以热力学理论为指导，基于 Fluent 技术模拟了人工湿地低温热场变化过程[11]，研究了低温环境下外源热能补给和表层热损失阻隔的规律，形成以水力负荷与保温覆盖协同优化的人工湿地低温优化运行方案；筛选出耐低温高效净水植物，培育耐低温复合菌剂，制备了缓释增氧药剂，研发出煤矸石-沸石原位改性反级配填料的人工湿地低温和防堵塞强化技术[12-14]。

2)工艺流程

河流水生态环境建设和功能修复成套技术主要包括人工湿地控制支流河入干污染物，生态护岸和河岸缓冲带的水生态环境建设和功能修复技术进行面源的阻控，干流生态需水保障水质水量调度技术保障干流水质和水量，具体如下：

(1)采用寒冷地区人工湿地低温和防堵塞强化技术在支流河入干河口处建设人工湿地，削减支流河入干的污染物。

(2)采用寒冷地区基于生态护岸和河岸缓冲带的水生态环境建设和功能修复技术构建岸带。通过补植优化配置后的耐寒高效污染物削减植被，构建"植物-微生物"耦合生态护坡，有效削减雨水径流的入河污染物总量；利用景观生态学原理，提出了基于生态护岸和河岸缓冲带的生态景观格局构建策略，不仅实现了由岸至水的污染物高效阻控，同时提升了滨水河岸带的生态效益与景观效益。

(3)在支流河入干污染物削减和岸带污染物阻控基础上，进行保障干流生态需水的水质水量调度，全面提升了河流水质，实现河流水质稳定达标。

3)技术创新点及主要技术经济指标

基于闸坝分区的生态需水量计算方法和数据获取技术，针对目前河流高度受控，无法给水库和闸坝联合精细调度提供数据支撑，本书研发了一种以闸坝和水文站作为计算断面的河段分区生态需水量技术方法。通过采用 Mike 软件构建河流水质水量模型，利用相关水文站的水文资料，通过模拟，获取无水文数据的计算断面(如闸坝断面)相关水文计算数据，进行计算生态需水量计算[15,16]。是解决寒冷地区河流平枯水期基于多级拦蓄调控以保障最低生态需水量的水生态质量改善技术的关键。

根据寒冷地区气候特征，以热力学理论为指导，基于 Fluent 技术模拟了人工湿地低温热场变化过程，研究了低温环境下外源热能补给和表层热损失阻隔的规律，形成以水力负荷与保温覆盖协同优化的人工湿地低温优化运行方案。

4)技术来源及知识产权概况

自主研发，优化集成，申请发明专利 2 项。

张荣新，傅金祥，王国强. 一种煤矸石-自动改性沸石复合填料人工湿地系统. ZL201610003391.1，2016-5-4.

唐玉兰，李继伟，马甜甜，等. 一种基于闸坝分区的生态需水量计算方法. CN201810729786.9，2018-12-28.

5) 实际应用案例

应用单位：沈阳市水利局。

沈阳市水利局依据采纳了生态需水保障水质水量调度技术研究成果，制订了生态补水计划方案。大伙房水库管理局实施了生态环境用水调度方案。经第三方检测，浑河新立堡断面藻类多样性指数范围为 2.51～3.57；COD 浓度范围为 6～37mg/L；氨氮浓度范围为 0.12～0.34mg/L；DO 浓度范围为 6.67～8.86mg/L。满足合同规定的不小于 10km 示范区河流长度和浑河新立堡断面的考核指标要求[17]。

10.3 浑河流域沈抚段水生态建设与功能修复技术工程示范

10.3.1 水生态建设与功能修复技术示范工程基本信息

研发的主要成果应用于抚顺城市污水厂尾水深度处理示范工程、浑河沈阳段面源污染控制和生态景观带建设工程示范、沈阳污水厂储存污泥综合处置工程示范 3 个示范工程。基本信息见表 10-2。

表 10-2 水生态建设与功能修复技术示范工程基本信息

编号	名称	承担单位	地方配套单位	地址	技术简介	规模、运行效果简介	技术推广应用情况
1	抚顺城市污水厂尾水深度处理示范工程	华东理工大学	抚顺三宝屯污水处理厂	辽宁省抚顺市望花区抚顺三宝屯污水处理厂	气浮旋流预处理技术强化SS和穿透性有机物的去除；絮凝旋流沉淀/微絮凝-滤布滤池进行尾水的深度净化处理	规模：2000t/d；运行效果、预处理技术：SS 去除率为 50%～60%，轻质 SS 去除率为 40%～50%；尾水处理技术：COD<30mg/L，总磷<0.3mg/L，氨氮<2mg/L，SS<5mg/L	在抚顺三宝屯污水厂进行实际生产应用
2	浑河沈阳段面源污染控制和生态景观带建设工程示范	沈阳建筑大学	沈阳建筑大学	沈抚连接带沈阳段	混合面源污染是研究区段河流的重要污染源，研发集成"源头-过程-末端"面源削减技术，有效削减了面源污染入河总量	通过 3km² 示范工程建设，实现示范区内绿地面积不低于 20%；总氮、总磷比未经处理的入河径流分别削减 20%以上	该技术对寒冷地区面源污染控制具有较好的技术借鉴和推广前景
3	沈阳污水厂储存污泥综合处置工程示范	辽宁中绿环境工程有限公司	沈阳泥德环保设备有限公司	沈阳市东陵区祝家污泥存放场	针对长期暴露型高污染高含水率的储存污泥处理技术难题，研发出以氧化钙为主料的组合高效复合药剂配方和药-泥均为传质调控为核心技术的污泥脱水干化与重金属稳定固化同步处理技术	规模：100t/d；运行效果：经药剂干化调理后污泥含水率降低至 60%以下，处理后污泥达到《城镇污水处理厂污泥处置 混合填埋泥质》（CJ/T 249—2007）标准要求	该技术针对储存污泥特殊理化性质，研发出储存污泥减量无害化处理技术，为辽宁省同类污泥处理处置提供了技术支持

10.3.2　水生态建设与功能修复技术示范工程

1. 抚顺城市污水厂尾水深度处理示范工程

抚顺城市污水厂尾水深度处理示范工程由 2000t/d 气浮旋流速降 SS 预处理示范单元、2000t/d 絮凝旋流沉淀-滤布滤池尾水深度处理示范单元和 2000t/d 微絮凝滤布滤池尾水深度处理示范单元 3 个示范单元组成。通过气浮旋流预处理单元对污水进行预处理，进行 SS 尤其是轻质 SS 和穿透性有机物的去除。通过尾水深度处理示范单元，对尾水深度处理工艺进行改进，实现提高污水厂尾水出水水质的同时，还具有节能降耗的优势。示范技术有四项。

(1)气浮旋流预处理技术。气浮旋流预处理技术是指利用机械、重力、气浮或者离心等原理将污水中的悬浮物与污水分离，然后将其去除的过程，目的是避免杂质和悬浮物对后续处理流程产生负面影响，同时可以削减 SS 值，减轻后续单元对 SS 的处理压力，增加生物单元 VSS/SS，同时利用旋流器的离心力和剪切力洗掉 SS 表面的有机物，缓解生物处理单元碳源不足的问题。

(2)絮凝旋流沉淀尾水深度处理技术。絮凝旋流沉淀尾水深度处理技术是利用钢渣具有物理吸附和化学共沉淀除磷的特性，同时钢渣比重较大，钢渣与絮体结合可增加絮体比重，改变絮体特性，显著增加絮体的沉降性能，缩短水力停留时间。将钢渣和混凝剂同时运用到深度处理工艺，实现钢渣和混凝剂的复合效应，还可降低药剂投加量，减少污泥产量。

(3)絮凝旋流沉淀-滤布滤池尾水深度处理技术。将絮凝旋流沉淀尾水深度处理技术与滤布滤池过滤截留特性相结合，通过絮凝旋流单元的深度处理，滤布滤池的进一步截留，可保证出水水质，实现 SS 和其他污染物的同步去除，同时可降低药剂投加量，减少污泥产量。

(4)微絮凝-滤布滤池尾水深度处理技术。利用微絮凝工艺流程简单，附属设备少，运行维护简单的优势，通过在混凝单元投加混凝剂进行化学除磷，然后经过滤布滤池截留，实现 SS、总磷、COD、总氮和氨氮的同步去除，可降低运行电耗和基建投资成本。

示范工程于 2016 年在抚顺三宝屯进行现场安装并安装完成，2017 年开始运行，2017年 6～11 月进行为期半年的第三方监测，各示范单元运行良好。

(1)气浮旋流示范单元对 SS 去除率最高可达到 57.2%，高于普通的沉砂池(30%～40%)，轻质 SS 去除率最高可达 50.7%，较沉砂池高 30%～40%，并且相较于初沉池的 1～2h 的沉淀时间，气浮旋流处理时间大大缩短，只需 5～10min，因此占地面积大大减小。

(2)絮凝旋流沉淀-滤布滤池尾水深度处理示范单元对 COD 去除率为 25%～35%，出水为 24～29mg/L，对总氮和氨氮的去除率分别为 15%～25%和 20%～35%，出水水平分别为 4.4～8.2 和 0.38～1.32。对总磷和 SS 具有显著的去除率，使出水可以达到总磷＜0.3mg/L，SS≤5mg/L 的水平，出水水质均优于《城镇污水处理厂污染物排放标准》(GB 18918—2002)一级 A 标准，总磷可达到《地表水环境质量标准》(GB 3838—2002)Ⅳ类水水质标准。当运行规模扩大为 10 万 m³/d 时，吨水运行成本仅为 0.0845 元/t。

(3)微絮凝-滤布滤池尾水深度处理示范单元对出水 COD 为 26~31mg/L、去除率为 20%~30%，总氮为 4.6~8.1mg/L、去除率为 10%~20%，氨氮为 0.35~1.04mg/L、去除率为 20%~30%。出水水质均可达到《城镇污水处理厂污染物排放标准》(GB 18918—2002)一级 A 标准(图 10-6~图 10-9)。

图 10-6　絮凝旋流沉淀单元

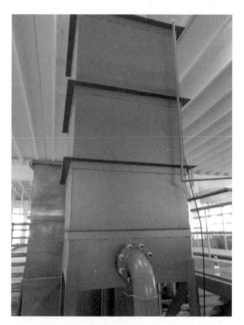

图 10-7　微絮凝单元

图 10-8　气浮旋流示范单元

图 10-9　施工现场及调试运行图

2. 浑河沈阳段面源污染控制和生态景观带建设工程示范

研究区域属于城镇化进程中河流，该区域受农业和城市复合污染，该混合面源污染汇入是研究区段河流的重要污染源。针对这一环境问题，在示范区内研发集成"源头-过程-末端"面源削减关键技术并建设规模为 3km² 的面源污染控制和生态景观示范区，有效削减了面源污染入河总量，入河总氮、总磷含量显著降低。

针对寒冷地区混合面源污染物的特点，建立以"源头生物滞留设施削减径流雨水为主，传输过程复合人工湿地消纳面源污染、末端雨水净化利用"的面源污染物削减模式。实现氮、磷、有机污染物的综合控制和雨水径流的资源化利用，实现难减量化的面源污染物质最大化从系统内去除的污染景观生态阻控技术，控制污染物流入河流，减少河流的污染负荷。

针对现有景观格局结构特征，以城镇化进程中污染物时空分布规律和迁移、累积和转化态势为依据，以混合面源污染削减集成技术为支撑，通过分析生态景观格局结构特征，利用生态渠、人工湿地等技术达到削减该区域污染物含量的目标，最终实现在快速城镇化建设过程中，扩城不扩污染源，提升新建城镇的生态化功能的目的，实现浑河沈抚段水环境持续改善和稳定达标的目标。

该示范工程 2014 年完成工程技术方案，2015 年开工建设，2016 年进行工程示范。通过示范工程建设，实现示范区内绿地面积不低于 20%；总氮、总磷比未经处理的入河径流分别削减 20%以上（以 2013 年为环境基准年）。

该技术对寒冷地区面源污染控制具有较好的效果。研究成果为沈阳市海绵城市申报提供了技术支持，为沈阳建筑大学校园海绵校园建设提供了技术支持。沈阳建筑大学雨水花园总占地面积约 400m^2，强化人工湿地处理系统总面积约 20m^2，设计污水来源为雨水和中德中心中水。该功能性雨水花园设计暖季（日平均气温 5℃以上）雨水处理量为 24m^3/d；设计寒季水处理量为 18m^3/d。该功能性雨水花园设计暖季中水[满足《污水综合排放标准》（GB 8978—1996）中的一级 B 以上标准]处理量为 12m^3/d；设计寒季中水处理量为 9m^3/d。设计处理出水水质需满足《地表水环境质量标准》（GB 3838—2002）Ⅲ类水质。

3. 沈阳污水厂储存污泥综合处置工程示范

该示范工程主要在沈阳市东陵区祝家污泥堆存场，建设规模 100t/d 污泥处理示范工程，主要依托沈阳祝家污泥处置项目开展示范。该项目主要通过研发储存污泥复合药剂均匀传质调控减量无害同步处理集成技术，实现场地内储存污泥含水率降低至 60%以下，使处理后污泥达到《城镇污水处理厂污泥处置　混合填埋泥质》（CJ/T 249—2007）的标准要求，运行成本低于 150 元/t。

针对沈阳祝家储存污泥含水率高，以及重金属类有毒有害物质种类复杂、含量高这一污染特征，开展储存污泥减量化、无害化处理技术。优选复配形成储存污泥复合高效干化无害化药剂配方，采用化学药剂对污泥进行预调理，破坏污泥内部结构，促进其胞内水释放，提高后续脱水潜力。经过复合药剂（投加量为 10%）处理，进入污泥-药剂均质混匀系统处理后，实现药剂和污泥在主反应系统中的穿透式混合，以及储存污泥的减量化和无害化。

该示范工程于 2014 年 11～12 月试运行，2015 年年底完成了示范工程设备验收，2017 年 4 开始运行。

应用研发的储存污泥复合药剂均匀传质调控减量无害同步处理集成技术，处理后污泥含水率可降低至 52.8%～60%，pH 维持在 8.7～9.3。污泥中重金属符合《城镇污水处理厂污泥处置　混合填埋泥质》（CJ/T 249—2007）的标准要求，稳定固化后污泥不具有重金属浸出特征，致病微生物也得到较好的灭活。同时将工业固体废弃物粉煤灰掺混到生石灰中替代生石灰，而粉煤灰的吨成本约为生石灰的 1/2 甚至更低，在保障污泥干化效果的同时大大降低了化学干化药剂成本，同时选用酸性肥料作为辅助调理剂，既起到了有效调剂污泥 pH 的作用又补充了污泥中的有机质，保障其后续利用，以及防止填埋过程中对环境造成的二次污染。该工程处理规模为 120～500t/d，处理运行成本为 140 元/t。

采用储存污泥复合药剂均匀传质调控减量无害同步处理技术对祝家污泥进行减量化无害化处理，既降低了药剂成本，又保障了污泥后续填埋的环境效应，可在同类污泥处理处置工程中推广应用(图 10-10、图 10-11)。

图 10-10　祝家污泥场地"泥-药"混匀主反应系统

(a) 处理前

(b) 处理后

图 10-11　污泥干化处理前后对比图

参 考 文 献

[1] 惠秀娟, 杨涛, 李法云. 辽宁省辽河水生态系统健康评价. 应用生态学报, 2011, 22(1)：181-188.

[2] 唐庆杰, 陈秀荣, 庄有军, 等. 钢渣微粉与混凝剂复合对城市污水处理厂尾水深度除磷的试验研究. 环境污染与防治, 2018, 40(12)：1449-1454.

[3] 庄有军, 周天俊, 王晓晓, 等. 钢渣细砂混合去除生物二级处理出水中磷研究. 水处理技术, 2018, 44(4)：41-45.

[4] 赵远哲, 杨永哲, 王海燕, 等. 新型填料 A/O 生物滤池处理低碳氮比农村污水脱氮. 环境科学, 2020, 41(5): 2329-2338.

[5] 黄妮, 刘殿伟, 王宗明. 辽河中下游流域生态安全评价. 资源科学, 2008, 30(8): 1243-1251.

[6] 赵彦伟, 杨志峰. 城市河流生态系统健康评价初探. 水科学进展, 2005, 16(3): 349-351.

[7] 张辉. 污泥处理处置现状的思考与展望. 给水排水, 2012, 48(S1): 234-239.

[8] 王东琴, 惠晓梅, 杨凯. 污泥处理处置技术进展. 山西化工, 2016, 36(3): 17-19, 49.

[9] 吴阿娜, 杨凯, 车越. 河流健康评价在城市河流管理中的应用. 中国环境科学, 2006, 26(3): 359-363.

[10] 张远, 郑丙辉, 刘鸿亮. 深圳典型河流生态系统健康指标及评价. 水资源保护, 2006, 22(5): 13-17.

[11] 杨洋. 基于 CFD 的人工曝气生态净化系统数值模拟与分析. 杭州: 浙江大学, 2018.

[12] 张荣新, 焦玉恩, 傅金祥, 等. 不同水力负荷率对潜流人工湿地内部污染物迁移转化的影响. 环境污染与防治, 2018, 40(7): 748-754.

[13] 张荣新, 刘瑞, 焦玉恩, 等. 低温对湿地填料内微生物生长分布及处理效能的影响研究. 水资源保护, 2018, 40(4): 387-391.

[14] 刘瑞, 傅金祥, 张荣新, 等. 新型释氧材料制备及对湿地堵塞解除研究. 水资源保护, 2018, 40(4): 387-391.

[15] Salas F, Marcos C. User friendly guide for using benthic ecological indicators in coastal and marine quality assessment. Ocean Coast Manage, 2006, 49: 308-331.

[16] Cabecinha E, Cortes R, Cabral J A, et al. Multi-scale approach using phytoplankton as a first step towards the definition of the ecological status of reservoirs. Ecological Indicators, 2009, 9(2): 240-255.

[17] 付保荣, 李雪, 郭海娟, 等. 沈抚连接带河流着生藻类群落结构及时空分布特征. 中国给水排水, 2019, 35(1): 68-72, 76.

第*11*章

浑河中游水污染控制与水环境综合整治技术集成与示范

浑河中游是特大重工业城市沈阳市所在地，区域人口密度大，工业与城镇污染分布集中、排放强度大，水污染治理和水环境质量改善需求十分迫切。针对浑河中游污染来源与水环境特征，"十二五"期间，水专项浑河中游水污染控制与水环境综合整治技术集成与示范研究，按照"污染减负，环境修复"的总体思路，遵循污染物"源—流—汇"逐级持续削减原则，实施"控污与修复结合、处理与回用结合、污泥与污水并重、生物与生态耦合"的技术策略，着重开展了制药园区尾水综合处理、农副产品加工园区废水处理与回用、污泥生物干化与资源化、城市重点发展区域河流水环境治理等技术研发，形成了园区废水处理和资源化、污泥安全处理和资源化、城市支流河水质改善和水生态修复成套技术5项，区域水环境管理与水污染治理技术方案3套，支持建设了污水/污泥处理和河流治理示范工程5项，实现了污染物在"源—流—汇"代谢过程中的连续削减。通过技术集成与工程示范，大幅降低浑河中游段COD、氨氮污染负荷，为区域水质改善和水生态环境修复提供了有力的技术支撑；污水处理厂提标改造技术在沈阳4家污水处理厂得到应用，湿地构建技术在辽河流域其他区域及青海省等地得到推广应用，促进了流域区域水生态环境的质量改善。

11.1 概　　述

11.1.1 研究背景

浑河是辽河流域四大重点河流之一，被誉为沈抚人民的"母亲河"，是辽沈地区生产、生活用水主要来源，也是辽宁省流经面积最广、水资源最丰富的内河。经过多年持续治理，浑河整体水质得以改善，但在浑河中游沈阳为核心的城市区域，工业企业聚集、近年来城市化加快，导致污染分布集中、污染排放强度大，浑河水环境尤其是城市区域支流河仍然污染严重，水生态普遍退化，水环境安全难以保障[1]。

自"十一五"以来，水专项针对辽河流域重化工业污染基本特征，启动实施了"辽河流域水污染综合治理技术集成与工程示范项目"，以辽河流域水环境质量持续改善为目标，通过技术研发与综合集成、技术应用与工程示范，全面支撑辽河流域控源减排和水生态环境修复。项目统筹流域上中下游，以城市区域为主要的控制和技术突破单元，有针对性地解决突出的水污染治理和水环境修复问题。基于"十一五"典型工业水污染控制和重度污染支流河整治技术基础，"十二五"针对浑河中游水污染负荷重、水环境污染和水生态退化等问题，浑河中游课题瞄准沈阳市水污染负荷削减和水环境整治与修复，开展技术研发集成与工程示范。针对污染减排，重点研发制药园区尾水综合处理技术、农副产品加工园区废水深度处理和资源化技术、污泥生物干化与资源化技术，以及污水处理厂提标改造技术的研发与集成；针对水环境整治，重点研发城市南部浑南快速城镇化区域水环境质量保障技术和城市北部蒲河景观生态建设河流的水质改善技术。通过技术研发集成与工程示范，构建区域水污染控制与水环境治理成套技术，形成了沈阳特大重工业城市水污染物在"源—流—汇"代谢过程中的连续削减，为区域水质持续改善和水生态环境修复提供了有力的技术支撑。

11.1.2　水污染控制与水环境综合整治技术成果

按照污染物"源—流—汇"全过程连续削减理念和原则(表 11-1)，针对沈阳市水污染严重和水生态破坏问题，以构建和完善区域水污染治理技术体系、支撑减负修复为目标，采用"控源与修复结合、处理与回用结合、污泥与污水并重、生物与生态耦合"的技术策略(表 11-2)，开展污染减排、水环境治理与修复技术的研发、集成和工程示范。推动技术成果应用，支持沈阳市污染减排能力提升。

表 11-1　污染物"源—流—汇"全过程连续削减理念和原则

源	流	汇
制药工业园区废水	西部综合污水处理厂	细河
农副产品加工园区废水	园区综合污水处理厂	蒲河
中心城区污水处理厂污泥	污泥处理处置厂	绿化肥、衍生燃料
浑南城市化区域点面源	白塔堡河	浑河干流
沈北蒲河流域点面源	蒲河	浑河干流

表 11-2　研究技术策略

技术策略	应用对象
控污与修复结合	制药、农副产品加工废水和污泥处理；浑南水系、蒲河水质改善与环境修复
处理与回用结合	农副产品加工废水再生、污泥干化资源化
污泥与污水并重	中心城区 80%的污泥；制药、农副产品加工废水，污水厂提标改造
生物与生态耦合	农副产品加工废水 SBR/A^2O-HVC，白塔堡河口湿地，蒲河河道水质提升

1. 构建了工业园区污染源负荷削减成套技术，实现污染减排和污水再生利用

针对沈阳制药工业园区废水毒性高、难降解，生化处理难达标的难题[2-4]，开展了园区尾水水解酸化，臭氧、紫外、过氧化氢等多种生化、物化预处理单元与组合预处理技术研究，突破园区尾水臭氧高级氧化可生化性提升技术，形成了园区尾水难降解制药园区尾水综合处理集成技术，为制药工业园区尾水的处理提供了可推广的技术和模式。针对沈阳市农副产品加工园区废水量大面广、污染负荷贡献大、资源化利用率低的问题，开展了典型屠宰废水的生物处理与生态深度处理技术研究，突破了北方寒冷地区人工湿地水力调控和填料优化关键技术，形成了农副产品加工园区综合废水生物-生态耦合处理与资源化集成技术，构建了农副产品加工废水"生物+生态"、"污染控制+再生利用"处理新模式。

1)创新难降解制药工业园区尾水综合处理集成技术，技术支撑示范工程建设

选用臭氧氧化/水解酸化对园区尾水进行强化预处理，实现难生物降解的长链、环类

大分子的开环、断链，使其转化为小分子、易生物降解物质，如将磺胺嘧啶降解为磺胺脒、苯胺、苯磺酸等，邻苯二甲酸二丁酯降解为邻苯二甲酸、原儿茶酸等。预处理后尾水的 B/C 比可由原来的 0.1 提升至 0.3～0.5，为后续生物处理提供了保障；水解酸化/臭氧氧化预处理后的园区尾水按照优化的比例 20%～30%与生活污水混合，进入改良 A^2/O 工序进行生物共处理，利用生活污水中的易降解有机物作为一级基质，促进微生物分解一级基质产生关键酶，对包括难降解有机污染物在内的二级基质进行分解，实现 COD、氮、磷的去除；之后选用臭氧氧化及纤维滤池进行污水深度处理，保证出水水质达标。该技术改进优化水解酸化池、臭氧氧化池、园区尾水与生活污水优化配比等关键工艺参数，实现制药工业园区尾水与生活污水综合处理达到一级 A 排放标准，同时废水毒性降低 50%，大大降低了潜在的生态环境风险。

应用所研发的"臭氧氧化/水解酸化+改良 A^2/O+臭氧强化氧化"集成技术，支撑了沈阳市"十二五"制药园区尾水和生活污水综合处理工程——西部污水处理厂扩建工程示范的建设。处理规模为 7 万 t/d 制药园区尾水与 18 万 t/d 城市污水共处理，形成年削减 COD1 万余吨、氨氮 1500 余吨、总磷 100 余吨能力，吨水处理成本 1.2 元左右，处于行业中较低成本水平。为难降解制药工业园区尾水的处理提供了可推广的技术和模式，环境效益、经济效益和社会效益显著。

2) 创新农副产品加工园区综合废水生物-生态组合处理与资源化集成技术，技术支撑示范工程建设，并进行成果推广应用

针对区域典型农副产品加工废水屠宰场废水有机物浓度高、碳氮比低[5,6]，以及处理后资源化回用少的问题，优化了序批式间歇反应器 SBR 生物处理工艺，创新了水平流-垂直上向流 HVC 人工湿地技术，实现了优化布水和湿地的干湿交替运行，强化了脱氮效果，形成 SBR-HVC 人工湿地污水深度处理再生回用技术，实现了优化条件下屠宰场废水低成本资源化再生，HVC 人工湿地建设还实现了园区的景观化。创新改良 A^2/O 法-人工湿地耦合农副产品加工园区综合污水处理厂尾水与河流水质衔接技术。优化了 A^2/O 工艺，通过末端间歇曝气降低了能耗、提升了处理效果，实现稳定短程硝化反硝化脱氮除磷。采用连续流进水，优化垂直潜流砾石/火山岩-香蒲人工湿地基质配置，实现农副产品加工园区综合废水的高效处理，出水达到 GB 3838—2002 V 类水标准，达到了园区出水与河流水质的衔接要求。

应用研发的 SBR+HVC 集成技术，支持了沈阳福润肉类加工有限公司农副产品加工废水深度处理及资源化工程建设。废水处理规模为 1000t/d。在废水经过 SBR 处理后进入湿地深度处理，湿地采用水平流与上升式垂直流结合的 HVC 技术，通过改进湿地内部结构，布设多级微生物固定化填料，提高氮、磷污染物的去除效果，在进水水力负荷达到 $0.3t/(m^3 \cdot d)$ 条件下实现系统稳定运行，对 COD、氨氮、总氮和总磷的处理率分别达到 47%、58%、56%和 55%，处理后出水水质可达到《城市污水再生利用 景观环境用水水质》（GB/T 18921—2019）河道补水要求及满足厂区绿化、冲洗等资源化利用要求，实现节约新鲜水约 400t/d。该 HVC 技术还应用推广至青海省西宁市宁湖城镇污水处理人工湿地 2 万 t/d 深度处理工程、辽宁省阜新市细河伊吗图三号湿地 1 万 t/d 工程和沈阳市白塔堡河水体综合整治 4000t/d 工程，为改善当地水环境质量、营造优美的人居环境做出了贡献。

2. 构建了城市污水处理厂污泥处理处置与资源化成套技术，支持污泥处理工程建设运行，实现城市中心区域污泥处理处置全覆盖

"十一五"末，浑河中游沈阳区域污水处理能力达到 200 万 t/d，日产污泥近 1000t，却没有正规的污泥安全处理处置设施；污泥简易填埋或堆存，造成了严重的环境隐患，甚至引发社会问题[7-9]。课题开展污水处理厂污泥生物干化和资源化技术研发和集成，形成成套技术。

1) 研发集成基于分散抗黏共基质发酵物的生物干化技术

针对污水处理厂污泥黏度大、秸秆类生物发酵共基质预处理难度大等问题，筛查优选出分散性良好、易于处理、价廉易得的农副产品稻壳作为共基质，大大缩短污泥生物发酵干化处理工艺流程，成功降低污泥黏度26%以上，增加了发酵混料均匀性，降低了设备故障率；针对东北寒冷地区冬季低温特点，优化曝气控制参数，缩短曝气时间，实现冬季运行曝气能耗降低 30%以上。最终实现污泥含水率由 80%降至生物发酵干化后产品含水率35%，成为再生资源，可作为衍生燃料、绿化肥料等，实现了污水处理厂污泥的资源化。

2) 基于流场和温度场温热菌群调控的污泥生物干化技术

针对污泥生物干化过程中温热菌群-嗜温菌群和嗜热菌群的特性，根据生物干化过程中通风操作的供氧、散热、除湿三种功效，创新生物发酵干化过程精准控制技术，通过温度场监控和计算流体力学模拟，实现"含水率调控+通风策略优化"组合控制，使污泥生物干化周期由 22 天大幅缩短至 14 天，同时减少氨气排放61%。不仅使现有处理设施的处理能力提升了 50%，而且大大减少了温室气体排放，改善了污泥生物干化资源化处理设施的运行环境，技术经济效益和环境效益明显提升。

3) 技术支撑 1000t/d 污泥生物干化与资源化工程建设运行

基于分散抗黏共基质发酵物的生物干化和基于流场及温度场温热菌群调控的污泥生物干化集成技术在沈阳市污泥干化工程中得到应用，现有处理规模为 1000t/d，远期处理规模为 1500t/d，处理工艺为生物发酵干化；应用本书研发技术，通过混料配比的优化及曝气参数的控制等技术措施，精简了传统污泥生物发酵干化工艺流程，提高了处理效率，确保工艺在东北寒冷地区经济、稳定运行；经过干化处理，使污泥含水率由 80%降至 35%，实现了沈阳市 80%的污泥的安全处理处置，干化产品可以用作绿化肥料和衍生燃料。解决了沈阳市污泥处理能力从无到有、污水处理厂污泥的安全处理处置难题，实现了沈阳建成区污泥安全处理全覆盖，促进了沈阳市环境质量的改善，改善了民生，缓解了社会矛盾压力。

3. 构建了沈阳重点发展区域城市河流水环境治理成套技术，支持改善水环境质量，支撑区域发展

沈阳南部的浑南区域是"十一五"以来快速城镇化重点发展区，城镇化规模扩大，人口激增，由于环保基础设施建设滞后导致白塔堡河等城市支流河水质明显恶化，自净能力显著降低，水资源短缺、水质下降、水生态恶化问题叠加；沈阳北部的蒲河流域"十一五"期间进行了大规模景观化建设，然而由于当时截污不彻底、污水处理厂出水质量低、流域水资源短缺等问题，蒲河水质较差，关键节点甚至有黑臭现象，水质急需提升和维持[10]。本书研发集成了城市河流水环境治理成套技术，为改善水环境质量、支撑区域发展提供了基础。

1) 集成城市河流水资源-水生态-水环境综合治理与调控技术

基于恢复河流水生态健康理念，构建重污染河流"活水循环-水质保育-水生态恢复"综合调控模式，技术支撑综合治理方案和治理工程，使白塔堡河COD和氨氮浓度显著降低，方案支撑了十二届全运会水质保障工作。针对北方城市缺水、自然补水匮乏等问题，采取基于水质恢复的活水循环技术。利用城市污水厂达标出水和清洁地表水作为补充水源，合理连通水系，优选污染物扩散模型，分别优化计算出丰、平、枯水期白塔堡河水稳定达到V类水所需的调水量为 $8.0m^3/s$、$4.6m^3/s$、$1.6m^3/s$，调水后白塔堡河控制断面稳定达标，实现了生态环境补水、水质提升和水动力状况有效改善。针对缓流水体自净能力差的问题，研发光能复氧、植物净水和河流水体立体生物净化等技术，实现河流水体COD、氨氮和总磷污染物自净能力显著提升，水体的溶解氧达到 $7\sim9mg/L$，可有效消除河流黑臭现象，明显改善河流水质。

2) 集成城市支流河入浑河干流河口区多塘与湿地耦合水质保障与生态修复技术

浑南白塔堡河下游水生态受损严重、生物种类单一，河水氮磷含量高，传统的"三面光"河道限制了河道内水生态恢复工程建设，导致河流水体自净能力低下，入浑河干流水质无法稳定达到考核要求的V类水[11,12]。本书针对河口区域生态空间条件，优化设计了塘-湿地生态处理技术系统，利用不同类型塘和湿地对污染物的去除能力优势，研发类虹吸流人工湿地、循环流人工湿地及水平潜流人工湿地，建设了改良的塘-湿地组合生态处理工艺系统。本系统中通过优化进出水通路，提高污染物在生态系统内与填料接触时间，减少死水区，大大提高污染物去除。潜流湿地对COD、氨氮、总磷去除效果稳定分别可达67%、50%和34%以上；循环流湿地对总氮去除效果稳定可达28%以上；生态塘对COD和氨氮去除稳定分别可达60%和47%以上。通过滞留塘-潜流湿地-生物景观塘/湿地的组合工程，对白塔堡河水实现可控制旁路处理，在白塔堡河整治中发挥了重要作用，保障了入浑河干流水质达到V类水，同时大大提升了河口区域水生态质量，实现了污染控制与水生态修复的完美结合，为城市支流河整治提供了技术模式借鉴。

3) 技术支撑了沈阳南部浑南和沈阳北部蒲河水环境综合治理与水生态环境修复工程建设

技术支撑建设了浑南水系水质调控及水生态建设工程示范。为保障白塔堡河水入干水质达标，建设白塔堡河河口塘-湿地系统河水处理工程；受污染河水深度处理规模达3.0万 t/d，实现全年稳定运行，水体主要污染物COD降低25%；工程的建设与白塔堡河流域综合治理和水生态环境修复有机结合，使主要污染物指标COD≤40mg/L、氨氮≤2.0mg/L、总磷≤0.4mg/L，出水达到国家V类水的标准。

技术支撑建设了蒲河生态廊道水环境改善综合示范。岸上截污、污水厂提标改造、河道水质持续深度净化等技术在蒲河 $10km^2$ 示范河段全面应用。通过污水处理设施改造，蒲河干流沿线实现全部截污，污水处理率达99%以上，污水处理厂尾水实现景观化补水利用；完善河道蓄水设施，形成河流关键节点的跌水复氧；建设了生态护坡和两岸绿化带，改善了水体自净功能；研发的水体太阳能复氧、水体深度立体净化等技术和设备对重污染节点和污染河道实施了有效控制，改善了示范河段水质。通过依托工程建设，实现流域干流沿线新增湿地面积 6000 余万平方米。以上工程措施支撑蒲河流域全面消除黑臭水体，下游考核断面达到 V 类水。

4. 以水专项示范为支撑引领，研究形成总体技术方案，为解决浑河中游水污染控制和水生态环境修复关键问题提供管理决策参考

通过浑河中游课题的实施，形成了区域水污染控制和水生态环境修复的成套技术，支撑了重点工程建设，有效控制了水污染和水生态环境修复，形成了以沈阳市浑南白塔堡河流域、蒲河流域沈北段、细河流域制药工业园区等为主的水专项示范区(图 11-1)，总控制面积 50km² 以上，为浑河中游污染持续控制和水生态环境质量的持续改善提供了技术基础。与此同时，针对沈阳市污水处理厂提标改造、污泥处理设施能力提升，以及蒲河全流域水生态环境质量改善等关键问题，研究形成了技术方案，为区域水环境管理决策提供了参考。

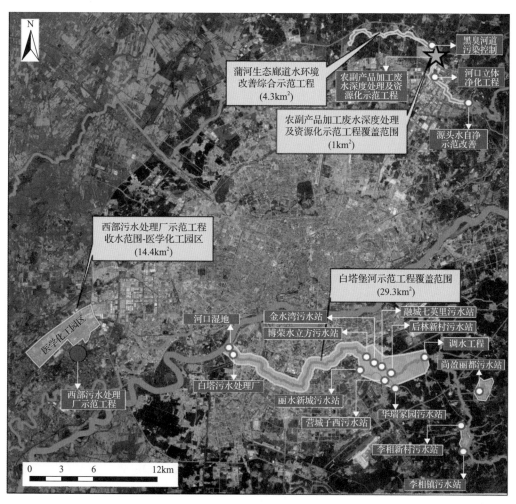

图 11-1　水专项浑河中游课题示范区

1）沈阳市污水处理厂提标改造与污泥处理处置总体技术方案

针对浑河中游沈阳市城镇污水处理厂提标、节能和运行污染控制需求，对待提标污水处理厂设计工艺、进水水质、出水标准和设备等进行了全面诊断和技术评估，并对沈阳北部、仙女河、西部和沈水湾四大污水处理厂分别提出了改造工艺方案，总体规模达到 115 万 t/d，占沈阳污水处理总规模的 50%以上；针对沈阳市新城子等小型城镇污水处理厂由于工业废水混入产生的毒性和难降解问题，提出了臭氧催化氧化、生物倍增和生物菌剂强化等核心工艺。以上技术方案为沈阳市污水处理厂提标改造提供了全面技术支撑。针对污泥处理处置问题，对全市污泥的来源、组分特征、处理处置对策、处理处置技术路线和工艺选择等进行了全面分析研究，提出了污泥生物干化技术和污泥掺烧技术，策略贴合沈阳实际，为沈阳市污泥处理处置提供了技术指导，为管理决策提供了依据。

2）蒲河流域水生态修复途径与实施总体方案

蒲河流域面积大，是沈阳北部的生态廊道和城市绿色化发展的重要生态屏障和依托。针对蒲河全流域水质提升和水生态建设需求，开展了流域纳污情况、污水收集与处理设施、水生态流量保障等问题分析，诊断出水资源供需、水资源结构对水生态质量影响等问题，提出了水生态修复的目标、主要途径、技术支持和优先工程，形成了系统方案，为蒲河生态廊道水生态环境持续改善和提升提供了技术指导和管理决策依据。

11.1.3　水污染控制与水环境综合整治技术应用与推广

通过本课题的实施，在水污染控制、水环境综合整治、污水厂提标改造和 HVC 生物强化人工湿地等方面产生的成果已推广应用于辽河流域内外多个水环境治理综合项目，具体见表 11-3。

表 11-3　课题产生的成果推广应用情况

序号	项目承担单位	项目名称	完成情况
1	中国环境科学研究院	沈阳经济技术开发区(国家级)环境总体规划	完成
2	中国环境科学研究院	安顺市水污染防治总体实施方案(2016—2018 年)	完成
3	中国环境科学研究院	郴州市水污染防治行动计划实施方案编制	完成
4	中国环境科学研究院	德州市京津冀南部重要生态功能区规划(德州市城市环境总体规划)	完成
5	中国环境科学研究院	仁怀市水污染防治总体实施方案(2016—2018 年)	完成
6	沈阳环境科学研究院	康平县城北污水处理厂提标改造工程	完成
7	沈阳环境科学研究院	沈阳市辽中区污水生态处理厂提标改造工程	完成
8	沈阳环境科学研究院	沈阳市虎石台北污水处理厂深度处理及改造项目	完成
9	沈阳环境科学研究院	大虎山污水处理厂提标改造工程	完成
10	沈阳环境科学研究院	法库县团山子污水处理有限公司提标改造工程	完成
11	沈阳环境科学研究院	沈阳浑南水务集团有限公司污水处理站改造工程	完成
12	沈阳环境科学研究院	西宁市宁湖城镇污水人工湿地深度处理工程	完成
13	沈阳环境科学研究院	阜新市细河伊吗图三号湿地工程	完成
14	沈阳环境科学研究院	沈阳市白塔堡河水系黑臭水体综合整治工程	完成

11.1.4　成果总结和展望

水专项"十二五"浑河中游研究，紧密结合浑河中游特大重工业城市沈阳市的水污染特点和水环境特征，针对水污染负荷削减和水生态环境修复技术需求，研发集成了成套工艺技术，为制药园区尾水的处理达标、农副产品加工园区废水的处理和资源化、污水处理厂污泥的安全处理和资源化、城市重点发展区域的水生态环境综合治理提供了有效的技术保障。技术支撑建设新增了多达 25 万 t/d、含 30%难降解制药园区尾水的综合污水处理能力；保障了沈阳市中心城区污水处理厂污泥安全处理处置全覆盖，稳定处理能力 1000t/d，远期扩展能力 1500t/d；技术支撑沈阳南部白塔堡河流域、沈阳北部蒲河流域 20km² 以上河段实现水生态环境质量明显提升。以上技术的成功应用示范，形成了控制面积覆盖 50km² 以上的水专项技术示范区。

未来，随着国家"水十条"的持续深入实施，辽河流域区域水污染治理和水生态环境修复任务面临着更高目标要求和更加艰巨的任务，需要更加有力的科技支撑。针对重工业城市区域水污染控制和水生态环境改善的成套技术，有望得到更加广泛的推广和应用。

11.2　浑河中游水污染控制及水环境综合整治技术创新与集成

11.2.1　水污染控制及综合整治技术基本信息

按照水专项"十二五""减负修复"策略，主要开展制药园区、农副产品加工园区废水处理与资源化技术，污泥生物干化技术，城市河流水环境整治技术等研究。研发了难降解制药园区尾水综合处理集成技术、农副产品加工园区综合废水生物-生态组合处理与资源化集成技术、东北寒冷地区污泥生物干化集成技术、支流入干河口湿地系统水质保障集成技术和浑河中游城市河流水质改善及水生态建设整装成套技术等 5 项关键技术，基本信息见表 11-4。

表 11-4　浑河中游水污染控制及水环境综合整治技术基本信息

编号	技术名称	技术依托单位	技术内容	适用范围	启动前后技术就绪度评价等级变化
1	难降解制药园区尾水综合处理集成技术	中国环境科学研究院、国电东北环保产业集团有限公司	对难降解制药园区尾水前段采用水解酸化+臭氧氧化强化预处理，中段按特定比例将制药废水与生活污水混合后 A²/O 共处理，末段采用臭氧氧化深度处理的综合工艺技术	适用于难降解制药园区尾水（B/C=0.1 左右）处理达标排放	4 级提升至 7 级
2	农副产品加工园区综合废水生物-生态组合处理与资源化集成技术	沈阳环境科学研究院、北京工业大学	将 SBR-HVC 人工湿地、改良 A²/O-人工湿地进行集成，有效解决氮磷污染物去除效率低和人工湿地处理工艺冬季不能稳定运行等技术瓶颈，建立了适用于农副产品加工行业污水处理与利用的新模式	适用于农副产品加工行业集聚区的污水处理与利用	4 级提升至 7 级
3	东北寒冷地区污泥生物干化集成技术	沈阳环境科学研究院、中国科学院生态环境研究中心、国电东北环保产业集团有限公司	研发出在槽式污泥生物干化过程中，以稻壳作为发酵共基质，通过物料配比优化、含水率调控和通风策略调控，缩短污泥生物干化周期 1/3，减少主要臭味物质排放 61%，提高污泥生物干化效率；利用污泥干化产物制备衍生燃料等，实现污泥资源化利用	适用于我国东北寒冷地区大规模城市政污泥集中处理处置及污染资源化利用	4 级提升至 7 级

编号	技术名称	技术依托单位	技术内容	适用范围	启动前后技术就绪度评价等级变化
4	支流入干河口湿地系统水质保障集成技术	中国环境科学研究院、沈阳环境科学研究院	针对城市重污染支流河水，集成复合流湿地、植物塘、表流湿地，实现河水内污染物持续去除，实现了对白塔堡河入干河水的有效处理	适用于城市中小重污染河流关键节点水质达标改善及水生态环境恢复	4级提升至7级
5	浑河中游城市河流水质改善及水生态建设整装成套技术	中国环境科学研究院、沈阳环境科学研究院	基于水质改善及水生态质量提升需求，研发支流河活水循环技术、傍河湿地水质提升保育技术、支流河在线立体生物持续净化技术，形成整装成套技术	城市中小河流关键节点水质改善及水生态环境恢复	5级提升至7级

11.2.2 水污染控制及综合整治技术

1. 难降解制药园区尾水综合处理集成技术

1) 主要技术指标和参数

A.基本原理

针对制药尾水含有难降解有机物、可生化性差、难以处理达标的问题，首先利用水解酸化+臭氧氧化对制药园区尾水进行强化预处理，可将其中长链、环类大分子难降解物质实现开环、断链，转化为小分子、可降解物质，如将磺胺嘧啶降解为磺胺脒、苯胺、苯磺酸等，邻苯二甲酸二丁酯降解为邻苯二甲酸、原儿茶酸等。预处理后尾水的 B/C 可由 0.1 左右提升至 0.3 以上，有利于保障后续生物处理单元的运行效果。

水解酸化+臭氧氧化预处理后的制药园区尾水与生活污水进行混合，制药园区尾水占 20%～30%，混合后进入改良 A^2/O 工艺段进行生物共处理，利用生活污水中的易降解有机物充当一级基质，微生物在分解一级基质时产生关键酶，可以同时对难降解有机污染物在内的二级基质进行分解，同时实现脱氮除磷。末段采用臭氧氧化及纤维滤池进行深度处理保证出水水质达到一级 A 标准[13,14]。

B.工艺流程

工艺流程为"制药园区尾水强化预处理—改良 A^2/O 生物共处理—深度处理"（图 11-2）。具体如下：

(1)制药园区尾水首先进入水解酸化池，在进水 COD 为 200～800mg/L，pH 为 6.5～8，水温为 8～30℃，水力停留时间为 6～10h 的条件下，利用微生物将制药尾水中长链化合物转化为有机小分子化合物，同时将部分环类有机物破环降解成可生化的有机分子。水解酸化池出水进入臭氧氧化池，在臭氧投加量 20～30mg/L、氧化时间 30min 的条件下，进一步将尾水中的大分子、难降解有机物部分转化为小分子、易降解的有机物，尾水的可生化性 B/C 可由 0.1 左右提升至 0.3 以上。

(2)混合后污水进入改良 A^2/O 反应器进行生物共处理，利用生活污水中可降解有机物充当一级基质，对污水中的难降解有机物进行有效去除，同时进行脱氮除磷。

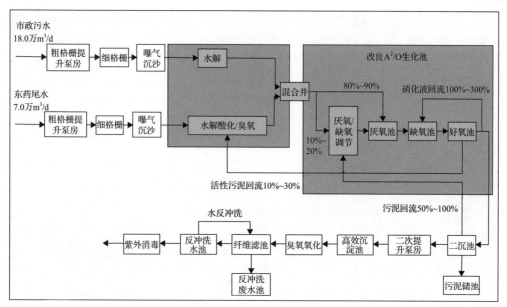

图 11-2　难降解制药园区尾水综合处理集成技术工艺流程图

(3)污水经过生物共处理后，进入高效沉淀池进行泥水分离，对沉淀池出水进行臭氧氧化，臭氧投加量 5mg/L，然后进入纤维滤池过滤，滤速 16.5～18m/h，出水浓度 COD＜50mg/L，氨氮 2～3mg/L，TP＜0.5mg/L，经过紫外消毒后达标排放。

2)技术创新点及主要技术经济指标

通过利用水解酸化+臭氧氧化对制药园区尾水进行强化预处理，实现难降解的长链、环状大分子化合物转化小分子、可降解化合物，将尾水的可生化性 B/C 提升至 0.3 以上，保证了后续生物单元运行稳定；按制药园区尾水占比 20%～30%，将预处理后的尾水与生活污水混合，进入改良 A²/O 工艺进行共处理，可实现脱氮除磷，并利用微生物分解生活污水中一级基质易降解有机物产生的酶，有效分解包括难降解有机物的二级基质；末段采用臭氧氧化及纤维滤池进行深度处理，从而保证污水处理后达标排放，解决了制药园区尾水中含有大量难降解有机物、可生化性差、单一工艺处理难以达标的问题。

工程运行的综合处理成本 1.0～1.3 元/t，单位水量电耗 0.4～0.5kW·h。

3)技术来源及知识产权概况

优化集成，获授权发明专利 1 项。

林齐，宋永会，向连城，等. 一种难降解制药园区尾水的处理工艺. ZL201310023825.0，2015-6-24.

4)实际应用案例

应用单位：国电东北环保产业集团有限公司。

实际应用案例介绍：示范工程"西部污水处理厂扩建工程"位于沈阳市张士开发区，处理能力规模为 25 万 t/d，于 2014 年年底完工，示范工程建设依托单位(用户)为国电东北环保产业集团有限公司。

示范工程首先对东药园区尾水进行水解酸化与臭氧氧化强化预处理，生活污水进行曝气沉砂和水解酸化预处理；两股水混合后，通过改良 A^2/O 工艺对污水进行脱氮除磷和有机物的去除；最后，通过高效沉淀池和纤维滤池进行深度处理，紫外消毒后，出水达到一级 A 排放标准。

该示范工程满负荷运行后可实现年削减 COD 1 万余吨、氨氮 1500 余吨、TN 700 余吨、TP 100 余吨，对改善河流水质具有重要作用。

2. 农副产品加工园区综合废水生物-生态组合处理与资源化集成技术

1）基本原理

为满足农副产品加工园区废水再生利用的水质要求，通过"生化-生态"工艺耦合，形成多套园区废水达标处理与资源化回用集成工艺技术。主要包括肉类加工废水 SBR-HVC 人工湿地处理回用技术、改良 A^2/O 法-人工湿地耦合园区尾水与河流水质衔接技术。其中：①肉类加工废水 SBR-HVC 人工湿地处理回用技术是针对企业用水量大、污水回用率低的问题，优化 SBR 运行模式、曝气强度等工艺参数，与 HVC 人工湿地进行组合，集成形成低投资、低能耗、低处理成本和具有脱氮除磷功能的技术，为企业提供可靠稳定的回用水源，实现园区内污染减排和污水综合利用；②改良 A^2/O 法-人工湿地耦合园区尾水与河流水质衔接技术是在现有 A^2/O 工艺基础上，通过在生化池中增加新型改性填料等技术，提高生化处理工艺的处理效果，确保出水达标排放；优化适合农副产品加工园区低污染负荷尾水的人工湿地参数，与改良 A^2/O 工艺耦合，形成一套适合农副产品加工园区综合废水、低碳源条件下高效脱氮除磷的污水处理技术。

2）技术增量

集成创新生物-生态组合农副产品加工园区综合废水资源化技术，有机地耦合了污水生物与生态处理技术，即将 SBR-HVC 人工湿地、改良 A^2/O-人工湿地进行创新集成，有效地解决了人工湿地处理工艺存在的冬季难以稳定运行、氮磷污染物去除效率低等技术瓶颈，为农副产品加工行业聚集区污水处理与资源化利用建立了新的模式。

3）工艺流程

A.肉类加工废水 SBR-HVC 人工湿地处理回用技术

工艺流程为"污水—气浮—水解酸化—SBR 反应池—HVC 生物强化人工湿地—回用水池"（图 11-3）。

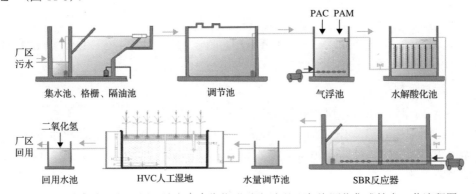

图 11-3 农副产品加工园区综合废水生物-生态组合处理与资源化集成技术工艺流程图

B.改良 A^2/O 法-人工湿地耦合园区尾水与河流水质衔接技术

工艺流程为"储水池—厌氧段—缺氧段—好氧段—末端间歇曝气段—沉淀池—人工湿地系统"。具体如下：①首先将园区综合废水在储水池混合均匀；②污水进入厌氧段，有机物发酵降解，反硝化聚磷菌释磷；③污水进入缺氧段，有机物继续降解，短程脱氮反硝化，反硝化除磷菌反硝化吸磷；④污水进入好氧段，氨氮硝化，聚磷菌继续吸磷，有机物进一步降解；⑤污水进入末端间歇曝气段，周期性曝气硝化反硝化脱氮，反硝化吸磷，污泥沉淀作用对污泥的性能和沉淀性能进行周期性筛选，维持系统良好运行状态；⑥污水进入沉淀池，泥水分离，剩余污泥排放，处理水进入人工湿地；⑦人工湿地中的植物、基质和微生物继续对处理后的微污染水脱氮除磷，进一步将出水水质提升至《地表水环境质量标准》(GB 3838—2002)中的 V 类标准。

4)技术创新点及主要技术经济指标

A.技术创新点

a.肉类加工废水 SBR-HVC 人工湿地处理回用技术

针对高浓度、高氨氮有机型废水，研发的优化 SBR-HVC 人工湿地处理回用技术，通过调整前段生化工艺的曝气强度、运行模式，以及人工湿地工艺的水力负荷，合理分配生化与生态处理负荷，保证北方地区冬季稳定运行。降低了废水深度处理技术运行费用和操作管理难度，充分发挥湿地的生态与景观效果[15]。

b.改良 A^2/O 法-人工湿地耦合园区尾水与河流水质衔接技术

新型末端间歇曝气 A^2/O 工艺实现了高效的短程硝化反硝化脱氮和反硝化除磷，系统亚硝化率和 DPAO 比例均在 90%以上。该工艺改造简单、能耗低、污泥产量少、营养物去除稳定，末端的间歇曝气池具有污泥优选功能，对工艺整体的稳定运行起到关键作用，运行中可利用其重力选择效果防止丝状菌膨胀，维持较好的处理效果。

B.技术经济指标

a.肉类加工废水 SBR-HVC 人工湿地处理回用技术

在进水 COD 浓度为 750mg/L、氨氮浓度为 60mg/L 左右的条件下,经预处理后的 SBR 工艺运行参数为：采用限制性曝气方式瞬时进水，进水完毕后厌氧 1h，曝气 4h，缺氧搅拌 1h，再曝气 0.5h，沉淀 1h，排水 0.5h，总运行周期为 8h。HVC 生物强化人工湿地深度处理技术的最佳水力负荷为 0.33m^3/(m^2·d)，COD 去除率 98.9%，氨氮去除率为 99.2%，吨水运行成本 1.0~1.5 元/d。

b.改良 A^2/O 法-人工湿地耦合园区尾水与河流水质衔接技术

当污泥浓度为 5.5~6g/L，水力停留时间为 12.2h，污泥龄为 22~24d，硝化液回流比为 250%~300%，污泥回流 80%~90%，好氧 1 段溶解氧浓度为 1.5~1.7mg/L，好氧 2 区溶解氧浓度为 0.5~0.7mg/L，间歇曝气段周期 1h，曝气 1min(DO=0.3~0.5mg/L)、沉淀 59min，氨氮浓度为 80~92mg/L，TN 浓度为 95~115mg/L，C/N 为 3.5~4，进水 COD 浓度为 350~400mg/L。出水中 COD、氨氮、TN 和 TP 的去除率保持稳定，分别在 87%、99%、95%和 90%以上，浓度分别降至 50mg/L、5mg/L、15mg/L 和 0.5mg/L 以下，且亚硝化率为 70%以上，反硝化除磷速率与好氧除磷速率比值 95%以上，系统实现稳定短程硝化反硝化脱氮除磷，历时 20 天。采用连续流进水，垂直潜流香蒲人工湿地，基质为砾石加火山岩填料，在 HLR 为 0.61m/d 的条件下，接受改良 A^2/O 工艺的出水。COD、氨氮、TN 和 TP 的去除率分别可达 36%、15%、80% 和 20% 以上，出水分别在 40mg/L、2mg/L、2mg/L 和 0.4mg/L 以下，满足 GB 3838—2002 中 V 类水标准。

5）技术来源及知识产权概况

自主研发，优化集成，获得专利授权 9 项

李冬，罗亚红，曾辉平，等. 一种低温低 C/N 污水改良 A^2/O 工艺的快速启动方法. ZL201310536187.2，2014-5-14.

李冬，张功良，苏东霞，等. 一种适用于低氨氮 SBR 亚硝化恢复方法. ZL201310006519.6，2014-6-11.

李冬，罗亚红，蔡言安，等. 一种连续流短程硝化反硝化除磷的改良 A^2/O 工艺. ZL201410084225.X，2014-6-25.

张帆，张华，陈晓东，等. 一种高效复合流人工湿地模块设备. ZL201520147199.0，2015-8-5.

孙文章，张帆，陈晓东，等. HVC 生物强化潜流人工湿地模块. ZL201520205837.X，2015-8-19.

陈晓东，王磊，孙文章，等. 一种人工湿地微生物菌群调整装置. ZL201410170940.5，2015-9-9.

陈晓东，张华，邵春岩，等. 一种潜流人工湿地植物的选育驯化方法. ZL201510113131.5，2016-6-22.

陈晓东，常文越，张帆，等. 高效复合流人工湿地污水处理方法. ZL201310368465.8，2016-12-28.

陈晓东，王磊，孙文章，等. 一种人工湿地专用填料微生物固定化方法. ZL201510113356.0，2017-1-11.

6）实际应用案例

应用单位：沈阳福润肉类加工有限公司、沈阳辉山农副产品加工园区某污水处理厂中试、沈阳双汇食品有限公司。

A.沈阳福润肉类加工有限公司

农副产品加工废水深度处理及资源化改造工程采用优化 SBR+HVC 人工湿地组合工艺，建设规模为 1000m^3/d。该工程已于 2015 年 11 月竣工验收，处理效果良好，运行稳定，出水水质满足厂区绿化、冲洗，景观河流补水等资源化利用要求。

B.沈阳辉山农副产品加工园区某污水处理厂中试

针对农副产品加工园区某污水处理厂生化池进水碳氮比偏低的情况，采用中试装置对其进行处理，研究结果表明，最佳工况为 V 厌氧：V 缺氧：V 好氧 1：V 好氧 2=1：2：2：1、C/N=4、污泥回流比为 90%、内回流比为 250%、HRT=8.2d、SRT=11d、DO$_1$=3.5mg/L、DO$_2$=2.5mg/L，出水中 COD、氨氮、TN 和 TP 的去除率保持稳定。

C.沈阳双汇食品有限公司

沈阳双汇食品有限公司污水处理工程采用沉淀-气浮-水解酸化-改良 A^2/O 工艺,建设规模 6000m³/d。该工程于 2017 年正式运行,出水水质达到辽宁省地方污染物排放标准。

3. 东北寒冷地区污泥生物干化集成技术

1)基本原理

污泥好氧发酵及生物干化,一般需要添加高碳氮比的辅料及返混料,以调整最适 C/N 比促进生物发酵,对于生物干化辅料的添加还可以降低污泥比重、增加堆体孔隙率,降低污泥黏度,加快水分蒸发,促进干化进程[16-18]。本书基于大规模槽式污泥生物干化工艺,通过对共基质选择、物料配比及曝气参数等系列试验,提出以稻壳作为发酵共基质辅料,可大幅降低污泥黏度、提升物料均匀度,并有效缩短辅料预处理工艺流程。同时,针对现有污水厂污泥产生量大、污泥生物干化时空效率低、臭味排放大、处理能力不足等问题[19,20],从生物干化过程中温热菌群-嗜温菌群和嗜热菌群的特性入手,通过"含水率调控+翻堆频次调控+通风策略优化"组合过程控制手段,有效缩短了污泥生物干化周期,使其从 22 天缩短到 14～17 天,减少了主要臭味物质氨气的排放 61%,提高了生物干化效能,有效降低了成本,提升了技术经济性。针对现行干化污泥作为衍生燃料焚烧过程中燃烧不稳定、成本高、二次污染物扩散严重等问题,通过系列试验和理论分析,获得生物干化污泥制备衍生燃料的重点指标、燃烧特性和污染物排放特性,确定了最佳燃烧工艺参数,以及焚烧过程中典型重金属与烟气污染物控制技术,为大规模产业化应用提供工艺流程。

2)工艺流程

工艺流程如图 11-4 所示。

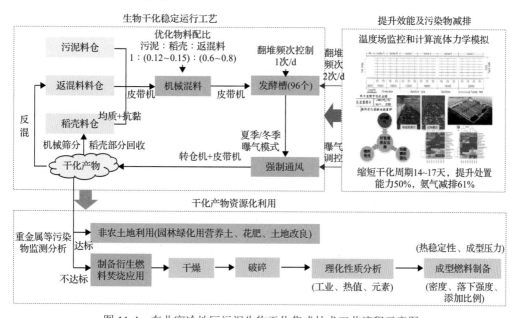

图 11-4　东北寒冷地区污泥生物干化集成技术工艺流程示意图

(1)污泥存储间中的污泥和原料间的稻壳,分别通过柱塞泵和罗茨风机被输送至发酵车间内的污泥料仓和稻壳料仓。

(2)返混料通过发酵车间内的皮带输送设备从出料口末端运送至返混料仓。

(3)在皮带输送机上先铺一层污泥,然后在污泥的上端铺满稻壳,最后在稻壳的上面铺一层返混料,将皮带输送机上的物料输送至混料系统,在混料系统中对物料进行混合并搅拌均匀。

(4)每天固定时间检验混料均匀度,保证污泥、稻壳和返混料按照既定配比进行混料,若混料超出此范围,需微调污泥螺旋和稻壳螺旋转速。

(5)将混合的物料通过皮带输送机运送到发酵隧道槽前端,随后卸料,进行发酵。

(6)混合物料进入发酵隧道前段后,通过翻堆机进行翻抛,每天翻抛次数为1～2次,每次翻抛后物料向前移动约4m。

(7)每条发酵隧道发酵区长度85.5m,分为A、B、C、D、E、F六个发酵段,每段长度依次为10m、10m、13.5m、16m、16m、20m。

(8)按照既定曝气参数进行曝气,A～F各段曝气控制均为循环控制模式,即每小时曝气时间。当外界气温较低或进入冬季时,实行冬季曝气控制模式。

(9)发酵时间为14～22天,将发酵物料从发酵隧道槽的F发酵段通过皮带输送机运输至熟料间,即可得到污泥干化产品。

(10)形成的干化产品被运送至稻壳筛分回收车间,回收的稻壳参与下一轮生物干化过程,被分离的干化污泥基于污染物检测结果分别用于非农土地利用和制备衍生燃料。

3)技术创新点及主要技术经济指标

A.技术创新点

(1)稻壳作为槽式污泥生物干化共基质辅料与玉米秸秆等相比,具有较大优势:稻壳不用机械粉碎,省去预处理环节,缩短了工艺流程;稻壳均质性,好容易与污泥混合,且混合后降低了污泥黏度(添加量为30%时,黏度为1017 ± 288Pa·m,相对于秸秆降低了26.5%);由于黏度的降低、物料均匀度好,混料设备及翻堆机故障率低,工艺运行稳定;稻壳相对于秸秆易收集、运输和储藏,火灾安全隐患小。

(2)基于稻壳为发酵共基质的物料配比优化:稻壳添加过多,会增加运行成本,相应减少污泥处置能力;稻壳添加量过少,会导致C/N比失调,物料密度过大,降低生物干化效率。本书提出污泥、稻壳、返混料的物料配比为1:(0.12～0.15):(0.6～0.8),C/N比为20左右,可保证污泥生物干化具有较高的效率,含水率可降至35%以下。

(3)曝气参数调控:针对我国东北寒冷地区气候特点,研究提出低温条件下曝气控制参数,夏季A～F各段曝气控制参数分别为10min、30min、30min、30min、30min和30min;冬季A～F曝气控制参数分别为13min、20min、26min、26min、13min和13min,均为循环控制模式,降低能耗约30%。

(4)基于生物干化过程中温热菌群-嗜温菌群和嗜热菌群特性,通过现场生产试验,着重考察含水率调控和通风策略优化对污泥生物干化效果、含氮气体与温室气体排放的影响,优化了污泥生物干化的工艺操作参数,开发了温热菌群调控的强化污泥生物干化关键技术,显著缩短了污泥生物干化周期,由原22天缩短至14～17天,提高了污泥生物干化设施的处理效能，强化了污泥生物干化效果，从源头减少了以氨气为主的臭味物质的排放。

(5)混料系统设备改造：针对以上共基质物料特性及物料配比，通过混料系统的设备改造，降低了设备故障率，实现了系统的稳定运行。混料系统主要改造内容为：滚筒式混料主机改为敞口式双螺旋推进方式混料，混料机容积由 50m³ 改为 100m³，同时针对其他辅助设备也进行了改造。

(6)将生物干化污泥与不同助剂经过优化配伍、冷压成型等工序，制备衍生燃料，该工艺具备操作简便、效率高、经济效益可观的特点。衍生燃料产品落下强度、热稳定性和热值等成型性能指标均符合相关国家标准，可以长时间储存和长距离运输。

B.技术经济指标

按年处理 35 万 t 污泥，每吨污泥的处理运行成本按 200 元/t 计算，每吨污泥的经济效益为 88 元，可实现年经济效益为 3080 万元/a。该技术适合于我国东北地区大规模市政污泥集中处理处置，具有较好的应用前景。

4)技术来源及知识产权概况

自主研发，优化集成，申请发明专利 4 项。

张付申，张瑞宇. 生物干化污泥制备燃煤锅炉固型燃料的工艺. CN201510295702.1，2015-8-16.

赵勇娇，单连斌，王允妹，等. 一种以稻壳为添加物的污泥生物干化方法. CN201810340606.8，2018-9-14.

孔德勇，赵勇娇，张瑾，等. 一种污泥干化共基质发酵物的制备方法. CN201810340609.1，2018-9-28.

郁达伟，魏源送，王亚炜，等. 强制通风水平流生物干化反应装置及方法. CN201710248322.1，2018-11-2.

5)实际应用案例

应用单位：沈阳振兴污泥处置有限公司。

目前该技术示范应用于沈阳振兴污泥处置有限公司的污泥生物干化工程。通过关键技术的应用，精简了工艺流程，提高了工艺效率，确保了稳定运行，污泥含水率由 80%降至干化后的 35%以下，该工程的建成实现了 1000t/d 污泥干化处理设施的稳定运行，确保了沈阳市 80%污泥得到了安全处理处置，中心城区污水处理厂污泥安全处理处置全覆盖，有效解决了沈阳市污泥污染的现实问题，改善了民生，缓解了社会压力和矛盾，促进了沈阳市环境质量的改善。同时，该技术还为污泥生物干化工程的扩容改造，由原有处理能力 1000t/d 提升至 1500t/d 提供了技术支撑，为全市污泥问题的全面解决提供了技术保障。

4. 支流入干河口湿地系统水质保障集成技术

1)基本原理

沈阳市浑南区白塔堡河下游水生态受损严重、生物种类单一且氮磷含量高，传统的

"三面光"河道限制了河道内水生态恢复工程建设，导致河流水体自净能力进一步下降，下游考核断面水质无法稳定达到考核要求。结合传统生物塘和湿地处理工艺在河流治理中的优势，对传统塘和湿地生态处理技术进行了优化。结合不同类型塘和湿地对污染物的去除能力优势，开展了新型的布水方式研发，研究虹吸流人工湿地、循环流人工湿地、水平潜流人工湿地对白塔堡河水中各类污染物去除效果，分析了低温条件对生态处理工艺影响，建设了改良塘-湿地组合生态处理工艺。研发的塘和湿地主要通过各种方式优化进出水，提高污染物在生态系统内与填料接触时间，减小死水区，提高污染物去除率。研究表明相同设计负荷下，潜流湿地对 COD、氨氮、TP 去除效果较好且较稳定，分别可达 67%、50%和 34%；循环流湿地对 TN 去除效果较好，为 28%；生态塘对 COD 和氨氮去除效果较好，分别为 60%和 47%，且对各指标去除效果都较为稳定。通过滞留塘-潜流湿地-生物景观塘/湿地组合不同生态处理单元，去除各类污染物，实现了对白塔堡河入干河水的有效处理。

2）工艺流程

白塔堡河入干河口湿地系统水质保障系统（图 11-5）主要包括沉淀塘、潮汐型潜流湿地、植物塘、滞留塘和稳定塘系统。

图 11-5　支流入干河口湿地系统水质保障集成技术工艺流程示意图

沉淀塘：处于工艺首段，主要用于降低河流水体中悬浮颗粒物，减小行洪产生的影响。

潮汐型潜流湿地：主要用于去除河水中的氮磷、有机污染物，提高湿地处理技术冬季运行效果，保障冬季处理出水温度。

植物塘：用于进一步去除河流氮磷污染物，提升河流生态景观效果，促进水生大型生物生境改善。

滞留塘和稳定塘：主要用于进一步稳定水质，提供景观效果，保障处理出水不会出现水质恶化。

3）技术创新点及主要技术经济指标

通过不同类型植物塘和湿地系统耦合集成，利用河口河流生态空间，实现河水中氨氮、TN 和 COD 的持续去除,增加了河水停留时间;提高了湿地抗低温效果,保障了处理出水水质稳定,以及低温期处理期延长。河水经河口示范工程净化后,水体主要污染物 COD 浓度降低,达到最初设定的降低 25% 的目标,通过与白塔堡河治理工程有机结合,使入干河水主要污染物指标达到 COD≤40mg/L、氨氮≤2.0mg/L、TP≤0.4mg/L,处理系统出水主要指标达到国家《地表水环境质量标准》(GB 3838—2002)的 Ⅴ 类水标准。

4)技术来源及知识产权概况

自主研发,优化集成,获得发明专利授权 1 项。

彭剑峰,姜诗慧,宋永会,等. 一种高风险城市河流水质安全保障及景观化构建技术. ZL201610002038.1,2019-2-19.

5)实际应用案例

应用单位:沈阳市生态环境局。

白塔堡河口湿地位于白塔堡河入浑河河口处,占地 15 万 m²,湿地于 2013 年完成主体施工并试运行,采用生物体、潜流湿地和植物塘联合生态处理技术,对白塔堡河水进行处理,保障入干河水水质。工艺设计处理能力为丰水期 3 万 t/d,枯水期 1.5 万 t/d。河水经人工湿地生态净化后,处理出水中主要污染物 COD 可降低 25%,工艺处理出水中主要污染物指标达到 COD≤40mg/L、氨氮≤2.0mg/L、TP≤0.4mg/L,基本达到 Ⅴ 类水要求。该塘-湿地组合工艺具有净化水质、提高景观效果、提升河流水质功能。同时实现水质改善与沿岸生态景观建设的紧密结合,形成独特自然与人工复合生态景观,提升了生态环境质量。

5. 浑河中游城市河流水质改善及水生态建设整装成套技术

1)基本原理

近年来浑河中游城市快速发展,形成沈阳浑南快速城镇化和沈北快速城市化区域,导致城市河流水环境压力增大,引发水资源短缺、水质下降、水生态恶化,水体自净能力显著退化等一系列问题。践行"山水林田湖草是一个生命共同体"理念,促进实现河流水生态健康,研发构建了浑河中游城市河流水质改善及水生态建设整装成套技术,具体包括:活水循环技术→傍河湿地水质保育技术→河流在线立体生物持续净化的"三级保障"技术系统,技术应用和示范,支撑了白塔堡河和蒲河 COD 和氨氮浓度显著降低,提升了河流水质,为十二届全运会水质安全保障工作提供了技术支持。

(1)建立重污染河流活水循环水量评估模型。针对浑河中游城市河流普遍存在的降水季节差异大、生态基流匮乏等问题,建立了基于水质保障的活水循环技术。研发了基于 QUAL2K 的城市水系水质水量调度模型,利用城市污水厂达标出水和清洁地表水如干流水作为补充水源,合理连通水系,科学确定了河流丰、平、枯水期水质稳达到定 Ⅴ 类水所需的活水循环水量。采用活水循环技术后,白塔堡河干流 COD 指标枯水期实现全流域达标,氨氮指标在调水点下游全部达标,TP 指标在支流白塔堡河汇入浑河干流的河口区达标。

(2)河滨塘/湿地水质生态保育体系。针对浑河中游城市河流普遍存在水生态退化严重、氮磷污染重等问题，研发和优化了虹吸人工湿地、潮汐流湿地、循环流人工湿地、水平潜流人工湿地及滞留塘湿地系统，优化提升了多种处理工艺的脱氮除磷及有机物去除效果。研发的潜流湿地对 COD、氨氮、TP 去除效果分别可达 67%、50%和 34%；循环流湿地最适宜去除 TN，达 28%；滞留塘适宜去除 COD 和氨氮，分别为 60%和 47%。

(3)河流在线立体生物持续消除存量技术。针对缓流水体水动力不足、自净能力差等问题，研发光能复氧技术、曝气+生物基飘带在线治理技术、植物净水床技术和立体化生物净化技术等，技术示范应用后实现河流对 COD、氨氮和 TP 污染的自净能力显著提升，水体的 DO 控制在 7~9mg/L，实现了"上游提质、全河段减负"，带动和促进了流域依托工程建设，实现了示范城市河流白塔堡河蒲河流域消除黑臭水体和水质改善的目标。

2)工艺流程

基于水生态景观河流建设需求，活水补给技术→傍河湿地水质保育技术→在线立体生物持续净化(图 11-6)，具体如下：

图 11-6　浑河中游城市河流水质改善及水生态建设整装成套技术工艺流程图

(1)活水补给技术：首先确定水系合理连通方式；其次基于可用的污水厂达标出水和清洁地表水，确定水系污染物扩散模型；再次确定控制断面水质目标及河流基本参数；最后结合不同季节补水水质，确定调水量。

(2)傍河湿地水质保育技术：首先针对点源、面源污染及受污染河水，通过在河道周边闲置空地-生态空间建设虹吸人工湿地、潮汐流湿地、循环流人工湿地、水平潜流人工湿地或滞留塘湿地系统，实现对受污染河水的强化净化，促使处理出水达到Ⅴ类水。

(3)在线立体生物持续净化：首先根据目标污染物确定最佳的立体生物净化模式；根据立体生物净化设备单位面积处理能力，设计生物持续净化设施面积；最后选取宽阔河面建设立体生物持续净化设施。

3）技术创新点及主要技术经济指标

针对快速城市化河流控源截污后，水质仍无法有效改善的问题，研究提出重污染河流"活水补给技术→傍河湿地水质保育技术→在线立体生物持续净化"的"三级调控"技术模式，提高河流的水环境承载能力，保障生态流量，加快河流水质改善及水生态系统恢复。

4）技术来源及知识产权概况

自主研发，优化集成，申请发明专利 4 项，获得授权 3 项。

彭剑峰，李浩，宋永会，等. 一种低成本环境友好的高效除藻组合材料. CN201610002039.6，2016-6-15.

彭剑峰，宋永会，高红杰，等. 一种用于受污染河湖原位修复的多功能模块化浮岛. ZL201310014353.2，2017-12-19.

彭剑峰，颜秉斐，宋永会，等. 一种城市径流面源污染深度处理及回用工艺. ZL201610002051.7，2019-2-5.

彭剑峰，宋永会，刘瑞霞，等. 一种城市黑臭河湖水体水质高效净化技术. ZL201610002040.9，2019-4-2.

5）实际应用案例

应用单位：沈阳市生态环境局。

相关技术应用于沈阳市北部的蒲河和南部的浑南白塔堡河治理，全部示范河段长度超过 20km。其中，活水循环技术主要应用于白塔堡河，起点从营城子到河口，全长约 14.5km，COD 枯水期全流域达标，氨氮在中下游全部达标，TP 下游达标，技术支撑了 2013 年浑南区水利局在白塔堡河开展调水，支撑了 2013 年全运会浑南景观水系水质保障及应急处理处置工作。傍河湿地水质保育技术主要应用于白塔河河口湿地和白塔堡河营城子湿地依托工程，其中白塔堡河河口湿地处理量为 1.5 万～3 万 t/d，2015 年完成竣工验收，具有净化水质、环境宣教、典型示范和科技研发的功能。白塔河中游湿地主要用于处理黑臭水体，处理规模为 5000t/d，2017 年建成。河水经人工湿地净化后，主要污染物 COD 降低超过 25%，主要水质指标达到地表水 V 类水标准。

11.3　浑河中游水污染控制与水环境综合整治技术工程示范

11.3.1　水污染控制及综合整治技术示范工程基本信息

浑河课题研发的主要成果应用于沈阳市西部污水处理厂扩建工程、农副产品加工废水深度处理及资源化示范工程、污泥干化示范工程、浑南水系水质调控及水生态建设示范和蒲河生态廊道水环境改善综合示范 5 个示范工程，示范工程为水专项治理技术体系的构建提供支撑。基本信息见表 11-5。

表 11-5　水污染控制及综合整治技术示范工程基本信息

编号	名称	承担单位	地方配套单位	地址	技术简介	规模、运行效果简介	技术推广应用情况
1	沈阳市西部污水处理厂扩建工程	中国环境科学研究院	国电东北环保产业集团有限公司	沈阳经济技术开发区沈西九东路 58 号	对制药尾水采用"水解酸化+臭氧氧化"强化预处理，然后与生活污水按特定比例混合后进行生物共处理	处理规模 25 万 t/d，目前工程处于调试运行阶段，稳定运行后出水可达到国家一级 A 标准	关键技术在沈阳市西部污水处理厂扩建示范工程中得到应用，为工程设计提供了建议方案，对运行参数选择提供支撑
2	农副产品加工废水深度处理及资源化示范工程	沈阳市生态环境局	沈阳福润肉类加工有限公司	辽宁省沈阳市沈北新区宏业街 11 号	采用 HVC 生物强化人工湿地技术，布设多级微生物固定化填料，改进湿地内部结构，以实现废水深度处理	HVC 生物强化人工湿地日处理废水 1000t，可实现 COD 削减 90% 以上和氨氮削减 70% 以上，出水达到《城市污水再生利用 景观环境用水水质》（GB/T 18921—2019）满足资源化利用	HVC 生物强化深度处理技术有效提升肉类加工废水处理出水水质，为园区水环境质量持续改善提供技术支撑和经验，具有广阔的产业化前景
3	污泥干化示范工程	国电东北环保产业集团有限公司	沈阳市生态环境局	沈阳市经济技术开发区冶金二街 2 号	采用基于分散抗黏共基质发酵物的污泥生物干化关键技术，实现了沈阳市 80% 污泥安全处理处置	80% 含水率污泥 1000t/d	已形成《沈阳市污水处理厂污泥处理改扩建工程（500t/d）可行性研究报告》，为全市污泥问题的彻底解决奠定了基础
4	浑南水系水质调控及水生态建设示范	沈阳环境科学研究院	沈阳市生态环境局	沈阳市白塔堡河	采用河流水系水质调控及断面达标集成技术，实现水体中主要污染物 COD 降低 25%	与白塔堡河综合治理工程有机结合，使主要污染物指标 COD≤40mg/L、BOD$_5$≤10mg/L、氨氮≤2.0mg/L、总磷≤0.4mg/L、总氮≤2.0mg/L	2016 年中国环境科学研究院协助编制《白塔堡上游农村段黑臭水体治理建议书》；2017 年委托沈阳赛思环境工程设计研究中心有限公司《白塔河水系黑臭水体整治工程设计》（2017 年）
5	蒲河生态廊道水环境改善综合示范	沈阳市生态环境局	沈阳市沈北新区	沈阳市蒲河沈北新区上游 10km 河段	包括 10km 河道建设、污水集中处理厂改造、滞水区水质改善、污染支流河口立体净化和排污河道污染控制	实现了 10km 河道水质改善，COD 削减 10% 以上，氨氮削减 10%～30%，支持蒲河沿国控考核断面水质满足 V 类水质要求	技术应用于蒲河重污染节点控制、应用于沈阳市祝家污泥堆放场除臭工程、应用于白塔堡河的河道水质改善

11.3.2　水污染控制及综合整治技术示范工程

1. 沈阳市西部污水处理厂扩建工程

示范工程针对制药园区综合污水处理后，尾水仍含有大量难降解有机物、可生化性差的问题，采用课题研发的"水解酸化+臭氧氧化强化预处理-生物共处理"工艺，首先在水解酸化阶段厌氧条件下，利用微生物将制药园区污水处理厂尾水中长链高分子化合物转化为有机小分子化合物，同时将部分杂环类有机物破坏降解成可生化的有机分子；其后在臭氧氧化池中，利用生成的 •OH 具有强氧化性和非选择性的特点，进一步将大分子、难降解有机物转化为可降解有机物,从而提高尾水的可生化性;预处理后的尾水与生活污水按特定比例进行混合后,进入改良 A²/O 反应器进行生物共处理,从而实现污水脱氮除磷,同时有效去除尾水中的有机污染物;最后通过高效沉淀池和纤维滤池进行深度处理,经紫外消毒后,出水达到一级 A 排放标准。

示范工程 2013 年 11 月开始建设,2014 年 12 月完工,2017 年 9 月通水调试运行。工程满负荷 25 万 t/d 正常运行条件下(7 万 t/d 制药园区尾水与 18 万 t/d 城市生活污水混合处理),可实现年削减 COD 13000t、氨氮 1530t、总氮 765t、总磷 130t,污水综合处理成本 1.0～1.3 元/t,其中单位水量电耗 0.4～0.5kW·h(图 11-7)。

(a) 2013年年底施工现场

(b) 2014年5月施工现场

(c) 2014年年底施工现场

(d) 示范工程调试运行

图 11-7　西部污水处理厂施工现场及调试运行图

2. 农副产品加工废水深度处理及资源化示范工程

为满足农副产品加工园区废水再生利用的水质要求,对肉类加工行业废水 SBR 生化处理后出水进一步深度净化处理,为企业提供可靠稳定的回用水源,实现园内减排和综合利用目标。在传统人工湿地技术基础上,研发 HVC 生物强化人工湿地深度处理技术,采用水平流与上升式垂直流结合,通过改进湿地内部结构,布设多级微生物固定化填料,提高对污染物,尤其是对氮、磷污染物的去除效率,使废水处理后达到景观回用水标准。该湿地深度处理技术可较好地与其他生化处理工艺有机结合,对农副产品加工行业废水的再生利用具有重要意义。

在沈阳福润肉类加工有限公司园区内建成示范工程,处理规模为 1000m³/d,实现 COD 削减 90%以上和氨氮削减 70%以上,出水达到《城市污水再生利用 景观环境用水水质》(GB/T 18921—2019)河道类水体用水要求,并且满足厂区绿化、冲洗等资源化利用要求。

HVC 生物强化深度处理技术适用于典型农产品加工行业废水污染物的去除,还具有良好的生态环境效应。与其他常规污水深度处理技术相比,人工湿地即使在辽宁寒冷地区也可以实现全年运行,具有运行费用低、维护简单、效果好、对污染物负荷变化适应能力强等优点,为园区水环境质量持续改善提供技术支撑和经验,可以推广应用到其他地区同类行业废水治理,具有广阔的应用前景(图 11-8)。

(a) 示范工程单位:沈阳福润肉类加工有限公司

(b) 示范工程建设前

(c) 示范工程冬季运行状态

(d) 示范工程建成后

图 11-8 沈阳福润肉类加工有限公司示范工程图片

3. 污泥干化示范工程

污泥干化示范工程，旨在解决沈阳市污水处理厂污泥无害化、资源化问题。项目选址于沈阳市经济技术开发区冶金二街 2 号，占地 13hm^2，总投资 3.25 亿元。项目设计规模为日处理含水率 80%的污泥 1000t，建设单位为国电东北环保产业集团有限公司，由国电东北环保产业集团有限公司下属公司沈阳振兴污泥处置有限公司负责运营，技术支持单位为沈阳环境科学研究院、中国科学院生态环境研究中心及国电东北环保产业集团有限公司等水专项课题组参与单位。

示范工程采用课题研发的"基于分散抗黏共基质物料的污泥生物干化关键技术"，通过共基质材料的开发、混料配比的优化及曝气参数的控制等技术措施，精简了污泥干化工艺流程，提高了工艺效率，确保了稳定运行，使污泥含水率由 80%降至 35%，实现了 1000t/d 污泥干化处理设施的稳定运行，确保了沈阳市 80%污水处理厂污泥得到安全处理处置(图 11-9)。该工程的建成有效解决了沈阳市污泥污染的现实问题，缓解了历史上因污泥未妥善处置影响生态环境而引发的社会矛盾，促进了沈阳市污水污泥处理处置和生态环境质量的改善。

示范工程运行规范、稳定。以研发的"基于分散抗黏共基质物料的污泥生物干化关键技术"和"基于温热菌群调控的污泥生物干化关键技术"为依托，课题还研编了《沈阳市污水处理厂污泥处理改扩建工程(500t/d)可行性研究报告》，为示范工程处理能力由 1000t/d 提高到 1500t/d 的扩容改造提供了技术支持，为沈阳全市污水处理厂污泥问题的彻底解决奠定了基础。

图 11-9　沈阳振兴污泥处置有限公司示范工程

4. 浑南水系水质调控及水生态建设示范

浑南是沈阳市重点发展区域，浑南水系水生态环境质量改善对于支持浑南发展具有基础性支撑作用。白塔堡河是浑南的重要入干支流，根据《沈阳市地表水功能区》划分，白塔堡河河水水质保护目标为Ⅴ类,然而由于地处城市新发展区,水资源缺乏、污染治理基础设施尚不完善、上游城乡接合部农业农村污染等问题,导致白塔堡河入干水质不达标、水生态功能受损严重。为解决以上问题,并保障2013年第十二届全运会水环境安全,针对地方水环境改善工程需求,水专项技术支撑了白塔堡河河口湿地工程,通过将受污染河水引入河口湿地进行净化,保障入干河水达标;同时技术支持了全运会水环境安全保障,以及白塔堡流域和浑南水系水生态建设。

课题研发的水质水量调控技术,以及水生态建设技术在白塔堡河 15km 示范河段进行了示范应用,技术服务了 2013 年第十二届全运会期间浑南区域的水环境安全保障工作。白塔堡河口湿地示范工程(图 11-10),位于白塔堡河入浑河河口处,占地 15 万 m²,湿地于 2013 年完成主体施工并试运行,整体上采用课题研发的塘-湿地系统工艺,湿地系统采用潜流和表流组合形式,对白塔堡河河水进行水体水质净化,设计处理能力为丰水期 3 万 t/d,枯水期 1.5 万 t/d。湿地在秋冬季低温期仍可正常运行,吨水处理成本仅 0.08 元,远低于污水常规处理工艺,且具有较好的景观效果,符合污水处理景观化的设计理念;整个系统具有净化水质、典型示范和科技试验的功能。2016 年 6~11 月连续 6 个月的第三方水质监测表明,河口湿地示范工程出水 COD≤40mg/L、BOD$_5$≤10mg/L、氨氮≤2.0mg/L、总磷≤0.4mg/L、总氮≤2.0mg/L,工程实现年减排 COD 32t、氨氮 9.3t。

"十三五"期间,该示范工程技术已经在白塔堡河上游及浑南部分黑臭水体治理中得到进一步推广应用,对于推进北方地区河流治理,包括黑臭水体整治具有重要示范作用。

图 11-10　白塔堡河河口湿地

5. 蒲河生态廊道水环境改善综合示范

"十一五"末期,蒲河生态廊道建成,但水环境质量不高,蒲河上游段成为流域污水的主要集散区段,导致了 168km 长的蒲河水质恶化,水生态功能严重受损,因此,上游段的综合整治与示范工程的建设,对于改变区段污染和全流域生态受损状况至关重要。

蒲河生态廊道水环境改善综合示范,包括污水集中处理厂扩容改造与 10km 生态河道建设、10km 河道内滞水区的水质改善、污染支流河口在线立体净化三个技术示范单元。这种由点及线的设计和实施满足了蒲河上游段污染控制和水质改善的需求,解决了 10km 河道存在的突出问题。综合示范全面应用了本课题技术与设备成果,其中污水厂扩容改造实现了区域污水的全部收集和有效处理,黄泥河单元应用立体生态净化等技术形成了污染支流的污染阻控和水质提升带，裙裾段单元应用太阳能动力增氧和生态净化等技术改善了示范段滞水区水质，10km 河道生态建设应用本土植物选育与组合等技术提升了河道的自净能力、景观品质及生物多样性恢复等功能。通过以上综合示范，与流域依托工程建设相结合，达到了支持蒲河流域水质改善和生态廊道生态环境全面提升的目的。

示范工程建成后，污水厂稳定运行，出水水质稳定达标；10km 河道生态建设不断完善和提升，地方政府保证了工程运维所需资金和专业团队的建设；黄泥河示范单元设备设施稳定运行；裙裾段 2016 年进一步完成了护坡改造任务，水资源调控水量保障工程持续实施。示范工程相关技术和经验已经推广应用于蒲河全流域污染控制、生态建设(图 11-11～图 11-13)，以及浑南白塔堡河的河道水质改善中。

图 11-11　"十一五"末期蒲河示范工程主河道水体黑臭情况

图 11-12　"十二五"初期蒲河示范工程主河道水体黑臭情况

图 11-13　"十二五"末期蒲河示范工程主河道水体清洁情况

参 考 文 献

[1] 时莹, 胡金丽, 王艳, 等. 浑河流域水生态健康评价. 安徽农业科学, 2017, 45(22): 46-48.

[2] 李魁, 林齐, 宋永会, 等. 制药园区难降解尾水强化预处理试验研究. 环境工程技术学报, 2014, 4(5): 373-377.

[3] 蔡少卿, 戴启洲, 王佳裕, 等. 非均相催化臭氧处理高浓度制药废水的研究. 环境科学学报, 2011, 31(7): 1440-1449.

[4] 孙洪涛, 秦霄鹏. 高磊. 制药废水处理方案的确定及试验效果分析. 环境工程, 2009, 27(2): 51-54.

[5] 晁雷, 王健, 尤涛, 等. 辽河上游地区农副产品加工废水污染现状及对策. 黑龙江农业科学, 2016, (4): 108-113.

[6] 张博. 反渗透工艺深度处理农副产品加工废水并回用的试验研究. 沈阳: 沈阳建筑大学, 2015.

[7] 齐永胜, 占子杰, 肖耀, 等. 我国污水处理厂污泥减量化及利用研究进展. 建材世界, 2017, 38(6): 102-105.

[8] 张凯. 污泥处理处置中好氧发酵技术的现状分析. 环境与发展, 2017, 29(10): 101-102.

[9] 王亚炜, 肖庆聪, 阎鸿, 等. 基于微波预处理的源头污泥减量研究. 中国给水排水, 2013, 29(15): 19-23.

[10] 荆勇. 崔涤尘. 蒲河水生态修复工程与功效评估. 环境保护科学, 2017, 43(4): 85-89.

[11] 杨楠. 白塔堡河营养盐及水溶性机物的空间分布、来源、迁移及相互作用研究. 西安: 西安建筑科技大学, 2014.

[12] 张华, 陈晓东, 张帆, 等. 白塔堡河流域生物多样性评价研究. 环境科学与技术, 2016, 39(S1): 408-413.

[13] 苟玺莹. 混凝耦合 UV/H$_2$O$_2$ 深度处理制药园区尾水的研究. 长沙: 湖南大学, 2017.

[14] 孔明昊. 臭氧催化氧化深度处理制药园区尾水技术研究. 北京: 中国环境科学研究院, 2016.

[15] 陈晓东, 张帆, 张华, 等. 新型复合流人工湿地处理食品加工废水的探索. 环境科学与技术, 2016, 39(5): 100-104.

[16] 李明峰, 刘永德. 高爱华. 不同调理剂对污泥堆肥过程中理化参数的影响. 广东化工, 2016, 43(16): 134-135.

[17] 马闯, 高定, 陈同斌, 等. 新型调理剂 CTB-2 污泥堆肥的氧气时空变化特征研究. 生态环境学报, 2012, 21(5): 929-932.

[18] 常勤学, 魏源送, 刘俊新. 通风控制方式对动物粪便堆肥过程中氮、磷变化的影响. 环境科学学报, 2007, (5): 732-738.

[19] 艾志生. 不同因子对污泥生物干化的影响研究. 辽宁化工, 2016, 45(2): 229-231.

[20] 彭闻, 张勇, 赵卫兵, 等. 污泥生物干化技术及应用前景展望. 中国环保产业, 2016, (5): 37-40.

第五篇 太子河水污染治理与水生态修复研究

- 系统介绍了水专项在太子河上游山区段、太子河干流开展的河流水生态修复和典型工业水污染治理技术研究与工程示范。研究成果为太子河水污染治理和水生态修复提供了技术支撑。

- 太子河上游山区段主要针对水生态保护修复与建设问题，开展了以山区型河流水生态修复与功能提升为重点的成套技术研发，突破了汇水区植物群落保护、山区型河流消落区带状湿地构建等关键技术14项，开展了工程示范3项。

- 太子河干流针对典型工业行业废水难降解污染物处理率低和氨氮超标等问题，开展了水污染控制与水质改善技术集成与示范研究，研发了4项集成技术，应用于4项示范工程。

第12章

太子河流域山区段河流生态修复与功能提升
关键技术研究与示范

太子河山区段包括上游山地森林和中游丘陵森林地区，主要位于"城中山，山中水，八山一水半分田"的本溪市。由于本溪及其下游的辽阳、鞍山均为重化工业发达城市，水环境污染压力较大[1]，因此山区段的水生态环境改善对于全流域水环境质量提升具有重要作用。经过十余年的努力，该山区段水环境明显改善，但水生态问题较为突出。"十二五"期间开展了水专项太子河流域山区段河流生态修复与功能提升关键技术与工程示范研究，针对上游生态保护、中游城区段生态建设、矿区段生态修复、流域生态管理技术需求，以"山水林田湖草"生命共同体综合治理为理念，经过多年理论研究和工程实践，科学评价了太子河山区段生态安全格局，系统划分了上游脆弱生境等级，研究分析了葠窝水库生态恢复可行性，研发了河流脆弱生境生物多样性保护等13项关键技术，形成了集"上游脆弱生境维系与生物多样性保护、中游城区段河流生境改善与水质提升、矿区水陆交错带污染阻控与生态修复和基于'气候变化-生态修复-生态效益-水质响应'的水生态管理平台构建"4套技术于一体的北方山区型河流生态修复与功能提升技术体系，研究制定了《山区段河流生态修复与功能提升技术指南》。技术成果的应用有力支撑了太子河山区段水环境持续改善，该创新生态治理模式为我国北方山区型河流生态修复与功能提升提供了切实可行的途径。

12.1 概　　述

12.1.1 研究背景

太子河流域是辽河流域的重要组成，流域面积1.39万km^2，年均径流量26.86亿m^3，人口占辽河流域的21.98%，GDP占26.06%，污染负荷占辽宁省辽河流域30.51%。太子河长413km，主要流经本溪、辽阳和鞍山市，其中山区段占流域的60.8%，包括21亿m^3的观音阁水库（饮用水源地）和7.9亿m^3的葠窝水库（工农业用水）。太子河山区段水质的优劣，对流域的生态安全、区域工农业及生活用水安全影响巨大，是东北老工业基地振兴的重要环境支撑。

太子河流域山区段在流域生态化进程中，受到陆域和水域、历史及现有的多重影响和巨大冲击，加之地处我国北方，制约其水生态功能的因素主要有：上游河道狭窄、底质以石头为主，河岸带坡面侵蚀严重，汇水区植物群落单一，沿河农田开发；中游城区段污染负荷重，水质水量不稳定，河道及河岸生态破坏严重，河流自净能力弱；矿区段河流中悬浮物含量高，水陆交错区生境受损，植被覆盖率低；流域缺乏有效的水生态管理与决策支撑系统。

经过"十二五"国家水专项实施，流域治理规划和"水十条"推进，太子河山区段水质得到了较大提升，2014年兴安断面水质除氨氮基本达到了Ⅳ类。这为解决该区域内河流生态修复的迫切需求奠定了环境基础(图12-1)。

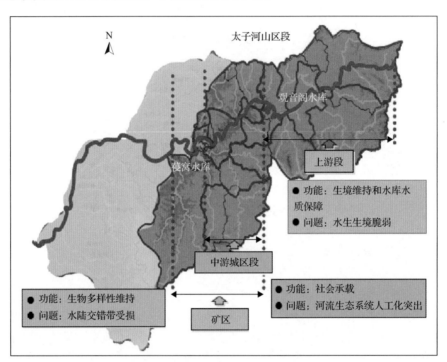

图 12-1　太子河流域山区段环境问题概况

12.1.2　山区段河流生态修复与功能提升关键技术成果

遵循"山水林田湖草"生命共同体综合治理理念，以营造太子河的"八百里地佳山水"为目标，开展以山区型河流生态修复与功能提升为重点的成套技术研发(图12-2)。

1. 集成创新"汇水区-河岸带-河道"三位一体修复技术体系，维持水生态功能连续，改善山区型河流上游生境质量和生物多样性状况

太子河流域山区段上游为季节性河流，河道底质以石头为主，河岸带坡面受洪水侵蚀严重，汇水区以石灰岩基质土壤为主，植物群落单一，沿河农田开发("半分田"的由来)、放牧等人为干扰较为严重[2]。针对上述问题，通过开展脆弱生境的诊断与评估，明晰上游区脆弱生境的分布和主要成因。应用群落生态学原理，按"汇水区-河岸带-河道"三位一体集成修复、协同治理原则，从修复河流物理完整性和维系河流生物完整性两个方面，突破了上游生境维系与生物多样性保护技术体系：①山溪型河流交错底质生境优化技术，研发了可调节河流水动力的微型"阶梯-深潭"组合构建技术，辅以沉床微生态复合袋形成交错底质，优化藻类、底栖动物和鱼类的河底生境；②河岸带基质改善与植

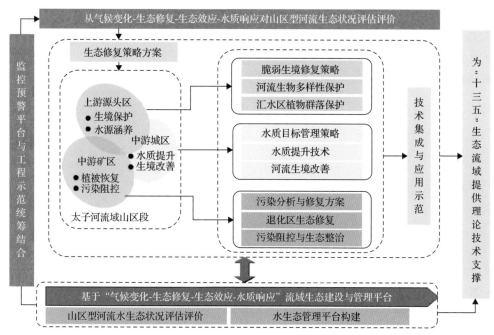

图 12-2　山区型河流生态修复与功能提升总体技术路线

被恢复技术，研发了由功能菌、秸秆与有机肥配制形成的基质改良剂，形成了以多孔砖覆无纺布袋结合植被群落搭配的恢复河岸带植被的技术方法，覆盖于原有河岸带护坡上，为初期先锋植被的抚育提供生产基质，促进河岸带自然生境快速恢复；③汇水区植物群落结构优化技术，通过研发的缓释土壤养分改良剂将石灰岩基质河滩玉米地转为种植多年生药材、基于生态位分异的受挟群落抚育、基于林窗更新的灌丛层恢复技术，提高了汇水区的生物多样性和水土保持能力。该技术体系促进了林、农与水生态修复行业间技术融合，提出适度经营的理念，增加了水生态保护的主观能动性。

2. 协同统筹河流生境改善与水质提升技术体系，实现"河岸-消落区-河道"廊道连通，助推山区型河流中游城区段水质持续升级和河流生态建设

太子河城区段周边人口密集，工业发达，28km 河段水质从Ⅱ类变为Ⅳ类，变动幅度较大。针对该区域河道平缓、生境退化、河流生态系统人工化突出、考核断面枯水期氨氮稍高等问题[3]，通过河流生态环境调查及河道水生生物链稳定性评估，阐明了制约河流生境改善与水质提升的主要因素。遵从生态演替原理，按照 ESB（生态演替式）水体修复技术思路，突破了中游城区段河流生境改善与水质提升技术体系：①河流仿自然生境营造技术，通过景观-生态效应兼顾的硬质河岸生态改造，基于耐淹植物选育的河流消落区带状湿地构建，利用现有水利工程产生的河流阶梯营造深潭-浅滩交错镶嵌的仿自然生境，产生丰水期淹没、平水期水流畅通、枯水期河流扰动增加的效果，实现"河岸-消落区-河道"廊道连通，对融雪期、暴雨期城市面源污染也有一定的削减作用，并为水生动物栖息和越冬等提供了生境；②改性活性炭低温除氨氮和钢铁园区多单元排放过程控制

265

减排技术，创新研发了基于浸渍-高温煅烧对活性炭进行负载铁离子改性氨氮吸附技术，与膜过滤相结合，技术示范的污水厂冬季出水主要指标可达到Ⅳ类水质标准；基于多单元水质水量分析，以构筑物单元节点控制、汇水层次削减为核心，通过总量控源、药剂调量、出水回流二次混凝等措施，提高钢铁园区污染减排总量。

3. 创新实践矿山原位修复和矿山废弃物资源化利用技术体系，提出矿区原位生态修复理念，提升山区型河流矿区污染阻控与生态修复效率

针对太子河流域矿产资源长期粗放开发导致的矿山生态退化，雪融期、暴雨期水土流失严重，矿区河段水体总氮偏高(>2.6mg/L)等问题[4]，以典型矿区水陆交错带为研究对象，分析矿山开采对周边水生态功能的影响因素及矿区水陆耦合关系。应用恢复生态学原理，统筹陆域和水域生态系统，突破了河流中游矿区污染阻控与生态修复技术体系：①矿山生态退化区生境改善技术，基于矿区采场空间生态位高效互补原则，以采场土为主要原料进行基质改良、以火炬树与豆科刺槐作为先锋植物分层立体种植，实现生态景观兼顾的植物群落结构优化；②基于植物篱的矿区水陆过渡带污染阻控技术，利用山皮土掺秸秆作为物理改良措施，以刺槐、紫穗槐为主要植被，构建等高固氮植物篱，同时辅以功能微生物强化植物篱养分自给能力；③矿山坡面汇流区地表径流调控技术，以尾矿砂、山皮土、秸秆为主要基质原料，以沙棘、紫穗槐为先锋物种，构建灌草复合群落体系进行生物阻控，同时辅以交叉人字沟截流汇流物理技术，显著提升矿山面源污染阻控效果。该技术体系突破传统模式，提出矿区原位生态修复的理念，即在不影响修复效果的前提下，以采场土、山皮土、尾矿砂、秸秆等矿区废弃物为主要修复基质，无须外运客土，减少工程费用的同时，实现矿区废弃物的资源化利用，从而更好地保护矿区流域水体。

4. 构建运行流域生态建设与管理平台，推进太子河流域山区段生态修复与功能提升管理决策

针对本溪市"十三五"水质改善需求，研究太子河流域山区段河流生态安全评估和汛期水环境风险防控技术，综合诊断气候变化情景下太子河流域生态安全和水质响应。突破了基于"气候变化-生态修复-生态效益-水质响应"的水生态管理平台构建技术体系：①整合流域管理相关部门数据资源，基于GIS模型显示技术、SOA的平台构建及系统集成技术，构建了基于业务、模型、空间三位一体的水生态数据库；②搭建了包括污染源管理系统、水环境质量系统、山区生态信息系统、水环境应急动态模拟系统、示范工程管理系统和综合服务系统六个核心系统的综合管理平台；③利用MATLAB优化工具箱的多目标遗传算法函数，通过全局搜索计算，优化太子河流域山区段河流生态修复策略方案，并对其修复效果进行量化评估。该技术体系可前瞻性地制定应对极端气候所导致的北方山区段河流水环境风险预警等适应性管理对策，整体提升相关业务部门对流域生态建设和水环境风险预警等方面的管理决策水平。

12.1.3　山区段河流生态修复与功能提升关键技术应用与推广

1. 建成了山区型河流生态修复与功能提升工程示范区，发挥了良好的技术示范作用

(1)上游脆弱生境维系与生物多样性保护示范工程。针对太子河上游本溪满族自治县生态保护的科技需求，依托于本溪满族自治县南太子河治理工程、太子河本溪满族自治县段防洪治理工程、本溪满族自治县碱厂项目区兰河峪小流域治理工程等，在碱厂镇、偏岭镇等地的汇水区、河岸带、河道进行了工程示范，面积 7.01km^2，长度 2.06km，实现了汇水区植被群落结构与空间的有效配置，河岸带植被覆盖率由 42%增加到 79%，河道藻类多样性指数由 0.9 提高到 3.3，河流生境和生物多样性得到明显改善。该技术体系提出的适度经营理念得到了当地管理部门和居民的高度认可，如原来在河滩地种植玉米年收入约为 700 元/亩，改种药材年收入提高 1~2 倍，经济类灌丛恢复可增加林地年收入 600~900 元/亩(图 12-3)。

图 12-3　上游脆弱生境维系与生物多样性保护示范工程效果图

(2)中游城区段河流生境改善与水质提升示范工程。针对太子河中游本溪市区生态建设科技需求，依托于太子河滨河北路修复工程、彩屯排涝池及彩屯河黑臭水体整治工程，在太子河城区段乙线桥、彩屯桥、团山子等处进行了工程示范，河道长度 5.2km，藻类多样性指数由 1.7 提高到 2.26，底栖动物多样性指数由 1.6 提高到 2.07，DO 浓度大幅提升，氨氮浓度得到了有效控制，深潭和湿地给水生动物栖息、越冬提供了生境[5]。工程实施中将护坡改造用石与在河道开挖深潭取石相结合，将挖沙形成的坑穴与深潭的营造相结合，节约了施工成本 15%左右。该技术体系不仅改善了城市河流生境状况，还提升了水体的自净能力，保证了河流水质的持续提升(图 12-4)。

图 12-4　中游城区段河流生境改善与水质提升示范工程效果图

（3）歪头山铁矿水陆交错带污染阻控与生态恢复工程示范。针对太子河矿区生态修复科技需求，依托于本钢歪头山铁矿青山工程、歪矿小西沟尾矿库"头顶库"治理工程、歪矿一、二、四泵站尾矿零排放改造工程，在矿区采矿场、排土场、尾矿坝 3 个示范点进行了工程示范，面积 4.3km²，植被覆盖率由不足 5%增加到 38%，侵蚀模数由 21000t/(km²·a)减至 14500t/(km²·a)，示范工程控制河段 TSS 降至 150mg/L，总氮降至 1.5mg/L，矿山的水土流失和对河流的面源污染受到明显控制。该技术体系提出了矿区原位生态修复的理念，有效节约了 40%~50%复垦工程成本，实现了矿区废弃物的资源化利用，具有显著的环境和经济效益，得到了本钢集团的高度认可和推广（图 12-5）。

2. 运行了太子河流域山区段生态建设与管理平台，为太子河流域山区段水生态管理提供技术支持与辅助决策

太子河山区段水生态管理平台构建了基于业务、模型、空间三位一体的水生态数据库，涵盖了太子河流域污染源 482 家，风险源 38 家，例行监测断面 6 个，自动监测站 1 个，各类水质、水生态环境监测数据达 1TB 左右。平台集成了不同部门管辖的国家和省市软件原有污染源等数据，解决了各部门之间的"信息孤岛"等难题，不仅能在生态修复、水环境风险预警等方面为本溪相关业务部门提供适应性管理系统，还弥补了目前管理平台针对北方山区型河流水生态管理与决策、极端气候变化应对不足，有力地支持了本溪市"智慧城市"建设。该平台在本溪市生态环境局业务化运行 8 个月显示，无故障运行时长为 228 天，用户访问达 5200 余次，受到高度肯定（图 12-6）。

图 12-5　歪头山铁矿水陆交错带污染阻控与生态恢复工程示范效果图

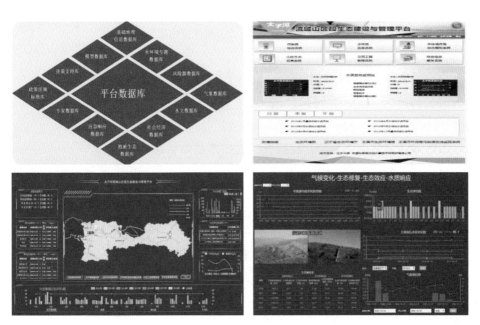

图 12-6　太子河流域山区段生态建设与管理平台

12.1.4　标志性成果支撑

研发的"太子河流域山区段河流生态修复与功能提升"成套技术，为北方山区型河流不同区段的生态保护、生态修复、生态建设，以及流域层面的生态管理提供了成套的技术手段和应用示范，同时将技术的流程工艺化、参数指标化和功能规范化，形成了《山区段河流生态修复与功能提升技术指南(建议稿)》，被辽宁省生态环境厅采纳，并被列入国家团体标准和推荐列入2020年辽宁省地方标准制定计划。《山区段河流生态修复与功能提升技术指南(建议稿)》统筹陆域-水域，将水生态修复工程与环境工程、水利工程、林业工程、农业工程等有机结合，实现物理、化学、生物措施协同作用，并同时兼顾经济效益以充分调动当地政府和居民的积极性，促进河流生态治理技术的应用推广，形成了水专项"流域面源污染治理与水体生态修复成套技术"的标志性成果，贯彻实践了"山水林田湖草"生命共同体综合治理理念(图12-7)。

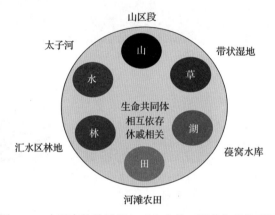

图 12-7　本研究的关键词与"山水林田湖草"的关系图

12.2　太子河流域山区段河流生态修复与功能提升关键技术创新与集成

12.2.1　山区段河流生态修复与功能提升关键技术基本信息

创新集成山区段河流生态修复与功能提升关键技术 14 项，基本信息见表 12-1。

表 12-1　山区段河流生态修复与功能提升关键技术基本信息

编号	技术名称	技术依托单位	技术内容	适用范围	启动前后技术就绪度评价等级变化
1	河流脆弱生境生物多样性保护关键技术	中国科学院沈阳应用生态研究所	通过工程技术手段，提高底质异质性、改善河道河岸带连通性，丰富河流底栖生境多样性，进而提高河流生态生物多样性	太子河上游生境脆弱河岸带段	3级提升至6级
2	以功能修复为目标的汇水区植物群落保护关键技术	辽宁大学	基于缓释土壤改良剂的石灰岩基质土壤养分调控技术；基于林窗更新的次生林灌丛层恢复与保护技术；基于生态位分异的受胁群落封育与优化技术示范区生态环境质量提升，水量增加，水质改善，径流调节等功能恢复目标	太子河上游生境脆弱河岸带段	3级提升至7级

编号	技术名称	技术依托单位	技术内容	适用范围	启动前后技术就绪度评价等级变化
3	改性活性炭低温除氮技术	沈阳建筑大学	针对"物理截留-生化法-沉淀过滤"等常规处理工艺,无法有效去除氨氮等污染物等问题,在常规污水处理 V 形滤池出水后,采用专利技术"一种有效去除受污染水体中氨氮的方法"进行改性活性炭低温除氮效能研究	北方寒冷地区冬季污水厂氨氮深度处理	4 级提升至 6 级
4	基于深潭-浅滩的河道仿自然生境营造技术	辽宁大学	明确不同水工设施(丁坝、潜坝等)对复氧效果的影响,提出以丁坝-潜坝相结合适用于城市河流的深潭-浅滩序列构建技术,实现水质改善与生境优化的联动效应,即可以提升河流溶解氧浓度又可以使生境得以恢复[6]	北方城市河流	3 级提升至 6 级
5	基于正向演替的河道水生生物链培育与恢复技术	辽宁大学	基于正向演替的河道水生生物链培育与恢复技术是按照生态演替的基本规律,通过消除争氧物质,稳定水体的高溶氧状态,打造良好生态基础,并通过水动、植物定向培养,建立起人工生态,通过人工生态向自然生态演替,建立稳定的水生生物链,从而恢复水体生物多样性,并充分利用自然系统的循环再生、自我修复等特点,实现水生态系统的良性循环。生物链稳定完整标志河流生态的恢复,水体生产力的提高,水域环境改善	北方城市河流	3 级提升至 5 级
6	钢铁园区污水多单元排放过程控制减排与系统优化技术	中国科学院沈阳应用生态研究所	在原有工艺流程的基础上,细化了水质来源,明确了三个泵站的水源特征,在不改变现有构筑物和药剂量的基础上,通过调整加药顺序、增设二次混凝等工艺,提高了总体污染去除效率,确保了稳定运行,能够为园区的总体减排提供部分支持	适用于园区类综合减排优化	4 级提升至 6 级
7	基于耐淹植物选育的山区型河流消落区带状湿地构建技术	辽宁大学	利用季节性水位涨落和坝前坝后水位差,借助新进技术,识别带状湿地可构建区域;选择优势且去污能力强的乡土植物;形成集约节约城市土地资源的湿地构建技术	山区型河流消落区带状湿地构建与水体生态修复	3 级提升至 6 级
8	基于植被混凝土的河岸高陡渣山原位生态修复技术	辽宁大学	结合本溪渣山的地域特征,利用废弃钢渣作为植被混凝土的原料之一进行植被混凝土最优配比试验,对渣山进行原位生态修复,以渣山废料治理渣山;通过在适合北方寒冷地区的植物中进行筛选试验,以本土植物为基础,构建高陡边坡植生系统,适应低温环境	大于 60°的高陡岩石边坡生态修复	3 级提升至 6 级
9	矿山生态退化区生境改善技术	辽宁大学	开展下垫面改善与基质养分调控技术研究、物种筛选与先锋植被抚育技术研究、退化恢复区群落结构优化技术研究,实现矿山退化区生态修复,并进行工程示范,为太子河流域山区段矿山退化区生态修复提供基础数据	适用于矿区采矿场改善与基质养分调控、物种筛选与先锋植被抚育,以及退化恢复区群落结构优化	4 级提升至 6 级
10	基于植物篱的矿区水陆过渡带污染阻控技术	中国科学院沈阳应用生态研究所	对矿山水陆过渡带地形地貌、水文特征、土壤性质及植被类型等进行相关调研,开展植物篱阻控能力研究,以植物篱定量化应用为主体,形成矿区水陆过渡带面源污染植物篱阻控技术体	适用于矿区排土场解决水陆过渡带具有的坡度变化大、生态脆弱、空间异质性高、动态性强等问题	4 级提升至 6 级

编号	技术名称	技术依托单位	技术内容	适用范围	启动前后技术就绪度评价等级变化
11	矿山坡面汇流区地表径流调控技术	中国科学院沈阳应用生态研究所	针对矿山汇流区不同下垫面条件，通过开展室内坡面模拟、人工降雨模拟，结合相应情况，形成汇流区径流调控关键技术体系，旨在延长产流时间，降低径流系数，最终实现降低流域产沙量、优化矿山汇流区生境的目标	适用于矿区尾矿坝、矿山汇流区等径流产沙的严重区域，调控汇流区地表径流，到达汇流阻沙的目的	4级提升至6级
12	山区型河流水生态状况评估评价技术	中国环境科学研究院	建立了符合山区段河流水生态系统和流域环境特征的水生态安全评价指标体系，定量化评估太子河流域山区段水生态安全状况	太子河流域山区段河流水生态安全评价	2级提升至5级
13	基于"气候变化-生态修复-生态效益-水质响应"的水生态管理平台构建技术	辽宁大学	将受气候变化和人类活动如污染源、风险源等多样化数据进行平台化输入，构建多因素影响下的水质、水生态响应平台，为研究区内开展水生态修复、水环境风险预警等适应性管理提供支撑	太子河流域山区段相关水系	3级提升至6级
14	太子河山区段汛期水环境风险防控技术	生态环境部华南环境科学研究所	针对汛期可能存在的水环境风险，提出突发环境事件隐患排查和治理、水环境风险防控、信息公开等技术措施	适用于各级人民政府为防范汛期直接导致或次生突发环境事件而组织实施的水环境风险防控措施	1级提升至4级

注：技术就绪度评价参照《水专项技术就绪度(TRL)评价准则》(见附录)执行。

12.2.2 山区段河流生态修复与功能提升关键技术

1. 河流脆弱生境生物多样性保护关键技术

1) 基本原理

以恢复河流底栖生境，强化河岸带连通性为目标，通过河道底质结构改善、河岸带亲水材料布设等物理手段，提高河道物理底栖结构多样性，强化河流水在河流与河岸交换提高连通行，具体为：

(1)针对山溪型河流在水质、水量基本稳定的基础上，受自身及人为干扰造成河流生境退化，河流生态系统连续度下降的问题[7]，分别从河道底栖结构优化、河流水动力调节及底栖生物群落调控等几个方面开展技术集成研发。形成以河流微型"阶梯-深潭"结构构建及空间组合配置技术为核心，创新提出微型"阶梯-深潭"组群横向间距确定方法，调节河流水动力条件；结合沉床微生态复合带基质组分及布置结构调控技术，形成河流底栖生境优化的集成技术体系。

$$L' = \frac{H}{S} \times \tan\theta \tag{12-1}$$

式中，L'为微型"阶梯-深潭"单元横向间距；H为构建阶梯高度；S为河流比降；θ为阶梯深潭构造物构型弧度值。

（2）针对太子河上游山区段河岸带生境脆弱、坡面侵蚀严重、植被退化明显的问题。以受损河岸带基质土壤养分调节和当地优势物种筛选为技术基础，基于山溪段河岸带植被群落及微生物情况调查结果，筛选出功能菌种，适宜植物生长的改良剂组合，微生物功能菌剂 2g/kg、秸秆 5g/kg、有机肥 15g/kg。将菌种和改良剂组合与常规生态袋组合应用，形成河岸带基质稳定袋，经压缩形成"生态砖"与河岸带护坡生态网格、石笼相结合，为修复河岸带初期植被的抚育修复提供生产基质，提升河岸带水量交换，丰富植被组成，促进河岸带自然生境快速恢复。

2）工艺流程

以太子河山区上游河流生境质量提高和生物多样性丰富为目标，结合上游区河流存在分区域人为干扰、河流生态系统稳定性降低、河流生境稳定性差的情况，以及太子河上游山区段河岸带生境脆弱、对河流生态系统功能支撑不足等问题，以河流生态系统生物多样性提高为目标，研发形成山溪型河流交错底质生境优化技术、沉床微生态复合袋的山溪型河流水生生物群落结构配置与调控技术、基于生物砖的受损河岸带基质改善与植被恢复技术、太子河山区段上游土壤养分基质调控技术，并基于野外调研结果和文献数据，筛选适宜固坡植物，针对不同类型河岸带制定相应生境恢复及生物多样性保护策略，基于生物砖综合应用石笼等措施，形成示范工程一个，示范河道长度 2.06km，示范工程初步实施效果表明，通过技术的实施应用，示范河道底栖生境得以优化，并改良了河岸基质，恢复了河岸带植物生境，增加了生物多样性，从横向上完善了河岸带完整生物结构，恢复了河岸带生态功能，改善了河道景观。

3）技术创新点及主要技术经济指标

（1）自主开发河流生物动态追踪软件，通过河流生物动态分布，明确底栖动物最适合的河流底栖群落分布及底质配置组成。

（2）在植物群落生长和建群过程中加固和稳定河岸带，控制水土流失和实现生态修复[8]；河岸不同植物群落交错和演替，提供并改善了多种生境，恢复了边坡的生态功能和生物多样性。

4）技术来源及知识产权概况

自主研发，优化集成，获得发明专利授权 1 项。

马建，靳文凯，陈欣. 一种人工阶梯深潭单元、深潭群组及其在改善自然河流生境中的应用. ZL201811571690.0，2020-7-3.

5）实际应用案例

A. 应用单位：辽宁大学

该技术中山溪型河流交错底质生境优化技术在南太子河南甸滴塔-碱厂黄堡段（41.281290°N，124.39735°E）治理工程中开展应用，进行了河道生态整治、河道石笼建设并取得较好的应用效果，试验结果表明，示范开展以来，经第三方监测表明，藻类生物多样性指数均值由 1.1 提高到 3.3，配套工程、示范工程已完工，并已开展示范工程运行效果监测。

B. 应用单位：辽宁大学

基于生物砖的受损河岸带基质改善与植被恢复技术已在太子河本溪满族自治县下游段防洪治工程(一期)(41.251922°N，124.459772°E)中开展应用，并取得较好的应用效果，工程实施后物种的种类和数目也明显增多，河岸带植被覆盖率由42%提高至79%，配套工程、示范工程已完工，已开展示范工程运行效果监测。

2. 以功能修复为目标的汇水区植物群落保护关键技术

1)基本原理

该技术从汇水区污染阻控、植被截留、土壤养分调控入手，在改善林下植物群落生长条件的基础上，采用间伐、抽稀调整、补植优化等手段，提高林下灌丛层植物多样性，调整群落结构，促进林隙间群落恢复，改善石灰岩基质土壤，提高水源涵养能力，减少水土流失[9]。

2)工艺流程

基于太子河上游汇水区脆弱生境胁迫因素识别研究结果，以太子河山区上游生境质量提高和生物多样性丰富为目标，结合上游区存在分区域人为干扰，生态系统稳定性降低，生境稳定性差的现实情况，以及太子河上游山区段汇水区结构破坏、功能退化的生态系统等问题，以生态系统生物多样性提高为目标，研发基于缓释土壤改良剂的石灰岩基质土壤养分调控技术；基于林窗更新的次生林灌丛层恢复与保护技术；基于生态位分异的受胁群落封育与优化技术；基于野外调研结果和文献数据，筛选适宜的植物群落，针对不同类型汇水区制定相应生境恢复及生物多样性保护策略，形成示范工程一个，示范工程初步实施效果表明，通过相关技术的实施应用，示范区生态环境质量提升，水量增加，水质改善，径流调节等功能恢复。

3)技术创新点及主要技术经济指标

通过不同青植秸秆、羊粪、松针等的配比，自主研发土壤基质改良剂，使其更好释放养分，达到缓释提供养分，减少水土流失[10]，并建议将玉米地转换成多年生中草药用地，实现废物资源化利用并避免了对环境的二次污染。

将本溪满族自治县当地优势物种及经济作物(多年生中草药植物)运用到了封调中，在提高群落稳定性的同时增加了当地居民的收益。

4)技术来源及知识产权概况

自主研发，优化集成，申请发明专利1项。

宋有涛,迟新东,朱京海,等. 一种缓释土壤改良剂及其制备方法和应用.CN201911109968.7,2020-2-4.

5)实际应用案例

应用单位：辽宁大学。

已将基于缓释土壤改良剂的石灰岩基质土壤养分调控技术、基于林窗更新的次生林灌丛层恢复与保护技术、基于生态位分异的受胁群落封育与优化技术应用于示范区域内，汇流区植被群落的调整中，并对林下层草灌植被进行配置调整。

3. 改性活性炭低温除氮技术

1）基本原理

近年来由于工业废水处理率提高，挥发酚等工业废水污染物的污染贡献率下降；随着人民生活水平的提高，生活用水量和生活污水中的氨氮浓度均有所上升，导致水体中氨氮污染贡献率明显增大[11]。针对太子河流域城市污水处理厂采用"物理截留-生化法-沉淀过滤"等常规处理工艺，缺乏三级深度处理工艺，无法有效去除氨氮等污染物，导致太子河枯水期考核断面的氨氮含量较高。活性炭的内部孔隙结构发达、比表面积巨大、化学性质稳定，同时价格低廉且易再生，广泛应用于水处理领域[12]。然而原活性炭吸附容量相对较低，对活性炭进行改性可以增加其吸附位点，提高对污染物的吸附能力。本书基于超声浸渍、高温煅烧两种活性炭改性技术，利用正交实验，确定改性活性炭的最佳制备条件，并通过在污水处理厂的现场技术示范，实现低温下对污水中氨氮等污染物的有效去除。

2）工艺流程

工艺流程如图 12-8 所示。

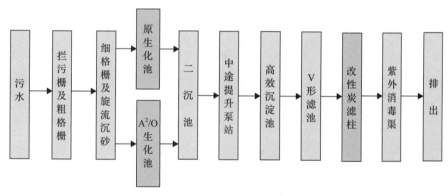

图 12-8 城市污水厂改性活性炭低温除氮技术工艺流程图

首先通过拦污栅、粗格栅拦截水中的树叶、杂草、垃圾等体积较大的漂浮物，再经过细格栅及旋转流沉砂，进一步清除水中的一些细小悬浮物、颗粒物。污水进入生化池，利用池中的微生物降解氨氮、COD、总磷等污染物。污水进入二沉池进行再次沉淀，使经过生物处理的混合液澄清，达到泥水分离的目的。污水通过中途泵站提升至后续处理单元所要求的高度。污水在高效沉淀池中进一步泥水分离。污水进入 V 形滤池，过滤截留污染物。污水经过改性活性炭滤柱再次深度处理，削减污染物含量。污水在紫外消毒渠中灭菌消毒，排入太子河。

3）技术创新点及主要技术经济指标

技术创新点：通过超声浸渍及高温煅烧两种方法改性活性炭，将铁离子负载到活性炭，使得活性炭孔径结构，表面官能团、等电点等化学性质发生改变，低温下更有利于对污水中氨氮的去除。

技术经济指标：直接经济效益和环境效益体现在促进水污染物削减（其中氨氮年削减量可达 290t）、提高"十二五"与"十三五"期间水污染治理投入的实效、水体质量改善、城市水循环系统科学化、节水和污水资源化、饮用水安全等多个层面。间接经济效益还包括因课题实施带动相关产业发展而创造的经济效益。

4）技术来源及知识产权概况

自主研发技术。

5）实际应用案例

应用单位：沈阳建筑大学。

该技术应用于辽宁省本溪市科态污水处理有限公司的尾水深度处理。该污水处理厂占地约 400 亩，分两期建设完成。一期工程于 2003 年竣工运行，污水设计处理能力22.5 万 t/d，处理工艺采用 SBR-DAT-IAT 改良工艺；二期提标扩容工程于 2015 年建设完成，扩建 7.5 万 t/d 生化处理系统，生化处理工艺采用厌氧、缺氧、好氧工艺。针对冬季污水中的氨氮去除率低的问题，采用中试装置对尾水进行深度处理，研究表明，最佳运行条件为：滤速 9m/h，滤层高度 1.2m，不采用曝气。在此条件下，尾水氨氮削减率可达45.84%，同时对总磷削减 34.11%、COD 削减 35.64%。

4. 基于深潭-浅滩的河道仿自然生境营造技术

1）基本原理

自然河流的纵断面呈现出浅滩和深潭交错的格局[13]。深潭是低于周边河床 0.3m 以上的部分，浅滩是高出周边河床 0.3~0.5m 的部分，且其顶高程的连线坡度应与河道坡降一致[14]。一般在蜿蜒河道的凸岸由于泥沙淤积形成浅滩，凹岸则受到冲刷，形成深潭；在顺直段会形成浅滩。

浅滩和深潭能创造出急流、缓流等多样性的水流形态，能形成多样化的河流生境，有利于生物的多样性[15]。同时，浅滩和深潭能形成水的紊流，有利于氧气溶入水中，增加水体中溶解氧含量[16]。深潭和浅滩的存在也能够增加河床的表面积及河道内环境，有利于加快有机物的氧化作用，促进硝化作用和脱氮作用，增强水体的自净能力[17]。

2）工艺流程

基于深潭-浅滩的河道仿自然生境营造技术需求，整个工艺包括深潭-浅滩构建地点、深潭-浅滩的构建、植被恢复，如图 12-9 所示。

（1）深潭-浅滩构建地点：通过对河流溶解氧浓度和常规水质指标进行监测分析，确定河流的关键补氧点。结合实际河流的水文和地形特征及遥感信息，确定构建地点。

（2）深潭-浅滩的构建：利用河道中现有地形地貌和水文，结合使用生态丁坝、生态潜坝、浅滩等手段在河流中构建深潭-浅滩序列。

（3）植被恢复：在构建的生态丁坝、生态潜坝和浅滩中种植本地的草本、挺水植物，在深潭中种植本地水生植物。

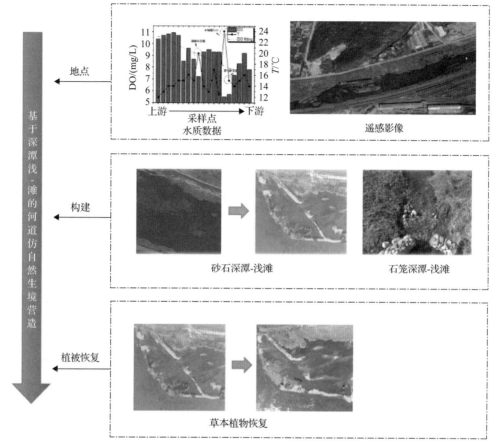

图 12-9　基于深潭-浅滩的河道仿自然生境营造技术需求

3）技术来源及知识产权概况

自主研发，优化集成，获得发明专利授权 1 项。

于英潭，王首鹏，王俭. 一种在缓流河道中构建深潭浅滩的方法. ZL201910025861.8，2020-7-14.

4）实际应用案例

应用单位：本溪市水务局。

技术应用于本溪市太子河城区段水质改善和水生态恢复，示范河段为乙线桥拦河坝至兴安国控断面，全部示范河段长度超过 5km。其中乙线桥区域结合废弃桥墩构建一系列深潭-浅滩结构，彩屯桥拦河坝下主要构建 5 道生态丁坝用于把太子河干流的水引入到北岸的湿地中，一方面可以增加水体中的溶解氧浓度，另一方面可以通过湿地净化水体中的污染物，使水体得到生态修复。在团山拦河坝下主要构建一系列深潭-浅滩结构，既可以提高水体溶解氧浓度，又可以为水生生物提供栖息环境和越冬场所。通过该示范工程的实施可以使示范河段溶解氧浓度提高约 1mg/L，示范工程河段年平均溶解氧浓度达到 5mg/L 以上，并且可以使河流生境得到改善，生物多样性提高。

5. 基于正向演替的河道水生生物链培育与恢复技术

1) 基本原理

按照生态演替的基本规律，通过消除争氧物质，稳定水体的高溶氧状态，打造良好生态基础，并通过水生动、植物定向培养，建立起人工生态，通过人工生态向自然生态演替，建立稳定的水生生物链，从而恢复水体生物多样性，并充分利用自然系统的循环再生、自我修复等特点，实现水生态系统的良性循环。生物链稳定完整标志河流生态的恢复、水体生产力的提高及水域环境改善。

2) 工艺流程

(1) 进行现场生态环境调研，开展河道水生生物链问题诊断，明确水生生物链稳定性的影响因素。

(2) 依据水生生物链稳定性的影响因素，构建河道水生生物链评价指标体系与评价方法。

(3) 根据生态演替的基本原理，结合河道水生生物链稳定性评价结果，提出水生生物链培育与恢复方案，用于指导河道生态修复。

其工艺流程图如图 12-10 所示。

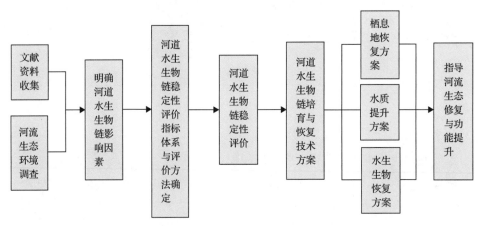

图 12-10　河道水生生物链培育与恢复工艺流程图

3) 技术创新点及主要技术经济指标

(1) 建立了河道水生生物链稳定性评价技术方法，并用于太子河本溪城区段河道水生生物链问题诊断。

(2) 结合城区段河道多闸坝分割形成的阶梯形水面，开展了深水区布置生态沉床的技术研究，为北方寒冷地区水生生物安全越冬提供技术支持。

(3) 针对北方山区型河流城区段特点及不同水深，提出了河道水生生物链培育与恢复技术方案。

水生生物链稳定评价指标体系与方法科学合理，所提出的河道水生生物链培育与恢复技术方案合理、可操作性强。

4）技术来源及知识产权概况

自主研发。

5）实际应用案例

应用单位：本溪市城市新区开发建设管理办公室。

太子河本溪城区段河道水生生物链稳定性评价结果表明，太子河本溪城区段河道水生生物链稳定性从上游到下游从良好逐渐过渡到较差状态，其中彩屯桥拦河坝以上河段为良好、彩屯桥拦河坝至团山子拦河坝河段为一般状态，彩屯桥拦河坝至团山子拦河坝河段水生生物链稳定性较差。河流栖息地各河段评分均较低，彩屯桥拦河坝至团山子拦河坝河段较差；河流水质各河段差别较大，彩屯桥至兴安断面区域水质评分较低；营养链食物网除老官砬子断面至溪湖桥拦河坝河段为良好外，其余河段为一般，说明该区域河段水生生物种类数量已出现减少的趋势，需要采取相应的措施予以恢复。在此基础上，以河流栖息地恢复为主，从河流水质提升、水生生物的培育与恢复等方面提出了太子河本溪城区段河道水生生物链的培育与恢复技术方案，为该区域河流生境改善与水质提升提供指导。

6. 钢铁园区污水多单元排放过程控制减排与系统优化技术

1）基本原理

钢铁园区的各生产单元排放的工业污水、生活污水及特殊工业废水等，通过管网收集后，汇入企业的三个分泵站，然后提升到综合污水处理厂。由于各生产生活单元排放污水的量、污染物浓度等在时间和空间上呈现非线性，波动性强，综合污水厂总外排处理水质超标，排污量大，缺乏系统的管理措施，传统的实验室重点指标检测不能满足园区总体污染控制需求，已经建成的污水厂的混凝-过滤处理无法达到污染削减的目标，导致太子河城区段的水质受影响大，下游考核断面水质无法稳定达到考核要求。项目结合实地园区水质调研、混凝工艺优化、水质保障模拟等，开展了 3 个泵站水质的排放特性分析，总结了水质时空排放特点，针对现有综合污水处理厂的水质波动对外排污超标的现状，通过开展氢氧化钙的施加顺序、混凝反应时间、沉淀后污水回流比例、二次混凝单元设置及药剂投加优化等，提高污染物去除率。研究表明相同药剂成本投加下，二次混凝对 COD、SS 等去除效果较好且较稳定，氢氧化钙的施加对于降低污水中电导率有重要作用，且对混凝段各指标去除效果都较为稳定。通过该工艺流程的优化，实现了钢铁园区总体的减排优化。

2）工艺流程

园区综合污水减排优化系统主要包括水质特征调查、加药单元设置、一次混凝和二次混凝单元。

（1）水质特征调查：主要是对生产各车间的污水的水质水量的分布进行基础数据调查，降低污水产生的波动影响。

（2）加药单元：主要是用于调整现有工艺中碱性药剂的投加顺序和水质调控程序，提高混凝效果。

（3）一次混凝和二次混凝单元：在不增加药剂的基础上，增设二次混凝单元，提高污水厂总体污染削减效果（图 12-11）。

图 12-11 钢铁园区综合污水减排优化系统

3）技术创新点及主要技术经济指标

综合污水厂现有工艺：格栅—混凝—絮凝—高密沉淀池—V 形滤池—出水，基于非线性排放特征，选择配水构筑物段，设计二次混凝工艺，混凝剂投加量 8～10mg/L，絮凝剂 0.3～0.5mg/L，实现了污染减排。增设二次混凝工艺段，在药剂总体量小幅变化的情况下，年减排 COD 15t。

4）技术来源及知识产权概况

自主研发，优化集成，申请发明专利 1 项。

李刚，李彦成. 一种针对钢铁园区的多单元排放的综合污水的污染减排方法. CN201811636979.6，2020-7-7.

5）实际应用案例

应用单位：本钢综合污水处理厂。

在本钢综合污水处理厂进行了技术研究及示范。通过该关键技术的应用，在原有工艺流程的基础上，细化了水质来源分析，明确了三个泵站的水源特征，在不改变现有构筑物和药剂量的基础上，通过调整加药顺序、增设二次混凝等工艺，提高了总体污染去除效率，确保了稳定运行，能够为园区的总体减排提供支持。

7. 基于耐淹植物选育的山区型河流消落区带状湿地构建技术

1）基本原理

人为干扰导致太子河城区段河道水生植物和湿地 50%以上面积丧失和退化，水体自净能力较差。湿地自然恢复和重建较为困难，需要人为引导和辅助。城区段土地资源紧张，缺乏专门的土地建设人工湿地。太子河城区段河流由于受季节性水位涨落影响，存在部分消落区。为充分发挥消落区域湿地植物对水质的净化作用，研究湿地乡土种植物及控污性植物种群恢复方案及搭配原则，探明带状湿地的污染阻控效应及生态调节作用，研发构建了基于耐淹植物选育的山区型河流消落区带状湿地构建技术。经实验研究表明，太子河城区段优势水生植物中对于氮磷的去除，优势水生植物芦苇和香蒲的去除效果最好，香蒲最适生长水位在 40～50cm。当水位为 20～30cm 时，芦苇长势较好，带土移栽芦苇的表现优于不带土移栽芦苇，收割能够提高芦苇的生物量。基质与植物结合，能够提高氮磷的去除效果。水生植物种植密度越大，对水中的 SS、COD、氨氮和 TP 的去除效果越好。通过对耐淹植物选育的山区型河流消落区带状湿地的构建，对各类污染物达到了很好的去除效果，改善了水域环境，提供了栖息地功能，具有生态调节作用。

2) 工艺流程

技术主要包括乡土植物的筛选及搭配和湿地基质的构建及对污染物去除作用研究（图 12-12）。

(1) 基于水生植物筛选的城区段湿地植物调查研究。在太子河本溪城区段彩屯桥上、下游水坝之间，铁路桥和兴安断面 3 个区域开展调查，以植物生长旺盛的 7 月调查结果为主，其余月份作对比。经调查统计后，筛选出分布区域最广、耐污能力强、出现频率最高的优势挺水植物群落。

(2) 城区段优势水生植物生物量和氮磷去除能力研究。记录研究区内的植物种类，选择植物出现频率较高或者分布较广泛的水生植物物种进行采集，作为试验材料，分析植物体的氮、磷含量。根据样品体内氮、磷含量，对植物进行净化能力排序，筛选出氮磷去除能力强的优势水生植物。

(3) 水深和基质对芦苇和香蒲及沉水植物生长的影响研究。对不同水位的挺水植物和沉水植物进行研究，测量不同水位的水生植物的生物量、株高、茎长等生长指标，确定最适水深。对不同基质的挺水植物和沉水植物进行研究，测量不同水位的水生植物的生物量、株高、茎长等生长指标，确定最适植物生长的基质结构。

(4) 水深和基质对芦苇和香蒲湿地，以及沉水植物去除有机污染物和氮磷的影响研究。对不同水深和基质下的挺水植物和沉水植物去除有机污染物和氮磷进行研究，确定去除效果最好的最适水深和基质结构。

(5) 芦苇和沉水植物种植恢复技术研究。对水生植物不同种植恢复技术进行研究，筛选出最适水生植物生长繁殖的种植恢复技术。

(6) 收割对芦苇生长的影响研究。对芦苇进行冬季收割处理和冬季不收割处理，试验期间测量芦苇的种植密度、茎生长指标、叶生长指标、繁殖指标、生物量等数据，确定收割对芦苇的生长繁殖会产生的影响。

(7) 栖息地功能及生态调节作用研究。对示范工程区域内的底栖动物与鸟类进行调查,通过计算底栖动物生物多样性指数,以及对鸟类数量和分类的统计,评估所构建湿地是否具有栖息地功能及生态调节作用。

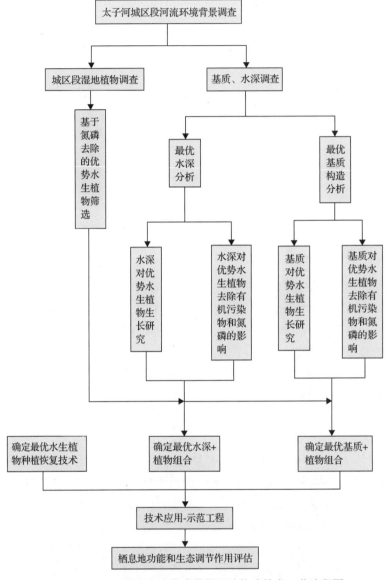

图 12-12 山区型河流消落区带状湿地构建技术工艺流程图

3) 技术创新点及主要技术经济指标

A. 技术创新点

利用季节性水位涨落和坝前坝后水位差,借助先进技术,识别带状湿地可构建区域;选择优势且去污能力强的乡土植物,形成集约节约城市土地资源的湿地构建技术。

B. 技术经济指标

通过耐淹植物选育的山区型河流消落区带状湿地的构建,实现河水中氨氮、TN、TP、

SS 和 COD 的持续去除，增大了河水停留时间；改善了水域环境，保障了河水水质稳定，提供了栖息地功能。技术实施后，水体主要污染物 COD、氨氮浓度降低，达到最初设定的降低 25% 的目标，使河水主要污染物指标达到 COD≤40mg/L、氨氮≤2.0mg/L、TP≤0.4mg/L，处理系统出水主要指标达到国家《地表水环境质量标准》(GB 3838—2002) 的 V 类水标准。技术实施后，按照水体 COD 单位治理成本 800 元/t，氨氮 100 元/t 河段，可减少太子河水体污染治理成本 0.68 万元/a。

4) 技术来源及知识产权概况

自主研发，优化集成，申请发明专利 1 项。

闫卓君，杨东奇，夏立新，等. 一种疏水性多孔芳香骨架材料及其制备方法和应用. CN201810360756.5，2018-7-31.

5) 实际应用案例

应用单位：本溪市排水事业管理处。

太子河本溪城区段彩屯桥上、下游水坝之间，铁路桥和兴安断面 3 个区域，全长约 1.2km，利用季节性水位涨落和坝前坝后水位差，借助先进技术，识别带状湿地可构建区域；选择优势且去污能力强的乡土植物；形成集约节约城市土地资源的湿地构建技术。种植和恢复水生植物，形成带状湿地，削减污染物，同时营造生物链恢复的生境。通过水生植物恢复构建的河流消落区带状湿地对水体氮磷等污染物削减率达 20% 以上，使水体透明度提升至 50cm 以上。

8. 基于植被混凝土的河岸高陡渣山原位生态修复技术

1) 基本原理

本钢一铁厂始建于 1911 年，至今已有百年历史。厂区内的一、二号高炉是我国现存的最老的高炉，同时也是我国现代化高炉的鼻祖，在我国冶金史上有着极其重要的地位。本钢一铁厂和本溪煤矿的前身是本溪湖煤铁公司，而本溪湖煤铁公司的前身又是 1905 年 12 月成立的本溪湖大仓煤矿，是日本在中国建立的第一个大型的具有采煤、采矿、炼铁性质的大型现代化联合企业。生产时形成的废渣一般都是堆砌放置，日积月累，钢渣堆积成山，从而形成渣山。

建立适用于高陡渣山生态修复的植被混凝土，通过成孔物质的合理配置及抗压强度、抗折强度、透水系数、坍落度和孔隙率的测试，将生植土、水泥、钢渣、有机质(肥料)、绿化添加剂、丛枝菌根真菌菌剂、保水剂、营养液作为渣山生态修复的植被混凝土，该混凝土可以满足植物生长发育，有一定强度且不易产生龟裂，抗冲刷能力强，特别适用于陡峭石边坡。

建立根系发达、生长能力强且对雨水径流有截留作用的高羊茅、爬山虎、狗尾草植被景观，高羊茅和狗尾草按 1:1 混合种植，爬山虎通过生态袋实现对渣山的生态修复，在渣山修复过程中对其进行植被养护。中试试验结果表明，三种植物在渣山山体上生长情况良好，绿化率在 95% 以上，认为其可以实现对雨水径流的有效截留，能使岩石边坡永久恢复植被。

通过成孔物质的合理配置，在渣山坡面上营造一个能让植物生长发育，而种植基质又不被冲刷的多孔稳定结构，使建植层固、液、气三相物质基本平衡。从而达到恢复植被、改善景观、保护生态环境的目的。修复层有一定强度且不易产生龟裂，抗冲刷能力强，特别适用于陡峭岩石边坡；喷植的基质有强度，不开裂，抗冲刷，不流失，绿化率可达到95%以上，能使岩石边坡永久恢复植被。

2) 工艺流程

工艺流程为"平整坡面—挂铁丝网—种植基材喷播—混凝土喷播—喷播植物种子—养护"（图12-13）。具体如下：①材料准备：植被混凝土基质、植物种子。②设备准备：Pz-6B混凝土喷射机、YD28L-4A喷射、搅拌、搅拌桨、水泵、水管、三相异步电动机、高效率三相异步电动机、多功能灌浆机、管道挤压输送泵、快速砂浆喷涂机。③清理、平整坡面。④根据边坡的防护要求和特征挂铁丝网。⑤种植基材喷播：按比例混合后呈干粉状，用专用的客土喷播机在大马力空气压缩机的风压下，将种植基材均匀地喷上岩石表石。⑥混凝土喷播：砂壤土85份，水泥10份，钢渣10份，有机质5份，绿化添加剂4份，从枝菌根真菌菌剂5份，水20份，保水剂5份，营养液5份作为渣山生态修复的植被混凝土。⑦喷播植物种子：选取植物草种分别为高羊茅、狗尾草。将先配好的种子和纸浆等混合材料用液压喷播植草机直接喷射在种植基材表面上，该施工环节和液压喷播植草相同。在生态袋中装入生植土、肥料、从枝菌根真菌菌剂和爬山虎种子，袋子由高分子的聚丙烯材料制成，用扎带或扎线包扎好，在袋子上有序地扎10个孔，有顺序地放置在渣山底部。⑧养护。

图12-13　基于植被混凝土的河岸高陡渣山原位生态修复技术工艺流程图

3）技术创新点及主要技术经济指标

A. 技术创新点

结合本溪渣山的地域特征，利用废弃钢渣作为植被混凝土的原料之一进行植被混凝土最优配比试验，对渣山进行原位生态修复，以渣山废料治理渣山；通过在植物中进行筛选试验，以本土植物为基础，构建高陡边坡植生系统，适应低温环境。

B. 主要技术经济指标

通过示范项目可以对当地区域渣山生态进行生态修复和绿植养护，改善人们的居住和景观环境，开发新型的高陡边坡绿植护坡技术，研发新型护坡的材料和新型工艺，对改进边坡的绿化和加固提供经济可行的示范。

4）技术来源及知识产权概况

自主研发，优化集成，申请发明专利 3 项。

包红旭，苏弘治，张浩，等. 一种植物-动物-微生物联合修复废弃钢渣山的方法. CN201711179975.5，2018-6-1.

包红旭，苏弘治，杨华，等. 一种可快速建植的多孔轻质钢渣混凝土及其制备方法. CN201810019697.5，2018-6-19.

包红旭，李良玉，刘海军，等. 一种采用生物质炭协同蚯蚓和狼尾草联合修复废弃铬渣场地的方法. CN201810397649.X，2018-9-28.

9. 矿山生态退化区生境改善技术

1）基本原理

以采场基质改良、先锋植物抚育和群落结构优化为技术基础，应用采场土基质改良方案，以火炬树与刺槐为主要植被，提出采场土的基质改良措施和适宜的穴栽模式，提高了原采场基质的黏粒含量、植物成活率和生长速度，并改善了空隙结构；在完成采场复垦的同时，也实现采场土的就地资源化利用；非豆科火炬树与豆科刺槐分层立体种植，形成不同生态区，更好地适应自然环境，具有红绿相间的景观效果。以提高采场修复区的植被覆盖度，且成本较纯客土移植成本降低。

2）工艺流程

主要分为土壤基质改良盆栽试验和土壤基质改良模拟试验装置研发两个部分，通过基质的结构改良、保水及养分调控技术研究得出北方矿山生态退化区下垫面改善与基质养分综合调控技术，然后形成矿山生态退化区先锋植物抚育技术。随后对矿山生态退化区群落结构优化理论进行研究，随即开始示范工程的实施。

3）技术创新点及主要技术经济指标

针对北方矿山生态退化区的下垫面特征，建立以黄土掺拌改良矿山下垫面基质养分调控技术和先锋植被抚育优化技术为主的成套技术，有利于下垫面的固基防蚀、保水增养，这是在传统矿区下垫面养分调控措施基础上的技术提升。

4) 技术来源及知识产权概况

优化集成。

5) 实际应用案例

该技术已完成在歪头山铁矿采场应用，并取得较好的应用效果。通过技术示范应用，生态破坏区植被覆盖率增加到30%以上。

10. 基于植物篱的矿区水陆过渡带污染阻控技术

1) 基本原理

夏秋雨季矿区污染物随水流经水陆过渡带冲刷入河，其中，水陆过渡带作为矿区汇流区域，具有坡度变化大、生态脆弱、空间异质性高、动态性强等特点。针对上述问题，对矿山水陆过渡带地形地貌、水文特征、土壤性质及植被类型等进行相关调研，同时结合水陆过渡带地表水质污染现状的调查和分析结果，以及陆源污染物在汇流过程中的入河规律，开展植物篱阻控能力研究，确定基于侵蚀量的最佳植物篱种植密度、长度与空间配置的技术参数，以植物篱定量化应用为主体，综合构建并优化植物群落，构建坡面面源污染植物防控屏障，形成矿区水陆过渡带面源污染植物篱阻控体系。

2) 工艺流程

首先进行矿区自然地理条件的监测，随即针对发现的问题进行调研，结合调研结果开展植物篱阻控技术的研究，确定基于侵蚀量的最佳植物篱种植密度、长度与空间配置的技术参数，以植物篱定量化应用为主体，综合构建并优化植物群落，构建坡面面源污染植物防控屏障，形成矿区水陆过渡带面源污染植物篱阻控体系。

3) 技术创新点及主要技术经济指标

基于在植物进行物种筛选及参数调控方面的研究，选取刺槐、紫穗槐等豆科植物构建等高固氮植物篱，通过添加功能菌剂(丛枝菌根真菌、根瘤菌)，增强了植物篱养分自给能力，满足复垦植物持续生长需求。

4) 技术来源及知识产权概况

优化集成。

5) 实际应用案例

该技术已完成在歪头山铁矿排土场应用，并取得较好的应用效果。通过技术示范应用，效果明显，排土场水陆过渡带植被覆盖度从不足 5%提高到 40%以上，下垫面侵蚀模数减至 $14500t/(km^2 \cdot a)$。

11. 矿山坡面汇流区地表径流调控技术

1) 基本原理

矿山汇流区是径流产沙的严重区域，在采用植物篱等面源污染生物阻控基础上，进一步开展物理强化措施，调控汇流区地表径流，达到控流阻沙的目的。针对矿山汇流区不同下垫面条件，通过开展室内坡面模拟、人工降水模拟，结合野外不同降水参数条件下实地监测数据，评估汇流区不同下垫面的产汇流能力。明确不同因素对汇流区产流、产沙规律的影响，其中包括不同降水强度、降水时间等降水参数，不同坡度、质地、渗透系数等下垫面参数[18]。结合小试、中试及现场长期监测的研究结果，明确汇流产沙关键区域，在此基础上，确定矿山汇流区地表径流调控技术，优化相关技术参数，集成汇流坡面改善、缓流抑沙、控流降沙等物理措施，形成汇流区径流调控关键技术体系，旨在延长产流时间，降低径流系数，最终实现降低流域产沙量、优化矿山汇流区生境的目标。

2）工艺流程

针对尾矿坝下垫面地质及水文特征，开展下垫面改良及植被筛选，结合室内盆栽小试及现场中试试验，确定以山皮土、有机肥掺尾矿砂为主要复垦基质，辅以微生物改良策略，以非豆科固氮类沙棘、紫穗槐为主要物种，结合汇流截流沟，形成矿山坡面汇流区地表径流生物物理综合调控技术。

3）技术创新点及主要技术经济指标

在矿区水陆过渡带面源污染实施沙棘植物篱阻控，即生物防治措施的基础上，辅以物理技术，即汇流截流技术，形成矿山汇流区地表径流生物物理综合调控技术，可有效提升阻控效果，是对植物篱阻控技术的补充。

4）技术来源及知识产权概况

优化集成。

5）实际应用案例

该技术已完成在歪头山铁矿尾矿坝的应用，并取得较好的应用效果。恢复尾矿坝生态环境的同时，有效减少了水土流失量，示范工程控制河段 TSS 削减 90%，是对植物篱阻控技术的补充。

12. 山区型河流水生态状况评估评价技术

1）基本原理

以压力-状态-功能-响应(PSFR)的评估模型为框架，在充分理解、辨析太子河流域山区段水生态问题的基础上，从山区段河流生态系统所承受的压力和目前的环境状况入手，结合河流生态系统的生态功能，以及人类社会对当前生态环境的响应情况，建立用于评估山区段河流水生态安全的指标体系，通过赋权法分类分级地定量化评估太子河流域山区段水生态安全状况，为山区河流的生态修复提供科学指导依据。

2）工艺流程

首先从水生态压力、水生态状态、生态功能和社会响应四个方面，构建了包括 4 个方案层、11 个要素层和 23 个指标层的评估体系，使得流域自身水生态安全基本状况能够从相应的层级和不同尺度上加以反映，同时兼顾社会经济压力和人文环境等诸多方面的考虑。其次，由于单项评估指标因子对流域水生态安全的影响程度不同[19]，并且评估指标较多，采用变异系数法确定各项指标的初步权重，然后进行专家判别、文献和实地调研，最后调整部分指标权重。

(1) 首先对数据进行标准化处理，得到标准化矩阵 $S=(S_{ij})_{m×n}$，其中 m 为矩阵的行数，n 为指标项数。计算其均值：

$$s' = \frac{1}{m}\sum_{i=1}^{m} s_{ij} \tag{12-2}$$

(2) 计算标准差：

$$\text{SD} = \sqrt{\frac{1}{m}\sum_{i=1}^{m}(s_{ij} - s')^2} \tag{12-3}$$

(3) 根据均值和标准差得到变异系数：

$$V_j = \frac{\text{SD}}{s'} \tag{12-4}$$

(4) 根据变异系数计算初步权重：

$$W_j = \frac{V_j}{\sum_{i=1}^{n} V_j} \tag{12-5}$$

通过对方案层评估指数加权求和，计算目标层得分，即生态安全指数 ESI，以该指数评估流域整体的生态安全状况。

$$\text{ESI} = \sum_{i=1}^{i=23} W_i Y_i \tag{12-6}$$

式中，ESI 为生态安全综合指数；W_i 为第 i 个指标的权重；Y_i 为指标得分。为了对流域水生态安全状况进行比较，结合太子河流域山区段水生态现状，建立水生态安全分级标准。结合太子河流域山区段水生态地理特征和社会经济概况，确定水生态安全状态等级划分标准。流域水生态安全综合指数越高，水生态安全状况就越好，安全等级越高，反之，水生态安全状况就越差，安全等级越低。

3) 技术创新点及主要技术经济指标

结合山区段河流特色和流域的生态功能，引入了植被、栖境质量、河床底质和太子河本土清洁型鱼类沙塘鳢等特征评价指标，同时协调各评估因子之间的相互关联性，构建了包括 4 个方案层、11 个要素层和 23 个指标层的评估体系(表 12-2)，使得流域自身水生态安全基本状况能够从相应的层级和不同尺度上加以反映，同时兼顾社会经济压力和人文环境等诸多方面的考虑。

表 12-2　太子河流域山区段水生态安全评估指标体系、计算方法及数据来源

目标	方案	要素	指标	指标说明	数据来源	计算方法	数据说明
水生态安全	水生态压力(A)	土地利用	农田面积(A_1)	反映土地利用对水生态系统的影响程度	遥感数据解译	A_1=农田面积/流域面积	农田面积包括旱田、水田、大棚和园地面积
			不透水覆盖(A_2)	反映土地利用对水生态系统的影响程度	遥感数据解译	A_2=不透水面积/流域面积	不透水面积包括工矿用地、道路和建筑用地面积
			矿山(A_3)	反映土地利用对水生态系统的影响程度	遥感数据解译	A_3=矿山面积/流域面积	
			居民地(A_4)	反映土地利用对水生态系统的影响程度	遥感数据解译	A_4=居民用地/流域面积	
		污染物排放	农药化肥(A_5)	反映农业生产对水生态系统的影响程度	2015 年地方统计年鉴	A_5=农药化肥使用量/流域面积	农药化肥施用量=(单位面积农药使用量+单位面积化肥使用量)×农田面积
	水生态状态(B)	生境状态	植被(B_1)	反映植被覆盖情况	遥感数据解译	B_1=天然植被面积/流域面积	天然植被面积包括山地森林和草地面积
			栖境质量(B_2)	反映生物栖息地环境质量现状	2016 年实地调查数据	B_2=栖息地环境质量得分	栖息地环境质量实地调查打分
			河床底质(B_3)	反映河床底质类型对水生态系统的影响	2016 年实地调查数据	B_3=河床底质测量打分	河床底质实地过筛测量打分
		水质状态	水体物理化学特征(B_4)	反映水体质量	2016 年实地调查数据	S_{ec}=1−(D_{ec}−100)/(900−100)；S_{DO}=1−(7.5−D_{DO})/(7.5−4)；B_4=(S_{ec}+S_{DO})/2	S_{ec} 为电导率标准化值；D_{ec} 为电导率实测值；S_{DO} 为溶解氧的标准化值；D_{DO} 为溶解氧的实测值
			营养盐状态(B_5)	反映水体营养盐状态	2016 年实地调查数据	$S_{NH_3\text{-}N}$=1−($D_{NH_3\text{-}N}$−0.08)/(0.5−0.08)；S_{TN}=1−(D_{TN}−0.2)/(1−0.2)；S_{TP}=1−(D_{TP}−0.02)/(0.2−0.02)；B_5=($S_{NH_3\text{-}N}$+S_{TN}+S_{TP})/3	$S_{NH_3\text{-}N}$ 为氨氮标准化值；$D_{NH_3\text{-}N}$ 为氨氮实测值；S_{TN} 为总氮的标准化值；D_{TN} 为总氮的实测值；S_{TP} 为总磷的标准化值；D_{TP} 为总磷的实测值
		生物状态	鱼类状态(B_6)	反映鱼类生态状态	2016 年实地调查数据	B_5=鱼类实测物种数/鱼类物种数参考标准	鱼类物种数参考标准为 20，参考欧洲标准
			大型底栖动物状态(B_7)	反映大型底栖动物状态	2016 年实地调查数据	B_7=(S_{BioD} + S_{Den})/2	S_{BioD} 和 S_{Den} 分别为大型底栖动物实测多样性指数和密度标准化值
			净水生物(B_8)	反映适于净水生物生存的优良水质状态	2016 年实地调查数据	B_8=沙塘鳢数量	调查河段内沙塘鳢捕获数量

续表

目标	方案	要素	指标	指标说明	数据来源	计算方法	数据说明
水生态安全	生态功能(C)	景观娱乐	渔业供给(C_1)	反映水生态渔业供给功能	2015年地方统计年鉴	C_1=水产品产量	
			旅游资源(C_2)	反映水生态旅游生态服务功能	辽宁旅游资源统计	C_2=旅游景点数量	
			水域休闲(C_3)	反映水域面积的休闲娱乐功能	遥感数据解译	C_3=水域面积/流域面积	
		物种保护	珍稀和特有物种(C_4)	反映珍稀和特有物种保护功能	2016年实地调查数据及地方动物志	$C_4=(S_D+S_N)/2$	S_D和S_N分别为实测珍稀和特有(鱼类)物种种类数和总数量标准化值
			生物多样性(C_5)	反映生物多样性	2016年实地调查数据	$C_5=(S_F+S_M)/2$	S_F和S_M分别为鱼类和大型底栖动物多样性指数标准化值
		自然优良生境	自然保护区(C_6)	反映对重要自然资源的保护功能	辽宁自然保护区名录	C_6=自然保护区得分	自然保护区得分为流域内保护区等级及数量乘积和得分
		饮用水源地	集中饮用水水质达标率(C_7)	反映饮用水源地水源供给功能	2016年10月水质月报	C_7=水源地个数×水质达标率乘积和	
	社会响应(D)	生态响应	人工林(D_1)	反映人工植树造林对生态系统的响应	遥感数据解译	D_1=人工林面积/流域面积	
		社会经济响应	污水处理率(D_2)	反映污水处理对生态系统的响应	2016年10月水质月报	D_2=污水处理率	
			环保投入(D_3)	反映财政环保投入对生态系统的响应	2015年地方统计年鉴	D_3=人均环保投入(元)	

考虑太子河流域山区段农业活动是主要的人为干扰因素，适当调高农田面积(A_1)和农药化肥(A_5)的权重；结合山区段河流特征，评估生态系统安全时重点关注山区河流特点和流域生态功能的相关指标，因此适当提升植被(B_1)和栖境(B_2)权重；水质状态是河流治理的重点，因此也相对增加水质指标B_4、B_5的权重；考虑到研究区内只有一个集中式饮用水水源地(老官砬子水源)，适当降低指标C_7权重；上述工作使水生态安全评价结果更符合太子河山区段的实际情况。

4) 实际应用案例

依据水生态安全评估式(12-6)计算得出太子河流域山区段各子流域水生态安全指数，并依据评判标准划分安全等级(图12-14)。从整体状况来看，35个子流域中，水生态处于不安全状态的子流域有9个，比例为25.7%；处于基本安全状态的子流域有22个，占总流域62.9%；较安全状态的子流域数为4个，只占11.4%，评估区内大部分地区水生态状况为基本安全。整体上，太子河流域山区段水生态安全状态不容乐观。

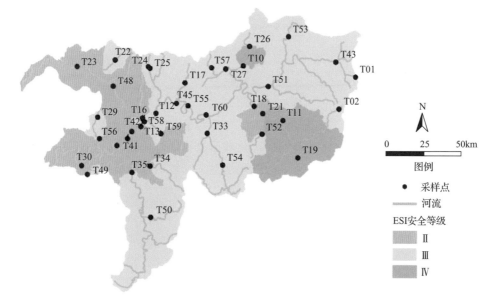

图 12-14　太子河流域山区段水生态安全综合评估结果

　　根据太子河流域山区段水生态安全状态综合评估结果、各指标对子流域内生态安全的贡献率，可诊断出流域内影响水生态系统安全的影响因子。大多数子流域评估结果显示，流域内大部分地区水生态处于基本安全状态，中下游地区水生态安全状况较差。压力方面，来自农业活动影响是安全状况较差评估单元的主要影响因子，部分地区矿山、重大工业企业也造成了较为恶劣的生态破坏。综合诊断，以下几个方面成为影响流域内水生态安全的主要因子，在生态修复策略决策制定时应侧重于对这些方面进行改善恢复，以达到流域水生态系统的健康可持续发展，并充分发挥其生态功能。

　　(1)土地利用结构有待优化，农业活动应向绿色生态方向转型。太子河流域山区段的城镇区城市发展程度高，人口密集，建设用地比例高，农业开垦范围广泛，伴随着农药化肥施用，河道地貌破坏及土壤结构的扰动等人为干扰活动，对流域水环境造成了严重的生态压力，成为流域生态安全的主要影响因子之一。

　　(2)部分流域单元生态系统组织结构完整性较差，不能有效发挥其生态功能。各子流域的评估结果显示，生物多样性在大部分评估单元得分较低。有研究表明，生物多样性有利于改善河流水质，对营养盐净化(如氮)等有促进作用。尽管太子河流域上游及中上游地区水质状况优良，植被覆盖率高，人类活动相对干扰性低，但这些单元在生物多样性、物种保护等指标方面评估得分较低。通过实地调查发现，部分地区河道经改造为水泥或石砌坡，几乎无植被覆盖，部分单元的岸边带自然植被和湿地大面积减少，重要生境面积逐渐衰退，大大降低了生物栖息地生态环境质量。

　　(3)社会响应值在上游及中上游等地区得分较低，尽管这些地区受损程度相对较低，但为了长远维持水生态系统健康，发挥其生态功能，促进社会发展与生态发展的良性协调作用，应加强这些地区的生态修复和保护措施。

13. 基于"气候变化-生态修复-生态效益-水质响应"的水生态管理平台构建技术

1）基本原理

太子河山区段地处北方，水生态系统受气候变化导致的温度、径流等变化，以及山区河流特殊性的影响较大。然而，目前这种北方山区型河流受气候变化和人类活动多种因素驱动而变化的适应管理对策及平台尚未建立。鉴于此，该技术将受气候变化和人类活动如污染源、风险源、饮用水源等的多样化数据进行平台化输入，构建多因素影响下的水质、水生态响应平台，为研究区域内开展水生态修复、水环境风险预警等适应性管理提供支撑。

2）工艺流程

首先，通过全面调查和评价明确气候变化、人类活动对水质、水生态的影响机制。通过实测数据分析气候变化和水利工程建设及用水量增大等人类活动因素与太子河流域实际径流量、水质变化和突发性水污染风险可能性的关系。

其次，将气温、降水、污染源、风险源、饮用水源等多样化数据作为输入，将水质和水生态响应状况作为主要输出因子，从基础环境、数据库建设、应用系统三个层次进行平台搭建，建立气候变化与污染源信息、水质和水生态响应、辅助决策支持等核心系统，并开展示范环境搭载。

最后，将核心系统、现有数据库模型网络传输至通信、信息发布技术集成与以 GIS 空间数据引擎为核心的系统平台之上，并实现技术集成创新。基于建立的流域水生态建设与管理平台，开展气候变化情景下的水质、水生态响应预测，以及太子河山区段示范工程系统综合评估。编制太子河流域水生态系统综合评价报告，为流域水生态修复等适应性管理提供支撑。

3）实际应用案例

太子河流域山区段生态建设与管理平台包括污染源信息系统、水环境质量系统、水环境应急管理指挥平台、综合信息服务系统、山区生态信息系统、示范工程管理系统六大核心系统，2017 年 8 月 25 日研发完成，2018 年 7 月 2 日与本溪市生态环境局签署合同，保证系统在本溪市生态环境局业务化应用(图 12-15)。

A. 系统 1：污染源信息系统

污染源信息系统包括污染源基础信息、监测信息、达标评价、统计查询等功能；工业污染源、污水处理厂等；涵盖污染源地理定位、多口径汇总等(图 12-16)。

B. 系统 2：水环境质量系统

水环境质量系统包含国控、省控、市控的常规水质监测断面及水质自动监测站等；基本信息、监测信息、评价信息、统计查询等功能；涵盖水功能区地理定位、气象水文多口径汇总等(图 12-17)。

图 12-15 太子河流域山区段生态建设与管理平台

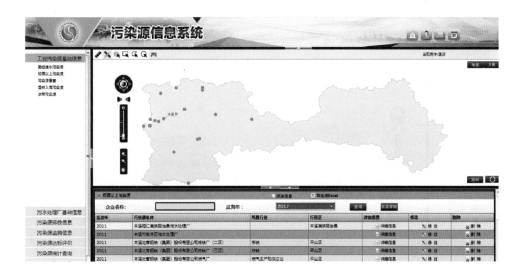

图 12-16　污染源信息系统

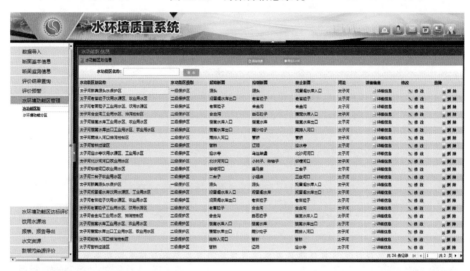

图 12-17　水环境质量系统

C. 系统 3：水环境应急管理指挥平台

水环境应急管理指挥平台涵盖从水环境事故发生时的响应到指挥调度的完整业务流程；应用模型模拟技术，实现了污染物扩散模拟；动态模拟太子河流域山区段水环境的变化(图 12-18)。

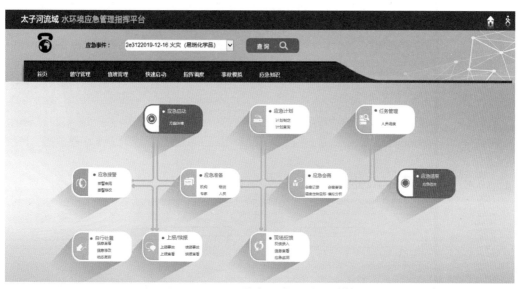

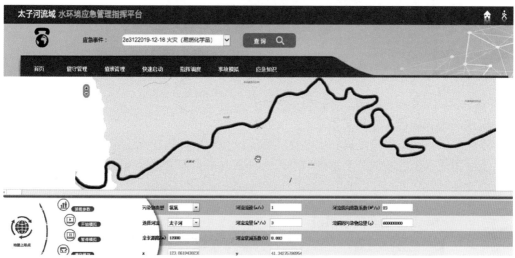

图 12-18　水环境应急管理指挥平台

D. 系统 4：综合信息服务系统

综合信息服务系统提供基础支撑平台及集成平台，并实现各软件系统的集成，为流域管理提供一个集成的办公、信息发布、交互等平台；提供用户服务：用户身份认证、访问控制和单点登录等方面的服务；提供系统管理：角色管理、用户管理、权限控制等管理功能(图 12-19)。

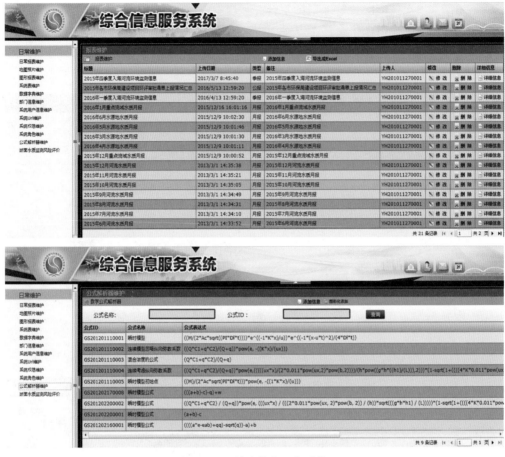

图 12-19　综合信息服务系统

E. 系统 5：山区生态信息系统

以太子河流域山区段干流、主要支流和库区为对象，构建水生态功能区详细电子档案，全面集成水生态功能分区基础信息，为管理人员全面掌握区域总体状况提供一个可视化的途径(图 12-20)。

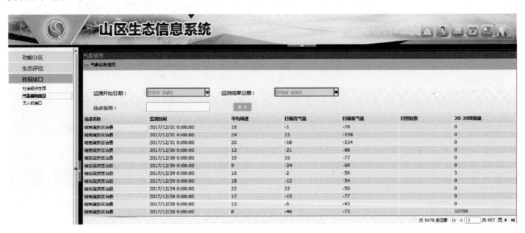

图 12-20　山区段生态信息系统

F. 系统 6：示范工程管理系统

针对开展的示范工程状况进行数字化管理，并将提炼的成果进行可视化展现。包括太子河南支脆弱生境维系与生物多样性保护工程、中游城区段河流生境改善与水质提升示范工程、歪头山铁矿水陆交错带污染阻控与生态恢复示范工程(图 12-21)。

14. 太子河山区段汛期水环境风险防控技术

1) 基本原理

针对太子河流域汛期气候和水质变化特征，分析强降水对突发性水环境风险从源到汇全过程的影响，识别强降水可能导致的各类突发水环境风险，并在此基础上提出重点河流、重要湖库、集中式地表饮用水水源地等敏感区域风险隐患排查、汛期突发环境风险防控，以及汛期突发水环境安全保障能力建设等技术和对策措施[20]。

2) 工艺流程

工艺流程为"水环境风险识别—风险评估—风险隐患排查—风险防控"。具体如下：①识别强降水条件下水环境风险类型和关键环节；②评价强降水条件下水环境风险等级；③开展汛期重点河流湖库、集中式地表饮用水水源地等敏感区域风险隐患排查；④强化汛期突发环境风险防控和能力建设措施。

3) 技术创新点及主要技术经济指标

该技术针对太子河流域汛期气候和水质变化特征，提出水环境风险识别、评估和防控技术和政策措施，创新点及主要技术经济指标如下：

A. 创新点

分析了"十一五"和"十二五"多起强降水诱发的突发性水污染事件案例，分析了突发性污染事件的发生时间、气象条件、影响程度、水质指标和污染特征等数据，研究了强降水导致的突发水环境事件的发生原因、污染特征和机理，在此基础上，提出了汛期水环境风险识别、评估、防控技术和对策措施。

图 12-21　示范工程管理系统

B. 主要技术经济指标

针对极端气候条件下太子河山区段突发性水环境风险,分析了近 10 年我国汛期水污染事故发生的时空分布特征和气象条件,探讨了汛期水污染事故发生的具体原因,开展了多次汛期太子河山区段水质监测,分析了汛期太子河山区段多个监测点位水质变化特征;以强降水可能导致的突发性污染发生的频率、幅度、水质指标类型和对应水体功能为影响评价标准,借鉴现有水环境风险评估方法,对突发性影响进行风险分级,以分级评价结果作为气候变化对水环境质量突发性影响评估的评价终点;全面排查重点河流、重要湖库、集中式地表饮用水水源地等敏感区域,及时消除各类环境安全隐患,完善流域风险防范设施,提高辖区风险防控能力;提出深化部门应急联动、完善预警制度、提高汛期突发环境事件处置能力、严格汛期应急值守等风险防控措施。

12.3　太子河流域山区段河流生态修复与功能提升工程示范

12.3.1　山区段河流生态修复与功能提升示范工程基本信息

开展了山区段河流生态修复与功能提升工程示范，基本信息见表 12-3。

表 12-3　山区段河流生态修复与功能提升示范工程基本信息

编号	名称	承担单位	地方配套单位	地址	技术简介	规模、运行效果简介	技术推广应用情况
1	太子河南支脆弱生境维系与生物多样性保护示范工程	辽宁大学、中国科学院沈阳应用生态研究所	本溪满族自治县水务局、林业局	41.69°N，124.2130°E；41.281290N，124.3973°E；41.251922N，124.459772°E	分别从河道物理结构优化、河岸带植被恢复、陆生植物群落结构优化与恢复保护三方面形成脆弱生境维系与生物多样性保护技术	长度 2km，面积 7.0 km²。示范河道藻类多样性指数平均提高到 3.3，河岸带植被覆盖率由 42% 提高至 79%	该技术体系已在本溪县满族自治县水务局、本溪满族自治县青山保护局、本溪满族自治县水土保持局进行了推广应用
2	中游城区段河流生境改善与水质提升示范工程	辽宁大学	本溪市城市新区建设管理办公室、本溪市排水事业管理处	41.3019°N，123.7483°E；41.2688°N，123.6833°E	从耐淹植物选育角度出发，构建山区型河流消落区带状湿地，通过构建深潭-浅滩进行仿自然生境营造	长度 5.2km，示范工程河段藻类多样性指数提高到 2.26，大型底栖动物多样性指数均值提高到 2.07，DO、氨氮浓度得到改善	该技术体系已在本溪市城市新区建设管理办公室、本溪市长宏水利有限公司进行了推广应用
3	歪头山铁矿水陆交错带污染阻控与生态恢复示范工程	辽宁大学、中国科学院沈阳应用生态研究所	本溪钢铁（集团）矿业有限责任公司歪头山铁矿	41.5191°N，123.6448°E	分别从矿山生态退化区生境改善、矿区水陆过渡带污染阻控等方面形成水陆交错带污染阻控与生态恢复示范技术	示范面积达 4.3km²。生态破坏区植被覆盖率由不足 5% 增加到 38%，示范工程控制河段 TSS 降至 150mg/L 以下	矿山水陆交错带污染阻控与生态恢复示范技术体系已应用于青山工程第三期及歪矿小西沟尾矿库治理等工程

12.3.2　山区段河流生态修复与功能提升示范工程

1. 太子河南支脆弱生境维系与生物多样性保护示范工程

A. 基于生态位分异的陆生植物群落结构优化与恢复保护

通过种植当地先锋物种及具有生态经济价值的灌木来突破传统灌丛恢复理念，针对不同生境选择不同的封育技术，确定最优封育方案，通过补植、间伐、修枝等人工辅助措施，打破传统经济林单一调控，重经济、轻生态的理念，该技术从汇水区污染阻控、植被截留、土壤养分调控入手，在改善林下植物群落生长条件的基础上，采用间伐、抽稀调整、补植优化等手段，提高林下灌丛层植物多样性，调整群落结构，促进林隙间群落恢复，改善石灰岩基质土壤，提高水源涵养能力，减少水土流失。在维系与保护上游脆弱生境的同时，给当地居民带来切实的经济效益，并得以技术推广。

B. 山溪型河流交错底质生境优化

河道生境优化技术针对山溪型河流在水质、水量基本稳定的基础上，受自身及人为干扰造成河流生境退化，河流生态系统连续度下降的问题。分别从河道底栖结构优化、河流水动力调节及底栖生物群落调控等几个方面开展技术集成研发。形成以河流微型"阶

299

梯-深潭"结构构建及空间组合配置技术为核心,创新提出微型"阶梯-深潭"组群横向间距确定方法,调节河流水动力条件[21];结合沉床微生态复合袋基质组分及布置结构调控技术,进行河流底栖生境优化的集成技术体系。

C. 基于生物砖的受损河岸带基质改善与植被恢复

河岸带生境修复技术以受损河岸带基质土壤养分调节和当地优势物种筛选为技术基础,基于山溪段河岸带植被群落及微生物情况调查结果,筛选出功能菌种,将菌种和改良剂组合与常规生态袋组合应用,形成河岸带基质稳定袋,经压缩形成"生态砖"与河岸带护坡生态网格、石笼相结合,为修复河岸带初期植被的抚育修复提供生产基质,提升河岸带水量交换,丰富河岸带的植被组成,促进河岸带自然生境快速恢复。

太子河南支脆弱生境维系与生物多样性保护示范工程依托本溪满族自治县水务局、本溪满族自治县林业局生态治理项目,在碱厂镇、偏岭镇等地开展工程示范,示范工程面积 7.0km²,示范河道长度 2km。示范工程完成了第三方监测和评估。建成太子河南支脆弱生境维系与生物多样性保护示范工程 1 个,长度 2km,面积 7.0km²。示范河道藻类多样性指数平均提高到 3.3,河岸带植被覆盖率由 42%提高至 79%,汇流区原生植被群落结构与空间实现有效配置,在此基础上,通过经济作物的种植,产生显著的经济效益。

该技术体系已在本溪满族自治县水务局、本溪满族自治县青山保护局、本溪满族自治县水土保持局进行了推广应用。该技术体系对我国北方山区型河流脆弱生境维系与生物多样性保护具有较好的技术借鉴及推广前景(图 12-22~图 12-24)。

图 12-22 太子河南支脆弱生境维系与生物多样性保护示范工程河道实施前后对比图

图 12-23 太子河南支脆弱生境维系与生物多样性保护示范工程河岸带实施前后对比图

图 12-24　太子河南支脆弱生境维系与生物多样性保护示范工程汇水区实施前后对比图

2. 中游城区段河流生境改善与水质提升示范工程

A. 基于耐淹植物选育的山区型河流消落区带状湿地构建

利用季节性水位涨落和坝前坝后水位差形成的消落带区域，筛选了污染去除能力和优势度高的湿地乡土植物，构建了适宜植物生长和污染去除的湿地基质，探讨了带状湿地乡土植物种植恢复技术，探索了基于植物收割-污染移除的带状湿地生态净化及适应性管理技术，形成了集约节约城市土地资源的湿地构建技术。

B. 基于深潭-浅滩的河道仿自然生境营造

针对城区段河道人为干扰严重、河道渠化、天然结构缺失、生境脆弱，以及水体自净能力差的问题，突出城区段河流水量与流速的时空差异及受控特性，研发以生态补氧为主的复氧技术，基于跌水高度、流速与复氧量关系的研究，以及河流扰动强度与复氧效果的研究，确定了生态丁坝、生态潜坝、深潭-浅滩在河道中设置的数量、尺寸、间隔等相关参数，通过改造河流微地形、构建深潭-浅滩序列等手段控制城市段河流流速与河流扰动强度，使水体的溶解氧达到 5mg/L 以上。通过技术的工程示范应用，强化了示范区的河流自净能力并改善了河流的生境。

示范工程中有城区段河流生境改善与水质提升示范工程，依托本溪市城市新区建设管理办公室、本溪市排水事业管理处河道整治项目，在本溪市开展工程示范，示范河道长度 5.2km。示范工程完成了第三方监测和评估。建成中游城区段河流生境改善与水质提升示范区 1 个，长度 5.2km。示范工程河段藻类多样性指数均值由 1.7 提高到 2.26，大型底栖动物多样性指数均值由 1.6 提高到 2.07，DO 浓度为 10.56mg/L，氨氮浓度为 0.90mg/L。示范工程运行后已达到改善河道生境、提高河流溶解氧浓度、增强河流自净能力的目的，为水生生物提供了栖息及觅食场所。

该技术体系已在本溪市城市新区建设管理办公室、本溪市长宏水利有限公司进行了推广应用，对我国北方山区型城市河流生境改善与水质提升具有较好的技术借鉴及推广前景(图 12-25～图 12-27)。

图 12-25　中游城区段河流生境改善与水质提升示范工程乙线桥实施前后对比图

图 12-26　中游城区段河流生境改善与水质提升示范工程彩屯桥实施前后对比图

图 12-27　中游城区段河流生境改善与水质提升示范工程团山子实施前后对比图

3. 歪头山铁矿水陆交错带污染阻控与生态恢复示范工程

A. 矿山生态退化区生境改善

利用采场土、山皮土和有机肥制成复垦基质，提高原采场基质的黏粒含量、改善空隙结构、提高植物成活率和生长速度；采用非豆科火炬树与豆科刺槐分层立体种植，形成不同生态区，以适应区域环境，同时具有红绿相间的景观效果。

B. 基于植物篱的矿区水陆过渡带污染阻控

以矿区水陆过渡段基质改良和养分调节和物种筛选为技术基础，利用山皮土掺秸秆作为物理改良措施，以刺槐、紫穗槐为主要植被，构建等高固氮植物篱，通过穴状客土减缓水土流失，有效降低侵蚀模数。同时厘清植株间距对截留效果的影响，提出植物篱定量化参数(穴坑呈品字形排列，适宜穴间距为 0.8～1.2m)。通过添加功能菌剂(丛枝菌根真菌、根瘤菌)，增强了植物篱养分自给能力，满足复垦植物持续生长需求。

C. 矿山坡面汇流区地表径流调控

以尾矿坝最适宜植物沙棘、紫穗槐为对象，利用矿区主要占地废弃物山皮土、尾矿砂作为复垦基质主要辅料，在完成矿区复垦的同时，实现废弃物资源化利用；同时耦合植物阻控与汇流截流技术，构建地表径流生物物理综合调控系统，与单纯植物阻控技术相比，更为有效地减少了尾矿坝区域水土流失量。

示范工程由本溪钢铁(集团)矿业有限责任公司歪头山铁矿组织建设、施工，并负责日常运行及日后管理工作，示范面积 4.3km^2。示范工程已完成第三方监测和评估。建成歪头山铁矿水陆交错带污染阻控与生态恢复示范工程 1 个，示范面积 4.3km^2，生态破坏区植被覆盖率由不足 5% 增加到 38%，侵蚀模数由 21000t/(km^2·a) 减至 14500t/(km^2·a)，示范工程控制河段 TSS 降至 150mg/L 以下，TN 降至 1.5mg/L 以下。示范工程实施后有效改善了矿区的生境状况，提高了矿区的污染阻控能力和植被覆盖率。研究成果的应用有效支撑了太子河流域的生态修复与水质提升工作。

基于植物篱的矿区水陆过渡带污染阻控技术、矿山生态退化区生境改善技术、矿山坡面汇流区地表径流调控技术，依托青山工程三期及增补工程、小西沟尾矿库治理等工程，分别在歪头山铁矿排土场、采矿场、尾矿坝开展了工程示范。此外，在歪头山铁矿后期开展的矿区生态修复工作中得以推广应用(图 12-28～图 12-30)。

(a) 施工前　　　　　　　　　　　　　　　(b) 施工后

图 12-28　歪头山铁矿水陆交错带污染阻控与生态恢复示范工程采矿场前后对比图

| (a) 施工前 | (b) 施工后 |

图 12-29　歪头山铁矿水陆交错带污染阻控与生态恢复示范工程排土场前后对比图

| (a) 施工前 | (b) 施工后 |

图 12-30　歪头山铁矿水陆交错带污染阻控与生态恢复示范工程尾矿坝前后对比图

参 考 文 献

[1] 杨旭涛, 郑古蕊. 辽宁中部城市群环境保护对策研究. 商场现代化, 2008, 28: 285.

[2] 陆宇超, 张远, 高欣, 等. 基于 B-IBI 的太子河流域水生态系统健康评价. 成都: 中国环境科学学会学术年会, 2014.

[3] 董珺璞, 谢志钢. 太子河上游本溪段纳污能力核定. 吉林水利, 2014, 5: 48-50.

[4] 林庞锟. 矿山污染及环境破坏问题的思考. 中国资源综合利用, 2011, 29(1): 58-59.

[5] 余国安, 王兆印, 张康, 等. 人工阶梯-深潭改善下切河流水生栖息地及生态的作用. 水利学报, 2008, 2: 36-41.

[6] 赖冠文. 北江大堤加固达标工程西南险段河道整治河工模型试验研究. 广东水利水电, 2002, (5): 24-25.

[7] 董慧峪. 山溪性河流污染源控制及原位修复技术研究. 北京: 中国科学院研究生院, 2012.

[8] 吴克艺. 河岸稳定化方法的比较及讨论. 中国科技投资, 2013, (A24): 413-414.

[9] Yu L Z, Zhu J J, Kong X W. The effects of anthropogenic disturbances (thinning) on plant species diversity of Pinus koreansis plantations. Acta Ecologica Sinica, 2006, 26(11): 3757-3764.

[10] 郭建斌, 张宾宾, 王百田, 等. 土壤改良剂对沙生灌木生理生态因子的影响研究. 生态环境学报, 2013, (4): 611-618.

[11] 税永红. 工业废水处理技术. 北京: 科学出版社, 2012.

[12] 日本炭素材料学会. 活性炭基础与应用. 北京: 中国林业出版社, 1984.

[13] 王兵, 刘慧博, 李岭, 等. 深潭的功能及在城市河道治理中的构建模式. 中国水土保持科学, 2014, 12(3): 107-112.

[14] 张辉, 危起伟, 杜浩, 等. 长江上游干流基于河床地形的深潭浅滩识别方法比较研究. 淡水渔业, 2011, 41(1): 3-9.

[15] 刘猛. 生态水工学理论及其在河流生态修复中的应用. 水资源保护, 2008, (S1): 118-121.

[16] 袁淑方, 王为东, 董慧峪, 等. 太湖流域源头南苕溪河口生态工程恢复及其初期水质净化效应. 环境科学学报, 2013, 33(5): 1475-1483.

[17] 郑军. 河网源水处理湿地的污染净化过程及其调控途径. 北京: 中国科学院研究生院, 2012.

[18] 李强, 李占斌, 鲁克新, 等. 下垫面差异对矿区坡面产流产沙的影响试验研究. [2007-01-31]. [2008-01-01]. http://www.paper.edu.cn/releasepaper/content/200701-429.

[19] 郭芬. 辽河流域水生态与水环境因子时空变化特征研究. 北京: 中国环境科学研究院, 2009.

[20] 王静爱. 区域灾害系统与台风灾害链风险防范模式. 北京: 中国环境科学出版社, 2013.

[21] 吴福生, 王文野, 姜树海. 含植物河道水动力学研究进展. 水科学进展, 2007, 18(3): 456-461.

第13章

太子河典型工业水污染控制与水质改善技术集成与示范

太子河流域汇聚了本溪、辽阳、鞍山等重化工业发达城市，工业水污染特征明显，水环境压力大。"十一五"期间，太子河干流水质得到较大改善，但仍面临较大压力：工业废水难降解有机污染物处理率低、氨氮已经成为首要水污染因子，支流河污染依然严重，与辽河流域水污染防治"十二五"规划的"干流实现全域景观化、生态化"目标要求还有很大距离。针对太子河流域难降解性污染物处理率低和氨氮超标等问题，水专项太子河典型工业水污染控制与水质改善技术集成与示范研究，通过技术创新与集成，研发了4项典型工业废水处理集成技术，应用于流域内4项示范工程。其中，全过程优化的焦化废水高效处理与资源化技术应用于鞍山盛盟2400t/d煤气化废水处理工程；高效功能性悬浮生物载体的生产及其污水处理技术应用于腾鳌1.4万t/d污水处理厂升级改造工程，同时建立了年产8万m³/a的高效功能性悬浮生物载体生产线，产品出口韩国、加拿大等。获得良好的环境、社会和经济效益，支撑了太子河水质改善目标的实现。

13.1　概　　述

13.1.1　研究背景

太子河污水排放对流域水质构成巨大压力。针对流域问题，开展了焦化废水毒性减排及资源化利用、石油化工行业生产废水处理、印染工业园区废水处理与回用、工业聚集区污水处理厂升级改造、工业聚集区河流污染净化与生态恢复等关键技术研发。开发了高毒性脱硫废液解毒预处理技术、高效功能性悬浮生物载体的生产技术等9项单元关键技术。通过技术的集成，形成了①全过程优化的焦化废水高效处理与资源化技术；②基于水解酸化+接触氧化预处理-A/O膜技术的石油化纤行业总排废水深度处理技术；③高效功能性悬浮生物载体的生产及其污水处理技术；④基于生态护坡和自吸氧式人工湿地面源污染物阻隔技术的工业聚集区污染河道水质改善技术4项集成技术，应用于流域内4个示范工程，破解行业水污染难题，年减排COD约9000t、氨氮400t，技术支撑太子河鞍山小姐庙国控断面水质达到V类标准，氨氮降至3~4mg/L以下，为太子河水质改善做出贡献。

13.1.2　典型工业水污染控制与水质改善技术成果

1. 全过程优化的焦化废水高效处理与资源化技术

焦化废水排放量大，废水中含有大量氰化物、酚类、苯并芘等毒性污染物，处理难度大，缺乏有效处理技术，一直是困扰焦化行业可持续发展的难题[1]。针对此问题，研发了高毒性脱硫废液解毒预处理技术、高浓度化产废水催化聚合技术和超滤-纳滤-频繁倒极电渗析的高产水率集成膜技术。通过创新关键技术与传统技术的耦合，形成"脱硫废液解毒预处理—低成本生物强化脱氮除碳—大型单塔多段式臭氧多相催化氧化—集成膜高产水率脱盐"的全过程优化的焦化废水高效处理与资源化技术[2]。

关键技术之一——高毒性脱硫废液解毒预处理技术。真空碳酸钾法是脱除焦化煤气中的硫化氢和氰化氢等酸性气体的主流工艺[3]。但是在真空碳酸钾脱硫废液中，氰化物和硫化物含量高、毒性强，对环境和生物破坏大，必须单独处理。开发了脱硫废液低成本解毒和解毒渣制备黄血盐资源化工艺。主要技术原理是：首先采用铁系脱硫剂，将硫化物沉淀；再利用脱氰反应、空气氧化、精脱氰等过程，将硫化物和氰化物转化为沉淀；最后通过絮凝反应，将该沉淀及大部分有机物混凝脱除，从而达到脱硫废液的解毒。对于沉淀渣，通过碱浸出和氧化还原反应，转为黄血盐产品。该方法可将脱硫废液的总氰化物从数千毫克/升降至 50～200mg/L，硫化物从数千毫克/升降至 10mg/L 左右，同时实现解毒废渣的资源化，从根本上解决了困扰真空碳酸钾脱硫工艺的污染和废液循环造成设备腐蚀的难题，并降低了后续处理的压力。

关键技术之二——高浓度化产废水催化聚合技术。化产废水来自化工副产品的回收过程，含有高浓度的杂环、多环难降解性有机物。研制出廉价的高效催化剂，将水溶性难降解芳香有机物和部分氨氮在相对温和条件下聚合生成可商品化的固体高分子腐殖酸产品，形成化产废水催化聚合腐殖酸资源化新技术，将废水 COD 从 5000～10000mg/L 一步降低到 1000mg/L，B/C 从原来的 0.15 提高到 0.3，缩短处理流程和降低后续处理难度。与湿式催化氧化相比，在相似温度下，由于催化聚合无氧化气氛，减轻了设备腐蚀，总体投资比湿式催化氧化大幅度降低，同时能回收腐殖酸，具有更好的技术经济性。

关键技术之三——超滤-纳滤-频繁倒极电渗析的高产水率集成膜技术。焦化废水经过二级处理后，仍含有残留有机物和盐类，致使传统超滤-反渗透双膜法产水率低、膜污染严重。利用臭氧多相催化氧化，实现有机物的深度脱除，降低后续有机物膜污染；通过提高错流流速和优选抗污染性提高膜抗污染能力，开发了多级逆流频繁倒极电渗析技术，突破了焦化废水反渗透浓水的电渗析脱盐难题。通过优化集成，形成"超滤-纳滤-频繁倒极电渗析"的高产水率集成膜技术，淡水产率达到 80% 以上。

将以上创新关键技术与传统工艺耦合，形成"脱硫废液解毒预处理—低成本生物强化脱氮除碳—大型单塔多段式臭氧多相催化氧化—集成膜高产水率脱盐"的全过程优化的焦化废水高效处理与资源化技术。产水率达到 80% 以上，出水稳定满足国家标准和地方标准，稳定性提高一倍以上，膜清洗周期延长 2 倍，吨水处理成本同比降低 10% 以上，并实现焦化废水的循环回用。

2. 高效功能性悬浮生物载体的生产及其污水处理技术

工业园区污水处理厂的氨氮处理效率低，是造成河流水质不良的主要原因之一。在传统活性污泥池中加入悬浮生物载体(填料)，可延长微生物泥龄，有利于改善氨氮处理效果[4]。但传统悬浮载体由高分子材料制成，表面疏水且带负电，不利于微生物挂膜。

针对此问题，研制出具有亲水、亲电、营养缓释的生物亲和性载体，以及硝化型、厌氧型和氧化还原介体型等功能性生物载体，挂膜速度比现有载体提高 3 倍以上，挂膜量提高 20%～60%，功能菌群丰度提高 2～3 倍，解决了现有载体挂膜效果差、启动慢、效率低等难题。在此基础上，形成高效脱氮的 MBBR 和活性污泥与生物膜组合技术(IFAS)等悬浮载体生物处理技术，成功实现工程应用。与传统方法相比，可节省投资 50%以上。

关键技术之一——高效悬浮生物载体的生产技术。针对现有载体挂膜性能差的问题，课题组提出通过提高亲水性、亲电性及营养缓释等方法提高载体的生物亲和性，进而提高挂膜性能的思路，研发了基于亲水、亲电、营养缓释的生物亲和性载体及制备技术。以聚乙烯(PE)等为基体材料，混入无机或有机亲水材料，提高亲水性[5]；混入正电材料提高亲电性[6]；加入淀粉等固形营养物，使载体具有营养缓释功能[7]。缓慢释放的营养物质有利于微生物的附着生长。将上述材料复合，制备出生物亲和性载体。该载体的亲水性(接触角从 PE 载体的 95°左右降至 40°～75°)、亲电性(Zeta 电位从＜–40mV 提高到＞10mV)和挂膜能力显著改善[8]。同时，依据前期研究的载体配方与功能的构效关系，研发出具有硝化、厌氧、氧化还原介体等功能性载体。在此基础上，通过调控载体配方，将载体密度调整为 0.96～0.98g/cm³，挂膜后密度达到 1.0g/cm³，与水的密度一致，提高了载体在水中的移动性，显著提高传质效率，氧转移效率提高 15%以上。基于生物亲和性、功能性和结构设计为一体的高效功能性悬浮载体的污水处理性能显著提高。挂膜速度比现有载体提高 3 倍以上，挂膜量提高 20%～60%，功能菌群丰度提高 2～3 倍，解决了传统载体挂膜效果差、启动慢和处理效率低等难题。

关键技术之二——基于高效功能性悬浮生物载体的污水处理技术。构建了无硝化液回流的 IFAS，通过调控 C/N、曝气量，使除碳、硝化、反硝化功能分区，实现高效同步硝化反硝化(SND)[9,10]。在无外加碳源的条件下，SND 的总氮去除率最高可达 85%以上。针对高浓度化学污染物废水处理，提出基于氧化还原介体型悬浮载体的 MBBR 高效处理工艺，在苯酚浓度为 1400mg/L 时，苯酚的去除率达到 99%以上，苯酚去除负荷高达 1.5kg/(m³·d)。该技术与传统延长工艺法相比，土地、构筑物、气水管道和机电设施等无须新增，节省投资 50%以上，极具市场竞争力。

2017 年 1 月，"新型悬浮生物载体(填料)的制备及其污水处理技术"通过了中国环境保护产业协会组织的鉴定，鉴定结论为：技术成果总体上达到国际先进水平，其中悬浮生物载体性能达到国际领先水平。2017 年 12 月，"功能性悬浮生物载体(填料)制备及其污水处理关键技术与应用"获得辽宁省科学技术进步一等奖。

13.1.3 典型工业水污染控制与水质改善技术应用与推广

"脱硫废液解毒预处理—低成本生物强化脱氮除碳—大型单塔多段式臭氧多相催化氧化—集成膜高产水率脱盐"的全过程优化的焦化废水高效处理与资源化技术，在鞍山盛盟煤气化有限公司建立 2400t/d 规模焦化废水回用示范工程，产水率达 80%以上。与现有工艺技术相比，出水稳定满足国家标准和地方标准，稳定性提高一倍以上，膜清洗周期延长 2 倍，吨水处理成本同比降低 10%以上。该技术还推广到鞍钢、武钢、邯钢、重钢、鞍钢(四期、五期、鲅鱼圈)、攀钢、西宁特钢等钢铁企业和平煤、川煤、旭阳焦化、济源金马等焦化企业。也应用到鲁奇碎煤加压气化、BGL 气化和兰炭、大唐克旗、陕西乾元、云南先锋化等煤化工行业废水治理，成为行业主导先进技术。以课题成果为主，技术孵化了高新技术企业北京赛科康仑环保科技有限公司，近三年来营业收入和利税以 50%增长率高速增长，成为煤化工和钢铁等工业废水知名高新技术企业，年营业收入近亿元，利税近 4000 万元。

建立了产能达 8 万 m³/a 的高效功能性悬浮生物载体的商业化生成线。该生物载体不仅供应国内市场，还出口加拿大、韩国、马来西亚等 9 个国家。所研发的基于新型悬浮生物载体的污水处理技术应用于腾鳌 14000t/d 污水处理改造工程中，出水氨氮、COD 浓度稳定达到一级 A 标准，节约投资 50%以上，并推广应用于一批污水处理新建或升级改造工程中：唐山旭成水质净化有限公司污水处理升级改造工程、嫩江县污水处理厂改造工程、新疆库尔勒开发区污水处理厂新建工程、松原市江北污水生化池改造工程、湘潭市河东污水处理厂提标工程、温州东片污水处理厂一期和二期升级改造等工程中，取得显著的经济、社会和环境效益。

13.2　太子河典型工业水污染控制与水质改善技术创新与集成

13.2.1　典型工业水污染控制与水质改善技术基本信息

创新集成了典型工业水污染控制与水质改善技术 9 项，基本信息见表 13-1 所示。

表 13-1　典型工业水污染控制与水质改善技术目录

编号	技术名称	技术依托单位	技术内容	适用范围	启动前后技术就绪度评价等级变化
1	高毒性脱硫废液解毒预处理技术	中国科学院过程工程研究所	加入开发的脱硫脱氰剂，硫化物和氰化物分别得到沉淀，再经过氧化转化，解毒后废液满足生物处理要求	适用于煤化工、钢铁等企业焦化废水的预处理	2 级提升至 7 级
2	高浓度化产废水催化聚合技术	中国科学院过程工程研究所	研制廉价的高效催化剂将水溶性难降解芳香有机物和部分氨氮在相对温和条件下聚合反应合成可产品化的固体高分子腐殖酸产品	适用于含有高浓度的杂环、多环难降解有机物高浓度化产废水	2 级提升至 5 级
3	超滤-纳滤-频繁倒极电渗析的高产水率集成膜技术	中国科学院过程工程研究所	开发臭氧多相催化氧化技术实现有机物的深度脱除，降低后续有机膜污染，开发了抗污染反渗透脱盐技术	适用于焦化废水的深度处理与回用	2 级提升至 7 级
4	催化臭氧氧化-A/O 膜生物法技术	大连理工大学	采用催化臭氧氧化预处理技术，改善石油化纤废水的可生化性，采用缺氧-好氧(A/O)-膜生物技术高效除碳脱氮	该集成技术为石化、化工、冶金、制药、印染、造纸等重污染行业废水的达标排放提供了技术支撑	2 级提升至 7 级
5	铁碳联合强化厌氧污水处理技术	大连理工大学	将铁碳材料安装于厌氧系统内，提高厌氧微生物之间的电子传递，提高大分子有机物的水解酸化和污泥颗粒化速度，改善污水处理效果	适用于工业废水、城市污泥的厌氧水解酸化和甲烷化。目前已经获得 10 余项中国、美国发明专利，应用于近 10 项污染治理项目	3 级提升至 7 级

编号	技术名称	技术依托单位	技术内容	适用范围	启动前后技术就绪度评价等级变化
6	高效功能性悬浮生物载体的生产技术	大连理工大学、大连宇都环境工程技术有限公司	通过优化载体配方，制备高效功能性悬浮生物载体，具有挂膜速度快、生物多样性高，功能化设计等优点	适用于不同功能的高效功能性悬浮生物载体制备	2级提升至7级
7	基于高效功能性悬浮生物载体的污水处理技术	大连理工大学、大连宇都环境工程技术有限公司	基于高效功能性悬浮生物载体，确定工艺改造技术策略，识别和优化影响污水处理效率的关键控制因素	适用于城市污水深度处理与中、低浓度工业污水处理，尤其适用于污水厂处理的提标改造	2级提升至7级
8	河流水质原位净化强化生态护坡技术	大连理工大学	构建生态护坡工艺，多级跌水保持水中溶解氧，生态护坡介质和护坡植物增加污染物去除能力	污染河流治理	2级提升至7级
9	抗低温高效自吸氧式人工湿地面源污染物阻隔技术	大连理工大学	基于新型廉价填料的适于寒冷地区人工湿地河水原位净化新技术	污染河流治理	2级提升至7级

注：技术就绪度评价参照《水专项技术就绪度(TRL)评价准则》(见附录)执行。

13.2.2 典型工业水污染控制与水质改善技术

1. 高毒性脱硫废液解毒预处理技术

1) 基本原理

针对真空碳酸钾脱硫废液氰化物含量高、毒性高、难以处理等问题，通过研制脱硫脱氰剂和氰化物、硫化物反应耦合分离设备，开发脱硫废液低成本解毒和解毒渣制备黄血盐资源化工艺，解决了高浓度氰化物低成本去除和资源化的技术难题，突破了脱硫废液解毒预处理关键技术，实现高毒性脱硫废液的高效解毒，将脱硫废液中总氰化物从数千毫克/升降低至 50~200mg/L，硫化物从数千毫克/升降低至 10mg/L 左右，同时实现解毒废渣资源化，从根本上解决了困扰真空碳酸钾脱硫工艺的环境污染和废液循环造成设备腐蚀的老大难问题[11]。

2) 工艺流程

具体工艺流程为：通过加入开发的脱硫脱氰剂，废液中硫化物和氰化物得到沉淀反应分离，再经过氧化转化为溶度积更低的沉淀，再通过脱氰混凝剂进一步实现氰化物深度脱除，解毒后废液满足生物处理要求，进入焦化废水处理系统。解毒后脱硫废液和焦化废水合并进入调节池后，进入生物处理系统，经过生物强化脱碳脱氮处理后，大部分有机物和氨氮得到脱除；进入混凝沉淀系统，在研制的高效脱氰混凝剂作用下，有机物和总氰得到脱除后，再经过过滤进入课题研发的臭氧多相催化氧化系统，难降解有机物得到催化矿化和降解为小分子有机物后，进入 BAF，小分子有机物和残留氨氮得到生物降解。出水进入集成膜处理系统，经过反渗透进行脱盐回用，通过适当浓水循环提高产水率，结合前序臭氧催化氧化降低膜污染(图 13-1)。

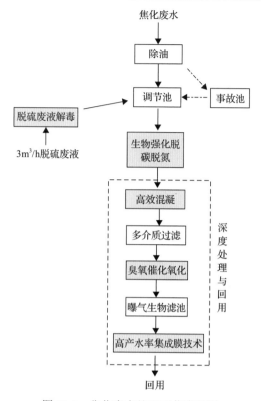

图 13-1　焦化废水处理工艺流程图

3) 技术创新点及主要技术经济指标

该技术解决了高浓度氰化物低成本去除和资源化的技术难题, 突破了脱硫废液解毒预处理关键技术, 实现高毒性脱硫废液的高效解毒, 将脱硫废液中总氰化物从数千毫克/升降低至 50～200mg/L, 硫化物从数千毫克/升降低至 10mg/L 左右, 同时实现解毒废渣资源化, 从根本上解决了困扰真空碳酸钾脱硫工艺的环境污染和废液循环造成设备腐蚀的老大难问题。

针对焦化废水中盐含量较高难以回用和膜处理污染严重等问题, 开发臭氧多相催化氧化技术, 实现有机物的深度脱除降低后续有机物膜污染, 结合提高错流流速和优选抗污染性提高反渗透膜抗污染能力, 开发了抗污染反渗透脱盐技术; 针对反渗透浓水含盐量高, 开发了针对反渗透浓水的臭氧催化氧化技术和多级逆流频繁倒极电渗析技术; 通过优化集成形成高产水率集成膜技术, 建立高盐焦化废水深度处理与脱盐回用处理新工艺。

4) 技术来源及知识产权概况

自主研发, 获得发明专利授权 4 项。

赵赫, 曹宏斌, 李玉平, 等. 利用电镀污泥资源化去除废水中氰化物的方法. ZL201310741656.4, 2015-6-3.

曹宏斌, 石绍渊, 李玉平, 等. 一种高含盐工业废水深度处理与脱盐回用的方法. ZL201410246963.X, 2016-8-24.

石绍渊，曹宏斌，李玉平，等. 一种用于焦化废水的高效电渗析脱盐装置与方法. ZL201410759526.8，2016-10-5.

李玉平，段锋，曹宏斌，等. 一种同步除盐除难降解有机物的电化学废水处理方法. ZL201510094785.8，2017-3-1.

5）实际应用案例

应用单位：鞍山盛盟煤气化有限公司。

该技术在鞍山盛盟煤气化有限公司进行了现场中试，并完成了工程技术示范。处理规模为 50m³/d 真空碳酸钾脱硫废液解毒预处理示范工程和 2400m³/d 焦化废水资源化示范工程。示范工程稳定运行两年后，交由第三方运营公司鞍山康盛环保科技有限公司运营，运行指标达到合同指标，膜系统淡水产率达到 80%，少量浓盐水暂存于盐湖用于检修时的湿法熄焦和冲渣，从而实现废水零排放。目前，脱硫废液预处理技术已经推广到鞍钢鲅鱼圈、邯钢和重钢等企业。焦化废水处理技术已经推广到鞍钢(五期、鲅鱼圈)、武钢、攀钢(深度处理)、邯钢、西宁特钢等钢铁企业和平煤、川煤、旭阳焦化、济源金马等独立焦化企业。技术逐步应用到鲁奇碎煤加压气化废水、BGL 气化废水和兰炭废水等煤化工废水，以及大唐克旗、陕西乾元等煤化工企业。

2. 高浓度化产废水催化聚合技术

1）基本原理

针对化产废水含有高浓度的杂环、多环难降解有机物，难降解有机物浓度高和有机负荷高等问题，本书通过研究腐殖酸人工合成反应路线，研制廉价的高效催化剂将水溶性难降解芳香有机物和部分氨氮在相对温和的条件下聚合反应合成可产品化的固体高分子腐殖酸产品，开发了化产废水催化聚合腐殖酸资源化新技术。

2）工艺流程

具体见图 13-2。

杂环、多环高浓度化产废水 ⟶ 高效催化剂 ⟶ 固体高分子腐殖酸产品

图 13-2　高浓度化产废水催化聚合工艺流程图

3）技术创新点及主要技术经济指标

将废水 COD 从 5000~10000mg/L 一步降低到 1000mg/L，B/C 从原来的 0.15 提高到 0.3，缩短处理流程和降低后续处理难度。研发的催化聚合技术适合将高浓度有机物废水聚合成腐殖酸，既大幅度降低了焦化废水中的有机物浓度，提高可生化性，同时又能资源化回收腐殖酸产品。相对于湿式催化氧化，尽管温度相当，但是由于催化聚合不是氧化气氛，设备腐蚀问题不突出，仅仅是酸性反应条件，碳钢设备做正常衬胶就能满足条件，总体投资比湿式催化氧化要低得多，同时能回收腐殖酸，具有更好的技术经济性。

3. 超滤-纳滤-频繁倒极电渗析的高产水率集成膜技术

1) 基本原理

针对焦化废水中盐含量较高难以回用，传统超滤-反渗透双膜法产水率低、膜污染严重等问题，开发臭氧多相催化氧化技术，实现有机物的深度脱除，降低后续有机物膜污染，结合提高错流流速和优选抗污染性，提高反渗透膜抗污染能力，开发了抗污染反渗透脱盐技术；针对反渗透浓水含盐量高，开发了针对反渗透浓水的臭氧催化氧化技术和多级逆流频繁倒极电渗析技术，通过开发多级逆流工艺和膜低渗透改性技术提高浓缩倍率和产水率，开发频繁倒极工艺和膜抗污染改性提高抗污染能力，突破了焦化废水反渗透浓水的电渗析脱盐技术；通过优化集成形成高产水率集成膜技术，建立高盐焦化废水深度处理与脱盐回用处理新工艺[12]。

2) 工艺流程

具体见图 13-3。

图 13-3　超滤-纳滤-频繁倒极电渗析的高产水率集成膜工艺流程图

3) 技术创新点及主要技术经济指标

集成膜过程用于焦化废水深度处理与回用中试过程，淡水产率达 85%以上，连续运行 8 个月无明显膜污染，膜通量维持不变，结合膜清洗工艺可实现集成膜过程的长期稳定运行，产水率在 80%以上，系统稳定。

4) 实际应用案例

应用单位：鞍山盛盟煤气化有限公司。

本技术在鞍山盛盟煤气化有限公司进行了现场中试，并完成了工程技术示范。处理规模为 50m³/d 真空碳酸钾脱硫废液解毒预处理示范工程和 2400m³/d 焦化废水资源化示范工程。示范工程稳定运行两年，交由第三方运营公司鞍山康盛环保科技有限公司运营，运行指标达到合同指标，膜系统淡水产率达到 80%，少量浓盐水暂存于盐湖用于检修时的湿法熄焦和冲渣，从而实现废水零排放。目前，脱硫废液预处理技术已经推广到鞍钢鲅鱼圈、邯钢和重钢等企业。焦化废水处理技术已经推广到鞍钢(五期、鲅鱼圈)、武钢、攀钢(深度处理)、邯钢、西宁特钢等钢铁企业和平煤、川煤、旭阳焦化、济源金马等独立焦化企业。技术逐步应用到鲁奇碎煤加压气化废水、BGL 气化废水和兰炭废水等煤化工废水，以及大唐克旗、陕西乾元等煤化工企业。

4. 催化臭氧氧化-A/O 膜生物法技术

1) 基本原理

该集成工艺由催化臭氧氧化预处理技术和 A/O 膜生物技术两个关键技术组成。利用臭氧在催化剂作用下产生的具有强氧化性的活性氧物种如•OH、•O$_2$氧化分解有机污染物及氨氮,由于•OH的氧化能力极强,且氧化反应无选择性,所以可快速氧化分解绝大多数有机化合物,包括一些高稳定性、难降解的有机物,进一步提高了催化臭氧氧化后出水的可生化性,改善后续生化处理单元的进水条件;经过催化臭氧氧化处理后的污水,采用缺氧-好氧(A/O)膜生物技术实现COD、氨氮和总氮的高效去除,达到脱氮除碳的目的[13,14]。

2)工艺流程

工艺流程如图13-4所示。主要设备有催化臭氧氧化塔、A/O各处理单元反应器、污泥回流泵、混合液回流泵、鼓风曝气装置、膜相关配件。采用串联设计,污水进入反应池后呈推流态直至出水;工业废水首先进入催化臭氧氧化预处理单元,出水依次进入A/O膜生物处理单元的水解酸化池、接触氧化池、平流式中沉池、厌氧池、缺氧池、好氧池和MBR膜池,出水。

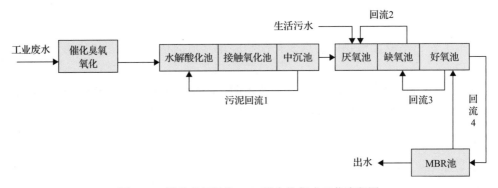

图13-4 催化臭氧氧化-A/O膜生物集成工艺流程图

3)技术创新点及主要技术经济指标

"催化臭氧氧化-A/O膜生物法"集成技术降低了石油化纤总排废水中难降解有机物的含量;强化了A/O膜生物法的生物脱碳除氮,较现行的臭氧氧化-BAF生物膜法工艺除污染能力提高了1.1~1.4倍,臭氧最大投加量仅为4.0mg/L,催化臭氧氧化的臭氧利用效率达4.0%~89.0%,均较单纯臭氧化提高了5.0%~10.0%,并有效地发挥了体系多种氧化降解机理的协同作用,同时高效去除多种难降解有机物,为石油化纤总排废水的处理开辟了一条新途径。"催化臭氧氧化-A/O膜生物法"集成技术的关键装备与成套技术实现了石油化纤总排废水处理的工程化应用,为我国石油化纤废水的达标排放和实现循环利用提供了技术支撑,也为石化、化工、冶金、制药、印染、造纸等重污染行业废水的治理建立了集成技术体系和工程示范,具有良好的实用推广性,以及显著的经济效益和社会效益。

4)技术来源及知识产权概况

已申报3项发明专利。

5)实际应用案例

应用单位:辽阳市宏伟区污水处理厂。

该技术在辽阳市宏伟区污水处理厂进行了现场中试，其中 A/O 生物膜预处理-A/O 膜生物深度处理完成了工程技术示范。在其 15000m³/d 污水处理系统升级改造中增设 A/O 生物膜工业废水预处理工艺，混合废水采用 A/O 膜生物进行深度处理，水质监测报告证实出水水质达到《城镇污水处理厂污染物排放标准》(GB 18918—2002)的一级排放 A 标准。此外，催化臭氧氧化技术也在流域外多项工程中进行了技术应用，如烟台巨力精细化工废水处理、河北华荣制药废水处理等工程项目。该技术简单易行，效果显著，具有良好的推广应用前景。

5. 铁碳联合强化厌氧污水处理技术

1) 基本原理

厌氧废水处理作为工业废水生化处理的第一步，效率一般较低，主要原因是厌氧微生物较敏感，且水解酸化菌和产甲烷菌在代谢速度、底物类型和环境条件上有较大差异，造成厌氧启动慢、处理不稳定、效率低等问题[15]。该技术利用废铁屑的还原性，强化微生物的厌氧氛围，提高传统水解酸化和产甲烷的处理效率；一方面，废铁屑表面的铁氧化物可以促进异化铁还原，加快有机底物的利用；另一方面，活性炭或碳棒具有较好的电导性，其可以增加异化铁还原菌与产甲烷菌之间的电子交换，大幅提高有机酸的分解和产甲烷，改善处理的稳定性。将废铁屑和活性炭一并置入厌氧系统后，明显加快污泥颗粒化速度和厌氧启动效率，改善大分子有机物的水解酸化效果和产甲烷效率，可以用于工业废水的厌氧处理、城市污泥或农村废弃物的厌氧消化等[16,17]。

2) 工艺流程

工艺流程为"废水—调节池—铁碳厌氧池—好氧池"。具体如下：

(1) 收集铁屑并清洗；收集活性炭材料。

(2) 将其置入污水处理工艺的厌氧段。

(3) 废水经过调节后，进入厌氧池。废水与附着在铁碳材料上的微生物接触，大幅提高废水中的污染物的处理效率。

(4) 废水从厌氧池流出，进入好氧池继续处理。由于厌氧池出水浓度较低，可以有效改善废水的生化处理效果。

3) 技术创新点及主要技术经济指标

该技术是在"十一五"水专项成果"零价铁强化厌氧废水处理技术"基础上，进一步发展形成的。主要创新点是将铁屑(或锈蚀的铁屑)与活性炭一并置入厌氧系统，即可将水解酸化产甲烷这一种厌氧污水处理的传统代谢模式，扩展到水解酸化产甲烷和种间直接电子传递产甲烷两种方式，两种途径进行厌氧代谢显然比一种途径更有效。与传统厌氧技术相比，该技术可以将 COD 去除率提高 20%～40%，产甲烷率提高 20%～40%。对于污泥处理，污泥减量化率可以提高 8%～11%[18]。

4) 技术来源及知识产权概况

自主研发，已经授权 4 项国家发明专利。

5）实际应用案例

应用单位：鞍山七彩化学有限公司。

该技术在鞍山七彩化学有限公司进行了现场中试，并完成了工程技术示范。在其 3000m³/d 的废水处理的厌氧系统中置入铁碳材料，厌氧出水的 COD 得以降低，减轻了后续好氧工艺的负荷，提高了生化整体工艺的处理效果。该技术也在流域外多项工程中进行了技术应用，如浙江小干岛废水处理、大连珍奥核酸废水处理等工程项目。该技术简单易行，效果显著，具有良好的推广应用前景。

6. 高效功能性悬浮生物载体的生产技术

1）基本原理

针对传统悬浮生物载体存在的亲水亲电性能差、无营养缓释功能、无功能化设计等问题，基于生物相容原理，从研发高效功能性悬浮生物载体入手，研究生物亲和性（如亲水亲电性强、具有营养缓释功能等）和功能型（如氧化还原介体型、厌氧型、硝化型、反硝化型等）等高效功能性悬浮生物载体及载体制备技术，从而实现载体的快速挂膜、优化功能菌群和生态结构。

2）工艺流程

采用物理共混的方法，利用单螺杆挤出工艺制备出高效功能性悬浮生物载体成品，制备流程如图 13-5 所示。

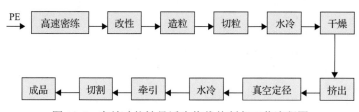

图 13-5　高效功能性悬浮生物载体制备工艺流程图

3）技术创新点及主要技术经济指标

通过对载体表面进行改进，其比重被调整到 0.96～0.98，挂膜后比重达到 1 左右，能够很容易随水流、气流在池中翻滚，悬浮于水池中。其比表面积达 510～1000m²/m³。形成了亲水型、亲电型、营养缓释型，以及复合型等多种高效功能性悬浮生物载体。高效功能性悬浮生物载体的亲水性得到有效改善，接触角由 94°左右降低到 60°左右，挂膜量相当于 4000～20000mg/L；亲电性明显提高，Zeta 电位从−40mV 提高到 10mV 以上；具有营养缓释功能和加速电子传递功能。此外，依据载体配方与功能的构效关系，制备出特定功能型悬浮生物载体，形成了针对厌氧、硝化、反硝化与难降解有机物处理的不同应用环境下的厌氧型、硝化型、反硝化型、氧化还原介体型等高效功能性悬浮生物载体。高效功能性悬浮生物载体的挂膜速度显著加快，功能菌群丰度比现有载体提高 2～3 倍，挂膜量提高 20%～60%，启动时间从数周缩短至数日，解决了传统载体挂膜效果差、启动慢、处理效率低等难题。挂膜后，高效功能性悬浮生物载体的生物多样性、COD 去除和硝化、反硝化等功能相比于传统悬浮生物载体显著提高。

所制备的高效功能性悬浮生物载体主要是通过物理改性的方式，采用共混的方法，利用螺杆挤出工艺制得成品，其操作方法简便，成本低，运行费用低，有利于工程化应用。目前已经实现了 8 万 m³/a 的规模化生产，并出口 9 个国家和地区。

4）技术来源及知识产权概况

自主研发，获得发明专利授权 2 项。

全燮，毛彦俊，张耀斌，等. 一种亲电型生物载体及其制备方法. ZL201310306316.9，2015-10-28.

Quan X，Mao Y J，Chen S，et al. Non-dissolved redox mediator biofilm carrier and its preparation method. US201615777393A（PCT/CN2016/103243），2019-5-16.

7. 基于高效功能性悬浮生物载体的污水处理技术

1）基本原理

针对城市污水深度处理与中、低浓度工业污水处理的需求，研究基于高效功能性悬浮生物载体的污水处理技术，反应器的池型与结构设计，优化技术运行策略。形成面向不同污水类型、不同处理目标，适于新建或改造的基于高效功能性悬浮生物载体的污水处理厂升级改造技术[19]。

2）工艺流程

通过在 MBBR/IFAS 主体工艺中投加高效功能性悬浮生物载体，实现基于高效功能性悬浮生物载体的新型生物处理工艺。其工艺流程如图 13-6 所示。

图 13-6　基于高效功能性悬浮生物载体的污水处理厂升级改造工艺流程图

3）技术创新点及主要技术经济指标

在高效功能性悬浮生物载体制备的基础上，发展了基于高效功能性悬浮生物载体的多级生物处理工艺、基于高效功能性悬浮生物载体的序批式生物处理工艺和分流式活性污泥组合工艺等，提出反应器设计和工艺参数确定原则，为工程应用提供技术支撑。

相比于传统移动床生物膜反应工艺，基于本书研发的基于高效功能性悬浮生物载体的污水处理厂升级改造技术有机容积负荷可达到 $4 \sim 8 \text{kg COD}/(\text{m}^3 \cdot \text{d})$，COD 去除率可达 90%以上。能够很好地应用于苯酚、印染、低 C/N 等工业污水和城市生活污水的高效稳定处理之中。在低碳源污水的深度处理方面，基于高效功能性悬浮生物载体的新型生物处理工艺的氨氮去除率超过 90%，TN 去除达到 83%。反硝化聚磷菌（DPB）在 30 天内总聚磷菌的份额从 15.7%增长到 71.3%，同时获得高效的脱氮除磷效果，出水氮、磷等污染物指标均可达到国家城镇污水一级 A 排放标准。

4) 技术来源及知识产权概况

自主研发。

5) 实际应用案例

应用单位：鞍山腾鳌污水处理有限公司。

鞍山腾鳌工业园区污水处理厂(14000t/d)采用以活性污泥法为基础的 A_2/O 工艺，由于园区工业企业排水含有大量难降解物质，且水质水量波动大，造成污水处理厂出水COD 超过 100mg/L，氨氮＞20mg/L，不能满足排放标准。该污水厂采用项目研发成果完成升级改造，经第三方辽宁省海城市环境监测站监测，出水各项指标优于国家《城镇污水处理厂污染物排放标准》(GB 18918—2002)中一级 A 标准。

8. 河流水质原位净化强化生态护坡技术

1) 基本原理

针对工业聚集区河流有机污染物累积，河流功能下降的问题，为了强化入河有机污染物原位削减性能，制备了以沸石和剩余污泥为主要原料的生态混凝土材料，该生态混凝土具有良好的透水透气性、污染物吸附性能、植生性能，以及生态安全性。基于该生态混凝土材料的生态堤坝具有较好的污染物去除性能，而且季节对 COD 去除性能影响较小，四季出水 COD 均可达到《地表水环境质量标准》(GB 3838—2002)的Ⅲ类标准，而且生态堤坝对垂直流人工湿地出水可进一步净化。

2) 工艺流程

具体见图 13-7。

上游来水 ⟶ 沉淀池 ⟶ 生态护坡 ⟶ 生态塘 ⟶ 净化河水

图 13-7　河流水质原位净化强化生态护坡工艺流程图

3) 技术创新点及主要技术经济指标

基于生态护坡面源污染物阻隔的河流水质改善技术由"生态护坡+生态塘"组合而成，在河道较低落差条件下实现无动力河流水质原位净化。在生态护坡技术研究中，为了实现污泥资源化，提出了采用未经处理的污水处理厂剩余污泥和天然沸石为主要材料制备生态混凝土的工艺。生态混凝土制备优化技术指标为：空隙率为 30%，剩余污泥掺加量为 15%，水灰比为 0.28，沸石粒径为 20～30mm，在自然条件下氧化不少于 28 天，并证明了其具有良好的生态安全性。

4) 技术来源及知识产权概况

自主研发，优化集成。

9. 抗低温高效自吸氧式人工湿地面源污染物阻隔技术

1) 基本原理

针对传统人工湿地的填料性能差，且难以适应冬季温度低的气候特点，开发了基于新型廉价填料的适于寒冷地区人工湿地河水原位净化新技术。在连续运行条件下该人工湿地对污水的深度处理性能良好。在不同季节条件下(夏季、冬季和初春)，该系统具有较好的抗温度冲击的能力，各污染物的脱除效果稳定。出水中 COD 和 TP 优于地表水环境质量标准(GB 3838—2002)的 I 和 III 类标准。增加主体处理单元的深度等措施能够使人工湿地冬季的运行更加稳定。多级串联垂直流人工湿地对北方不同季节污水处理厂二级排放的低浓度污水有较好的深度净化效果[20,21]。

2)工艺流程

工艺流程见图 13-8。

上游来水 → 沉淀池 → 人工湿地 → 生态塘 → 净化河水

图 13-8　抗低温高效自吸氧式或人工湿地技术工艺流程图

3)技术创新点及主要技术经济指标

基于人工湿地面源污染物阻隔的河流水质改善技术由"人工湿地+生态塘"组合而成，在河道较低落差条件下实现无动力河流水质原位净化。在人工湿地技术中，河水进入人工湿地，人工湿地采用多级跌水方式以增加和保持水中的溶解氧含量，提高湿地植物和湿地微生物吸附和降解有机物及氨氮的能力，湿地采用深层高孔隙率介质，一方面提高微生物的生物量而不发生堵塞，也保证冬季底层有较高的水温，另一方面也利用了冬季表层结冰对下层湿地的保温作用，提高冬季的运行效果。

4)技术来源及知识产权概况

自主研发，优化集成。

5)实际应用案例

南沙河道生态综合整治示范工程位于南沙河上游大孤山沟殡仪馆桥至高新区七号桥间约 2km 河段水域上，湿地建设区域河水总落差约 1.5m。示范工程采用湿地+生态护坡+生态塘组合工艺，通过多级跌水恢复和保持水中的溶解氧含量，利用生态护坡介质和护坡栽种植物的吸附阻隔面源污染物的作用，以及后部设置的生态塘增加污染物的去除能力。

示范工程中人工湿地的处理能力为 40000m³/d；建设面积约 91000m²，其中：表流湿地面积大约 30000m²，生态湖面积大约 60000m²；另外建设生态护坡面积 15620m²。

示范工程建设开始于 2012 年 6 月 30 日，2013 年 12 月通过基建工程竣工验收，进入生态植被的培育生长阶段。示范工程建成后改善河流水质长度 15km，河流水质稳定达到 V 类标准(COD 考核)，总磷削减 10%～30%，河流水质功能提升至 V 类水质。示范工程运行期间 COD 年去除率 36.4%，氨氮年去除率 29.2%，总磷年去除率 37.8%。

该技术可以应用于受污染河流的水质净化。

13.3　太子河典型工业水污染控制与水质改善技术工程示范

13.3.1　典型工业水污染控制与水质改善技术示范工程基本信息

开展了典型工业水污染控制与水质改善技术工程示范，基本信息见表 13-2。

表 13-2　典型工业水污染控制与水质改善技术示范工程基本信息

编号	名称	承担单位	地方配套单位	地址	技术简介	规模、运行效果简介	技术推广应用情况
1	鞍山盛盟煤气化有限公司焦化废水资源化处理示范工程	中国科学院过程工程研究所	鞍山盛盟煤气化有限公司	辽宁省鞍山市千山区大屯镇	采用课题开发的脱硫废液解毒预处理技术，以及臭氧催化氧化和高产水率集成膜技术，实现焦化废水的无害化和资源化	50m³/d真空碳酸钾脱硫废液解毒预处理示范工程和2400m³/d焦化废水资源化	脱硫废液预处理技术已经推广到其他钢铁企业废水处理厂
2	辽阳石油化工产业园区污水深度处理工程	大连理工大学、联合环境水务（辽阳宏伟）有限公司	联合环境水务（辽阳宏伟）有限公司	辽阳市宏伟区	采用课题研发的A/O生物膜处理技术，使化纤总排废水出水达到一级A标准	1.5万t/d，运行良好，年削减COD 1000t，氨氮130t	A/O-MBR深度处理技术已应用于原亨泰制药高盐废水处理工程
3	鞍山七彩化学有限公司废水处理示范工程	大连理工大学、大连宇都环境工程有限公司、鞍山七彩化学股份有限公司	鞍山七彩化学股份有限公司	辽宁省鞍山市腾鳌经济开发区1号路8号	采用课题研发的铁碳联合强化厌氧、高效功能性悬浮生物载体的生产等关键技术对原有工艺进行改造，出水达到一级A标准	1.4万t/d，预处理规模0.3万t/d，运行良好，出水达到一级A标准	基于高效功能性悬浮生物载体的污水处理技术已经在唐山、营口等地的污水处理厂得到了广泛应用
4	南沙河道生态综合整治示范工程	大连理工大学	鞍山市生态环境局	太子河支流南沙河大孤山沟殡仪馆桥至下游河段	构建湿地+生态护坡+生态塘工艺，通过多级跌水增氧和生态混凝土高效的吸附功能实现污染物的去除	建设面积9.1万m²，综合治理河流长度15km。工程实施后水质（COD考核）优于Ⅴ类水质，总磷削减10%～30%	

13.3.2　典型工业水污染控制与水质改善技术示范工程

1. 鞍山盛盟煤气化有限公司焦化废水资源化处理示范工程

鞍山盛盟煤气化有限公司 110 万 t 干熄焦产生 50m³/d 真空碳酸钾脱硫废液和 2400m³/d 焦化废水。脱硫废液中氰化物和硫化物浓度高达数千毫克每升，毒性极大；焦化废水需要回用于净循环水补充水，同时需要实现废水的零排放。

建立了 50m³/d 真空碳酸钾脱硫废液解毒预处理示范工程和 2400m³/d 焦化废水资源化示范工程。示范工程采用课题开发的脱硫废液解预处理关键技术，通过加入开发的脱硫脱氰剂，废液中硫化物和氰化物得到沉淀反应分离，再经过氧化转化为溶度积更低的沉淀，再通过脱氰混凝剂进一步实现氰化物深度脱除，解毒后废液满足生物处理要求，进入焦化废水处理系统，从根本上解决了困扰真空碳酸钾脱硫工艺的环境污染和废液循环造成设备腐蚀的老大难问题。

解毒后脱硫废液和焦化废水合并进入调节池后，进入生物处理系统，经过生物强化脱碳脱氮处理后，大部分有机物和氨氮得到脱除；进入混凝沉淀系统，在研制的高效脱氰混凝剂作用下，有机物和总氰得到脱除后，再经过过滤进入课题研发的臭氧多相催化氧化系统，难降解有机物得到催化矿化和降解为小分子有机物后，进入 BAF，小分子有机物和残留氨氮得到生物降解。出水进入集成膜处理系统，经过反渗透进行脱盐回用，通过适当浓水循环提高产水率，结合前序臭氧催化氧化降低膜污染。

示范工程稳定运行两年后，交由第三方运营公司鞍山康盛环保科技有限公司运营，运行指标达到合同指标，膜系统淡水产率达到 80%，少量浓盐水暂存于盐湖用于检修时的湿法熄焦和冲渣，从而实现废水零排放。

2. 辽阳石油化工产业园区污水深度处理工程

辽阳宏伟区污水处理厂原设计仅处理生活污水，出水执行《城镇污水处理厂污染物排放标准》的一级 B 排放标准。后来园区工业废水排入水厂，因无预处理系统而直接混合进入二级生化处理系统，造成出水超标。示范工程采用"A/O 生物膜预处理+A/O-MBR 深度处理"工艺。其中工业废水预处理段采用"A/O 生物膜技术"，在 A 段采用水解酸化工艺(内置组合填料)；O 段采用接触氧化工艺。该技术可显著提高工业污水的可生化性，产生优质反硝化与除磷碳源，并降低后续混合废水处理系统负荷。

经过预处理后与生活污水混合进入"A/O-MBR"深度处理系统。该工艺为传统的 A/O 工艺与 MBR 组合而成。该组合工艺可结合 A/O 工艺脱氮除磷效果良好与 MBR 工艺出水水质优良的优点，并辅以在好氧池投加聚合铝铁除磷剂以强化除磷效果。最后通过 MBR 截留硝化菌与异养菌，强化污染物降解效果，使出水水质达到《城镇污水处理厂污染物排放标准》(GB 18918—2002)一级 A 排放标准。该改造工程的实施可解决原有污水排放造成的水体污染问题，对辽阳市环境保护乃至整个太子河流域生态保护具有重要意义。示范工程投资成本约 2000 万元，与同类型技术相比处于中等水平；改造工程直接运行成本 0.98 元/t(包括膜更换费用)，低于同类型技术成本水平。该工程具有低成本、高效率的技术特点。依托污水处理工程由联合环境水务(辽阳宏伟)有限公司负责后期运行维护。该改造技术对于类似的污水处理工程具有很好的示范作用与推广前景。

推广工程：A/O-MBR 工艺应用于开原亨泰制药高盐废水处理工程，COD 可从 4000mg/L 降至 300mg/L，总氮由 350mg/L 降至 30mg/L(图 13-9)。

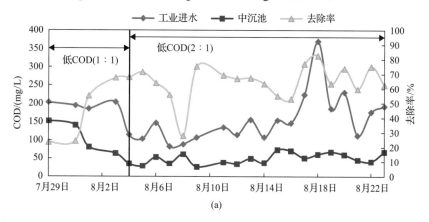

(a)

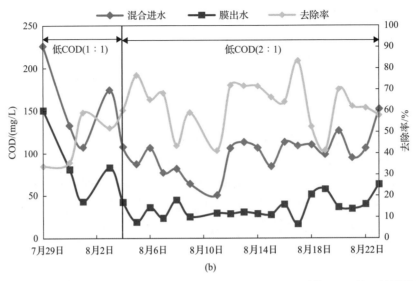

图13-9 工业废水预处理系统COD去除效果(a)及A/O-MBR系统COD处理效果图(b)

3. 鞍山七彩化学有限公司废水处理示范工程

该示范工程包含七彩化学3000m³/d污水预处理工程和腾鳌14000m³/d污水处理厂提标改造工程:①七彩化学废水中主要含有颜染料及其中间体,原工艺采用传统的A/O工艺,但是存在HRT较长、处理能力较低,以及出水总氮不达标等问题。利用项目研发的零价铁强化厌氧技术、高效功能性悬浮生物载体的生产技术、基于高效功能性悬浮生物载体的污水处理技术,对现有运行工艺进行改造。②腾鳌污水处理厂原工艺采用传统的A²/O工艺,设计出水水质达到《城镇污水处理厂污染物排放标准》(GB 18918—2002)二级排放标准。利用项目研发的高效功能性悬浮生物载体的生产技术、基于高效功能性悬浮生物载体的污水处理技术,对现有运行工艺进行改造。

示范工程的初步设计由大连理工大学和大连宇都环境技术有限公司共同完成,于2016年2月15日开工建设,具有完整的材料、设备安装及调试记录,并制订了详细的操作规程,从而保证了示范工程的顺利实施。

七彩化学废水预处理厂改造完成后,其出水COD、氨氮及总氮的浓度均达到排放要求,处理能力优于改造前,进一步验证了A/MBBR工艺对污染物的去除能力及效果均好于原有的A/O工艺。七彩化学废水预处理厂排出水平均值COD为157mg/L,氨氮5.99mg/L,总氮20.13mg/L。出水水质达到《辽宁省污水综合排放标准》(DB 21/1627—2008)中限定的染料行业排放标准。腾鳌污水处理厂处理改造工程于2016年8月24日通过腾鳌镇的工程验收。在2017年上半年之前,按照任务合同要求的设计水量稳定运行。第三方检测报告六个月监测数据显示,总排出水平均值COD为31.2mg/L,氨氮0.33mg/L,总磷0.02mg/L,总氮3.44mg/L,出水水质达到了《城镇污水处理厂污染物排放标准》(GB 18918—2002)一级A排放标准,改造后的出水质量明显优于原工艺(图13-10、图13-11)。

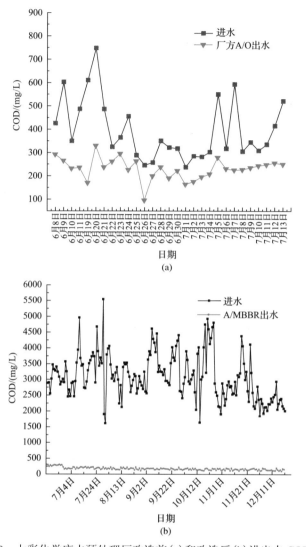

图 13-10　七彩化学废水预处理厂改造前 (a) 和改造后 (b) 进出水 COD 变化

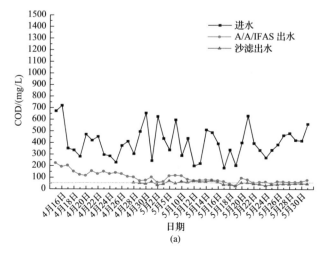

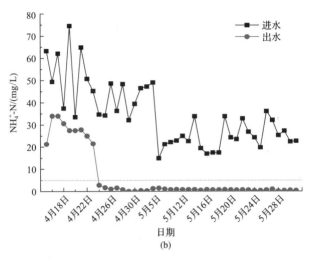

图 13-11　腾鳌污水处理厂改造后进出水 COD(a) 和氨氮(b) 变化

示范工程利用项目研发的高效功能性悬浮生物载体、铁碳强化厌氧废水预处理对七彩化学废水预处理厂，以及腾鳌污水处理厂进行提标改造，其特征在于投资费用低，运行稳定。采用基于高效功能性悬浮生物载体的污水处理技术，对探索适合工业废水和生活污水处理厂的提标改造，具有重大的实践意义。目前该技术在全国若干座污水处理厂的提标改造项目中得到应用，具有较强的适用性和应用前景。

4. 南沙河道生态综合整治示范工程

南沙河道生态综合整治示范工程内容主要是建设南沙河上游大孤山沟殡仪馆桥至高新区七号桥间约 2km 河段水域人工湿地，并配套景观、堤防及道路等工程，具体包括：河道清淤疏挖、微地形调整、引排水工程、净化区防渗处理、潜流人工湿地建设、河道生态护岸、绿化美化、跌水溢流堰建设、堤防填筑及巡河道路等工程。

示范工程采用湿地+生态护坡+生态塘组合工艺，通过多级跌水恢复和保持水中的溶解氧含量，利用湿地入口的污水处理厂来水自身热量和湿地水体上部空气层+冰层的隔离保温作用，提高湿地冬季运行去除水中 COD 和氨氮的效果。利用生态护坡介质和护坡栽种植物的吸附作用，以及后部设置的生态塘增加污染物的去除能力。

示范工程人工湿地深度处理工程设计处理能力为 40000m³/d，建设面积 91000m²，表流湿地面积 34795m²，生态湖面积 60380m²，洗砂塘面积 34780m²，生态护坡面积 15620m²。处理后出水达到南沙河功能区划标准，并通过设置翻板坝达到蓄水效果，进而提高河道的防洪能力，同时打造出沿河生态景观带。示范工程建成后改善河流水质长度 15km，河流水质稳定达到V类标准(COD 考核)，总磷削减 10%～30%，河流水质功能提升至V类水质。示范工程 2013 年 12 月通过工程竣工验收。示范工程运行期间 COD 年去除率 36.4%，氨氮年去除率 29.2%，总磷年去除率 37.8%。示范工程现场图见图 13-12。

图 13-12　南沙河道生态综合整治示范工程现场图

参 考 文 献

[1] 卢永, 申世峰, 严莲荷, 等. 焦化废水生化处理研究新进展. 环境工程, 2009, 27(4): 13-16.

[2] 李玉平, 王丽英, 张家利, 等. 焦化废水强化处理关键技术研究与探讨. 给水排水, 2013, 39(8): 59-63.

[3] 郑晓雷, 马富刚, 夏伟. 真空碳酸钾脱硫工艺的应用与改进. 燃料与化工, 2010, 41(5): 52-53.

[4] Biswas K, Taylor M, Turner S. Successional development of biofilms in moving bed biofilm reactor (MBBR) systems treating municipal wastewater. Applied Microbiology and Biotechnology, 2014, 98(3): 1429-1440.

[5] Liu T, Jia G Y, Quan X. Accelerated start-up and microbial community structures of simultaneous nitrification and denitrification using novel suspended carriers. Journal of Chemical Technology and Biotechnology, 2018, 93: 577-584.

[6] MaoY J, Quan X, Zhao H M, et al. Accelerated startup of moving bed biofilm process with novel electrophilic suspended biofilm carriers. Chemical Engineering Journal, 2017, 315: 364-372.

[7] 李倩, 全燮, 刘涛, 等. 硅藻土改性载体加速移动床生物膜反应器启动研究. 大连理工大学学报, 2015, 55(4): 358-365.

[8] Jing A S, Liu T, Quan X, et al. Enhanced nitrification in integrated floating fixed-film activated sludge (IFFAS) system using novel clinoptilolite composite carrier. Frontiers of Environmental Science & Engineering, 2019, 13(5): 69.

[9] Bai Y, Zhang Y B, Quan X, et al. Nutrient removal performance and microbial characteristics of a full-scale IFAS-EBPR process treating municipal wastewater. Water Science & Technology, 2016, 73(6): 1261-1268.

[10] Bai Y, Zhang Y B, Quan X, et al. Enhancing nitrogen removal efficiency and reducing nitrate liquor recirculation ratio by improving simultaneous nitrification and denitrification in integrated fixed-film activated sludge (IFAS) process. Water Science & Technology, 2016, 73 (4) : 827-834.

[11] 薛占强, 李玉平, 李海波, 等. 短程硝化/厌氧氨氧化/全程硝化工艺处理焦化废水. 中国给水排水, 2011, 27 (1) : 15-19.

[12] Gao F, Sheng Y X, Cao H B, et al. The synergistic effect of organic foulants and their fouling behavior on the nanofiltration separation to multivalentions. Desalination and Water Treatment, 2016, 57 (59) : 29044-29057.

[13] 李长波, 赵国峥, 邱峰, 等. A/O-MBR 改进工艺处理干法腈纶废水的启动研究. 环境科学与技术, 2014, 37 (6) : 135-139.

[14] 管国强, 徐晓晨, 柳丽芬, 等. A/O-MBR 处理 PTA 综合废水中试研究. 工业水处理, 2011, 31 (10) : 63-67.

[15] Zhu Y H, Zhao Z Q, Zhang Y B. Using straw as a bio-ethanol source to promote anaerobic digestion of waste activated sludge. Bioresource Technology, 2019, 286: 121388.

[16] Meng X S, Zhang Y B, Li Q, et al. Adding Fe^0 powder to enhance the anaerobic conversion of propionate to acetate. Biochemical Engineering Journal, 2013, 73: 80-85.

[17] Feng Y H, Zhang Y B, Quan X, et al. Enhanced anaerobic digestion of waste activated sludge digestion by the addition of zero valent iron. Water Research, 2014, 52: 242-250.

[18] Li Y, Zhang Y B, Quan X, et al. Enhanced anaerobic fermentation with azo dye as electron acceptor: Simultaneous acceleration of organics decomposition and azo decolorization. Journal of Environmental Sciences, 2014, 26: 1970-1976.

[19] 毛彦俊, 全燮, 赵慧敏, 等. 应用亲电型悬浮生物载体处理工业废水的现场中试. 环境工程, 2017, 35 (9) : 29-34.

[20] 项学敏, 杨洪涛, 周集体, 等. 人工湿地对城市生活污水的深度净化效果研究: 冬季和夏季对比. 环境科学, 2009, 30 (3) : 713-719.

[21] 唐皓, 项学敏, 周集体. 表面流人工湿地设计的改进及污水净化效果的研究. 农业环境科学学报, 2005, 24: 125-129.

第六篇 辽河流域水污染治理技术产业化

- 系统介绍了水专项在辽河流域钢铁工业园区水污染治理和流域分散式水污染治理方面开展的技术研发集成、成果应用推广和产业化发展情况。

- 针对辽河流域钢铁园区水资源利用和水污染控制等制约行业可持续发展的重大技术瓶颈，开展了特大型钢铁工业园全过程节水减污技术集成与应用示范，突破了硫酸根与氯离子选择性分离、高浓盐水中难降解有机物氧化去除、钢铁园区生产废水循环回用等8项关键技术，形成2套工艺包，建设5项示范工程，技术成果还推广应用于钢铁、煤化工行业6项节水和废水处理工程，为钢铁行业绿色升级提供了有力支撑。

- 针对辽河流域分散式水污染量大面广、治理产业化水平低，以及已有技术装备化程度低、建设运维成本高、市场推广难度大等问题，开展了治理技术产业化研究和成果应用推广，构建了辽河流域分散式污水治理技术产业化模式，实现了10个系列化设备、41个工程项目的产业化推广，提升了流域分散式水污染治理产业化水平，助推了辽河流域美丽乡村建设。

第14章

辽河流域特大型钢铁工业园全过程节水减污技术集成优化与应用

钢铁是辽河流域的典型工业行业，钢铁工业园区的节水减污对于流域水环境质量改善具有重要作用，其技术水平提升对于促进钢铁行业清洁化、绿色化、可持续发展具有重要意义。自"十一五"起，水专项辽河流域项目将钢铁行业节水减污列为重点方向之一，取得了多项技术突破；"十二五"继续开展节水减污技术的研发、集成和应用。辽河流域特大型钢铁工业园全过程节水减污技术集成优化与应用示范研究，针对钢铁园区内水资源利用和污染控制相对无序、综合废水排放难以满足新标准等制约行业可持续发展的重大技术瓶颈，突破了硫酸根与氯离子选择性分离、高浓盐水中难降解有机物氧化去除、色度-有机物-氰络合物协同吸附去除、高盐复杂废液的高效耦合智能控制结晶、钢铁园区生产废水按需处理与短程循环回用的成本最小化模型及优化求解等多项关键技术；主编了《钢铁行业综合废水深度处理规范》，形成了焦化废水低成本深度处理和脱硫废液减毒及分质回用等成套工艺包 2 项；在辽河流域特大型钢铁工业园及大型煤电企业建设 5 项示范工程，技术成果还推广应用于钢铁、煤化工行业 6 项节水和废水处理工程。解决了特大型钢铁园区内典型工段废水污染的难题，显著提高了园区内水资源利用效率，降低了新水消耗和污染物排放强度，为钢铁行业绿色升级提供了有力支撑。

14.1　概　　述

14.1.1　研究背景

我国钢铁行业已形成大型园区化发展趋势，但发展时间短、园区顶层设计不足，尚未形成园区层面综合生产成本最小化的水资源利用全局优化方法，也缺乏支撑钢铁行业新排放标准的有毒污染物脱除、燃煤电厂水短程循环利用与近零排放、不同工段废水再生循环利用等保障技术。本书以太子河流域最大排污点源鞍钢工业园作为主要研究对象，开展煤电生产水分质分级循环利用、生产与污染控制一体化的工业园全局优化成套技术、钢铁行业非常规污染物脱除等技术研发，构建单元—企业—园区三级污染全过程综合控制技术体系与量化评价方法，引领钢铁行业绿色生产升级，支撑辽河流域"十二五"污染物排放总量控制和有毒污染物减排目标。

14.1.2 特大型钢铁工业园全过程节水减污技术成果

1. 成果一: 基于钢铁行业新标准对特征污染物的排放要求, 研发有毒污染物脱除技术与药剂材料, 有效实现苯并芘、氰化物等毒性污染物减排, 支撑解决钢铁行业水污染控制技术瓶颈

在水专项前期研发基础上, 针对钢铁行业颁布的水污染排放标准(GB 13456—2012、GB 16171—2012)和《辽宁省污水综合排放标准》(DB 21/1627—2008)新增多环化合物、总氰、苯并芘等有毒污染物的排放要求, 突破综合废水低浓度氰化物-色度-有机物多污染物协同去除, 苯并芘等难降解有机物强化氧化脱除等关键技术和药剂材料, 为大型钢铁园区有毒污染物的减排提供技术支撑, 同时促进辽河流域水环境污染持续改善, 保障水质安全。

1) 氰化物-色度-有机物多污染协同去除技术及深度脱氰脱碳药剂

针对大型钢铁企业综合废水、焦化废水等多种废水对不同浓度氰化物、色度和极性有机物协同减排的需求, 建立了单位电荷密度(SCD值)作为絮凝剂合成评价指标, 优化设计出色度-有机物-氰络合物协同絮凝吸附技术和新型深度脱氰脱氮药剂, 并采用响应曲面法优化絮凝剂组分和操作参数, 实现了总氰化物低成本达标处理。在鞍钢西大沟综合废水处理的中试结果表明(图 14-1), 总氰平均去除率达 89%(原药剂无脱氰效果),

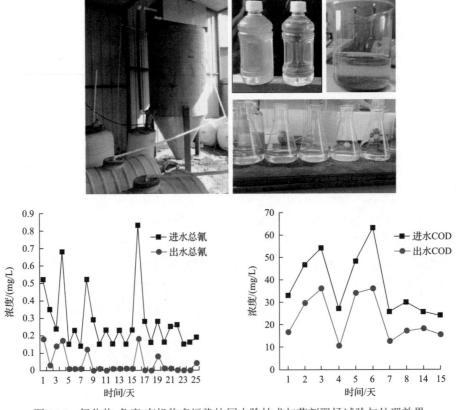

图 14-1 氰化物-色度-有机物多污染协同去除技术与药剂现场试验与处理效果

COD 平均去除率达 50.8%（较原混凝工艺提高＞20%），色度平均去除率达 73.4%，出水氰化物＜0.2mg/L，COD＜40mg/L，色度低于 30 度。相关技术应用于西大沟综合废水处理示范工程，显著提高氰化物去除率的同时有效去除色度和有机污染，为大型钢铁园区氰化物及有机污染防治提供技术支撑。

2）超低浓度苯并芘等毒性污染物催化氧化脱除技术与新型绿色催化剂

针对钢铁行业综合废水中苯并芘等特征污染物的排放控制要求，开发了高效催化臭氧氧化活性的锰-碳复合催化剂，解决了低浓度酚类、杂环有机物等有毒难降解有机物深度去除难题，经过中试优化后应用于西大沟综合废水处理示范工程。催化臭氧氧化处理出水 COD＜30mg/L，氨氮＜5mg/L，氰化物＜0.2mg/L（图 14-2），各项指标满足《辽宁省污水综合排放标准》（DB 21/1627—2008）。针对焦化废水中难生物降解的多环、杂环等有毒污染物，开发了一种锰-铁双金属催化剂，解决了臭氧转化率低、催化剂失活等问题，实现了有毒难降解有机物高效去除[1-4]。开发技术和催化剂应用于鞍钢五期焦化废水处理示范工程，出水多环芳烃＜0.05mg/L，苯并芘＜0.03μg/L，各种有毒污染物浓度满足《炼焦化学工业污染物排放标准》（GB 16171—2012）。

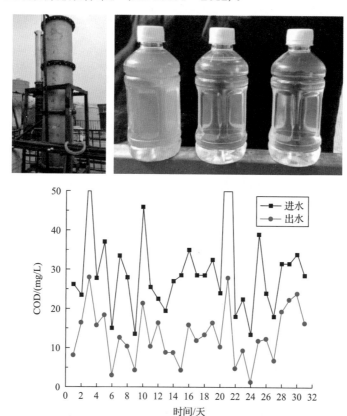

图 14-2　催化臭氧氧化设备及综合废水处理效果

3)优化萃取-蒸氨-生物脱氮-混凝-深度氧化等设备材料并系统集成，实现钢铁园区综合废水、焦化废水稳定达标与回用

优化设计了协同萃取脱酚除油药剂和设备，解决了取代酚、多酚、微液滴油残留抑制生物菌种活性，造成生物处理崩溃的工程问题[5,6]；采用大型环保设备三维可视化设计技术，优化了协同萃取脱酚设备；优选聚氨酯水凝胶作为包埋材料载体[7]，将硝化、反硝化等专性菌种[2]均匀稳定分布于包埋颗粒内部，使生化处理脱氮效率提高12.6%(图14-3)；基于流体力学CFD计算模拟，揭示了颗粒粒径和水流速度对沉降分离器内悬浮物运行轨迹和带出概率，形成强化生物反应-沉淀一体式设备，提升污泥沉降速度和分离效率。

2. 成果二：研发离子选择性分离-氧化降解-倒极电渗析脱盐-耦合智能结晶等关键技术，解决钢铁燃煤电厂高毒性脱硫废液污染减排难题，实现钢铁煤电废水分质分级回用

燃煤发电是全产业链钢铁园区中的重要生产环节，普遍面临生产过程耗水大、水循环率低等问题。特别是烟气脱硫废水含高浓度悬浮物、有机物、无机盐和重金属离子等，是燃煤电厂最难处理的废水之一。本书针对钢铁工业园重要企业煤电厂生产过程耗水量大、水循环率低和脱硫废液污染治理难题，研发脱硫废液资源化与零排放处理技术，大幅度降低新鲜水消耗，并实现钢铁煤电废水分质分级回用。

1)高毒性脱硫废液资源化与零排放处理技术

开发了硫酸根和氯离子选择性分离技术，硫酸根平均截留率达95%，脱氯后短程回用于烟气脱硫过程；采用催化臭氧氧化预处理反渗透浓水，缓解后续处理的膜污染现象，提高稳定运行周期；开发了频繁倒极电渗析技术将反渗透浓水浓缩至10.3%，减少浓盐水排放量，提高淡水产量和水回用率；开发了高盐复杂废水耦合智能结晶技术，可分步结晶硫酸盐和氯化钠，产品纯度达到98.2%以上。基于以上单项关键技术研发，形成脱硫废液减毒及分质回用成套工艺包，并应用于神华国能集团有限公司河曲发电厂脱硫废水处理示范工程(图14-4)。

2)煤电水综合处理与分质分级循环利用关键技术和集成

合成了聚环氧琥珀酸体系的无磷绿色环保阻垢药剂，可提高循环冷却水浓缩倍数，减少外排污水量；采用水夹点技术优化了燃煤电厂水网络，建立了外排废水的梯级利用及循环利用系统，提高水资源回用率、降低新水消耗和废水外排量。开发了脱硫废水余热利用闪蒸自结晶技术，利用入口烟气余热和废水中的离子和低浓度石膏固体颗粒作为晶种，直接进行多效蒸发结晶。脱硫废水回用率达90%，过程实现能源梯级利用，且无三废产生。该技术应用于神华国能集团有限公司大港电厂海水冷却煤电厂脱硫废水处理示范工程(图14-5)，实现了脱硫废水低成本处理与短程回用，并通过其他配套工程，实现发电水耗降至0.257kg/(kW·h)。

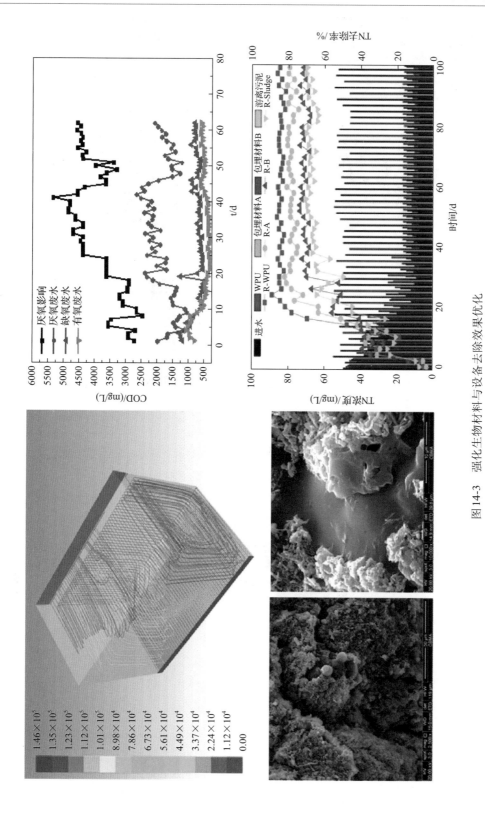

图 14-3　强化生物材料与设备去除效果优化

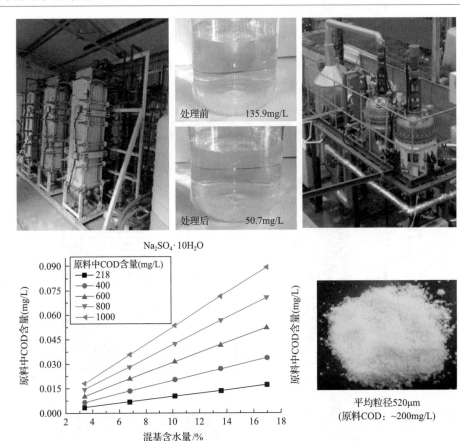

图 14-4　脱硫废液减毒及分质回用技术设备与处理效果

图 14-5　神华国能集团有限公司大港电厂海水冷却煤电厂脱硫废水处理示范工程

3. 成果三：建立大型钢铁工业园工序-车间-园区多尺度水网络优化模型及求解方法，形成指导钢铁园区生产与治污综合成本最小化的水网络优化软件，支撑特大型钢铁园区示范工程建设和绿色化升级

钢铁工业园区物质转化流程长，操作环节多，结构复杂，缺乏园区层面统筹资源利用与污染控制的方法，难以在确保水污染处理达标的同时，实现生产成本最小。本书从过程集成优化的角度出发，把典型钢铁工业园内钢铁生产过程、废水处理系统与水回用系统作为一个整体，构建典型钢铁工业园主体生产与污染控制一体化全局优化方法与软

件，支撑特大型钢铁工业园建立水资源高效利用与低排放工程示范，指导钢铁工业园绿色化升级。

1) 典型钢铁工业园主体生产与污染控制一体化全局优化成套技术

采用全过程水污染控制的策略，深入分析鞍钢园区"烧结-炼铁-炼钢-焦化-轧钢"等各主工序用水、排水、废水处理和回用情况，形成具有普遍指导意义的钢铁园区水网络超结构和建模方法，实现单元-工序-园区尺度水系统的协同优化。并以综合用水最小化为目标，建立了基于全园区涉水网络水量和污染物平衡、各种涉水操作要求等约束的多尺度水网络全局优化模型，在 GAMS 平台上开发了钢铁园区水网络多尺度优化软件[8,9]（图 14-6）。

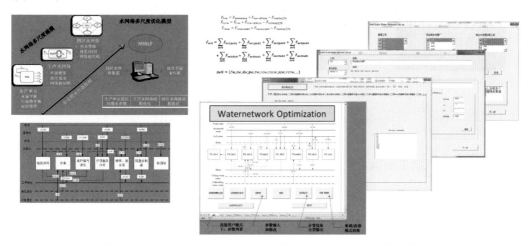

图 14-6 钢铁园区水网络多尺度优化技术及水网络集成优化软件

根据鞍钢园区实际用水、排水及水处理等典型涉水单元、工序及园区的运行参数，通过该软件计算，鞍钢园区水网络优化后，理论上园区综合用水成本可降低 7%～27%，新水用量可降低 17%～53%，为大型钢铁园区制订节水减排措施、水网络优化管控方案及技术决策提供了重要参考依据。

2) 特大型钢铁工业园全过程水资源高效利用与低排放工程示范与绿色钢铁工业园效价评估

基于鞍钢工业园现有水网络调研和全局优化模拟结果，结合园区设施的可整改性，提出了园区现有水网络优化的可行方案，建立了钢铁工业园水质分级循环利用与优化调配演示平台（图 14-7），形成了钢铁工业园区水网络评估方法，主编了《钢铁行业综合废水深度处理规范》。

在鞍钢园区内配套建立鞍钢新 1 号高炉（3200m³）干法除尘清洁生产示范工程（图 14-7），耗水近零，药剂消耗为零，发电量提升 87.7%。通过干法除尘、焦化废水处理和综合废水处理等示范工程建设，结合其他技术升级改造，实现全园区整体节约新水 9431 万 m³/a，减少废水排放 2612 万 m³/a，减排 COD 达 1973t/a，减排氨氮 130t/a，显著降低了鞍钢工业园的污染排放强度，有助于辽河流域水质改善。

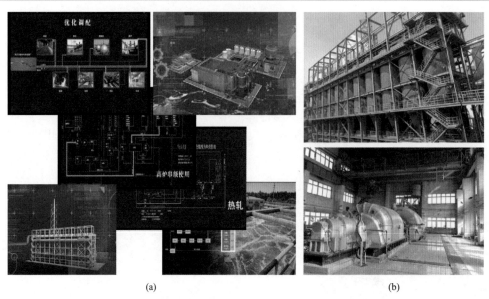

(a)   (b)

图 14-7　钢铁工业园水质分级循环利用与优化调配演示平台(a)和
鞍钢新 1 号高炉干法除尘清洁生产示范工程(b)

14.1.3　特大型钢铁工业园全过程节水减污技术应用与推广

1. 示范工程应用

1) 2000m³/h 钢铁园区综合废水处理示范工程

工程地点为鞍钢西大沟综合废水处理厂，处理规模为 2000m³/h，示范技术为色度-有机物-氰络合物协同吸附去除技术和有毒有机物催化臭氧去除技术。出水 COD＜30mg/L，氨氮＜5mg/L，氰化物＜0.2mg/L，多环芳烃＜0.05mg/L，苯并芘＜0.03μg/L，出水满足《辽宁省污水综合排放标准》(DB 21/1627—2008)。处理出水 86.7%在园区内回用，节约新水 1138.8 万 m³/a，减少废水排放量 1138.8 万 m³/a，直接经济效益 4802 万元/a。

2) 400m³/h 焦化废水强化集成处理示范工程

示范地点为鞍钢五期焦化厂，处理规模为 400m³/h，示范技术为色度-有机物-氰络合物协同吸附去除技术和有毒有机物催化臭氧去除技术(图 14-8)。处理出水 COD≤80mg/L、总氰化物≤0.2mg/L，出水指标稳定满足《炼焦化学工业污染物排放标准》(GB 16171—2012)；实现 COD 减排 500t/a，氰化物减排 21.7t/a，节省排污费 32.6 万元/a。

3) 3200m³ 高炉干法除尘替代湿法除尘示范工程

示范地点为鞍钢新 1 号高炉(3200m³)，煤气量为 48 万～53 万 m³/h，示范技术为一排式布置高炉干法除尘清洁生产技术。示范工程建设后新水消耗近零，每年节省循环水消耗 1000 万 m³，节约新水约 87 万 m³，药剂消耗减少 66.7 万元/a，出口煤气含尘量为 2mg/m³，高炉煤气年发电量从 7240 万 kW·h 提高至 13589 万 kW·h，发电量提高 87.7%，直接经济效益 3865 万元/a。

图 14-8　鞍钢西大沟综合废水处理(a)和五期焦化废水处理(b)示范工程

4) 海水冷却煤电厂水处理与分级分质循环利用示范工程

示范地点为神华国能集团有限公司大港电厂，海水冷却发电机组装机容量为 1300MW，脱硫废水处理规模为 30m³/h，示范技术为余热利用闪蒸自结晶脱硫废水零排放技术。示范工程建设后，产水 90% 回用于脱硫过程，结合其他工程改造，实现每千瓦发电水耗为 0.257kg，排水为零。每年节约新水 35.0 万 m³，COD 减排 240.8t/a、氨氮减排 21.4t/a，减少运行成本 273.3 万元/a。

5) 水冷风冷混合型煤电厂水处理与分级分质循环利用示范工程

示范地点为神华国能集团有限公司河曲发电厂，装机容量为 2400MW，脱硫废水处理规模为 25m³/h，示范技术为硫酸根与氯离子选择性分离技术和高浓盐水中难降解有机物氧化去除技术。建成后直接经济效益 150 万元/a，间接效益可达 1000 万元/a。

2. 鞍钢工业园区节水减排整体情况

经过示范工程建设和水网络优化后，鞍钢工业园区节约新水 9431 万 m³/a，减少废水排放量 2612 万 m³/a，园区总体水回用率 94.2%，COD 减排 1973t/a，氨氮减排 130t/a；与 2013 年相比，园区总体 COD 和氨氮排放量分别降低 96.4% 和 94.7%，园区排放水中新增污染物氰化物 <0.2mg/L，多环芳烃 <0.05mg/L，苯并芘 <0.03μg/L，满足钢铁行业和《辽宁省污水综合排放标准》(DB 21/1627—2008)；吨钢耗水和排水分别降低 60.2% 和 86.8%，年综合经济效益达 10.35 亿元/a。

3. 技术推广情况

研发的技术成果已推广应用于钢铁和煤化工行业 6 项工程，废水处理总规模合计 12.14 万 t/d。其中钢铁行业推广 4 项：攀钢焦化酚氰废水处理系统升级改造工程(300m³/h)(图 14-9)，出水水质达到《炼焦化学工业污染物排放标准》(GB 16171—2012)，COD 减排 184t/a，总氰减排 4.7t/a；本钢板材厂综合废水达标外排工程(540m³/h)，本钢北营厂综合废水达标外排工程(500m³/h)；鞍钢本部新 3#高炉煤气干法除尘工程(3200m³ 高炉)(图 14-9)。煤化工行业推广 2 项：辽宁大唐国际阜新日产 1200 万 Nm³ 煤制天然气项目废水深度处理工程(一期 1000m³/h)；新疆天雨煤化集团有限公司 500 万 t/a 煤分质清洁高效综合利用工程（218m³/h）。

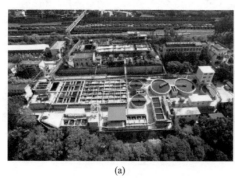

(a)   (b)

图 14-9　攀钢焦化酚氰废水处理工程和鞍钢新 3#高炉干法除尘工程

14.1.4　标志性成果支撑

研发的一排式布置高炉干法除尘清洁生产技术可有力支撑钢铁园区有限空间内的干法除尘节水改造，显著降低炼铁过程对新水和循环水的消耗。形成的焦化废水低成本深度处理成套技术和脱硫废液减毒及分质回用成套技术，可实现有毒污染物减排，出水中毒性特征污染物（总氰、苯并芘、多环芳烃等）稳定达标。以色度-有机物-氰络合物协同吸附去除和锰-碳复合材料催化臭氧氧化为核心的综合废水深度处理及回用技术，可大幅提高大型钢铁园区的水回用比例，直接降低了吨钢耗水和吨钢排水等关键指标。建立的钢铁园区水网络多尺度优化模型及求解方法，可为全产业链的特大型钢铁园区节水减排提供理论指导和实操方案，为下一步建立钢铁园区节水减排的智慧化管理平台。在萃取-蒸氨-生物脱氮-混凝-深度氧化等单项技术和组合工艺、核心材料、药剂等优化过程中，进一步提高了各项废水处理技术的就绪度，确保十三五末期钢铁行业水污染全过程控制整体技术就绪度达到 8 级。并通过废水处理示范工程建设及应用推广，支撑了焦化废水深度处理技术在行业应用产能覆盖度达到 20%的目标。

以上关键技术开发和示范工程建设，从节水、废水处理、水回用、零排放、水网络优化等角度，全面支撑了水专项标志性成果"重点行业水污染全过程控制技术系统与应用"之中二级标志性成果"钢铁行业水污染全过程控制技术系统"。形成的脱硫废液处理工艺包、焦化废水处理成套工艺包和《钢铁行业综合废水深度处理规范》为钢铁行业绿色发展提供了有力的技术支撑，并可辐射推广至煤化工、煤电等重要产业，为我国工业污染控制做出实质贡献。

14.2　辽河流域特大型钢铁工业园全过程节水减污技术创新与集成

14.2.1　特大型钢铁工业园全过程节水减污技术基本信息

创新集成了辽河流域特大型钢铁工业园会过程节水减污技术 8 项，基本信息见表 14-1。

表 14-1　特大型钢铁工业园全过程节水减污技术基本信息

编号	技术名称	技术依托单位	技术内容	适用范围	启动前后技术就绪度评价等级变化
1	硫酸根与氯离子的选择性分离技术	中国科学院过程工程研究所	优化膜材料和膜组件设计,研发适用于纳滤膜处理废水的膜污染的综合防治方法	电厂脱硫废液等高盐废水脱盐处理	3 级提升至 6 级
2	高浓盐水中难降解有机物氧化去除技术	中国科学院过程工程研究所	开发固相催化剂和多级逆流催化氧化反应设备,提高有机物去除率	电厂脱硫废液等高盐废水预处理	3 级提升至 6 级
3	色度-有机物-氰络合物协同去除技术	中国科学院过程工程研究所	针对钢铁行业综合废水,从氰化物和有机物深度去除的角度优化药剂,构建响应值优化模型,并在现场中试优化,出水总氰<0.2mg/L,出水 COD<40mg/L	钢铁行业和工业园区综合废水,含氰有机废水	5 级提升至 8 级
4	高盐复杂废液的高效耦合智能控制结晶技术	天津大学	基于不同盐硝比的结晶相图,采用盐硝高效分级分质结晶,利用多级连续闪蒸结晶方法解决设备结垢问题,实现高盐废水盐资源化利用	钢铁、火力发电厂所得高浓度盐硝废水的处理及回用	3 级提升至 6 级
5	一排式高炉干法除尘清洁生产节水技术	鞍钢集团工程技术有限公司	针对高炉煤气湿法除尘的缺点,开发了占地小的高炉煤气除尘升级改造技术,并配套干式 TRT 机组,实现了除尘改造,并大大提高了发电量	钢铁园区新建高炉煤气除尘系统或湿法除尘系统改造	5 级提升至 7 级
6	大型环保设备内件的三维可视化设计技术和结构优化技术	天津大学	采用智能三维量化辅助设计、流体力学模拟和试验结合的方式对萃取及精馏内塔内件进行开发与优化设计	钢铁及煤化工企业生产过程所产生氨酚废水的无害化与资源化处理	3 级提升至 6 级
7	余热利用闪蒸自结晶脱硫废水零排放技术	神华国能集团有限公司	利用 FGD 入口烟气的余热为热源,以脱硫废水中的石膏颗粒作为晶种实现离子自结晶。蒸发出的凝结水回用,实现脱硫废水零排放	燃煤机组尾部烟气石灰石-石膏脱硫工艺所产生的脱硫废水,且 FGD 入口烟温不小于 85℃	5 级提升至 7 级
8	园区生产-废水按需处理与短程循环回用的成本最小化模型及优化求解技术	中国科学院过程工程研究所	以工业园区水网络多尺度建模方法为基础,建立了用于钢铁园区水网络全局优化的框架、核心程序模块以及求解方法	适用于全流程钢铁园区水网络全局优化,以及不同用水、给水、排水和水处理需求的大型工业园区	3 级提升至 6 级

注: 技术就绪度评价参照《水专项技术就绪度(TRL)评价准则》(见附录)执行。

14.2.2　特大型钢铁工业园全过程节水减污技术

1. 硫酸根与氯离子的选择性分离技术

1)基本原理

基于硫酸根与氯离子的离子直径差异,通过有机膜的孔径选择性截留硫酸根离子,通过优化膜材料和膜组件设计提高处理效率、降低处理成本,并通过揭示膜污染机理开发污染膜的高效清洗方法,实现氯离子和硫酸根选择性分离和稳定运行。

2)工艺流程

工艺流程为"超滤—纳滤"。首先通过超滤降低废水悬浮物和浊度,保证纳滤进水要求;通过优化纳滤膜和清洗条件,实现氯离子和硫酸根选择分离。

3)技术创新点及主要技术经济指标

采用纳滤处理技术,实现硫酸根与氯离子混合废水的硫酸根平均截留率 95%,不截留氯离子,纳滤膜稳定运行周期3个月以上。

4)技术来源及知识产权概况

优化集成。

5)实际应用案例

应用单位:神华国能集团有限公司河曲发电厂。

该技术应用于神华国能集团有限公司河曲发电厂脱硫废水零排放示范工程,处理量 25m³/h。采用纳滤膜工艺分离氯离子和硫酸根,可实现硫酸根平均截留率95%,不截留氯离子,得到的含硫酸根产水可重新回用于烟气脱硫过程,实现废水短程循环利用。

2. 高浓盐水中难降解有机物氧化去除技术

1)基本原理

针对高盐废水中难降解有机物,开发锰-碳双组分复合催化剂,催化分解臭氧产生强氧化性羟基自由基,提高有机物的氧化降解效率,并通过优化反应器内构件设计和气水混合方式,提高臭氧利用效率。

2)工艺流程

工艺流程为"软化—沉淀—过滤—臭氧催化氧化"。首先加入氢氧化钙和碳酸钠等软化剂,去除废水中的钙、镁离子等,降低废水的硬度;通过沉淀池和过滤器降低废水中的悬浮物,防止后续催化剂颗粒堵塞;废水进入催化臭氧氧化塔,通过固相催化剂分解臭氧产生的氧化自由基,强化高盐水中的有机物去除效果。

3)技术创新点及主要技术经济指标

通过锰-碳双组分之间强化电子传递提高催化活性,提高臭氧催化分解产氧化自由基的效率。经过催化臭氧氧化处理后,高盐废水的出水COD从100~300mg/L以上降低至100mg/L以下,反应停留时间1~2小时,在最优的反应停留时间下,臭氧利用效率提高23.2%,催化剂可稳定使用2年以上。

4)技术来源及知识产权概况

优化集成。

5)实际应用案例

应用单位:神华国能集团有限公司河曲发电厂。

该技术应用于神华国能集团有限公司河曲发电厂脱硫废水零排放示范工程,处理量为25m³/h。示范工程采用臭氧催化氧化去除高盐废水中的难降解有机物。

3. 色度-有机物-氰络合物协同去除技术

1)基本原理

在水专项前期开发的焦化废水混凝脱氰药剂的研究基础上,采用中心组合设计和响应面法优化研发新生代脱氰药剂和用量。基于氰化物和有机物深度去除目标，构建响应值优化模型并总结混凝过程的最优化条件，实现总氰、有机物和色度协同去除。

2）工艺流程

混凝沉淀工艺是工业废水深度处理的传统技术，广泛应用于我国钢铁企业。新药剂可替换原有混凝工艺的混凝药剂，直接在混凝配药间操作即可，新药剂经过配药间通过泵打入混凝反应池，经过凝聚、絮凝、吸附、卷扫等反应形成絮体，随后进入沉淀池进行沉淀分离。

3）技术创新点及主要技术经济指标

针对大型钢铁企业园区中综合排放废水等工艺出水中均含有不同浓度的氰化物（0.5～20mg/L）和有机污染物，且废水总量巨大（3000～4000m³/h）的问题，研发新生代絮凝药剂，协同去除氰化物、色度和有机污染物，有效缓解后续深度处理工序的压力。同时进一步降低药剂成本，并在实现综合排放废水有机物、色度达标排放的前提下，氰化物浓度降低至 0.2mg/L 以下，为大型钢铁园区氰化物及有机污染物防治提供技术支撑。

主要技术经济指标：①总氰平均去除率 89%（原药剂无脱氰效果），COD 平均去除率 51%，色度去除率 73.4%；综合废水处理出水总氰＜0.2mg/L，COD＜40mg/L；②运行成本 0.3 元/t 水（按投加量 20ppm 计）。

4）技术来源及知识产权概况

在研究团队原有工作基础上优化药剂，具有自主知识产权。

5）实际应用案例

应用单位：鞍钢集团西大沟钢铁综合污水处理厂。

该技术和药剂应用于鞍钢集团西大沟钢铁综合废水处理厂，设计处理规模 2000m³/h，采用絮凝-硝化/反硝化-砂过滤-催化臭氧氧化组合处理技术，其中絮凝步骤为氰化物-有机物-色度多污染物协同去除，进一步去除生物处理步骤难以去除的氰化物等，经过絮凝处理之后，综合废水氰化物浓度＜0.2mg/L，满足《辽宁省污水综合排放标准》（DB 21/1627—2008），并且支撑综合废水在厂区内高比例回用，实现综合废水回用率 86.7%（图 14-10）。

4. 高盐复杂废液的高效耦合智能控制结晶技术

1）基本原理

针对钢铁、火力发电厂及园区高盐废水难以实现水与盐资源化综合利用瓶颈，开发盐硝高效分级分质结晶技术，实现不同盐硝比废水的资源化利用，避免产生固废[10]。基本原理：基于盐硝水溶液三元相图，根据园区废水盐硝含量特点，若盐硝含量处于结晶三相点左侧，需先高温蒸发析硝得硫酸钠，随后通过冷却结晶获得十水硫酸钠，最后采用蒸发结晶析出氯化钠；对于低硝盐比的废水，先采用低温冷冻析硝得十水硫酸钠，后蒸发结晶析出氯化钠[11]。

高效混凝沉淀池

曝气生物滤池风机房

曝气生物滤池及反硝化滤池

砂滤池

臭氧氧化池

示范工程鸟瞰

图 14-10　鞍钢西大沟综合废水处理示范工程

2）工艺流程

针对钢铁火力发电厂脱硫废水经预处理去除重金属杂质、催化氧化、超滤、纳滤、电渗析浓缩后所得的含氯化钠和硫酸钠浓盐水的处理，采用盐硝高效多级连续分质结晶技术。纳滤废水经过电渗析、反渗透浓缩后，经过进一步预处理去除钙、镁等重金属离子，并调节 pH 至中性条件后，进入高效蒸发结晶系统，分级分质结晶得到满足质量要求的硫酸钠和氯化钠晶体，蒸发结晶产生的水蒸气经过冷凝和反渗透得到的淡水一起形成回用水。

3）技术创新点及主要技术经济指标

盐硝分质结晶技术可根据废水硝盐比例不同，灵活采取先蒸发析硝或冷冻析硝工艺，应对废水水质的极端变化，并实现对不同盐硝含量废水的分质结晶。采用计算流体力学 (CFD) 辅助结晶器设计与结构型式优化方法，开发了一种闪蒸连续结晶器，采用三级闪蒸连续结晶工艺，避免盐硝晶体分离使用设备结垢，实现盐硝产品连续稳定生产。

针对富含硫酸根离子、氯离子、钙离子和镁离子的含盐复杂废水，通过双碱(碳酸钠和氢氧化钠)法预处理去除钙镁离子，软化后的废水采用高温蒸发析硝-低温冷冻析硝-高温蒸发析盐的耦合结晶技术，辅以 DCS 蒸发-冷却耦合结晶控制系统，实现高盐废水的无机盐同时资源化回收利用，最终实现高盐废水的"零排放"。回收的硫酸钠产品纯度99%，满足工业级无水硫酸钠Ⅲ类一等品的国家标准 GB/T 6009—2014；回收的氯化钠产品纯度 98.2%，满足精制工业干盐二级的国家标准 GB/T 5462—2015。

4）技术来源及知识产权概况

自主研发，获得发明专利授权 3 项。

龚俊波，张得江，张美景，等. 一种多级真空绝热闪蒸连续结晶方法及设备. ZL201510854412.6，2018-6-26.

龚俊波，靳沙沙，王静康，等. 一种球形氯化钾及其制备方法. ZL201710712860.1，2019-8-9.

龚俊波，朱明河，王静康，等. 一种氯化钠球晶及其制备方法. ZL201710712275.1，2019-9-20.

5. 一排式高炉干法除尘清洁生产节水技术

1) 基本原理

高炉煤气通入除尘器本体，经过滤袋过滤，煤气中的尘粒被黏在滤袋壁上面形成灰膜也成为过滤层，煤气通过灰膜和滤袋处理后有效净化。当灰膜层增厚导致阻力达到一定值时，需对滤袋进行清灰使阻力减小到最小值，除尘器恢复正常工作。高炉煤气干法滤袋除尘器的荒煤气入口压力与净化出口压力之差为 5～10kPa，按一定的清灰制度对除尘器滤袋进行清灰，清灰后除尘器的荒、净煤气进出口压差一般为 1.5～2.5kPa。

2) 工艺流程

从高炉炉顶收集出来的高炉煤气经重力除尘的初级预处理(100～260℃)后(即荒煤气)进入脉冲袋式除尘器。在除尘器进气气流分布器的作用下改变运动方向，由于流速的降低及惯性作用，较大颗粒的粉尘直接落入除尘器灰斗；小颗粒的粉尘随荒煤气沿布袋低速均匀上升，到达布袋的外表面，粉尘被布袋阻止在外，净煤气进入袋内，由袋口、除尘器出口送入净煤气系统。落入灰斗的瓦斯灰通过气力输送到大灰仓。随着运行时间的延长，布袋表面的粉尘不断积聚，设备阻力上升。当阻力上升到一定值，除尘器开始清灰，清灰用脉冲氮气，氮气以 76～80m/s 的流速从布袋口喷入，同时带 7～8 倍量的诱导高炉煤气流，使布袋急速扩张及振动，布袋外表面的粉尘被抖落，落入除尘器锥型灰斗内。净化后的高炉煤气含尘量稳定在 5mg/m³ 以下，煤气再进入 TRT 系统发电。发电后的煤气进入厂区管网供用户使用(图 14-11)。

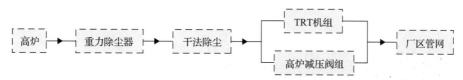

图 14-11　一排式高炉干法除尘清洁生产节水技术工艺流程图

3) 技术创新点及主要技术经济指标

针对炉容大于 3000m³ 的高炉研发干法除尘系统的单排布置技术，突破旧有高炉湿法除尘改造受空间限制的瓶颈，减少占地面积。在瓦斯灰输送系统中采用了双排灵活输灰工艺，实现输灰系统在线检修，减少高炉停产时间，提升高炉作业率，降低维护成本；卸灰操作过程中，采用料位温差在线监控技术，实现煤气"零外排"，缩短输灰时间约 60%，减少氮气消耗约 60%，将设备使用寿命由 0.5～1 年延长至 3 年以上。

与双排式布置工艺相比，降低钢结构投资成本 20%，减少占地面积 20%，耗水近零，减少氮气吹扫消耗 60%。

4) 技术来源及知识产权概况

自主研发，获发明专利授权 1 项、实用新型专利 6 项。其中发明专利为：

李艳. 一种除尘系统的一排布置工艺. ZL201610172452.7，2018-6-26.

5) 实际应用案例

应用单位：鞍钢股份有限公司能源管控中心。

一排式高炉干法除尘清洁生产节水技术应用于鞍钢本部新 1 号 3200m³ 高炉煤气湿法改干法除尘项目，2016 年 9 月建设，2017 年 4 月投产至今。通过旋风分离-布袋除尘工艺，配套氮气低压清灰系统和大灰仓设计，实现了耗水近零的情况下，高效去除煤气中颗粒物，净化煤气中颗粒物浓度为 2mg/m³，并通过工艺优化后煤气进入 TRT 发电系统后，发电量提高了 87.7%。图 14-12 为示范工程现场照片。该技术除了应用于新 1 号高炉，还将应用于新建的 3 号高炉改造工程。

图 14-12　高炉煤气湿法改干法除尘项目

6. 大型环保设备内件的三维可视化设计技术和结构优化技术

1) 基本原理

精馏塔及萃取塔等塔器设备内通常会安装气液分布器、填料和塔板等内件用以增加塔内气液相流动的均匀性，提高气液相间接触面积与相对停留时间，最终提高传质通量与分离效果[12]。以往塔内件的开发与优化设计只能通过不断地制造不同设计及规格的分布器、填料及塔板，进行大量的水力学和传质研究，浪费了大量人力物力。近些年计算流体力学技术(CFD)和计算传质技术的发展突飞猛进，类似于双欧拉和 VOF 等气液两相流数学模型被开发，并成功应用于化工流体流动、传热与传质过程的三维仿真模拟。通过在相应软件进行物理建模和网格划分，随之进行流体流动、传热与传质过程的三维仿真模拟，打破场地与实验条件限制，大幅度减少气液分布器、填料及塔板等塔内件的制造、实验周期与人力物力的投入，降低设计与优化周期，实现新型塔内件的快速高通量筛选与结构优化[13]。

2) 工艺流程

根据物系特点选择热力学模型及求解方法，进行物料平衡、热量平衡模拟计算，采用 PRO Ⅱ 软件建立氨氮和水双组分系统的分离模型，对蒸氨系统不同的简单蒸馏、闪蒸、精馏、汽提等工艺进行模拟计算，计算出的气液负荷数据，可以作为蒸氨塔设计的依据(图 14-13)。

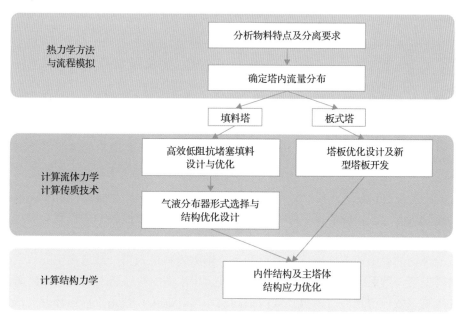

图 14-13　大型环保设备内件的三维可视化设计技术和结构优化工艺流程

三维设计结果与流体力学模拟和试验结合的方式，从流体均匀分布、增加气相通量、双相进料导流、降低塔盘阻力、缩小塔盘间距、减少流动停滞区等方面进行设计优化，开发了适合氨氮分离的填料、填料压圈、小流量液体分布器。如为适应蒸氨塔进水悬浮物较多，进料量不稳定的特点，开发孔流-溢流槽式液体分布器在槽式液体分布器的支槽侧面开孔，采用特殊结构在低流速部位增加液体的流速以阻止杂质的沉积。

3) 技术创新点及主要技术经济指标

针对精馏塔和萃取塔内气液和液液两相流动、传热与传质过程特点，以双欧拉、VOF 等经典数学模型为基础，对模型中动量、热量与质量传递源项进行针对性描述；针对氨酚废水物化性质特点对方程内相关参数进行精确拟合，建立钢铁与煤化工行业氨酚废水无害化与资源化处理工艺中精馏塔与萃取塔内构件开发与设计优化专用三维可视化技术，提高相关塔器内构件设计精度，降低因设计误差导致设计余量偏高和停工返修所带来的经济损失。开发孔流-溢流槽式液体分布器在槽式液体分布器的支槽侧面开孔，采用特殊结构在低流速部位增加液体的流速以阻止杂质的沉积，采用对液体具有三维导向功能的助推浮阀塔盘，降低板上液层高度，进而塔板液面梯度和湿板压降大大降低，提高气液传质传热效率的同时解决了浮阀塔盘泡沫层雾沫夹带问题，将板间距减小至最低。

蒸氨塔抗堵和抗结焦性能提高，检修周期延长 50%；含酚废水萃取塔处理能力提高 10%。

4) 技术来源及知识产权概况

自主研发，相关技术已申请中国发明专利。

7. 余热利用闪蒸自结晶脱硫废水零排放技术

1) 基本原理

利用脱硫装置入口烟气的余热，采用水为介质，通过烟道换热器将烟气中余热输送，为脱硫废水加热通过热源；利用脱硫废水中的自身离子特性，不需要预处理直接进行多效闪蒸结晶，得到混合固体，其成分基本与脱硫产物的石膏相同。通过低能耗、低运行成本的方式，实现零排放。脱硫废水经过多效闪蒸后，达到所需浓度的料液从底部由出料泵抽出进行脱水，产生含水率小于15%的固体，其成分与现有的脱硫石膏基本一致，与石膏固体混合一起排出。蒸发出的水经过冷凝后，汇到工艺水箱或其他用处。

2) 工艺流程

脱硫废水由进料泵送入第一效分离器内的汽液二相入口交界面处，利用 FGD 入口烟气余热作为热源，在相应的真空下原料液在第一效分离器中经第一加热室均匀地在加热管内壁从下向上流动，在加热器上端设有专门的汽液两相共存的沸腾区，物料在沸腾区内气液混合物的静压使下层液体的沸点升高，沸腾物料进入第一效分离室完成气、液分离，物料在第一效系统内经多次循环后，完成初步浓缩的料液进入第二效分离器。

进入第二效内的物料运用第一效内相同的原理，在第二效系统内循环并完成蒸发浓缩后再送入第三效蒸发。达到一定浓度的料液从底部由出料泵抽出进行脱水，产生含水率小于15%的固体，其成分与现有的脱硫石膏基本一致，与石膏固体混合一起排出。蒸发出的水经过冷凝后，回到工艺水箱或其他用处。

3) 技术创新点及主要技术经济指标

该技术利用脱硫装置入口烟气的余热，为脱硫废水蒸发结晶提供热源，既利用余热，又可以降低烟气温度 4~8℃，并降低脱硫系统的水耗。不需要对脱硫废水预处理，以脱硫废水中的石膏固体颗粒物作为结晶晶种，实现脱硫废水中离子自结晶。处理过程不添加药物，处理后的固体产物为石膏和结晶盐，可独立排放或与石膏、粉煤灰或干渣混合排放。

蒸发出的洁净水回用，回用率 90%，脱硫废水蒸发冷凝后的水可以再用于脱硫系统。运行成本为 8.22 元/t 废水(烟气余热满足废水处理量要求)。

4）技术来源及知识产权概况

自主研发，获发明专利授权 1 项。

王仕龙，韩平，缪明烽，等. 一种脱硫废水处理系统. ZL201510736929.5，2019-3-5.

5）实际应用案例

应用单位：神华国能天津大港发电厂有限公司。

建设一套处理脱硫废水量为 30t/h 的示范工程，自运行以来，系统运行稳定。实现水资源回收率 90%。直接运行成本 8.22 元/t 废水，达到低能耗、低运行成本的脱硫废水零排放。该技术具有低能耗、低运行成本，无废水、无废气产生，且水资源得到循环利用，达到减排的同时实现节能，具有广泛的推广价值。

8. 园区生产-废水按需处理与短程循环回用的成本最小化模型及优化求解技术

1）基本原理

基于全过程水污染控制策略，以新型供水预处理技术、工艺过程单元节水减排技术，以及末端废水强化处理技术等水污染控制技术单元和用水单元作为园区水网络的基本构成单元，并通过与园区供水、用水、排水、水回用等基本用水方式的组合，设计园区水网络超结构，以表达水污染控制单元技术在园区水网络中的集成和水网络优化的搜索空间，从园区整体的视角发掘潜在的节水减排潜力。在此基础上，利用数学规划法，建立以综合用水成本最低为目标的水网络优化数学模型。该方法在表达多污染物的复杂水网络、设定优化目标及约束条件等方面较图示的水夹点法体现出较大的优势，是目前研究复杂水网络优化问题的主要方法。通过优化模型的求解分析，获得实现园区水网络全局优化的单元、工序(或分厂)及工业园区尺度上水资源的利用方案，可为园区进一步节水减排、可持续用水提供新的思路和方法。

2）工艺流程

根据园区水网络全局优化模型建立及求解的需要，设计如下工作框架，具体流程如图 14-14 所示。

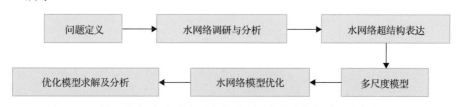

图 14-14　园区生产-废水成本最小化模型及优化求解技术工作框架流程图

(1)定义问题：以目标园区水网络为研究对象，明确水网络优化的目标和需满足的排放标准和生产用水排水要求。

(2)园区水网络调研和分析：对目标园区水网络开展深入的调研，收集整理园区供水、用水、排水、水处理及水污染的相关数据，以掌握园区水网络结构和操作特点，形成描述园区水网络需要的参数。

(3) 园区水网络超结构表达：在园区水网络调研和文献分析的基础上，开展各尺度水系统超结构设计，以描述各涉水单元间可能的连接关系和相互作用。

(4) 园区水网络多尺度模型：建立以水量平衡、典型污染物平衡为基础的各尺度水网络描述模型。

(5) 园区水网络优化模型：综合以上工作，建立面向园区水网络优化的数学模型。

(6) 园区水网络优化模型求解分析：通过构建不同情境下水网络优化问题的输入参数，进行求解分析，获得优化结果。

3) 技术创新点及主要技术经济指标

企业用水、排水要求日趋严格，单纯依靠局部生产工艺单元节用水、水污染控制技术改造创新，实现节水减排的难度很大，且水污染控制成本不断上涨，影响企业积极性。针对这一问题，本书采用全过程水污染控制的策略，突出整体优化。通过源头治理、工艺过程节水及末端治理等水污染控制单元技术在水网络中的综合集成，并结合废水直接/再生后重用和循环使用等水网络优化基本方法的应用，构建面向工业园区全水网络优化的超结构设计和优化模型，并以综合用水成本为优化目标，进行园区水网络集成优化方案的比选。具体包括：

(1) 提出多尺度水网络建模方法，充分发掘潜在的节水减排机会。

(2) 提出多出口涉水单元模型，建立了典型涉水单元统一的超结构表达。

(3) 园区水网络基于工序间水源-水阱的直接集成，以及以园区综合废水处理厂和供水厂为中心的间接集成相结合的构建方式。综合利用直接集成和间接集成两种方式的优点，充分发掘园区分质供水、按需用水及部分用水单元消纳废水的潜力。

(4) 充分考虑园区水网络优化的需求，设计配置文件输入各类参数，在结果输出文件中，可同时得到单元、工序、园区三个尺度优化的水网络结构和操作参数，便于进一步的处理和分析。

基于鞍钢集团的水网络的水质、水量和不同用水需求，采用开发的模型和求解方法，优化计算结果表明，在多种案例条件下，园区水网络优化后，综合用水成本和新水用量可降低 10% 以上，回用水使用量则增加 20% 以上，废水排放量有不同程度的降低。

4) 技术来源及知识产权概况

钢铁水网络全局优化方法为中国科学院过程工程研究所自主研发，基于多年的工业废水处理技术、过程系统工程、化学数据库等方面的研究积累。申请了软件著作权，具有完全知识产权。软件著作权名称：钢铁园区水网络集成优化软件[简称：水网络优化软件]V1.0，登记号：2018SRBJ0798。

5) 实际应用案例

应用单位：鞍钢集团。

根据鞍钢园区生产过程用水、排水及水处理等典型涉水单元、工序及园区水网络结构和操作特点，以及鞍钢提供的园区水网络结构和操作参数，开展园区水网络的优化。利用开发的优化程序，研究了不同条件下园区水网络的优化方案。优化计算结果表明，在多种案例条件下，园区水网络优化后，综合用水成本和新水用量可降低 10% 以上，回用水使用量则增加 20%以上，废水排放量有不同程度降低。其中，示范工程项目建成运行，实现全过程水污染控制的情况下，园区水网络优化后节水减排效果最显著，有望实现综合用水成本降低 20%，废水排放降低 30%以上。

本研究还可获得不同尺度水网络优化的结构和操作参数，作为园区水网络优化及管控的参考依据。例如，园区水网络优化时，以炼铁和炼钢工序作为主要的废水消纳点，并且两个工序用水点较多且水质要求不同，可充分利用一级或多级串接的方式，优化工序水网络；为了实现园区整体的节水减排，还需从园区尺度对供水进行优化，调整新水、回用水和脱盐水在各工序的分配，采用按需供水的方式对各工序供水，并安排脱盐水的生产。图 14-15 为钢铁园区水网络多尺度全局优化框架。

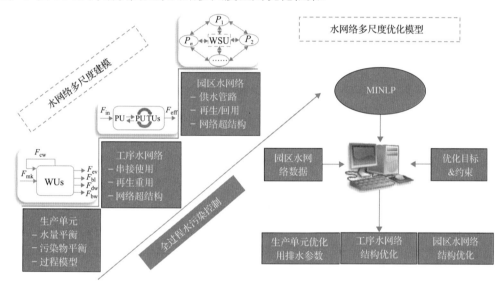

图 14-15　钢铁园区水网络多尺度全局优化框架

14.3　辽河流域特大型钢铁工业园全过程节水减污技术工程示范

14.3.1　特大型钢铁工业园全过程节水减污技术示范工程基本信息

开展了特大型钢铁工业园全过程节水减污技术工程示范，基本信息见表 14-2。

14.3.2　特大型钢铁工业园全过程节水减污技术示范工程

1. $3200m^3$ 高炉干法除尘示范工程

鞍钢本部新 1#高炉规模为 $3200m^3$，新建了一排式布置干法除尘工艺替代湿法比肖夫除尘工艺，并对现有的高炉煤气发电系统进行改造。高炉荒煤气经重力除尘器粗除尘后（含尘量≤5～10g/Nm³）进入干法除尘系统，经布袋除尘器处理后净煤气进入 TRT 机组发电，净煤气含尘量≤5mg/Nm³。干法除尘系统设有 12 套布袋除尘器，1 个大灰仓，每天清灰 1 次，卸灰过程喷水抑尘。

表 14-2 特大型钢铁工业园全过程节水减污技术示范工程基本信息

编号	名称	承担单位	地方配套单位	地址	技术简介	规模、运行效果简介	技术推广应用情况
1	3200m³高炉干法除尘示范工程	鞍钢集团工程技术有限公司	鞍钢股份有限公司能源管控中心	辽宁省鞍山市鞍钢厂区内	采用一排式布置高炉干法除尘工艺替代湿法比肖夫除尘工艺，节省占地面积和钢结构20%，除尘效果好，发电量提升	鞍钢新1#高炉规模为3200m³，实施干法除尘改造示范工程后，净煤气含尘量为2mg/Nm³，水消耗为零，发电量提高87.7%，每年经济效益3865万元	应用推广于鞍钢内新3#高炉煤气湿法除尘改干法项目
2	400m³/h焦化废水深度处理示范工程	鞍钢集团工程技术有限公司	鞍钢化学科技有限公司(原鞍钢股份有限公司化工事业部)	辽宁省鞍山市鞍钢厂内	采用色度-有机物-氰络合物协同吸附去除技术，复合催化剂强化臭氧催化氧化物技术，对焦化废水生化处理二沉池出水进行深度处理，有效去除废水中的悬浮物、COD及总氰化物，出水稳定达标	工程处理规模400m³/h，出水COD≤80mg/L，总氰化物≤0.2mg/L，满足GB 16171—2012标准要求。每年减排COD 500.0t，氰化物21.67t，折合经济效益32.6万元	推广应用于攀钢集团炼铁厂焦化废水处理工程中，处理规模300m³/h，已投入运行，出水达标。COD减排184t/a，总氰减排4.7t/a
3	2000m³综合废水深度处理与循环利用示范工程	鞍钢集团工程技术有限公司		辽宁省鞍山市铁西区鞍钢厂内	采用色度-有机物-氰络合物协同吸附去除技术去除总氮、色度和有机物，采用生物滤池和反硝化滤池深度去除总氮，催化臭氧氧化进一步去除COD	工程处理水量2000t/h，处理出水COD<30mg/L，总氮<5mg/L，氨氮<15mg/L，总氰<0.2mg/L，处理出水86.7%在厂区内回用	推广应用于本钢集团
4	1300MW海水冷却煤电厂水处理与分级利用循环利用示范工程	神华国能天津大港发电厂有限公司	神华国能天津大港发电厂有限公司	天津市滨海新区(大港)	利用入口烟气中的余热为热源，以脱硫废水中的含盐颗粒作为晶种实现离子自结晶。蒸发出的凝结水回用	4×328MW机组配套30m³/h脱硫废水处理工程，水资源回收率90%。全厂单位发电量取水量降低18.41%	该技术低能耗、低运行成本，无三废产生，可推广
5	2400MW水冷风冷混合型煤电厂水处理与分级分质循环利用示范工程	神华国能山西鲁能河曲发电有限公司	山西鲁能河曲发电有限公司	山西省忻州市河曲县文笔镇沙畔村	经预处理、纳滤-反渗透-电渗析膜组合工艺和蒸发结晶工艺处理脱硫废水，回用水达到反渗透淡水水质	4×600MW机组配套25m³/h脱硫废水处理工程	相关的纳滤脱盐、电渗析技术正在推广至煤化工废水处理

该工程项目 2015 年立项,由鞍钢集团工程技术有限公司以合同能源管理方式(EMC)投资建设, 2017 年 4 月调试并投入运行。除尘装置处理后出口总管煤气含尘量为 2mg/m³(标况), 2018 年高炉煤气余压透平(TRT)发电量为 13589.3 万 kW·h,与改造前相比发电量提高了 87.7%。生产消耗水为零,仅在卸灰过程中少量喷水抑尘。该技术将在鞍钢本部 3#高炉中应用,在建工程如图 14-16 所示。

(a) 改造前湿法除尘系统照片

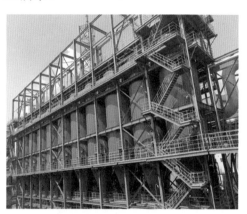

(b) 改造后干法除尘系统照片

(c) 改造前TRT机组照片

(d) 改造后TRT机组照片

图 14-16　高炉干法除尘系统改造前后除尘系统和 TRT 机组照片

2. 400m³ 焦化废水深度处理示范工程

化工总厂五期焦化废水处理系统包括:预处理、生化处理和混凝处理,但出水 COD 仍在 150mg/L 左右,且总氰化物浓度高达 5～10mg/L,无法达到国家一级排放标准及新发布的排放标准。并且常规处理后废水的色度仍然超标,需要进一步进行深度处理。

工程设计处理规模为 400m³/h,通过色度-有机物-氰络合物协同吸附去除技术去除生化处理系统二沉池出水 70%以上的悬浮物和 45%左右的 COD,氰化物浓度降低至 0.2mg/L 以下,再进入多介质过滤去除混凝出水中的絮状沉淀物质,减少对后续臭氧处理工艺的影响;最后采用臭氧在高效催化剂协同作用下氧化水中的难降解有机物,使出水 COD 降至 80mg/L 以下。示范工程于 2017 年 10 月投入生产运行,至今保持稳定运行。

工程出水主要指标稳定可靠达到 COD≤80mg/L、总氰化物≤0.2mg/L，达到《辽宁省污水综合排放标准》(DB 21/1627—2008)和《炼焦化学工业污染物排放标准》(GB 16171—2012)要求。可实现减少 COD 排放量 500t/a、氰化物 21.67t/a。该技术成功推广应用于攀钢集团炼铁厂焦化废水处理工程中，该工程处理规模 300m³/h，目前已投入生产运行，出水完全达标(COD 减排 184t/a，总氰减排 4.7t/a)，工程见图 14-17。

(a) (b)

图 14-17　焦化废水深度处理催化塔(a)和过滤器(b)照片

3. 2000m³ 综合废水深度处理与循环利用示范工程

示范工程采用"高效脱氰混凝沉淀+BAF+反硝化生物滤池+砂滤池+臭氧氧化"集成工艺，逐级脱除废水中的总氰、色度、总氮、有毒有机污染物等，最终实现废水的达标排放或作为新水回用。示范工程于 2016 年 11 月实现出水全部达标，工程投资 5800 万元；占地面积 10000m²，建筑面积 5300m²(图 14-18)。出水 COD<30mg/L，氨氮<5mg/L，总氮<15mg/L，总氰<0.2mg/L。出水水质良好，可实现 86.7%出水在厂区内回用。每年节约新水 1138.8 万 m³，减少废水排放量 1138.8 万 m³，直接经济效益 4802 万元。

4. 1300MW 海水冷却煤电厂水处理与分级分质循环利用示范工程

工程采用烟气余热闪蒸自结晶脱硫废水零排放技术，利用脱硫装置入口烟气的余热，为脱硫废水加热通过热源；利用脱硫废水中的自身离子特性，不需要预处理直接进行多效闪蒸结晶，得到混合固体，其成分基本与脱硫产物的石膏相同。脱硫废水由进料泵送入第一效分离器内的汽液二相入口交界面处，利用 FGD 入口烟气余热作为热源，在相应的真空下原料液在第一效分离器中经第一加热室均匀地在加热管内壁从下向上流动，在加热器上端设有专门的汽液两相共存的沸腾区，物料在沸腾区内气液混合物的静压使下层液体的沸点升高，沸腾物料进入第一效分离室完成气、液分离，物料在第一效系统内经多次循环后，完成初步浓缩的料液进入第二效分离器。经过同样的技术流程，废水进入第二效系统和第三效系统，产生含水率小于 15%的固体，其成分与现有的脱硫石膏基本一致，与石膏固体混合一起排出。蒸发出的水经过冷凝后，回到工艺水箱或做其他用处。

(a) 工程建设前

(b) 工程实施过程中

(c) 建成后效果图

图 14-18 综合废水深度处理与循环利用示范工程建成前后对比照片

2016 年 12 月前完成调试及试运,自 2017 年 11 月以来系统运行正常。该脱硫废水零排放示范工程处理能力为 30t/h,可实现水资源回收率>90%。直接运行成本为 8.22 元/t 废水,实现了低能耗、低运行成本的脱硫废水零排放(图 14-19)。

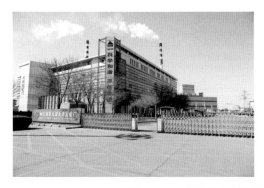

图 14-19 大港发电厂和脱硫废水三效蒸发处理系统

5. 2400MW 水冷风冷混合型煤电厂水处理与分级分质循环利用示范工程

河曲电厂 4×600MW 机组脱硫废水零排放示范工程,设计水量规模为 25m³/h。脱硫废水首先通过石灰软化、絮凝除杂、过滤等预处理,采用催化臭氧分解深度脱除有机物,然后进入超滤单元去除废水中的细小颗粒悬浮物与胶体物质,作为后续单元的预处理。超滤出水进入纳滤,利用高选择性纳滤单元将氯离子选择性透过,浓水回用到烟气脱硫单元,产水主要是氯化钠,进一步通过电渗析浓缩,然后 MVR 蒸发后进行结晶,得到氯化钠,蒸馏水回用于循环水。电渗析的淡水进入反渗透进行处理,反渗透淡水回用于循环水,反渗透浓水返回到电渗析进水进行处理。

示范工程于 2018 年 11 月完成招标,2019 年 1 月完成初设,2019 年 3 月开工(图 14-20)。预计每年可副产工业氯化钠 5000t,直接效益可达 150 万元/a,间接效益初步估算为 1000 万~1500 万元/a。可稳定实现全厂废水零排放,年减少废水排放量 15 万 m^3,全厂新鲜水消耗降低 10%以上。

图 14-20　河曲电厂和废水处理系统改造施工现场

参 考 文 献

[1] Nawaz F, Xie Y B, Xiao J D, et al. The influence of the substituent on the phenol oxidation rate and reactive species in cubic MnO_2 catalytic ozonation. Catalysis Sciences Technology, 2016, 6: 7875-7884.

[2] Xiao J D, Xie Y B, Cao H B, et al. Towards effective design of active nanocarbon materials for integrating visible-light photocatalysis with ozonation. Carbon, 2016, 107: 658-666.

[3] Nawaz F, Cao H B, Xie Y B, et al. Selection of active phase of MnO_2 for catalytic ozonation of 4-nitrophenol. Chemosphere,2016, 168: 1457-1466.

[4] Guo Z, Zhou L B, Cao H B, et al. C_3N_4-Mn/CNT composite as a heterogeneous catalyst in the electro-peroxone process for promoting the reaction between O_3 and H_2O_2 in acid solution. Catalysis Science & Technology, 2018,8: 6241-6251.

[5] 刘新雨, 赵月红, 王青杰, 等. 煤化工废水脱酚萃取剂计算机辅助设计. 计算机与应用化学, 2017, 34: 363-368.

[6] Liu X Y, Zhao Y H, Ning P G, et al. Modified structural constraints for candidate molecule generation in computer-aided molecular design. Industrial Engineering Chemical Research, 2017,57: 6937-6946.

[7] Chen G H, Li J, Tabassum S, et al. Anaerobic ammonium oxidation(ANAMMOX)sludge immobilized by waterborne polyurethane and its nitrogen removal performance-a lab scale study. RSC Advances, 2015, 5(32): 25372-25381.

[8]　Zhang K L, Zhao Y H, Cao H B, et al. Optimization of the water network with single and double outlet treatment units. Industrial Engineering Chemical Research, 2017, 56: 2865-2871.

[9]　Zhang K L, Zhao Y H, Cao H B, et al. Multi-scale water network optimization considering simultaneous intra- and inter-plant integration in steel industry. Journal of Cleaner Production, 2017, 176: 663-675.

[10]　Jin S, Chen M, Li Z, et al. Design and mechanism of the formation of spherical KCl particles using cooling crystallization without additives. Powder Technology, 2018, 329: 455-462.

[11]　苏楠楠. 煤化工高盐废水分质结晶过程研究. 天津: 天津大学, 2018.

[12]　李鑫钢, 谢宝国, 吴巍, 等. 精馏过程大型化集成技术. 化工进展, 2011, (1): 40-46.

[13]　刘德新. 精馏塔板气液两相流体力学和传质 CFD 模拟与新塔板的开发. 天津: 天津大学, 2008.

第15章

辽河流域分散式污水治理技术产业化

随着农村经济快速发展、农业集约化程度不断提高，农村面源污染问题日益突出[1]，流域分散式污染已成为流域污染物排放的重要来源和组成部分[2]，所占比例越来越大。由于地处北方寒冷缺水地区，辽河流域分散式水污染治理难度大，治理技术及产业化发展较为缓慢，迫切需要开发适合北方寒冷地区的、经济适用的分散式水污染治理技术，并进行设备化、标准化和规范化，以推进农村涉水面源污染治理。"十二五"期间，水专项辽河流域分散式污水治理技术产业化研究，突破了北方寒冷地区分散式污水治理关键技术和设备成套化的瓶颈问题，创新了以"辽宁水环境污染治理产业技术创新平台"为产学研用转化平台，以"环保管家"一站式服务、"以城带乡"运维模式为保障的产业化机制，构建了适合辽河流域的分散式污水治理技术产业化模式，破解了农村涉水面源污染治理难题，大幅提升了辽河流域分散式污水治理能力，在辽河流域支流河水质改善、美丽乡村建设中发挥了重要作用，打造了辽宁环保龙头企业，有效带动了环保产业发展，培育了辽河流域新的经济增长点，实现了环境效益、经济效益和社会效益的有机统一。

15.1 概　　述

15.1.1 研究背景

"十一五"末期，重点流域主要工业点源废水和城市生活污水基本得到了集中有效处理，但分散式污染成为流域污染物排放的重要来源和组成部分，所占比例也越来越大[3]。《第一次全国污染源普查公报》显示，农村畜禽养殖业污染已成为最重要的农业面源污染之一[4]。同时，辽河流域辽宁省境内农村人口所占比例较大[5]，占 438 万总人口的 37.90%，辽河上游河段即流经大量农村区域，面源污染占到了该区域污染物总量的 50%以上[6]，且大部分生活污水未经处理直接排放。此外，村镇中小企业屠宰、酿造、乳制品加工等农副产品加工行业废水问题也较突出，由于大多数企业受自身经济实力和技术条件制约，污水处理设施运行成本高、处理效率低，未达标直排或未经处理直排现象严重，给流域污染防治造成很大压力。

因此，如何开发出适合北方寒冷地区的分散式污水治理适用技术及设备，并进行产业化应用，解决农村污水治理普遍存在的成型成套设备少、已有技术设备化装备化程度低、建设运维成本高、市场推广难度大的瓶颈问题，同时也满足广大农村人口对生态宜居环境的渴望与诉求，项目以"技术研发—设备研制—工程验证与示范—设备与工艺系列化标准化规范化—产业化推广"为主线，以产业化机制构建为目标，构建了合理可行的辽河流域分散式污水治理技术产业化模式，实现了 10 个系列化设备 41 个工程项目的产业化推广，破解了农村涉水面源污染治理难题，助推了辽河流域美丽乡村建设。

15.1.2　分散式污水治理技术产业化成果与应用

1. 搭建了"辽宁水环境污染治理产业技术创新平台"，加速了分散式污水治理的产学研用转化进程，推进了产业化发展

借助水专项顶层设计及"辽河流域分散式污水治理技术产业化"项目的实施推进，项目承担单位成功申报了辽宁省"辽宁水环境污染治理产业技术创新平台"并获批建设，该平台也是辽宁省唯一一个环境污染治理的产业技术平台。平台通过开展村镇污水治理设备及产品研发、污水处理与回用、农村环境污染综合整治、政策支持与社会服务等方面技术、设备、管理、咨询的创新与服务，进一步利用企业已有的技术研发、设备研制、生产线生产能力的硬件条件，形成一批具有自主知识产权、科技含量高、适用性强的核心技术与成套设备，同时对具有市场价值的重要科研成果进行工程化开发，提高其产业化应用规模和水平，带动该领域产业高质快速发展。并通过企业参与制定相关标准、规划、导则、政策和行业技术发展报告等，为政府规范行业行为、构建管理体系提供技术支撑。

借助辽宁水环境污染治理产业技术创新平台的申报与建设，与项目产学研平台建设目标进行了有机融合，搭建起了一座政府-企业-科研单位-用户的多方合作桥梁，紧密结合辽河流域农村分散式污水环保产业发展的现状及需求，发挥各方能动性。因用户、市场及产业的需求，促进政府部门加速标准规范的制定；因知识产权转化平台的打通，科研单位积极研究开发适合市场及产业发展的适宜技术；企业作为产业化的主体，积极转化适宜用户需求的分散污水处理成套设备，并经过用户及市场的考验，获取一手运行资料，积极反馈给各方，形成滚动机制，合作开发满足不同用户需求和产业发展需求的系列化产品，形成分散污水处理产业的良性循环。

多方合作过程中，一方面充分发挥清华大学、哈尔滨工业大学等国内一流科研院所科研实力进行关键技术研发，积极推进辽河流域各级环保部门制定标准、规范、政策等强化科学管理；另一方面深度挖掘企业自身研发、设计、咨询、检测、市场开发、工程施工及运维等优势，短短 4 年间开发了分散式污水治理关键技术，搭建了现场实验室和中试基地，建设了玻璃钢、碳钢环保设备生产线，形成了标准化、系列化成套设备，完成了《辽河流域分散式污水治理技术规范(建议稿)》，内容涵盖小型屠宰与肉类加工废水治理技术、规模化厌氧发酵成套设备、一体化潜水导流式氧化沟处理工程、人工湿地污水处理工程等技术规范，规范了行业管理，为辽宁省即将颁布实施的《辽宁省农村分散型污水治理技术指南》提供了重要支撑，最终进行了示范工程的转化与验证，完成了大量的产业化推广。通过水专项项目实施与平台协同建设，大大加速了产学研用转化进程，为辽河流域分散式污水治理提供了重要支撑。同时，平台也成为项目单位的一个创新基地、实验基地、人才培养基地和教育基地，辐射作用显著，形成了一大批科研成果及示范、转化的工程项目，为企业提升研发实力、塑造企业形象和影响力起到了关键作用，进而也促进项目牵头单位——辽宁北方环境保护有限公司于 2017 年度成功获批高新技术企业资格，并以北方公司为核心企业，成立了辽宁省环保集团，辽宁省政府旨在借此

打造辽宁国企环保航母。

2. 创新了分散式污水治理技术产业化保障机制，打通了政府、市场与企业的沟通交流渠道，构建了辽河流域分散式污水处理环保产业发展新模式

产业化实现与发展是一个复杂的系统工程[7]，而科学合理、持续可行的产业化机制又是推进产业化可持续发展的重要保障。项目对分散式污水治理技术产业化机制进行了深入探讨，创新实施了"环保管家"一站式服务、"以城带乡"小型污水处理设施运营等服务模式和保障机制，解决了美丽乡村建设过程中环保工艺过于零散与治理工程过于单一，难以提高全方位、高质量、系统化的专业服务等区域共性问题，构建了适合辽河流域的分散式污水治理技术产业化模式。

"环保管家"一站式服务模式，即与辽河流域经济发展较好的乡镇签署"环保管家"服务协议，对村镇的区域环境问题做出全面系统的诊断，确定畜禽养殖污染治理、小型污水治理、生态环境综合治理等多个治理技术工艺合理实用的工艺包，提供成本低廉、操作简单的工程设备，提供优质可靠的后期运维服务。通过对村镇范围内分散式污水污染问题进行打包处理，从而确保区域分散式污水治理成本可接受、环境效益可评估、运营服务可保障，进而契合国家供给侧改革举措，促进农村人居环境治理常态化、可持续化的发展需求，借助水专项项目成果与产出，与抚顺、本溪、阜新、葫芦岛等 10 多个市(县)签署了"环保管家"协议。同时项目也提出了"以城带乡"的污水处理设施运营模式，即针对乡镇污水处理及分散式污水处理的设施运营，长期因人员、成本等问题无法稳定运行的现状问题，结合项目牵头单位或第三方运维公司在城镇集中式污水治理技术及运维技术相对成熟的已有条件，将城镇污水处理厂的运营团队和专业能力进一步辐射至村镇污水处理站，在城镇污水处理厂建立"1 拖 N"指挥中心，通过远程视频、专家指导、预警报警等功能开发，实现辐射半径内的 N 个村镇污水处理站近无人值守、故障远程排除等能力，从而大幅降低了村镇污水处理站在人员、药剂、能耗、运维等方面直接成本近 50%，充分实现了"城乡"互利共赢，为分散式污水治理技术产业化的可持续发展提供了保障。

构建的产业化模式，积极有效促进市场的深度挖掘，使分散式污水治理成套设备的产业化推广得以顺利开展，项目共完成了 41 个产业化项目，推广 10 个系列 9 个子系列成套设备 600 余套，市场开发份额在辽河流域畜禽粪污厌氧发酵治理占到 60%、小型生活污水处理占到 30%、人工湿地污水处理占到 80%、农副产品加工行业废水治理占到 50%，共实现产值 2.23 亿元，在改善农村水环境质量的同时，环保技术设备的产业化也因此成为辽河流域新的经济增长点，实现了环境效益、经济效益和社会效益的有机统一。

3. 开发了辽河流域分散式污水治理成套技术和设备，突破了工程转化的瓶颈问题，助推了辽河流域美丽乡村建设

辽河流域农村面源污染问题严重，加之北方寒冷地区的特殊性，导致辽河流域分散式污水治理难度大，工程转化瓶颈问题多。在"十一五"水专项研究成果基础上，以治理有效、资源利用、绿色生态的产业化推广为目标，发挥产业技术创新平台综合优势，从工程实践出发，发现问题、破解难题，为乡村振兴战略实施提供了技术支撑。

课题开展了畜禽粪污高效厌氧发酵技术、发酵产物利用技术研发，集成优化了粪污、餐厨垃圾、棚菜作物及秸秆等多原料预处理一体化技术[8]、破壳搅拌技术、改进型 USR 厌氧发酵技术、内置热能转化技术[9]、正负压气水分离保护技术、沼液浓缩等关键技术，突破了北方寒冷地区沼气工程冬季运行不稳定的工程技术难题，实现了反应器内反应温度全年保持 35℃左右，容积产气率高达 1.5m³/(m³·d)，较同类产品提高了 10%～20%，有机物降解率超过了 70%，沼液浓缩减量可达 80%以上，解决了沼液消纳难题，实现了沼渣液肥料制备的资源化利用；开展了小型生活污水的潜水导流氧化沟处理技术开发，采用液下曝气，创新了导流筒设计，实现了曝气设备和推流设备的一体化，改善了氧化沟的循环流态，实现了小动力强搅拌，属国内首创。该技术在–23℃低温环境下仍可稳定运行，氧利用率(Ea)高达 34%，为转刷曝气机的 2.5 倍、倒伞式曝气机的 1.3 倍，实现了对污水的低温高效脱氮效果，解决了氧化沟工艺在北方寒冷地区冬季运行达标困难的工程问题；为提高村镇污水处理效果，在污染治理的同时增强生态景观效果，还开展了高效人工湿地"基质-菌剂-植物-水力"四重协同净化系统研究，研发了功能材料、低温复合菌剂、植物多样性耦合配置技术，采用纵向保温、横向均匀布水防堵的基质结构，以及水力负荷优化、液位无级调节等工程技术，保证了冬季低温环境下湿地工程正常运行，实现了气温–40～–20℃、水温接近 4℃的条件下，COD、氨氮和总磷的去除率分别为 31.58%、31.38%和 26.19%，污染物去除效果显著，突破了寒冷地区人工湿地低温环境条件下脱氮效果差的工程瓶颈。

在上述技术研发基础上，还研制了 TW 系列高浓度物料高效厌氧发酵成套设备、GQ/GD 系列一体化氧化沟成套设备、DN50～300 均匀布水成套设备等 10 个系列 9 个子系列分散式污水治理成套设备，实现了标准化、规范化、模块化，确保在工程应用中操作简单，安装快速，缩短工期，减少直接投资费用，如畜禽粪污多原料预处理一体化设备，将粪污、餐厨垃圾、棚菜作物及秸秆等多原料在同一设备中进行预处理，实现了重相、中相、轻相物料的有效分离，减少占地 50%；人工湿地液位调节设备，突破了传统的混凝土结构池的设计方式，进水、布水、集水装置全部由玻璃钢设备替代，缩短工期30%，降低工程投资 20%；潜水导流曝气器，创新了导流筒设计，氧利用率高，节能效果好，能耗降低近 40%，氧化沟工艺总图布置节省占地 15%。

项目成果显著，共申请专利 14 项，其中发明专利 11 项(9 项已被授权)，获得省部级科学技术进步二等奖 1 项、三等奖 1 项，出版专著 1 部，这些成果技术分别应用在沈阳、抚顺、铁岭、盘锦、锦州、阜新等辖区 51 个县、乡镇、村的分散式污水治理项目上，大大削减了拉马河、寇河、细河、绕阳河、古城河、沙河、清河等十几条辽河流域支流河的入河污染物排放量，年削减 COD 10159t、氨氮 1015t，积极促进了辽河流域新民、大洼、台安、雅河等 30 余个乡镇村成功申报国家级、省级生态乡镇、生态村，大力助推了美丽乡村的建设，如本溪桓仁满族自治县雅河乡边哈生态农庄项目，建以 500 立厌氧反应器为主体的大型沼气工程，日收集处理雅河乡周边地区 10 个村镇的鲜粪、污泥、棚菜作物、秸秆杂草等 7.1t，畜禽尿及冲洗水 10.6t。年生产沼气约 18.4 万 m³、沼液约 6099t、沼渣约 361t。产生的沼气用于冰葡萄酒品酿造、消毒及园区炊饭、取暖；沼液、沼渣供

500 亩葡萄园及周边蔬菜大棚的蓝莓、黑花生、刺五加等营养植物施用，有效解决了雅河乡的农村生产生活污染直排问题，形成了区域绿色生态循环链条，打造了一个乡村文明、生活富裕、整洁美丽的边哈生态农庄(图 15-1)。

图 15-1　课题助推美丽乡村建设成果图

15.2　辽河流域分散式污水治理技术创新与集成

15.2.1　分散式污水治理技术基本信息

创新集成了分散式污水治理技术 4 项，基本信息见表 15-1。

15.2.2　分散式污水治理技术

1. 高效厌氧发酵技术

1) 基本原理

畜禽粪污、垃圾、秸秆等物料经除砂、大粒径物料粉碎、预酸化、调质等预处理工序后，进入反应器，在厌氧条件下通过微生物的代谢活动将物料中大部分可生物降解的有机质分解，转化为甲烷和二氧化碳[10]。产生的沼气可通过热能转化设备转化为热能进行利用或提纯后作为商品销售，沼液可作为液体肥料直接利用或经浓缩制液肥后利用，沼渣可作为固态肥料施用[11]。

2) 工艺流程

工艺流程为"预处理—厌氧发酵—沼气热能转化—沼液沼渣综合利用"。具体如下：

(1)将畜禽粪便、农村生活垃圾、秸秆、杂草等有机废弃物进行预处理，去除物料中的泥沙，同时将秸秆、杂草等低密度物料彻底粉碎，与中密度物料完全混合。

(2)经预处理后的物料进入厌氧反应器进行厌氧发酵，反应器内的搅拌器对物料进行间歇式搅拌，内置热能转换机对器体进行热量供给，确保发酵温度全年保持在 35℃ 左右，物料在反应器内停留 20～25 天。

(3)发酵产生的沼气经脱硫净化后进入沼气热能转化设备，通过燃烧转化成热能进行利用；或经分离提纯后获得高品质生物天然气和高纯度二氧化碳。

表 15-1　分散式污水治理技术基本信息

编号	技术名称	技术依托单位	技术内容	适用范围	启动前后技术就绪度评价等级变化
1	高效厌氧发酵技术	辽宁北方环境保护有限公司	集成了多原料一体化预处理、改进型 USR 厌氧发酵、沼气热能转化、沼渣液资源化利用等关键技术，预处理设备较传统分体式处理设施节约占地面积约 50%，减少装机功率约 30%，厌氧反应器产气率较同类产品提高 10%～20%，突破了沼气工程自身热平衡瓶颈，解决了寒冷地区沼气工程运行不稳定难题	农村地区畜禽养殖废弃物、垃圾、秸秆等可发酵有机物处理	5 级提升至 8 级
2	潜水导流式氧化沟污水处理技术	辽宁北方环境保护有限公司	研发了潜水导流曝气设备技术，实现了对污水的低温高效脱氮，解决了北方寒冷地区冬季运行达标困难等问题；采用"预处理—潜水导流式氧化沟—二沉池—消毒"工艺，出水可达 GB 18918—2002 一级 B 标准；采用"预处理—潜水导流式氧化沟—深度处理—消毒"工艺，出水可达一级 A 标准	农村分散式小型生活污水处理	5 级提升至 8 级
3	"基质＋菌剂＋植物＋水力"人工湿地四重协同净化技术	辽宁北方环境保护有限公司	集成优化了复合水平潜流-垂直流人工湿地组合技术；确定了适合于北方寒冷地区低温条件的有机物降解菌、脱氮细菌、除磷细菌 10：0.5：0.5(体积比)以及低温硝化细菌、低温硝化菌群、低温反硝化细菌 1：1：1(浓度比)的配置方案；确定了鸢尾-香蒲-菖蒲三种土著植物以 1：1：1 的多样性配置方案；研制了人工湿地均匀布水设备与液位调节设备，采用玻璃钢材料并实现了模块化生产，工期节约 30%左右，直接投资费用节约 20%左右；构建了"基质＋菌剂＋植物＋水力"人工湿地四重协同净化系统，氮、磷去除率提高 7%～10%	北方寒冷地区分散式生活污水	5 级提升至 8 级
4	改良的预处理-UASB-MBBR 组合工艺处理高浓度乳场废水技术	辽宁北方环境保护有限公司、沈阳建筑大学	工艺采用预处理—厌氧生物处理—A/O 生物处理—深度处理联合工艺，预处理采用水力筛及初沉，厌氧生物处理选择 UASB 工艺，A/O 生物处理采用分段进水多级 A/O 式 MBBR 工艺，深度处理采用砂滤罐+活性炭过滤工艺，解决了现场工期长，污水处理成本高的技术问题，同比工期缩短 20%，处理成本缩减 20%～40%	奶牛养殖场牛粪废水	5 级提升至 8 级

(4)发酵产生的沼液沼渣通过固液分离机进行分离，沼液可直接作为有机肥利用或进行浓缩制肥后外销，沼渣可作为肥料进行利用或生产有机肥。

3)技术创新点及主要技术经济指标

A. 技术创新点

本书针对农村畜禽养殖污染问题和高效厌氧治理技术产业化需求，突破了四项关键技术：一是研发了多原料预处理一体化技术，该技术集砂料剥离、长纤维物料粉碎与混合，沉砂外输等功能于一体，实现了重相、中相、轻相物料在同一设备的有效分离，轻相中秸秆等纤维性物料的多次环流粉碎，重相中泥沙的及时排除，解决了发酵原料来源单一、供应不足导致沼气工程运营不稳定、秸秆和杂草等纤维性物料难溶、细粒径砂难以去除及管线易堵塞等问题。二是研发了高浓度高效厌氧发酵技术，该技术集专用节能破壳搅拌技术、内置热能转化技术和正负压气水分离保护技术等关键技术于一体，突破了厌氧反应装置在北方寒冷地区冬季无法稳定运行的技术难题，确保反应温度全年保持在 35℃左右，实现了产气的连续性和稳定性。三是集成碟管式反渗透(DTRO)浓缩沼液技术和液体灌装自动计量技术，解决了沼液的高值利用，突破了传统沼气工程产业化推广沼液有效利用的瓶颈。四是通过对厌氧发酵成套设备的标准化设计，产品的系列化研发，核心部件的模块化制造，工程建造标准的规范化，减少土建工程量约 30%，缩短建设工期 25%以上，解决了传统沼气工程施工工序繁杂，建设周期长，建造费用高的问题，促进了沼气工程相关装备的产业化发展。

B. 主要经济技术指标

多原料预处理一体化设备，可同时接纳处理畜禽粪便、农村生活垃圾、秸秆、杂草等有机废弃物，较传统分体式处理设备，占地面积减少 50%，装机功率降低 30%，并降低了操作和管理难度。

高浓度高效厌氧发酵技术集专用节能破壳搅拌技术、内置热能转化技术和正负压气水分离保护技术等关键技术于一体[12]，有效地解决了高浓度物料传热传质效率低、反应器结壳、管路堵塞、管路冻结等问题，并可使反应器的反应温度全年保持 35℃左右，容积产气率可达 1.5m³/(m³·d)、较同类产品提高 10%～20%，有机物降解率超过 70%，冬季产气率不低于全年平均的 70%。

DTRO 浓缩沼液技术，采用循环过滤方式，沼液浓缩倍数可提高至 6 倍，沼液浓缩过程中 COD、TN、氨氮、TP 的去除率分别高达 99.4%、93.2%、93.9%、99.6%，实现了厌氧发酵产出品的高效利用，确保工程系统零排放。

4) 技术来源及知识产权概况

自主研发，优化集成，获得发明专利授权 3 项。

王凯军，宫徽，郑明霞，等. 移动式沼液浓缩集成设备. ZL201310571680.8，2015-12-9.

王阳，汪国刚，王恒东，等. 单膜球形折叠气囊. ZL201410393482.1，2017-5-31.

王阳，汪国刚，伊平，等. 一体式气水分离保护器. ZL201410395292.3，2017-11-21.

5) 实际应用案例

A. 应用单位：沈阳市正旺奶牛专业合作社

沈阳市正旺奶牛专业合作社沼气工程位于沈阳市苏家屯区陈相镇，规模为 800m³，处理物料为牛粪便等，总投资 410 万元，工程于 2013 年 8 月建成，运行状况良好。

该沼气工程采用改进型 USR 中温厌氧发酵技术、预处理一体化技术、沼气热能转化技术，解决了农业有机废物资源化利用问题，突破了北方寒冷地区沼气工程冬季稳定运行的瓶颈，实现了产气的连续性和稳定性。工程以正旺专业合作社规模化奶牛场的养殖粪污、餐厨垃圾、棚菜作物及秸秆等为原料，日处理固体可发酵物 15t，尿及冲洗水 24t。年产沼气约 27.38 万 m³，沼渣约 426t，沼液约 3000t。工程产生的沼气替代燃煤解决了酸奶酿造生产蒸汽、宿舍和牛舍供暖、食堂炊饭及员工洗浴热水的能源需求；产生沼液、沼渣作为有机肥料供给基地的蔬菜大棚和玉米等粮食基地；玉米等加工成饲料供给奶牛场，牛奶、蔬菜等食品供给合作社食堂或外销，形成"种+养+加"一体化绿色生态循环链条。年可节约燃煤费用 15 万～20 万元，同时减排 COD 253t、氨氮 21.6t，有效改善了正旺奶牛专业合作社及周边地区的生态环境。

B. 应用单位：桓仁边石哈达生态农庄有限公司

桓仁满族自治县雅河乡边哈村畜禽粪污、农业垃圾混合发酵沼气工程位于桓仁满族自治县雅河乡边哈村，规模为 500m³，处理畜禽粪污、农业秸秆、餐厨垃圾混合物料，总投资 450 万元,工程于 2013 年 10 月建成,运行状况良好。

该沼气工程采用改进型 USR 中温厌氧发酵技术、多原料预处理一体化技术、沼气热能转化技术,同时集成了沼液滴灌技术,解决了大型沼气工程原料来源和种类单一的问题,突破了北方寒冷地区沼气工程冬季稳定运行的瓶颈,实现了产气的连续性和稳定性。工程以农庄周边分散养殖户的畜禽粪污及农庄的腐烂果蔬、餐厨垃圾等为原料,日处理固体可发酵物 7.1t,生产生活污水 10.6t。年生产沼气约 18.4 万 m^3,沼液约 6099.2t,沼渣约 361.4t。工程产生的沼气用于农庄炊饭、取暖和酒品酿造消毒的能源,沼渣作为底肥,沼液作为灌施肥用于农庄的葡萄园及蔬菜大棚施用,同时,农庄借助地域旅游资源优势,发展有机食品加工、冰葡萄酒酿造和旅游观光农业,形成了"种+养+加+销"一体化的绿色生态循环链条。工程年减排 COD 202t,氨氮 14t,既解决了边哈村及周边地区养殖污染问题,又促进了经济与环境的和谐发展。

2. 潜水导流式氧化沟污水处理技术

1) 基本原理

潜水导流式氧化沟工艺主要由水下电机、导流筒和空气管组成,导流筒内设置推流装置,空气由鼓风机提供,送至导流筒内,在水流的推动作用下,空气被稀释并随着水流方向扩散。该工艺采用专用潜水曝气设备[13],不与户外空气直接接触,防止冬季水温降低过多,适合寒冷地区应用。专用曝气设备同时具有曝气及推流功能[14],系统设备数量少,管理简便,后期维护费用低;具有导流功能,原水不会短路,均衡供氧,处理水质稳定;可实现氧化沟有效水深的增加,能极大降低占地面积和保持水温,降低工程造价,适应低温环境;可实现小动力强搅拌,促进氧化沟的循环流态,提高脱氮率,且能耗低。

2) 工艺流程

潜水导流式氧化沟污水处理工艺主要有以下两种工艺形式。

(1) 潜水导流式氧化沟系统基本工艺流程:预处理系统—潜水导流式氧化沟—二沉池—消毒等组成,污水经过预处理系统后进入潜水导流式氧化沟进行生物处理,出水经过二沉池泥水分离之后再行消毒排放,此工艺流程污水处理厂出水能够达到《城镇污水处理厂污染物排放标准》(GB 18918—2002)一级 B 标准。

(2)"预处理—潜水导流式氧化沟—深度处理—消毒"工艺,即在潜水导流式氧化沟后加深度处理工艺,则污水处理厂出水标准能够达到《城镇污水处理厂污染物排放标准》(GB 18918—2002)一级 A 标准。

3) 技术创新点及主要技术经济指标

A. 技术创新点

与传统表面曝气设备及竖轴式机械曝气设备相比,潜水导流式曝气器为一体化设备,将曝气设备和推流设备相结合,与曝气设备工艺相比,潜水导流式曝气器能耗相对较低,但是溶氧效率是转刷曝气机的 2.5 倍,是倒伞式曝气机的 1.35 倍。研究过程中增加了导流筒结构,在氧化沟内安装时,使水流只能从导流筒上方流入,下方流出,由于空气室设置在导流筒内，因此水流与空气充分结合，对原水均衡供氧，并且原水不会短路，处理水质稳定。同时，潜水导流式曝气器采用鼓风机送气，空气管将空气送至曝气推流设备中，曝气推流设备设置在氧化沟的底部，这样就彻底避免氧化沟内水体与空气直接接触从而造成热量散失快的缺点。这种充氧方式能够自由地切换厌氧搅拌和好氧搅拌，氧化沟的沟深也不受曝气设备的限制，使氧化沟的沟形及工艺设计更加灵活。采用潜水导流式氧化沟工艺的污水处理厂，与传统氧化沟工艺的污水处理厂相比占地面积节省 15%左右。

在此基础上研发的潜水导流式氧化沟工艺，因其导流式潜水曝气器采用液下曝气，可防止水温降低，给污水处理带来的不利影响，降低了热量消耗，从而保证氧化沟工艺在寒冷地区的稳定运行，实现了氧化沟工艺在寒冷地区稳定化运行，填补了国内空白。

B. 主要技术经济指标

潜水导流式曝气器在非满负荷的条件下运行时，当曝气量由 5.0m³/min 增加到 16.0m³/min 后，充氧能力由 30kg O_2/h 提高到 53kg O_2/h；满负荷下运行时，当曝气量为 24m³/min 时，充氧能力可达到 76kg O_2/h。其他曝气设备与其相比，转刷曝气机在功率为 7.5kW 的情况下，充氧能力仅为 10~14kg O_2/h，在功率为 15kW 的情况下，充氧能力仅为 20~27kg O_2/h，是潜水导流式曝气推流器充氧能力的 0.4 左右。倒伞式曝气机的最小功率为 22~37kW，相应的充氧能力是 60~94.5kW O_2/h，是潜水导流式曝气推流器充氧能力的 0.75 左右。

相比于其他表曝式氧化沟工艺采用的表面曝气方式过度搅拌水面，导致热量流失多、引起水温下降较快、微孔曝气方式设备较多、维修困难的问题，导流式潜水曝气器采用液下曝气，可以防止水温降低给污水处理带来的不利影响，保证氧化沟工艺在寒冷地区的稳定运行。同时，在充氧能力设计上具有较大突破，溶解氧效率较高，提高了污水处理效率，高效节能，降低了运行成本。

潜水导流曝气推流设备，实现了曝气设备和推流设备一体化，可实现单点曝气，容易形成溶解氧梯度，脱氮效果好，氧利用率(Ea)高达 34%。根据工程实际运行中的情况，潜水导流式氧化沟工艺可在–23℃低温环境下稳定运行，实现了对污水的低温高效脱氮，解决了氧化沟工艺在北方寒冷地区冬季运行达标困难的问题。

与传统氧化沟工艺相比，潜水导流式氧化沟污水处理工艺采用曝气推流一体化设备，设备数量少，减少了投资成本。同时，设备氧利用率高，电耗低，具有高效节能的特点，因此降低了运行成本。

4) 技术来源及知识产权概况

自主研发，获得实用新型专利授权 1 项。

赵军，王卓，王阳，等. 一种可用于低温环境下氧化沟工艺的导流式潜水曝气器. ZL201220720379.X，2013-6-26.

5) 实际应用案例

A. 黑山县八道壕镇污水处理厂工程

黑山县八道壕镇污水处理厂工程于 2014 年 8 月建成并试运行，工程规模 3000m³/d，工程总投资 803.17 万元，占地 8000m²。主体工艺采用低温潜水导流式氧化沟工艺，现污水处理厂出水已达到《城镇污水处理厂污染物排放标准》(GB 18918—2002)一级 B 标准，达标排放。通过该工程的实施，实现了 COD 年减排量 317.55t，氨氮年减排量 24.09t，有效地改善了当地环境卫生，为居民生活和工业生产提供了良好的环境。低温潜水导流式氧化沟工艺作为该工程的核心生化处理工艺，能够解决寒冷地区冬季运行不稳定问题，达到去除有机物、SS 和脱氮除磷的功能，使污水稳定达标排放。

B. 岫岩满族自治县新甸镇污水治理工程

岫岩满族自治县新甸镇污水处理厂工程于 2014 年 6 月建成，工程规模 3000m³/d，工程总投资为 1960.54 万元(含污水干管总长度 3070m)。主体工艺采用低温潜水导流式氧化沟+活性砂过滤，出水标准达到《城镇污水处理厂污染物排放标准》(GB 18918—2002)一级 A 标准，出水达标排放至烧锅河。通过该工程的实施，实现了 COD 年减排量 361.35t，氨氮年减排量 21.9t，使烧锅河水质得到明显改善，两岸的环境卫生也得到大大的改善，具有明显的环境、经济和社会效益。低温潜水导流式氧化沟工艺作为该工程的核心二级生化处理工艺，增加深度处理工艺后，能够达到一级 A 排放标准要求，实现了对污水的低温高效脱氮，解决了北方寒冷地区冬季运行达标困难等问题。

3. "基质+菌剂+植物+水力"人工湿地四重协同净化技术

1)基本原理

污水经前处理(A²/O 工艺)后经导流槽由布水槽均匀流入湿地处理系统，在湿地处理系统中通过水流方向的改变和湿地植物与低温菌剂复合体系的协同净化作用使污水中污染物得到净化。同时，根据季节环境温度的变化，通过对液位调节系统，实现对湿地系统水位的精准调控，确保人工湿地系统在低温条件下高效稳定地运行。

2)工艺流程

工艺流程为进水布水系统—"复合流人工湿地+功能生物强化产品"协同净化系统—液位调节系统—出水。具体如下：

(1)进水为经过预处理后达到人工湿地处理系统进水水质要求或者经过二级处理的城镇生活污水。

(2)经过前处理的污水进入"复合流态人工湿地+功能生物强化产品[15]"协同净化处理系统，经过水流状态的改变和植物-菌剂复合体系的作用，使污水得到进一步净化。

(3)为保证湿地系统在低温条件下稳定运行，当环境温度低于 0℃时，通过液位调节系统对湿地水位进行调节[16]，使湿地系统处于低水位运行状态。

(4)经过处理后的污水，满足《城镇污水处理厂污染物排放标准》(GB 18918—2002)一级 B 标准要求，排入受纳水体——寇河。其中，5~10 月出水可满足《城镇污水处理厂污染物排放标准》(GB 18918—2002)一级 A 标准要求。

3)技术创新点及主要技术经济指标

A. 技术创新点

研发了适合北方寒冷地区人工湿地冬季净化高效的低温(水温 4~10℃、气温–40~–20℃)脱氮菌、低温除磷菌、低温有机物降解菌功能生物强化产品[17]，确定了低温环境下湿地植物多样性配置方案，重点开发了低温菌剂与特征植物、基质的耦合，提高了菌剂在基质中的附着力，提高了氮磷去除率，构建的基质-菌剂-植物-水力四重协同净化系统，与传统湿地工艺相比，氮磷去除率提高了 10%左右。

同时，系统配以开发的人工湿地均匀布水设备与液位调节设备，进一步增强了北方寒冷地区湿地系统冬季运行的稳定性、高效性。人工湿地均匀布水设备基于渠堰式均匀配水技术研制，突破了传统管式配水不均匀的问题。人工湿地液位调节设备，通过旋转设备的螺旋操作杆，实现对湿地水位的精准调控，确保在气温降到冰点以下及在–40℃极端低温环境下，湿地系统仍可稳定高效运行。同时两类设备均突破了传统的混凝土结构的设计方式，实现了设备模块化，大大缩短了工期，降低了工程投资。

B. 主要技术经济指标

该技术包括复合流态人工湿地、低温功能性生物强化技术及产品、人工湿地均匀布水设备和人工湿地液位调节设备。

复合流态人工湿地，为水平流人工湿地与垂直流人工湿地串联组合构成，湿地床体处于不饱和状态，氧气可通过水流、大气扩散和植物传输进入湿地系统，提高了污水及基质中氧的转移效率，内部充氧更为充分，克服了单级湿地中要求所有净化过程都在一个处理系统中进行的弊端，充分发挥了水平流和垂直流湿地各自的优点，互相抵消各自的不足；与单一流态相比，COD 去除率可提高 22.58%、TN 去除率可提高 49.68%、TP 去除率可提高 45.28%[18]。

在复合流态湿地系统基础上，确定了鸢尾-香蒲-菖蒲三种土著植物以 1∶1∶1 的植株比例配置、种植密度为 68 株/m^2 的植物多样性配置方案；确定了低温有机物降解菌、低温脱氮功能菌和除磷功能菌，按 10∶0.5∶0.5 体积比进行投加和低温硝化细菌、低温硝化菌群、低温反硝化细菌三者等浓度投加的菌剂复配方案；开发了低温菌剂与特征植物、基质的协同净化系统。冬季的低温条件下，在菌剂与植物、基质的耦合、协同作用下，氮、磷去除率较传统人工湿地提高 10%左右。

人工湿地均匀布水系统，采用了渠堰式均匀配水技术，降低了配水设施投资，解决了传统管式配水不均的问题。人工湿地液位调节系统，突破了传统的混凝土结构池的设计方式，进水、布水、集水装置全部制作成玻璃钢材料的产品，实现了产品模块化，安装、操作简单，工期较传统混凝土构筑物建筑工期节约 30%左右，直接投资费用较传统混凝土构筑物费用节约 20%左右。该技术工程项目吨水处理费用仅为 0.18 元。

4) 技术来源及知识产权概况

自主研发，申请发明专利 1 项，获得实用新型专利授权 2 项。

杨基先，赵昕悦，邱珊，等. 一种降解生活污水复合菌剂的制备方法. CN201310507072.0，2014-1-29.

杨基先，赵昕悦，朱世殊，等. 一种人工湿地模拟系统出水调节装置. ZL201520090938.7，2015-7-22.

杨基先，赵昕悦，王立，等. 一种布水均匀的人工湿地装置. ZL201520332923.7，2015-9-9.

5) 实际应用案例

应用单位：西丰县污水处理厂。

西丰县污水处理厂位于铁岭市西丰县西丰镇第二橡胶坝西侧 50m，设计处理规模为 5000m³/d，采用"复合水平流-垂直流人工湿地组合+功能性强化生物产品"协同净化关键技术及人工湿地均匀配水、液位调节等专利设备，使辽宁最为寒冷的大片河涂滩地改造成人工湿地污水处理工程成为可能。该应用案例于 2013 年建成经调试后稳定运行，冬季低温条件下(水温 4~10℃、气温-40~-20℃)，COD 去除率为 31.58%，氨氮去除率为 31.38%，总氮去除率为 25.02%，总磷去除率为 26.19%。工程建设后改变了污水直排入辽河重要支流——寇河现状，有效削减污水中污染物质的排放量，可削减 COD 529.25t/a，氨氮 56.58t/a，大大改善了支流河的河流水质和西丰县居民生活环境。西丰县人民政府依托该湿地处理工程，结合当地的自然条件，建立了寇河湿地公园，为居民及游人提供了良好的休闲娱乐场所，为水专项科技成果的工程化、产业化推广提供示范与模板。

4. 改良的预处理-UASB-MBBR 组合工艺处理高浓度乳场废水技术

1) 基本原理

升流式厌氧污泥床反应器(UASB 厌氧反应器)是集有机物去除、泥、水、气三相分离于一体的集成化废水处理装置[19]，该装置的突出特点是厌氧反应器内可以培养沉淀性良好的颗粒污泥，形成污泥浓度极高的污泥床，具有容积负荷率高、污泥截留效果好、反应器结构紧凑等优良的运行特征。废水经厌氧处理后，可生化性提高，然后进入好氧移动床生物膜反应器(MBBR 反应器)进行处理。MBBR 反应器作为一种悬浮生长活性污泥法和附着生长生物膜法相结合的高效新型反应器[20]，兼具一般接触氧化反应器和流化床的优点，同时强化了污染物、溶解氧和生物膜的传质效果，在该处理单元中废水流经具有填料的反应器，与布满于填料上的生物膜广泛接触，并在生物膜上多种微生物(好氧、厌氧和兼氧菌同时存在)的新陈代谢功能作用下，使废水中的有机污染物和氨氮得以去除。

2) 工艺流程

工艺采用预处理—厌氧生物处理—A/O 生物处理—深度处理联合工艺，预处理采用水力筛及初沉，厌氧生物处理选择 UASB 工艺，A/O 生物处理采用分段进水多级 A/O 式 MBBR 工艺，深度处理采用砂滤罐+活性炭过滤工艺。

污水首先进入调节、沉淀池进行水量和水质的调节及初沉，经提升泵提入 UASB 反应器厌氧反应，UASB 排水进入 MBBR 反应池，MBBR 反应池为 3 段进水多级 A/O 形式，缺氧池和好氧池内分别填充悬浮填料，好氧池的氧气由鼓风机提供，MBBR 出水进入二沉池，二沉池污泥回流至 MBBR 厌氧池和好氧池，二沉池出水排入中间水池，经泵提升后进入砂滤罐，当水质不达标时，进入活性炭罐再处理，滤罐出水排入消毒池，消毒池内投加氯片进行消毒，处理后达标排放。

3) 技术创新点及主要技术经济指标

A. 技术创新点

奶牛养殖场废水具有很高的 COD、氨氮和悬浮物，处理工艺流程大多为预处理—厌氧处理—好养处理组合工艺,但是对于对成本控制要求较高的畜禽养殖业来说,该类水处理工艺流程的处理设施需要的投资大、运行费用高,迫切需要建设投资少、出水效果好、处理效率高、运维管理方便的处理技术和设备。改良的预处理-UASB-MBBR 处理技术与设备克服了传统处理工艺的弊端[21],采用自主研发与创新改良的一体化预处理设备、沼气热能转化器、定流量分配器等关键设备,并采用多级 A/O 分段进水 MBBR 处理工艺,降低了处理成本,提高了处理效果。

B. 主要技术经济指标

工艺进水 COD、氨氮分别高达 8000mg/L 和 300mg/L 以上,经处理后,出水满足设计要求 COD<50mg/L,氨氮<8(10)mg/L,削减量达 99% 以上,出水水质达到了《辽宁省污水综合排放标准》。其中预处理工艺单元包括预处理一体化设备、多功能固液体分离机和自清洗过滤器等关键设备,预处理一体化设备集成了砂水分离、沉砂提排、物料混合调配等多种功能于一体,主要应用于 UASB 厌氧反应器的前处理,具有布局紧凑、工艺流畅、预处理效果好、效率高等特点,有效解决了秸秆、杂草等物料的砂粒去除问题;多功能固液分离机主要用于粪水的干湿分离,固液分离效果好,一次分离可减少 14%~60% 固体悬浮物,可有效分离干物质浓度 1%~20% 的原料,性能可靠,故障率低;自清洗过滤器由楔形过滤筛网,可调速螺旋转刷,自动排污系统组成,截留直径大于 0.3mm 的杂质,并将杂质推向锥底,达到一定量后通过自动阀门定时排除,解决了细小浮渣易堵塞、难去除的难题。

厌氧处理工艺单元包括 UASB 厌氧反应器、集成式沼气热能转换器和小型常压沼气柜等设备。UASB 反应器内培养沉淀性良好的颗粒污泥,具有容积负荷率高、污泥截留效果好、反应器结构紧凑等特征;集成式沼气热能转换器利用沼气在自动燃烧器中高效率燃烧,产生的热量经热辐射管传递给箱体内的水,使箱体内水温迅速升高,加热后的水作为热源通过泵输送至 UASB 反应器;小型常压沼气柜内沼气通过加压风机输送至集成式沼气热能转换器,气囊设低压保护,防止过量抽吸气囊出现损坏。

MBBR 工艺单元采用 3 段进水多级 A/O 形式,缺氧池和好氧池填充比分别为 50% 和 30%,进水流量比为 40%∶30%∶30% 时,去除效果较好,并采用定流量分配器对水量进行分配,实现了各出水口定流量的出水。

4)技术来源及知识产权概况

优化集成,获得发明专利授权 1 项。

赵鹤谦,于鹏飞,苏杨,等. 一种多梯次缺氧—好氧生物反应器及其控制方法. ZL201510048460.6,2016-6-15.

5)实际应用案例

应用单位:辽宁辉山乳业集团救兵牧业有限公司。

松岗现代化奶牛养殖场牛粪废水处理工程规模为 100m³/d,投资额 400 万元,2014 年 5 月正式动工启动,于 2015 年 1 月竣工。废水主要来自奶牛养殖场日常清理后产生的污废水,包括榨乳厅清洗废水 50t 和粪便污水 50t。废水处理工艺采用改良的预处理-UASB-MBBR 处理技术与设备,克服了传统处理工艺的弊端,主要应用了自主研发与创新改良的一体化预处理设备、沼气热能转化器、定流量分配器等关键设备和用多级 A/O 分段进水 MBBR 处理工艺，降低了处理成本，提高了处理效果。工程年减排 COD 326.7t、氨氮 13.6t，解决了奶牛养殖场榨乳厅清洗废水和水冲粪的粪便污水污染问题，改善了奶牛养殖场周边的水环境。

15.3　辽河流域分散式污水治理技术工程示范

15.3.1　分散式污水治理技术产业化示范工程基本信息

开展了分散式污水治理技术产业化工程示范，基本信息见表 15-2。

表 15-2　分散式污水治理技术产业化示范工程基本信息

编号	名称	承担单位	地方配套单位	地址	技术简介	规模、运行效果简介	技术推广应用情况
1	沈阳市正旺奶牛专业合作社沼气工程	辽宁北方环境保护有限公司	沈阳市正旺奶牛专业合作社	辽宁省沈阳市苏家屯区陈相屯镇	工程示范了改进型 USR 厌氧发酵技术、多原料预处理一体化技术、沼气热能转化技术	800m³ 的沼气工程，实现削减 COD 253t、氨氮 21.6t/a	形成产业化项目 10 项，实现产值 4077.81 万元，削减 COD 3748.51t、氨氮 329.3t/a
2	桓仁满族自治县雅河乡边哈村畜禽粪污、农业垃圾混合发酵沼气工程	辽宁北方环境保护有限公司	桓仁满族自治县环保局	辽宁省本溪市桓仁满族自治县	工程示范了改进型 USR 厌氧发酵技术、多原料预处理一体化技术、沼气热能转化技术	500m³ 的沼气工程，实现削减 COD 202t、氨氮 14t/a	形成产业化项目 10 项，实现产值 4077.81 万元，削减 COD 3748.51t、氨氮 329.3t/a
3	沈阳军区某部队小型生活污水处理工程(站1、站2、站3)	辽宁北方环境保护有限公司		辽宁省锦州市	站 1 示范了高效回用小型一体化污水处理技术；站 2 示范了生物转盘污水处理技术；站 3 示范了多级滤床污水处理技术	站 1 为 300m³/d，实现削减 COD 54.75t/a、氨氮 3.1t/a；站 2 为 200m³/d，实现削减 COD 36.5t/a、氨氮 1.24t/a；站 3 为 300m³/d，实现削减 COD 54.75t/a、氨氮 2.74t/a	形成产业化项目 6 项，实现产值 2179.17 万元，削减 COD 1009.23t/a、氨氮 71.83t/a
4	西丰县人工湿地污水处理工程	辽宁北方环境保护有限公司	西丰县环保局	辽宁省铁岭市西丰县	工程示范了"复合水平流-垂直流人工湿地组合+功能性强化生物产品"关键技术	5000m³/d 实现削减 COD 529.25t/a、氨氮 56.58t/a	形成产业化项目 13 项，实现产值 13820.5 万元，削减 COD 3716.5t/a、氨氮 487.6t/a
5	松岗现代化奶牛养殖场牛粪废水处理工程	辽宁北方环境保护有限公司	辽宁辉山乳业集团救兵牧业有限公司	辽宁省抚顺市抚顺县	工程示范了预处理采用水力筛及初沉，厌氧选择 UASB 工艺，深度处理采用砂滤罐+活性炭过滤工艺	100m³/d 实现削减 COD 326.7t/a、氨氮 13.6t/a	形成产业化项目 6 项，实现产值 2400 万元，削减 COD 1800t/a、氨氮 72t/a

15.3.2　分散式污水治理技术产业化示范工程

1. 沈阳市正旺奶牛专业合作社沼气工程

工程采用改进型 USR 厌氧发酵技术、多原料预处理一体化技术、沼气热能转化技术。改进型 USR 厌氧发酵技术：该技术集专用节能搅拌技术、内置热能转化技术和正负压气水分离保护技术等关键技术于一体，能有效解决反应器结壳、管路堵塞和冻结等问题，确保工程可在北方冬季低温环境下持续稳定运行。反应器反应温度全年保持在35℃左右，容积产气率可达 1.5m³/(m³·d)，有机物降解率超过 70%，COD 容积负荷最高可达 4.9kg COD/(m³·d)，冬季产气率不低于全年平均的 70%。

多原料预处理一体化技术：牛粪中含有较高浓度的粗蛋白和粗纤维，其碳氮比约为 20∶1，是生物资源化的理想原料。由于新鲜牛粪中含有大量水分和虫卵病菌及杂草种子，在资源化之前必须经过必要的预处理步骤。多原料预处理一体化技术集除砂、杂草粉碎、物料预酸化、调质、供料等功能于一体，能够解决秸秆、杂草等物料难溶、细粒径砂难以去除及管线易堵塞等问题。

沼气热能转化技术：采用容器内直接换热，热效率达 94%，热利用率为 90%～92%。系统采用微电脑程序化自动控制、比例式调节、两段式燃烧、自动点火、火焰自动跟踪和熄火自动停机保护。运行稳定，安全可靠。

该工程于 2013 年建成并投入运行，截至目前已经运行近 7 年，由沈阳市正旺奶牛专业合作社负责运行管理，辽宁北方环境保护有限公司负责售后服务等工作。

正旺奶牛专业合作社现存栏奶牛 500 余头，日产鲜牛粪约 15t、餐厨垃圾 1t、尿及冲洗水 24t。工程可解决养殖场养殖污染问题，根据工程运行监测数据计算削减 COD 253t/a、氨氮 21.6t/a。目前，工程日产沼气量约为 750m³，年产沼气约为 27.38 万 m³，沼渣约为 426t，沼液最低年产量约为 3000t。沼气通过蒸汽锅炉无盐水预热系统加热奶品车间用蒸汽锅炉补充水，同时为牛奶储槽消毒、饮牛、食堂洗碗、澡堂提供热水(75℃热水 50m³/d)，沼液、沼渣主要用于蔬菜大棚等有机肥料供给，如时机成熟可外卖，另外，太阳能-沼气一体化热能转化器可在冬季给供暖锅炉循环水补充热量。

不定期对示范工程进行走访，及时反馈是示范工程运行过程中存在的问题，在此基础上完成了 10 项高效厌氧发酵技术推广产业化项目，实现产值 4024.36 万元，削减 COD 3748.51t/a、氨氮 329.3t/a。项目采用将畜禽粪污、秸秆、厨余垃圾等发酵物收集预处理后一并进入厌氧消化罐进行中温(35～38℃)厌氧发酵处理的工艺路线，真正实现减量化、资源化、无害化，达到处理结果为零排放的目标(图 15-2)。

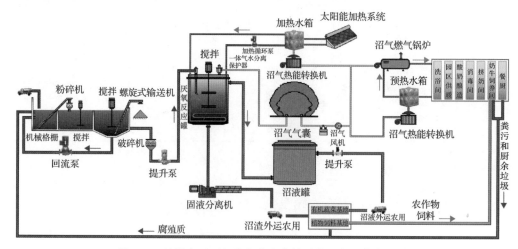

图 15-2　沈阳市正旺奶牛专业合作社示范工程工艺流程图

2. 桓仁满族自治县雅河乡边哈村畜禽粪污、农业垃圾混合发酵沼气工程

工程采用改进型 USR 厌氧发酵技术、多原料预处理一体化技术、沼气热能转化技术。

该工程于 2013 年建成并投入运行，截至目前已经运行近 7 年，由桓仁边石哈达生态农庄有限公司负责运行管理，辽宁北方环境保护有限公司负责售后服务等工作。

桓仁满族自治县雅河乡边哈村畜禽粪污、农业垃圾混合发酵沼气示范工程日收集处理周边地区的鲜粪、污泥、农业可发酵物、秸秆杂草等 7.1t，尿及冲洗水 10.6t。根据工程运行监测数据计算可削减 COD 202t/a、氨氮 14t/a。项目年生产沼气约为 18.4 万 m^3，年产沼液约 6099.2t、沼渣约 361.4t。沼气通过沼气燃烧炉产生热能用于炊饭取暖和葡萄酒消毒，沼肥通过沼肥固液功能分离成沼液和沼渣，沼液、沼渣用于周边蔬菜大棚及葡萄园施用。

辽宁北方环境保护有限公司不定期对示范工程进行走访，及时反馈示范工程运行过程中存在的问题，在此基础上完成了 10 项高效厌氧发酵技术推广产业化项目，实现产值 4024.36 万元，削减 COD3748.51t/a、氨氮 329.3t/a。依据"资源—产品—资源循环再生"的模式，产品设计方案为：粪便、污泥、生活有机废弃物、农业生产废弃物、秸秆、杂草等经厌氧发酵产生沼气，沼气供给生态农庄生活用能及取暖需求；沼气发酵后的沼液和沼渣可作为葡萄园及生态农庄蔬菜大棚的有机肥料(图 15-3)。

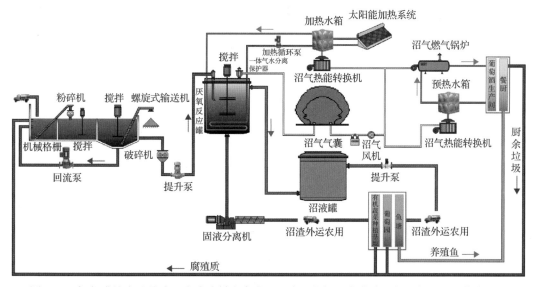

图 15-3　桓仁满族自治县雅河乡边哈村畜禽粪污、农业垃圾混合发酵沼气示范工程工艺流程图

3. 沈阳军区某部队小型生活污水处理工程(站 1、站 2、站 3)

在三个污水处理站分别采取以下三项技术：①高效回用小型一体化污水处理技术，采用推流式生物接触氧化技术，设计负荷比活性污泥法高，池容小，对水质适应能力强，耐冲击负荷性能好，出水水质稳定，不会产生污泥膨胀；采用新型弹性立体填料，比表面积大，微生物易挂膜，提高了污水中溶解氧的利用率及对有机物的去除率；采用推流

式生物接触氧化技术，其填料体积负荷比较低，微生物处理自身氧化阶段，产泥量少；操作简便、维修方便、工艺新、效果好。②生物转盘污水处理技术，工程采用课题开发研究的新型高分子轻质生物转盘技术，盘片采用立体网格式结构，有效增大比表面积，大幅度提高了生物量，同时具备厌氧、好氧、兼氧菌群，系统有机负荷高、处理效率高、抗冲击负荷能力更强；盘片采用高分子轻质材料，重量仅为传统生物转盘的40%左右，动力消耗少，节省能耗；占地面积小，剩余污泥产量小；设备安装周期短，能够实现快速安装。在充分利用原有污水站建构筑物、设备的基础上，工程采用生物转盘+A/O组合工艺技术，可有效降解有机物，达到脱氮除磷的效果。③多级滤床污水处理技术，工程采用平流式多级滤床处理技术，该技术为模拟大自然土壤含水层的自净机理，以生物滤池、滴滤池、快滤等技术为基础，采用砾石、砂层、陶粒等惰性填料为载体，根据滤料的粒径大小设置粒径均匀的双层或者多层滤料层，通过增设曝气系统，使污水在水平流经多级滤床过程中形成好氧、缺氧及厌氧生物群的生物处理系统，进而实现污染物的"立体滤床处理工艺"，为将潜流湿地与BAF相结合形成一种新型的河流湖泊污染治理技术。

污水处理站1于2013年7月开始建设，2014年6月建成并调试运行。站2、站3 2013年6月开始建设，于2014年9月进行了升级改造，2014年10月调试并开始运行。目前3个污水处理站由各自的部队进行日常运行管理。

站1高效回用小型一体化污水处理设备建成运行后，污水出水水质达到一级B标准，减排COD 54.75t/a，氨氮3.1t/a，进而解决营区生活污水地处郊区收集难、污染受纳水体等环境问题。站2生物转盘污水处理示范工程出水水质达到一级B标准，减排COD 30.77t/a，氨氮1.12t/a，进而解决营区人工湖湖水异味等环境问题。站3多级滤床污水处理示范工程出水水质达到一级B标准，可回用于营区绿化及道路清洗等，减排COD 27.38t/a，氨氮1.55t/a，解决了营区人工湖湖水异味等环境问题。

站1(图15-4)高效回用一体化技术示范工程：污水经粗细格栅处理后，进入生物接触氧化处理系统，处理后污水进入竖流式二沉池，上清液经管道式紫外消毒处理系统处理后，达标排放。二沉池污泥能定量回流设备气提，一部分污泥回流至生化池，剩余污泥排入污泥储池，定期外排。

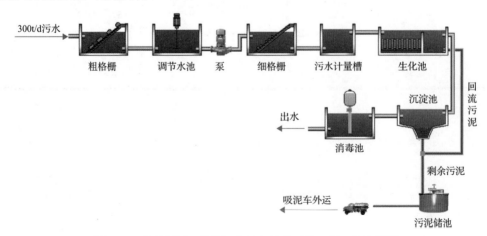

图15-4 高效回用一体化污水处理技术示范工程工艺流程图

站 2(图 15-5)生物转盘污水处理技术示范工程：污水经过格栅处理后，由提升泵提升至高分子轻质生物转盘系统，经转盘生物挂膜处理后，污水进入 A/O 处理系统，处理后污水进入斜板式二沉池，上清液达标排放。二沉池污泥排入污泥储池，经污泥回流泵提升一部分污泥回流至生化池，剩余污泥定期外排。

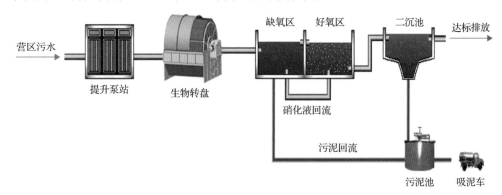

图 15-5　生物转盘污水处理技术示范工程工艺流程图

站 3(图 15-6)多级滤床污水处理技术示范工程：人工湖湖水经提升泵提升至均匀布水、集水配件一，经空塔曝气充氧、布水后进入一级滤床，经一级滤床生物处理集水至均匀布水、集水配件二，然后再由空塔曝气充氧，布水后进入二级滤床，之后经生物处理至中水回用池，用于绿化、农田灌溉及补充湖水。

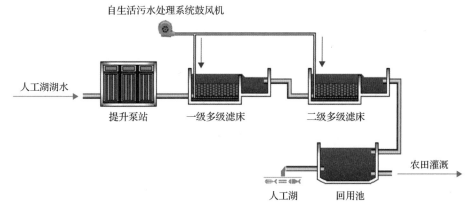

图 15-6　多级滤床污水处理技术示范工程工艺流程图

课题牵头单位辽宁北方环境保护有限公司不定期对示范工程进行走访，及时反馈示范工程运行过程中存在的问题，在此基础上完成了形成产业化项目 8 项，共实现产值 2500.82 万元。

4. 西丰县人工湿地污水处理工程

"复合水平流-垂直流人工湿地组合"处理系统：人工湿地对废水的处理综合了物理、化学和生物的三种作用，使最终出水 COD、BOD_5、总磷、SS、总氮等指标达到设计要求。布水区和出水区自上而下依次为：草炭土、豆石(d5~d8mm)、卵石(d20~d30mm)、砾石(d40~d80mm)、粗砂层。

水平流人工湿地：二沉池出水经管线输送至人工湿地前端布水渠，通过布水渠接入水平流湿地单元。水平流湿地填料深度 1.2m。填料层从自下而上依次为粗砂层、沸石（d20~d30mm）、豆石(d5~d8mm)、草炭土。湿地表层种植植物，主要为芦苇和鸢尾。湿地防渗采用 700g/m² HDPE 膜作为防渗方式。先将基底土平整碾压处理，除去尖锐易破坏 HDPE 膜的杂物进行铺设。

垂直流人工湿地：表流湿地出水进入垂直流单元，在垂直流单元内自上而下流动，由底部排出。垂直流单元内填料层自下而上分布：粗砂、卵石(d20~d30mm)、豆石(d5~d8mm)、草炭土。湿地表层种植植物，主要为芦苇和鸢尾。湿地防渗采用 700g/m² HDPE 膜作为防渗方式。先将基底土平整碾压处理，除去尖锐易破坏 HDPE 膜的杂物进行铺设。

人工湿地液位调节系统：经过人工湿地处理的出水经集水管收集至集水井的内腔，再经液位调节管的上溢流口进入湿地排水管内，由排水管排入受纳水体。湿地内的水位受水位调节管高度的影响，可通过更换不同长度的调节管达到调节湿地水位的目的。集水装置内置插接的溢流管(用"O"形橡胶圈密封)，设计成 300mm、600mm、900mm 三种不同的高度规格，可根据实际需要，调整湿地出水。这种设计结构操作简单，安全可靠，而且节约了空间。

人工湿地均匀布水系统：该系统中各构件均采用玻璃钢材料制成，将整个系统分解成规格相同的多个部件，并实现模块化生产。采用拼接的方式，进水、布水一体化，可根据现场的实际情况扩容或移动，增加水处理的灵活性，降低了投资成本，缩短了的施工工期。

该示范工程于 2013 年建成并投入运行，由西丰县环保局委托辽宁北方环境保护有限公司水务公司负责日常运行与维护工作，运行稳定，出水水质达到设计标准要求。工程建设后改变了污水直排入辽河重要支流——寇河现状，有效削减污水中污染物质的排放量，可削减 COD 529.25t/a，氨氮 56.58t/a，大大改善了支流河的河流水质和西丰县居民的生活环境，促进了社会经济持续发展。

课题牵头单位辽宁北方环境保护有限公司不定期对示范工程进行走访，及时反馈示范工程运行过程中存在的问题，在此基础上完成了产业化项目 12 项，共实现产值12624.6 万元，减排 COD 3088.5t/a，氨氮 300.6t/a，环境、社会效益显著。优化集成的"复合水平流-垂直流人工湿地组合+功能性强化生物产品"关键技术解决了北方寒冷地低温条件下人工湿地净化效果差的问题，为人工湿地的产业化推广提供了可靠的技术支持(图 15-7)。

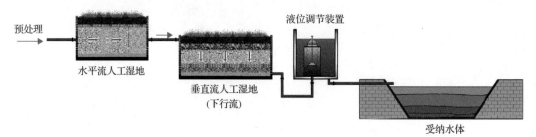

图 15-7　西丰县人工湿地污水处理工程示范工程工艺流程图

5. 松岗现代化奶牛养殖场牛粪废水处理工程

项目采用高浓度重点行业有机废水处理成套设备及关键技术，根据《畜禽养殖业污染治理工程技术规范》(HJ 497—2009)中工艺选择的要求采用厌氧-好氧联合工艺。预处理采用水力筛及初沉，厌氧选择 UASB 工艺，好氧采用 MBBR 工艺，深度处理采用砂滤罐+活性炭过滤工艺(图 15-8)。

预处理工艺：预处理工艺采用预处理一体化设备，集成了砂水分离、沉砂提排、物料混合调配等多种功能于一体，主要应用于 UASB 厌氧反应器的前处理。该系统设备布局紧凑、工艺流畅，预处理效果好，效率高，有效地解决了秸秆、杂草等物料难溶解，细颗粒砂难去除的难题。

厌氧选择 UASB 工艺：UASB 厌氧反应器，是集有机物去除，泥、水、气三相分离于一体的集成化废水处理装置，装置的突出特点是厌氧反应器内可以培养沉淀性良好的颗粒污泥，形成污泥浓度极高的污泥床，具有容积负荷率高、污泥截留效果好、反应器机构紧凑等优良的运行特征。

深度处理采用砂滤罐+活性炭过滤工艺：为保证更好的出水效果，深度处理采用石英砂压力过滤罐和活性炭过滤罐，其中石英砂压力过滤罐为常运行设备，活性炭过滤罐为石英砂出水不达标时的备用设备。经过深度处理后，出水水质达到《辽宁省污水综合排放标准》。

该示范工程于 2015 年建成试运行，目前运行稳定，工程由抚顺松岗现代化奶牛养殖场负责日常运行与管理，辽宁北方环境保护有限公司负责售后服务相关事项。该项目建成后，减排 COD 326.7t/a，氨氮 13.6t/a，解决了奶牛养殖场榨乳厅清洗废水和水冲粪的粪便污水污染水体问题，改善了奶牛养殖场周边的水环境。课题牵头单位辽宁北方环境保护有限公司不定期对示范工程进行走访，及时反馈示范工程运行过程中存在的问题，在此基础上完成了签订产业化推广项目合同 10 项，实现产值 4000 万元，削减 COD 3000t/a，氨氮 120t/a。

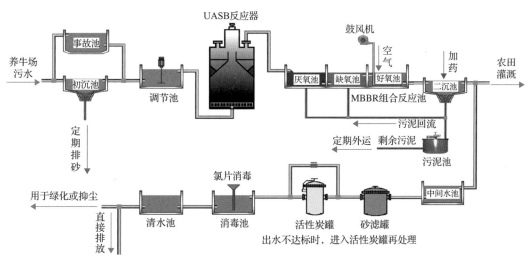

图 15-8　松岗现代化奶牛养殖场牛粪废水处理工程示范工程工艺流程图

参 考 文 献

[1] 赖福益. 农村面源污染现状分析与防治对策. 农技服务, 2017, 7(34): 154.

[2] 岳丹丹, 李晓东, 黄佳丽, 等. 中国分散式污水产业化现状及展望. 环境保护与循环经济, 2015, 35(10): 72-75.

[3] 刘镇周. 我国城市污水处理的现状与发展. 环境与发展, 2018, 30(3): 36-37.

[4] 中华人民共和国环境保护部, 中华人民共和国国家统计局, 中华人民共和国农业部. 第一次全国污染源普查公报. [2010-02-11]. [2011-01-01]. http://www.stats.gov.cn/tjsj/tjgb/qttjgb/qgqttjgb/201002/t20100211_30641.html.

[5] 辽宁省环境保护厅. 2015 年辽宁省环境状况公报. 沈阳: 辽宁省环境保护厅, 2016.

[6] 辽宁省人民政府. 辽宁省环境保护"十二五"规划. 沈阳: 辽宁省人民政府, 2012.

[7] 任雨萌. 辽宁省科技成果产业化水平研究. 沈阳: 辽宁大学, 2016.

[8] 汪国刚, 郑良灿, 刘庆玉. 沼气干式厌氧发酵技术研究. 环境保护与循环经济, 2014, 9(12): 36-37.

[9] 赵明梅. 沼气厌氧反应器设内置热能转化机的新探索. 城市建设理论研究, 2016, 8(13): 36-37.

[10] 张河民. 畜禽粪污厌氧消化研究进展. 广东化工, 2019, 19(46): 117-118.

[11] 王玮, 孙岩斌, 周祺, 等. 国内畜禽厌氧消化沼液还田研究进展. 中国沼气, 2015, 33(2): 51-57.

[12] 赵明梅. 沼气工程预处理系统实现一体化研究. 城市建设理论研究, 2016, 9(14): 40-43.

[13] 周鑫, 王卓, 张新春, 等. 潜水导流式氧化沟影响因素研究. 环境保护与循环经济, 2015, 35(6): 42-46.

[14] 张黎. 氧化沟曝气设备研究进展. 环境保护与循环经济, 2014, 34(10): 44-46.

[15] 魏清娟. 人工湿地中低温解磷细菌的筛选鉴定. 北京: 中国生态学学会微生物生态专业委员会 2014 年年会暨国际学术研讨会, 2014.

[16] 张黎. 适用于分散式污水治理的人工湿地成套技术及设备研究. 城市建设理论研究, 2013, (20): 109-111.

[17] 朱世殊, 王立, 赵廷, 等. 人工湿地低温强化技术在北方寒地的应用展望//2015 第七届全国河湖治理与水生态文明发展论坛论文集. 北京: 中国水利技术信息中心, 2015: 73-78.

[18] 赵军, 薛宇, 李晓东, 等. 复合人工湿地去除生活污水中的有机物和氮. 环境工程学报, 2013, 7(1): 26-30.

[19] 赵静, 张洋. UASB 反应器的优化研究进展. 化工管理, 2019, (31): 8-9.

[20] 宋姿. 新型载体 MBBR 脱氮性能及其影响因素研究. 天津: 天津城建大学, 2019.

[21] 赵凯, 李宏梅, 于鹏飞, 等. 改进型 UASB 处理白酒废水启动及运行效能研究. 水处理技术, 2015, 41(4): 108-111.

附　录

水专项技术就绪度(TRL)评价准则

等级	等级描述	等级评价标准	评价依据(成果形式)
1	发现基本原理或看到基本原理的报道	A：治理需求分析，技术原理清晰，研究并证明技术原理有效	需求分析及技术基本原理报告
		B：管理需求分析，发现基本原理或通过调研及研究分析	需求分析及技术基本原理报告
		C：产品、装备市场需求明确，平台管理需求明确、技术原理清晰	需求分析及技术基本原理报告
2	形成技术方案	A：提出技术概念和应用设想，明确技术的主要目标，制定研发的技术路线、确定研究内容、并形成技术方案	技术方案、实施方案
		B：明确管理技术的主要目标，制定技术路线、确定研究内容、形成技术方案	技术方案、实施方案
		C：明确产品、装备、管理平台的主要功能和目标，制定技术开发路线、形成技术方案	技术方案及图纸
3	通过小试验证	A：关键技术、参数、功能通过实验室验证	小试研究报告
		B：研发关键技术，完成技术指南、政策、管理办法初稿	技术指南、政策、管理办法初稿
		C：产品、装备技术方案及系统设计报告的关键技术、功能通过试验室验证，管理平台突破关键节点技术	小试研究报告
4	通过中试验证	A：在小试的基础上，验证放大规模后关键技术的可行性，为工程应用提供数据	中试研究报告
		B：完成技术指南、标准规范、政策、管理办法的征求意见稿	技术指南、政策、管理办法的征求意见稿
		C：产品、装备在小试的基础上，验证放大生产后原技术方案的可行性，为工程应用或实际生产提供数据；管理平台完成硬件建设	中试研究报告
5	形成工艺包或产品、平台整体设计，技术方案通过可行性论证	A：形成治理技术工艺包括整体设计、技术方案通过可行性论证或验证(计算模拟、专家论证等手段)	论证意见或可行性论证报告等
		B：技术指南、标准规范、政策、管理办法的征求意见稿与管理部门对接，或在管理部门立项进入管理部门编制发布程序	论证意见或可行性论证报告等
		C：明确产品、装备的技术参数，完成管理平台的整体设计，通过可行性论证或验证	论证意见或可行性论证报告等
6	通过技术示范/工程示范	A：关键技术、参数、功能在示范企业、流域示范区中进行示范，达到预期目标	技术示范/工程示范报告、专利、软件著作权
		B：技术指南、政策、管理办法的征求意见稿广泛征求意见，或通过管理示范，证明有效	征求意见修改反馈表、示范应用证明
		C：形成了产品、装备并完成调试；构建了系统管理平台；产品、装备、平台通过工程或演示验证	产品、装备、管理平台；专利、软件著作权
7	通过第三方评估或用户验证认可	A：通过第三方评估或经用户试用，证明可行	第三方评估报告，示范工程依托单位应用效益证明
		B：试点方案、指南、规范得到试点地区相关政府部门的认可	相关政府部门的认可文件
		C：产品、设备、管理平台通过第三方评估或经用户试用，证明可行	第三方评估意见或应用证明

等级	等级描述	等级评价标准	评价依据(成果形式)
8	规范化/标准化	A：通过专业技术评估和成果鉴定，在地方治污规划或可研中得到应用，或形成技术指南、规范	成果鉴定报告、技术指南、规范
		B：正式发布相关技术指南、政策、管理办法	技术指南、政策、管理办法
		C：形成成熟的技术体系、技术标准和规范或软件产品等成果	相关标准、技术规范、技术指南、管理平台应用手册等
9	得到推广应用	A：在其他污染企业或其他流域得到广泛应用	推广应用证明
		B：在其他县(市)、省以及国家层面推广应用	相关政府文件
		C：产品、装备得到广泛应用，管理技术平台实现业务化运行	产品推广应用证明；管理平台业务部门采用凭证

注：(1)在 2014 年 TRL 准则的基础上，航天系统院与水专项的部分专家合作形成了该材料中的 TRL 准则，提请水专项办审核并修改，供 2015 年年度监督评估使用。(2)按照技术成熟规律的不同，将水专项的技术类型分为三类：A：治理技术；B：管理技术；C：研发产品、装备、管理平台。(3)三种技术类型采用统一的 TRL 等级描述，但在等级评价标准和评价依据中，分别针对三种技术类型进行了描述，便于 TRL 评价。

资料来源：《关于做好 2017 年监督评估和技术就绪度自评价工作的通知》附件 4(水体污染控制与治理科技重大专项办公室，2017 年 6 月 8 日)。